无定河流域和延河流域水生态健康评价

潘保柱　孙长顺　胡恩　李刚 等　著

中国水利水电出版社
www.waterpub.com.cn
·北京·

内 容 提 要

本书对无定河、延河两个流域的典型河流、淤地坝水体及水库进行水质、水生态调查及河流水生态系统综合诊断，摸清了无定河和延河流域水环境特征，并利用*WQI*指数和Shannon-Wiener多样性指数评价其水质情况；明晰了无定河和延河流域浮游植物、浮游动物、底栖动物及鱼类群落的基本特征；基于底栖动物生物完整性指数和鱼类保有指数评价了无定河和延河流域的水生态健康状况；结合水生态系统服务功能重要性和生态环境敏感性，利用水生生物群落的差异对无定河和延河流域进行了水生态功能分区，揭示典型河流的主要受威胁因素，提出切实可行的生态修复及区划方案。

本书主要内容包括：河流水生态健康研究进展；无定河流域和延河流域土地利用及水质评价、浮游植物群落特征、浮游动物群落特征、底栖动物群落特征、鱼类群落结构特征、生态状况评价、水生态功能分区。

本书适合水资源、水环境、水生态领域的管理、研究、技术人员参考，也适合高等院校相关专业的师生参考。

图书在版编目（CIP）数据

无定河流域和延河流域水生态健康评价 / 潘保柱等著. -- 北京 : 中国水利水电出版社, 2024.2
ISBN 978-7-5226-2090-9

Ⅰ. ①无… Ⅱ. ①潘… Ⅲ. ①流域－区域水环境－水环境质量评价－陕西 Ⅳ. ①X143

中国国家版本馆CIP数据核字(2024)第015172号

书　　名	**无定河流域和延河流域水生态健康评价** WUDING HE LIUYU HE YAN HE LIUYU SHUISHENGTAI JIANKANG PINGJIA
作　　者	潘保柱　孙长顺　胡　恩　李　刚　等　著
出版发行	中国水利水电出版社 （北京市海淀区玉渊潭南路1号D座　100038） 网址：www.waterpub.com.cn E-mail：sales@mwr.gov.cn 电话：（010）68545888（营销中心）
经　　售	北京科水图书销售有限公司 电话：（010）68545874、63202643 全国各地新华书店和相关出版物销售网点
排　　版	中国水利水电出版社微机排版中心
印　　刷	北京印匠彩色印刷有限公司
规　　格	184mm×260mm　16开本　14.75印张　359千字
版　　次	2024年2月第1版　2024年2月第1次印刷
印　　数	0001—1000册
定　　价	**98.00**元

前　言

随着社会经济的发展，人类对河流生态环境的干扰越来越频繁，水体污染严重，生物多样性逐渐降低。河流水生态系统健康问题已被广泛重视。随着人类对河流自然属性的深入了解，河流管理目标已从单一的水质管理逐渐转向水生态系统管理。水生态系统是人类生活中不可或缺的一部分，它为人类生活提供了不可或缺的水源，它的主要作用有：保护物种多样性、提高水环境质量、调节洪水等。在我国“两屏三带”生态安全战略布局中，黄土高原生态屏障具有举足轻重的作用，作为我国四大高原之一，黄土高原地处黄河流域中游，是世界著名的大面积黄土覆盖的高原，具有降水少且年际和年内分布不均、土层深厚、地貌复杂等特点。土壤经流水长期强烈侵蚀，逐渐形成千沟万壑、地形支离破碎的自然景观，这种独特的地形地貌造就了黄河流域中游水生态环境水少沙多的主要特点，除此之外，长期的土壤侵蚀还会造成河道泥沙淤积、河床抬升，泄洪能力下降，增加洪涝灾害发生的概率。含沙量高、河水浑浊以及来水量少是黄河流域中部地区污染严重的主要原因之一，无定河和延河是黄河中游多沙粗沙区河流的典型代表，是黄河泥沙的主要来源之一。无定河和延河流域缺少全面和系统的水生态调查与评价，水生生物本底值缺失，因此对两大流域进行水生态健康评价可为流域水生态系统环境的良好发展提出合理建议和对策。

本书对无定河、延河两个流域的典型河流、淤地坝水体及水库进行水质、水生态调查及河流水生态系统综合诊断，摸清了无定河和延河流域水环境特征，并利用 *WQI* 指数和 Shannon－Wiener 多样性指数评价其水质情况；明晰了无定河和延河流域浮游植物、浮游动物、底栖动物及鱼类群落的基本特征；基于底栖动物生物完整性指数和鱼类保有指数评价无定河和延河流域的水生态健康状况；结合水生态系统服务功能重要性和生态环境敏感性，利用水生生物群落的差异对无定河和延河流域进行了水生态功能分区，揭示典型河流的主要受威胁因素，提出切实可行的生态修复及区划方案。

本书由潘保柱组织策划，李刚负责全文统稿，孙长顺和胡恩负责校核及修改。全文共9章，第1章为绪论，本章由贺瑶统稿，贺瑶和侯湘然撰写，主要介绍了水生态健康评价的研究背景与意义、无定河和延河流域的概况及河流水生态健康研究进展；第2章为研究区域与方法，本章由李刚统稿，李刚和张玉荣负责撰写，主要介绍了无定河和延河流域样点布设、水环境指标的测量方法、水生生物的采集及鉴定方法等内容；第3章为流域土地利用及水质评价，本章由孙长顺统稿，张旭达负责撰写，主要介绍了无定河和延河流域土地利用情况及水质状况；第4～7章为水生生物群落特征，主要介绍了无定河和延河流域浮游植物、浮游动物、底栖动物及鱼类的物种组成、现存量、优势种及多样性等特征，其中第4章由李晓雪统稿，卢悦、郭善嵩、王瑾娜负责撰写，第5章由李刚统稿，杨子杰、戴承钧、胡竞翔负责撰写，第6章由冯治远统稿，贺瑶、侯湘然、张玉荣负责撰写，第7章由郑羽晨统稿，王雨竹、张艺弛负责撰写；第8章为生态状况评价，本章由胡恩统稿，郭善嵩、胡竞翔、贺瑶、侯湘然负责撰写，主要介绍了无定河和延河流域的水质状况及生态状况；第9章为水生态功能分区，本章由潘保柱统稿，李刚、胡竞翔、侯湘然负责撰写。

感谢陕西省重点研发计划重点产业链（群）项目（2021ZDLSF05－10）和西北旱区生态水利国家重点实验室的资助。感谢所有参与相关研究工作的老师、同学，同时也向关心、支持我们完成相关工作的单位领导、同事表示衷心感谢。

由于作者水平有限，书中难免有疏漏和不足之处，敬请读者批评指正。

作者

2023年12月

目　录

第1章 绪论

1.1 研究背景

生态文明建设是关系中华民族永续发展的根本大计。十九大报告中提到的生态环境建设概念说明我国生态环境保护从认识到实践发生了历史性、转折性、全局性变化，因此，要充分利用新机遇新条件，妥善应对各种风险和挑战，坚定推进生态环境保护，提高生态环境质量，水生态环境作为生态环境的重要部分更应得到重点保护，这也是促进经济社会健康发展的必然要求。针对全国性的水环境生态保护，诸多大江大河的生命重塑工作都应切实紧密地开展，特别是唤醒中华文化，哺育炎黄子孙，与长江同为我国母亲河的黄河。黄河流域是我国重要的生态屏障和重要的经济地带，保护黄河是事关中华民族伟大复兴的千秋大计。党中央历来重视黄河流域的生态保护和健康发展，自“十一五”起，国家编制并实施了一系列流域防治规划；“十三五”期间组织实施了《水污染防治行动计划》以及碧水保卫战等。

习近平总书记在黄河流域生态保护和高质量发展座谈会上发表重要讲话强调，要坚持绿水青山就是金山银山的理念，坚持生态优先、绿色发展，以水而定、量水而行，因地制宜、分类施策，上下游、干支流、左右岸统筹谋划，共同抓好大保护，协同推进大治理，着力加强生态保护治理、保障黄河长治久安、促进全流域高质量发展、改善人民群众生活、保护传承弘扬黄河文化，让黄河成为造福人民的幸福河。

黄河是我国的第二大河，自西向东流经9个省（自治区），以占全国2%的河川径流量，承担全国15%的耕地灌溉和12%的人口供水重任，为国家的经济建设、粮食安全、能源安全、生态改善等做出了突出的贡献，肩负着实现中国梦的黄河担当。其流经区域包含了干旱地区、半干旱地区、高寒地区、黄土高原地区等生态环境脆弱区。生态优先是筑牢国家生态屏障的迫切要求。在我国“两屏三带”生态安全战略布局中，黄土高原生态屏障具有举足轻重的作用，作为我国四大高原之一，黄土高原地处黄河流域中游，是世界著名的大面积黄土覆盖的高原，具有降水少且年际和年内分布不均、土层深厚、地貌复杂等特点。土壤经流水长期强烈侵蚀，逐渐形成千沟万壑、地形支离破碎的自然景观，这种独特的地形地貌造就了黄河流域中游水生态环境水少沙多的主要特点，除此之外，长期的土壤侵蚀还会造成河道泥沙淤积、河床抬升，泄洪能力下降，增加洪涝灾害发生的概率（邓

海瑜 等，2020）。含沙量高、河水浑浊以及来水量少是黄河流域中部地区污染严重的主要原因之一（龚裕凌，2020）。近年来随着人口增加，流域内能源资源的开发和使用导致废污水排放量增加，加之农业耕作使用化肥农药造成的面源污染持续累积，导致黄河流域生态环境退化，水体自净能力下降，流域地表水质较差，无法满足社会生产生活需求，流域用水矛盾日渐凸显（杨蕴雪 等，2021）。作为中国“两屏三带”生态安全格局的重要组成部分，让山光水浊的黄土高原迈进山川秀美的新时代对于实现可持续发展具有十分重要的战略意义。

1.2 流域概况

1.2.1 自然概况

无定河流域发源于陕西省定边县白于山北麓，位于108°18′～111°45′E，37°14′～39°35′N之间。干流全长491.0km，流域面积30261km²，如图1.1所示。流域出口控制站为白家川水文站，控制流域面积为29662km²。无定河流域属于温带大陆性干旱半干旱季风气候类型，多年平均降水量为387.8mm，平均年径流深36.3mm（任宗萍 等，2019）。无定河流域典型支流有海流兔河、芦河、榆溪河、马湖峪河、大理河和淮宁河等，按其地貌特点，流域可大致分为河源涧地区、风沙区和黄土丘陵沟壑区，干流上游位于河源涧地区，河岸坡面脆弱，中下游位于米脂县、绥德县等城区，人类活动较为频繁。该流域水土流失十分严重，在20世纪五六十年代初，开始对该流域水土流失问题进行初步的治理，70年代初，为治理水土流失修建了大量的淤地坝工程，治理成效显著，80年代开始，国

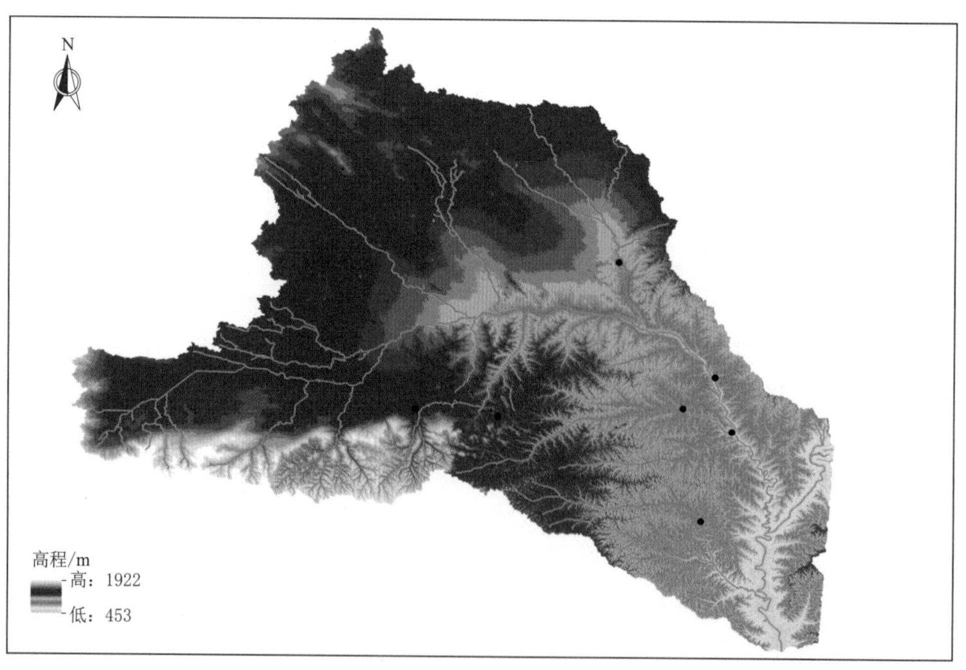

图1.1 无定河流域图

家对该流域水土流失问题高度重视，进行了全面治理，多措并举，退耕还林还草、修建淤地坝和梯田等，使无定河流域水土流失问题得到很大的改善。陕北地区气候干旱，适宜种植诸如小麦等农作物，流域内有榆神工业区等多种工业基地，其矿产资源也极为丰富，作为农牧业和矿工区的过渡带，多种界质的叠加使得生态环境呈现多样性、波动性和脆弱性（杨述河 等，2004）。

上游山梁起伏，沿河两岸有宽窄不等的川台地和川道，部分河床切入基岩。河道平均比降 2.66‰。杨米涧以下谷宽 200～1000m，河床宽 20～60m，切深 20～60m，间有跌水陡坎。阶地仅在镇靖以下至桥口湾一段比较发育。一级阶地宽处 300～500m，高出河水面 2～5m，由全新统粉、细砂及黄土状土组成。二级阶地高出河水面 15～20m，上覆全新统黄土状土。新构造运动对芦河中、下游河道有较大影响，沿河有多处瀑布，还有下降泉出露，个别泉眼高出河床 5～10m，形成悬挂泉，说明芦河河道受地壳上升、河谷下切的影响是明显的。

延河流域位于陕西省北部，是黄河中游的一级支流，纬度范围为 36°27′N～37°58′N，经度范围为 104°41′E～110°29′E，发源于靖边县天赐湾乡周山，流经志丹、安塞、宝塔、延长等 4 个县（市，区），在延长县南河沟乡凉水岸附近汇入黄河，流域全长 286.9km，流域面积约 7.68×10^3 km^2（陈登帅 等，2020），如图 1.2 所示。坪桥河、杏子河、西川河、蟠龙河等是构成延河流域的主要支流水系。延河流域属温带大陆性半干旱季风气候区，春季干旱多风、气温多变，夏季温热多阵雨，秋季温凉多雨、气温下降迅速，冬季寒

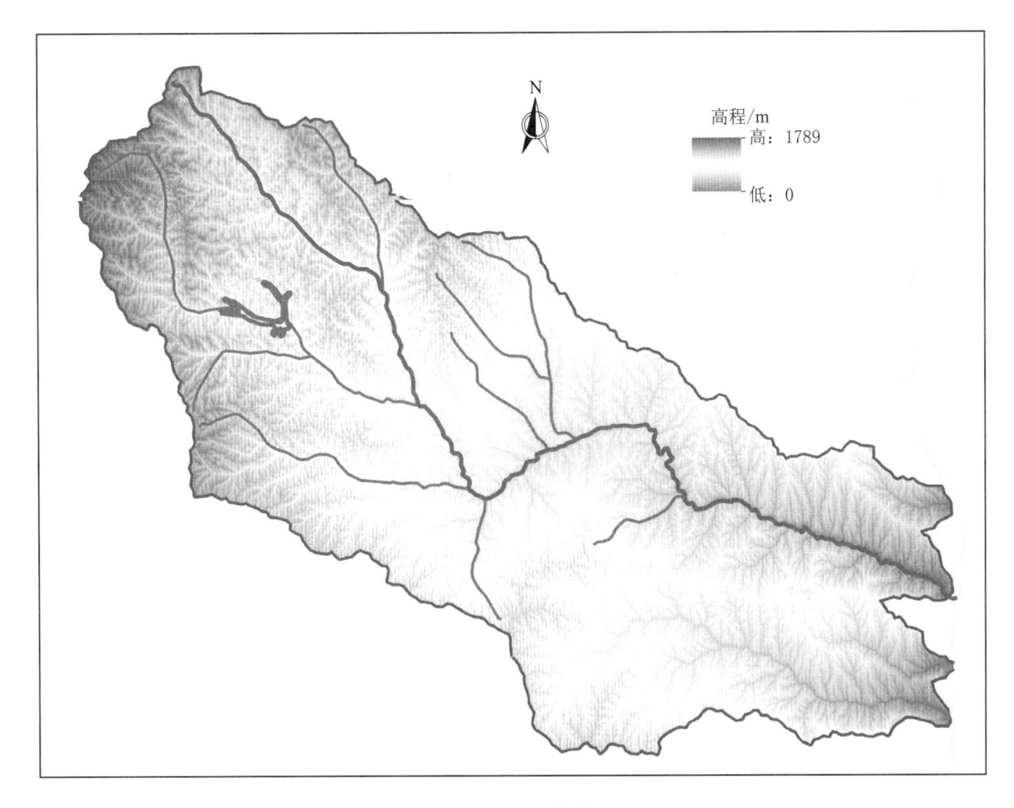

图 1.2　延河流域图

冷干燥、降水稀少（杨晓楠，2019）。年均降水量514mm，降水主要集中在6—9月，占年降水量的70%以上。延河流域地势由西北向东南倾斜，由于新构造运动与长期的内、外营力作用，使地表进一步演变成现在的梁峁起伏、沟壑纵横、勾谷深切、地形破碎的丘陵沟壑，脆弱的自然条件和长期农业活动导致流域内水土流失严重（任宗萍 等，2019；钟雪，2020；杨思敏 等，2022）。

流域地势西北高、东南低，地势形态明显地表现为三种类型。河源至真武洞的上游，为峁梁丘陵沟壑区，梁多而峁小，河床比降大，植被稀少，侵蚀强烈，水土流失严重；真武洞至甘谷驿的中游，为峁状丘陵沟壑区，梁窄峁小，河谷宽阔，阶地发育，侵蚀不如上游严重；甘谷驿至河口下游，为破碎原区，原面窄小，冲沟发育，水土流失不如中上游严重。

1.2.2 社会经济概况

西部大开发及“一带一路”倡议实施以来，黄河中游区经济呈快速发展状态。根据统计资料显示，1986年，黄河流域中游区4省份国内生产总值仅为1069.18亿元，2001年突破1万亿元，2005年突破5万亿元，2019年高达10.58万亿元，年平均增速达14.19%。

无定河流域涉及陕西省榆林市、延安市以及内蒙古自治区鄂尔多斯市共3个市、15个县（旗、区）。榆林市包括横山县全部及定边、靖边、榆阳、神木、米脂、绥德、子洲、清涧等县的部分地区，延安市包括吴起、安塞、子长等县的局部地区。鄂尔多斯市包括乌审旗、鄂托克前旗和伊金霍洛旗的部分地区。

无定河流域北部为毛乌素沙地，南部为黄土高原。流域气候干旱，暴雨集中，水土流失严重，生态环境脆弱，水资源短缺，生产生活条件差，历史上是相对贫困的地区，2000年人均GDP为2326元，不足黄河流域人均GDP（5668元）的1/2。随着我国西部大开发战略的实施，当地充分利用丰富的资源优势，进行新型能源工业生产基地建设，目前已经形成了以煤炭、天然气、岩盐、石油开采及加工为主的工业产业链，流域经济发展迅速。据统计，2000—2010年无定河流域GDP年均增长速度达到32.4%，远高于全国平均水平，2010年人均GDP为34592元，已经超过黄河流域人均GDP（31121元）。截至2021年无定河流域人均GDP为153451元，比2010年累计增长343.6个百分点。

延河流域涵盖了延安市宝塔、安塞、延长3县大部分，志丹、子长、延川3县一小部分，是延安市政治、经济、文化、交通的中心地带。延河流域内土地类型多样，矿产资源较为丰富，主要有石油、天然气等资源（吴江涛，2018）。延安市资源优势明显，文化积淀丰富，是我国石油工业的发祥地，是国家重要的能源基地，“洛川苹果”品质优良，“两黄两圣”名扬国内外，延安市是全国著名的红色旅游城市。

根据陕西省统计年鉴，截至2021年末延安市常住人口226.93万人，GDP总量首次突破2000亿元大关，达到2004.58亿元，位居陕西前列。其中，第一产业增加值209.15亿元，第二产业增加值1229.77亿元，第三产业增加值565.65亿元。随着社会的不断发展，延河流域所属城市在城市规划、土地应用、重大建设等方面出台了一系列决策，促进了延河流域建筑用地的增长。2000—2015年延河流域的人均生产总值增长速度较快，由

1.88 万元增长至 14.62 万元。人均生产总值的提升标志着流域内耕地、草地、林地向建筑用地转移。2000—2015 年延河流域的社会经济发展态势持续良好，第三产业发展迅猛，第二产业前期发展快速，随后生产总值较稳定地维持在 200 亿元左右。通过对比 2000 年和 2015 年的三大产业占比情况发现，第一产业所占生产总值比重降低，第二、三产业所占比重已十分接近；而第二、三产业所对应的区域多为城镇地区，因此可以很好地说明建筑用地面积随着人均生产总值的提升而大幅增加。

1.3 河流水生态健康研究进展

20 世纪 80 年代开始，国外水资源政策开始强调生态保护，重视流域水生态质量，美国、欧盟、澳大利亚等发达国家先后开展了河流水生态监测与评价研究计划（Larsen et al.，1991；Roux，2001；Davies，2000；Kallis，2001）。20 世纪 80 年代末，美国环境保护署推出了针对河流生物完整性评价的系列技术手册，用于指导水生态监测工作（Barbour et al.，1989；Gibson et al.，1996）。其后，美国相继在国家层面开展了系列研究项目，如美国国家监测和评价项目（Environmental Monitoring and Assessment Program，EMAP）、美国国家水资源调查项目（National Aquatic Resource Surveys，NARS）（2008）和美国“国家水质评价计划”（National Water Quality Assessment，NAWQA）等。NARS 评价使用基于概率的调查设计、标准化的抽样方法和指标，在国家、区域和空间尺度上对水质进行估计，对河流、湖泊、沿海水域和湿地进行为期 5 年的轮换调查，从而保证了最终评价结果在全国层面的统一性和准确性。欧盟成员国在 2000 年开始实施“水框架指令”（Water Framework Directive，WFD）（European Commission，2000），其核心目标为最终实现恢复水生生态系统的结构和功能，保障水资源的可持续利用。欧盟水框架提出了保护目标和技术参考，各成员国将依据原则框架根据各国国情选择合适的指标和实施办法。欧盟按照不同的水体类型（河流、湖泊、过渡带水体、海岸带水体）开展监测，内容包括：生物指标、支撑生物指标的水文地貌指标和物理化学指标。在 20 世纪 90 年代初，澳大利亚先后开展了“国家河流健康计划”（National River Health Program，NRHP）和“可持续河流监管”（Sustainable Rivers Audit，SRA）等项目，用于监测和评价澳大利亚河流的生态状况，评价现行水管理政策及实践的有效性，并为管理决策提供更全面的生态学及水文学数据支撑（Anzecc，1992）。由于在流域水生态监测与评价方面开展工作较早，欧美发达国家积累了丰富的经验，建立了较为完备的监测评价体系。

我国水生生物监测始于 20 世纪 80 年代，1986 年颁布《环境监测技术规范　生物监测（水环境）部分》（第四册）；1993 年编写出版《水生生物监测手册》，并在这个时期初次建立起国家水生生物监测网，开始在全国范围开展水生生物监测与评价例行工作（金小伟 等，2017）。1998 年随着国家“污染防治与生态保护并重”方针的确定，水生态监测开始受到各级环境管理部门及监测站的重视。2020 年生态环境部发布了《河流水生态环境质量监测与评价技术指南（征求意见稿）》和《湖库水生态环境质量监测与评价技术指南（征求意见稿）》（环办标征函〔2020〕49 号），从水环境质量、物理生境、水生生物三方面评价水生态环境质量状况，规定了水生态环境质量评价的相关指数和计算方法及评价等级（生态环境部，2020）。为了加强流域生态环境保护和修复、实现人与自然和谐共生，全国人大于2020年和2022年先后通过了《中华人民共和国长江保护法》和《中华人民共和国黄河保护法》，明确提出建立长江、黄河流域水生生物完整性指数评价体系，组织开展长江、黄河流域水生生物完整性评价，并将结果作为评估长江、黄河流域生态系统总体状况的重要依据。与此同时，水生态监测与评价技术也得到了迅速的发展。

水生态监测与评价是水生态系统管理、保护和可持续开发利用的基础，简而言之就是利用水生生物群落特征对地表水生态环境状态进行定性和定量评估，判断水生态系统受干扰程度，诊断水生态系统退化原因与关键因子（金小伟 等，2017；Feio et al.，2021）。在河流生态健康评价中，采用生物完整性指数（Index of Biotic Integrity，IBI）评价水生态系统健康状况是目前应用较为广泛的方法（徐宗学 等，2016）。IBI方法体系最初由Karr（1981）在1981年提出，以鱼类为研究对象，建立了以鱼类为主的生物完整性指数（Fish－Index of Biotical Integrity，F－IBI），随后逐渐被应用于大型底栖无脊椎动物（Karr et al.，2000）、浮游生物（Eugene et al.，2004）、高等维管束植物（Karr JR，1995）等生物。底栖动物具有种类多、生活周期长、迁移能力有限、便于采集等特点，且不同种类对水质的敏感性差异大，对环境的长期变化有着很好的指示作用，因此底栖动物的完整性指数（Benthic－Index of Biotical Integrity，B－IBI）被广泛地应用于河湖健康评价。我国对B－IBI的研究始于2000年以后，王备新等（2005）以安徽黄山地区的溪流为研究区域，首次在我国对B－IBI指标的构建及其与理化指标的关系进行研究。张远等（2007）以辽河流域的河流为研究区域，对B－IBI指标体系的构建方法、指标选择和评价标准进行研究，为我国北方河流的IBI评价提供依据。张葵等（2021）以新疆伊犁河为研究区域，从时间尺度上对B－IBI指标体系的构建进行研究。

无定河和延河是黄河流域水土流失严重的典型支流，生态脆弱，地貌复杂且具有代表性。赵鑫等（2021）以无定河流域源头区干流红柳河以及两条重要支流海流兔河和纳林河为研究对象，探究了无定河流域源头区河流浮游生物和底栖动物的种类、数量、多样性等群落结构特征和环境因子的关系。王鹤等（2022）对延河水域水质指标、浮游生物和鱼类资源进行分析，探究了延河流域生境现状，为黄河支流水域生态研究提供理论依据。目前，无定河和延河流域缺少全面和系统的水生态检测与评价，本书将对无定河、延河两个流域的典型河流、淤地坝水体及水库进行水质、水生态调查及河流生态系统综合诊断，明晰黄河陕西段典型河流水生态系统的基本特征；评价典型河流的水生态健康状况；揭示典型河流的主要受威胁因素，提出切实可行的生态修复及区划方案。

参考文献

陈登帅，李晶，张渝萌，等，2020．延河流域水供给服务供需平衡与服务流研究［J］．生态学报，40（1）：112－122.

邓海瑜，陈新军，张欣，等，2020．水土保持在临沂市水生态文明城市建设中的作用［J］．中国水土保持，6：23－24，51.

龚裕凌，2020．论陕西省黄河流域水生态文明建设的重要意义［J］．陕西水利，10：92－93，99.

金小伟，王业耀，王备新，等，2017．我国流域水生态完整性评价方法构建［J］．中国环境监测，

33 (1): 75 - 81.
任宗萍，马勇勇，王友胜，等，2019. 无定河流域不同地貌区径流变化归因分析 [J]. 生态学报，39 (12): 4309 - 4318.
生态环境部，2020. 河流水生态环境质量监测与评价技术指南 (征求意见稿).
生态环境部，2020. 湖库水生态环境质量监测与评价技术指南 (征求意见稿).
王备新，杨莲芳，胡本进，等，2005. 应用底栖动物完整性指数 B - IBI 评价溪流健康 [J]. 生态学报，25 (6): 1481 - 1490.
王鹤，朱龙，轩晓博，等，2022. 延河流域水生生物资源调查与多样性分析 [J]. 家畜生态学报，43 (1): 36 - 42.
吴江涛，2018. 延河流域水污染现状评价及管理建议 [D]. 西安：西北农林科技大学.
习近平，2019. 在黄河流域生态保护和高质量发展座谈会上的讲话 [J]. 水资源开发与管理，11: 1 - 4.
杨述河，闫海利，郭丽英，2004. 北方农牧交错带土地利用变化及其生态环境效应——以陕北榆林市为例 [J]. 地理科学进展，23 (6): 49 - 55.
杨思敏，权全，徐家隆，等，2022. 延河流域土地利用变化过程中水源涵养功能研究 [J]. 中国水土保持，8: 33 - 36.
杨晓楠，2020. 黄土高原多尺度景观格局对径流及输沙过程的影响 [D]. 西安：西北农林科技大学.
杨蕴雪，张艳芳，2021. 基于空间距离指数的延河流域生态敏感性时空演变特征 [J]. 国土资源遥感，33 (3): 229 - 237.
张葵，王军，葛奕豪，等，2021. 基于大型底栖动物完整性指数的伊犁河健康评价及其对时间尺度变化的响应 [J]. 生态学报，41 (14): 5868 - 5878.
张远，徐成斌，马溪平，等，2007. 辽河流域河流底栖动物完整性评价指标与标准 [J]. 环境科学学报，27 (6): 919 - 927.
赵鑫，王琳，郑帅，等，2021. 黄河中游支流无定河流域源头区浮游生物和底栖动物群落特征与环境因子分析 [J]. 水利水电技术 (中英文)，52 (10): 121 - 132.
钟雪，2023. 延河流域社会水文耦合规律研究 [D]. 西安：西北大学.
Anzecc, 1992. National waler quality management strategy. Australian Water Quality Guidelines for Fresh and Marine Walers. Canberra: Australian and New Zealand Environment and Conservation Council.
Barbour MT, Faulkner C, Usepa B, 1989. Rapid bioassessment protocols for use in streams and rivers: Benthic macroinvertebrates and fish. Washington: U. S. Environmental Protection Agency.
Davies PE, 2000. Development of a national river bioassessment system (AUSRIVAS) in Australia: proceedings of the Assessing the biological quality of fresh walers: RIVPACS and other techniques. UK: Freshwater Biological Association (FBA), 113 - 124.
Eugene AS, Oh IH, 2004. Aquatic ecosystem assessment using exergy. Ecological Indicators, 4 (3): 189 - 198.
European Commission, 2000. Water framework directive: directive 2000/60/EC of the European Parliament and of the Council establishing a framework for the community action in the field of water policy. European Commission.
Gibson GR, Barbour MT, Stribling JB, et al, 1996. Biological criteria: Technical guidance for streams and small rivers. Revised edition. Washington: U. S. Environmental Protection Agency, Office of Waler.
Kallis C, Butler D, 2001. The EU water framework directive: measures and implications. Waler Policy, 3 (2): 125 - 142.
Karr JR, Chu EW, 2000. Sustaining living rivers. Hydrobiologia, 422 - 423: 1 - 14.
Karr JR, 1981. Assessment of biotic integrity using fish communities. Fisheries, 6 (6): 21 - 27.
Karr JR, 1995. Ecological integrity and ecological health are not the same. In: Schulze P ed. Engineering

within ecological constraints. Washington DC：National Academy Press，97 - 109.

Larsen DP，Stevens DL，Selle AR，et al，1991. Environmental monitoring and assessment program，EMAP - surface waters：A northeast lakes pilot. Lake and Reservoir Management，7（1）：1 - 11.

National aquatic resource surveys：a progress report，2008. Washington：U. S. Environmental Protection Agency，Office of Wetlands，Oceans，and Watersheds.

Roux DJ，2001. Strategies used to guide the design and implementation of a national river monitoring programme in South Africa. Environmental Monitoring and Assessment，69（2）：131 - 158.

第2章 研究区域与方法

2.1 采样点的布设

于2021年4—5月和2021年10—11月两次赴无定河流域、延河流域进行调查，调查内容包括水质理化指标，水生生物物种多样性、密度和生物量等。采样点设计参照《水质采样方案设计技术规定》，其原则为：全流域范围内干支流样点的选取兼顾代表性与均匀分布，调查断面应能反映调查区域内不同的河流生态系统特征，包括水生生物群落组成与结构方面的特征，同时也包括水文地貌等自然要素的特征。断面位置应尽量选择顺直河段、河床稳定、水流平稳、水面宽阔、无急流、无浅滩处，应避开死水区、回水区、排污口处，力求与水文测量断面一致，以便于利用其水文参数，实现水质监测与水文监测的结合；根据实际情况在异常区域或者敏感区域可适当增设采样点，对于水库样点，设计样点参照《水质湖泊和水库采样技术指导》，在库区坝前和坝后均应布设。

在无定河流域共计布设43个采样点，在延河流域共计布设33个采样点，点位具有很好的水体特征和生物多样性分布区域代表性。各采样点编号及样点数见表2.1，两个流域采样断面如图2.1和图2.2所示。

表2.1 无定河、延河流域采样点汇总

样点名称	编　号	样点数	样点类型
无定河	WD-X	29	河流
延河	YH-X	24	河流
南沟	NG-X	5	淤地坝
榆林沟	YLG-X	3	淤地坝
韭园沟	JYG-X	3	淤地坝
柳家畔	LJP-X	3	淤地坝
马家沟	MJG-X	3	淤地坝
王圪堵水库	WGD-X	3	水库
王瑶水库	WY-X	3	水库

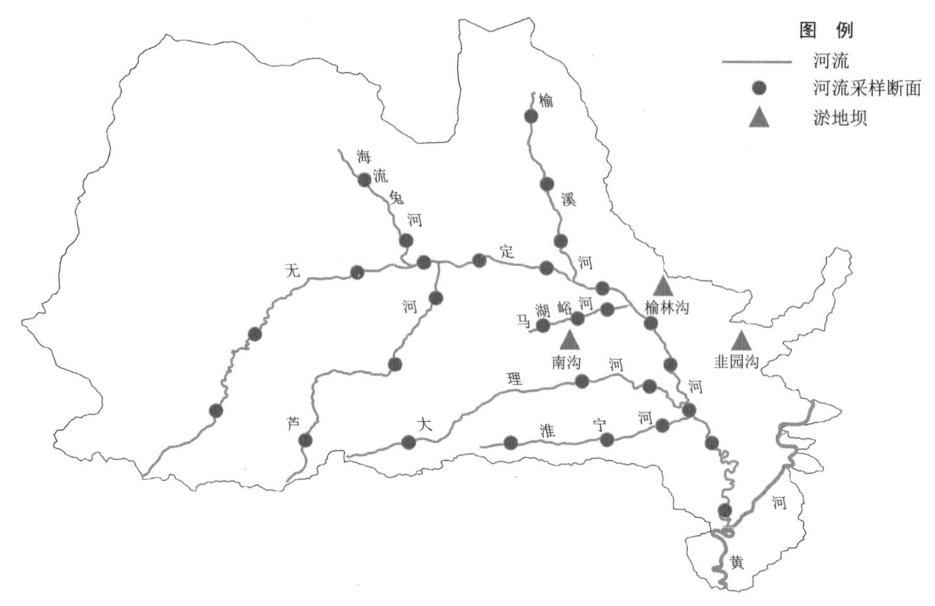

图 2.1　无定河流域采样断面示意图

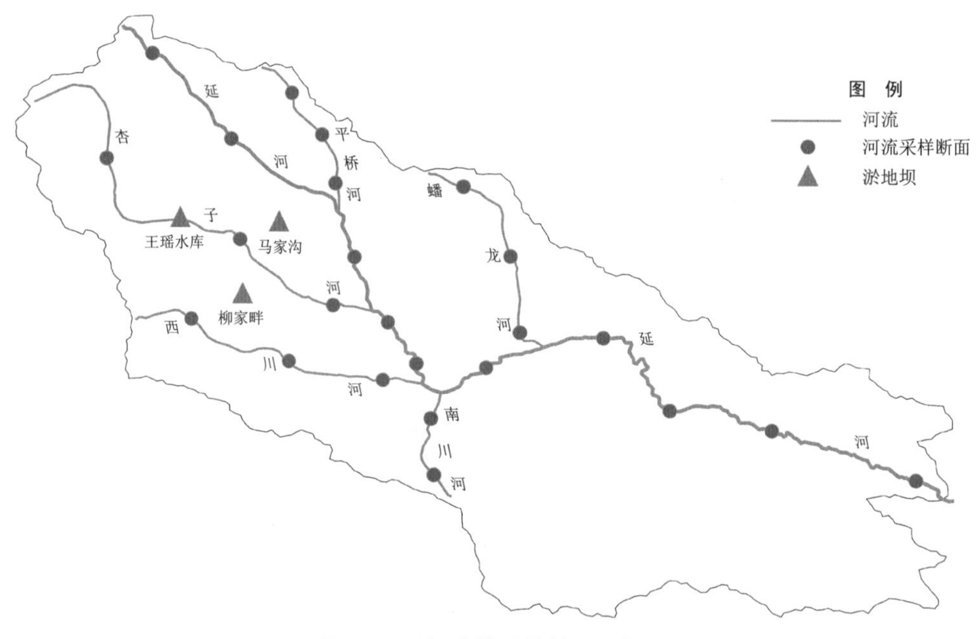

图 2.2　延河流域采样断面示意图

2.2　研究方法

2.2.1　水体参数调查及测定方法

水质理化指标是流域生态调查中的重要内容，河流客观的物理、化学信息有助于了解水生生物生存的环境质量状况。水质理化指标的测定参照《地表水和污水监测技术规范》（HJ/T 91—2002）。其中，水温（WT）、酸碱度（pH）、电导率（σ）、总溶解固体（TDS）和溶解氧（DO）等指标使用水质多参数水质测定仪（YSI professional plus）在各样点进行现场测定；混浊度指标使用 WZB-175 型便携式浊度仪进行现场测定；利用采水器采集水面下 0.5m 处的水样，每个点位采集 3 个水样，现场混匀后取其中的 1L 作为该样点的代表性样品，在低温条件下送实验室进行水质分析；另取其中的 1L 放置于阴凉处，进行叶绿素提取，提取叶绿素时，在抽滤装置的滤器中放入 GF/C 滤膜，对水样进行抽滤，抽滤完成后，将滤膜进行低温保存送实验室进行叶绿素测定。

水质分析在实验室内进行，参照《水和废水监测分析方法》测定总氮（TN）、总磷（TP）、硝酸盐氮（$NO_3^- - N$）、亚硝酸盐氮（$NO_2^- - N$）、氨态氮（$NH_4^+ - N$）、正磷酸盐（$PO_4^{3-} - P$）、化学需氧量（COD）等理化指标，叶绿素 a（Chl-a）采用乙醇＋分光光度法进行测定。各项指标测定完成后，与野外水质理化指标实测数据进行整理汇总。以上各类水质指标数据均做详细记录，以备后续分析。

2.2.2 水生生物调查及鉴定方法

水生生物要素是河流生态系统中最重要的组成，可以提供更为准确的生态质量状态信息。监测应依据生物的生命周期、季节变化特征、调查目的等因素确定监测频次，避开雨水集中时期，选择合适的采样时间。

1. *浮游植物*

浮游植物样本采集与分析参照《河流水生生物调查指南》与《淡水浮游生物研究方法》。为减少采样的误差，在每个断面采集平行样品。浮游植物在每个样点采集水面以下 0.5m 处水样 1L，加入 1%鲁哥氏溶液固定染色，静置 24～48h 后，用虹吸原理（输液管）吸出上层液体对样品进行浓缩，因此虹吸后将余下 30～45mL 的沉淀物转入聚乙烯小瓶中，随后用少许上清液冲洗沉淀器并加至其中，定容至 50mL 保存后送实验室进行分析。

2. *浮游动物*

浮游动物样本采集参照《河流水生生物调查指南》与《淡水浮游生物研究方法》。为减少采样的误差，在每个断面采集平行样品。浮游动物采用 25 号浮游生物网（孔径 64μm），将底部阀门关闭，用采水器采集水下 0.5m 处水样共 20L，倒入浮游生物网后，打开底部阀门收集液体水样于聚乙烯小瓶中，滴加浓度为 3%～5%的甲醛溶液固定保存后送实验室进行分析。

3. *底栖动物*

底栖动物样本采集参照《河流水生生物调查指南》和《内陆水域渔业自然资源调查手册》。为减少采样的误差，在每个断面采集平行样品。采样前先记录当地天气、温度、底质类别（黏土、淤泥、细沙、粗沙、砾石、卵石、岩石或其他）及其出现比例和水生植物情况。底栖样品采用 D 型网采集，将大的石块和凋落物清洗干净后拣出，剩余的泥样装进密封袋带回，泥样过 40 目分样筛（孔径为 380μm）放入白色瓷盘挑拣，将底栖动物收集于聚乙烯小瓶中，滴加浓度为 75%的酒精保存后送实验室进行分析。

4. 鱼类

鱼类样本采集与分析参照《鱼类样本处理及图像信息采集操作手册》。在样点布置调查网，调查网以定制刺网为主，兼顾地笼、游钓等多种渔获方式。渔获物收集完成后尽快进行分析处理，将鱼类样本分别放置于量鱼板和电子秤上拍照记录相关数据，部分样本在信息采集之后保存于8%～10%福尔马林溶液中，以备鉴定对照使用。

浮游植物、浮游动物样品经沉淀浓缩后分别使用0.1mL和1mL计数框在显微镜下进行镜检、计数和鉴定。浮游植物、浮游动物样品应鉴定到尽可能低的分类单元，其中优势种类应鉴定到种，其他种类至少鉴定到属。大型底栖动物经洗净后，在室内即按大类群分别进行称重与记数，对于小型底栖动物，使用解剖镜等工具进行鉴定，对每一种动物分别进行称重与记数。底栖样品应鉴定到尽可能低的分类单元，其中昆虫纲（摇蚊除外）、甲壳纲、蛭纲、多毛纲等应尽可能鉴定到属，寡毛纲、昆虫纲摇蚊科幼虫应尽可能鉴定到种，腹足纲、双壳纲应尽可能鉴定到种。

浮游植物种类鉴定参照《中国淡水藻类：系统分类及生态》；浮游动物种类鉴定参照《中国淡水轮虫志》《中国动物志（淡水枝角类）》《中国动物志（淡水桡足类）》和《微型生物监测新技术》；底栖动物种类鉴定参照《淡水微型生物与底栖动物图谱》《河道大型底栖动物监测与水质评价技术手册》《*An Introduction to the Aquatic Insects of North America*》《中国北方摇蚊幼虫》。以上各类生物定性及定量数据均做详细记录，以备后续分析。

2.2.3 水质质量指数计算方法

水质质量指数综合评估法是一种评估标准较为固定的评价方法，其各指标的分值以及指标权重依据大量前人研究或各参与评估指标对水体健康的危害程度来确定，是一种基于河流水质真实情况的评估。其计算公式如下：

$$WQI=\frac{\sum_{i=1}^{n}C_iP_i}{\sum_{i=1}^{n}P_i} \tag{2.1}$$

式中：WQI 为水质综合指数；C_i 为水质因子 i 的标准化得分；P_i 为水质因子 i 的权重，其最小值为1，最大值为4（见表2.2）。WQI 评估值范围为0～100，其值越高，代表水质健康程度越高。根据得分河流水质被分为5个等级：优秀［90～100］、良好［70～90）、一般［50～70）、差［25～50）、极差［0～25）。

表2.2 **WQI方法各水质因子分数及权重**

因子	权重	标准化分数										
		100	90	80	70	60	50	40	30	20	10	0
溶解氧	4	≥7.5	>7	>6.5	>6	>5	>4	>3.5	>3	>2	≥1	<1
电导率	2	<750	<1000	<1250	<1500	<2000	<2500	<3000	<5000	<8000	≤12000	>12000
总磷	1	<0.01	<0.02	<0.05	<0.1	<0.15	<0.2	<0.25	<0.3	<0.35	≤0.4	>0.4

续表

因子	权重	标准化分数										
		100	90	80	70	60	50	40	30	20	10	0
总氮	3	<0.1	<0.2	<0.35	<0.5	<0.75	<1	<1.25	<1.5	<1.75	≤2	>2
氨氮	3	<0.01	<0.05	<0.1	<0.2	<0.3	<0.4	<0.5	<0.75	<1	≤1.25	>1.25
硝酸盐氮	2	<0.5	<1	<1.5	<2	<3	<4	<5	<6	<8	≤10	>10
叶绿素a	3	<1	<4	<7	<10	<15	<20	<30	<40	<50	≤65	>65
浊度	2	<5	<10	<15	<20	<25	<30	<40	<60	<80	≤100	>100
溶解性固体	2	<100	<500	<750	<1000	<1500	<2000	<3000	<5000	<10000	≤20000	>20000
pH	1	7	7～8	7～8.5	7～9	6.5～7	6～9.5	5～10	4～11	3～12	2～13	1～14
亚硝氮	2	<0.005	<0.01	<0.03	<0.05	<0.1	<0.15	<0.2	<0.25	<0.5	≤1	>1
温度	1	21～16	22～15	24～14	26～12	28～10	30～5	32～0	36～2	40～4	45～6	>45～6
高锰酸盐指数	3	<1	<2	<3	<4	<6	<8	<10	<12	<14	≤15	>15

2.2.4 生态状况综合评价方法

综合评价采用赋分制，具体选用大型底栖无脊椎动物生物完整性指数和鱼类保有指数进行赋分评价。

2.2.4.1 大型底栖无脊椎动物生物完整性指数

大型底栖无脊椎动物生物完整性指数（*BIBI*）通过对比参考点和受损点大型底栖无脊椎动物状况进行评估。基于备选参数选取评估参数，对评估河湖（库）底栖动物调查数据按照评估参数分值计算方法，计算 *BIBI* 指数监测值，根据河湖（库）所在水生态分区 *BIBI* 最佳期望值，按照以下公式计算 *BIBI* 指标赋分。

$$BIBIS=\frac{BIBIO}{BIBIE}\times 100 \tag{2.2}$$

式中：*BIBIS* 为评估河湖（库）大型底栖无脊椎动物生物完整性指数赋分；*BIBIO* 为评估河湖（库）大型底栖无脊椎动物生物完整性指数监测值；*BIBIE* 为评估河湖（库）所在水生态分区大型底栖无脊椎动物生物完整性指数最佳期望值。

2.2.4.2 鱼类保有指数

评估现状鱼类种数与历史参考点鱼类种数的差异状况，按照式（2.3）计算，赋分标准见表 2.3，对于无法获取历史鱼类检测数据的评估区域，可采用专家咨询的方法确定。调查鱼类种数不包括外来物种。

$$FOEI=\frac{FO}{FE}\times 100 \tag{2.3}$$

表 2.3　鱼类保有指数赋分标准表

鱼类保有指数/%	100	85	75	60	50	25	0
赋分	100	80	60	40	30	10	0

参考文献

GB/T 12997—1991，水质 采样方案设计技术规定 [S].
GB/T 14581—1993，水质 湖泊和水库采样技术指导 [S].
HJ/T 91—2002，地表水和污水监测技术规范 [S].
国家环境保护总局《水和废水监测分析方法》编委会．水和废水监测分析方法 [M]．4版．北京：中国环境科学出版社，2002.

第3章 无定河流域和延河流域土地利用及水质评价

3.1 无定河流域土地利用分析

无定河流域和延河流域土地利用数据为2020年Landsat8的30m精度数据，由GlobeLand30：全球地理信息公共产品提供，研究区土地利用类型划分为耕地、林地、草地、水体、人造地表、裸地和灌木地，其中，灌木地、水体占比除个别区域外均不超5%，后续不考虑分析。参考国内外研究，河段、河岸带及子流域3个空间尺度下土地利用对水质具有较好的预测效果，结合无定河流域、延河流域区域特征，两河宽均在200～500m，且小范围内土地利用变化程度较小，故将土地利用指标分为子流域、1000m河岸带缓冲区和1000m点缓冲区3个空间尺度。1000m点缓冲区是以采样点为圆心，设置半径为500m的点缓冲区；1000m河岸带缓冲区沿采样点上溯，以子流域为边界截取河流向左右两岸延伸500m生成对应的线缓冲区，提取各空间尺度的土地利用数据。无定河流域采样点为29个，延河流域为24个。

无定河流域土地利用类型分布如图3.1所示，三种空间尺度下，土地利用类型面积占比表现均为耕地＞草地＞人造地表＞裸地＞水体＞灌木地＞林地，1000m河岸带尺度下人造地表面积、耕地面积、水体面积占比有所增加，而草地、裸地面积占比下降。子流域尺度下，耕地和草地仍为主要景观，人造地表面积占比继续增加，草地面积继续减少。

将采样点划分到无定河中上下游及各支流上，并计算河段和支流上的采样点在三种空间尺度上的土地利用类型面积平均占比。在子流域尺度上，耕地类型面积平均占比最高和最低分别位于马湖峪河和海流兔河，分别为72.88%和19.54%；草地类型面积平均占比最高和最低分别位于芦河和马湖峪河，分别为62.02%和25.80%；芦河和马湖峪河在人造地表类型面积平均占比上最高和最低，为5.63%和0.06%。1000m河岸带缓冲区尺度上，耕地、草地和人造地表三种土地利用类型面积平均占比最高的河段或支流分别为下游、淮宁河和中游，面积占比分别为74.93%、52.40%和12.19%，最低的河段或支流分别为海流兔河、下游和海流兔河，面积占比分别为27.83%、17.25%和0.20%；1000m点缓冲区尺度上，耕地、草地和人造地表三种土地利用类型面积平均占比最高的河段或支流分别为马湖峪河、芦河和中游，面积占比分别为73.06%、50.18%和15.88%，最低的河段或支流分别为海流兔河、中游和上游，面积占比分别为29.95%、11.55%和0.00%。

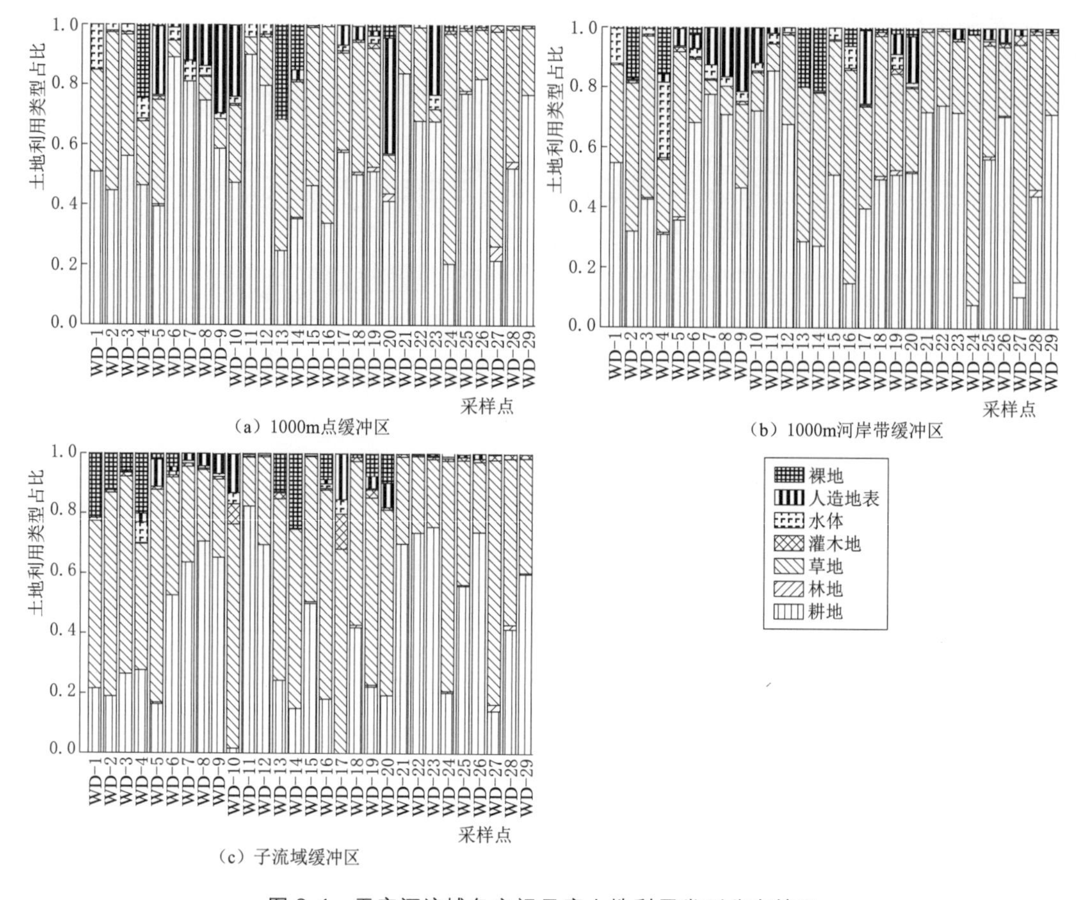

图 3.1 无定河流域各空间尺度土地利用类型分布情况

3.2 延河流域土地利用分析

延河流域各空间尺度土地利用类型分布如图 3.2 所示。延河流域内景观分布整体仍以草地和耕地为主，三种空间尺度下，土地利用类型面积占比均表现为草地>耕地>林地>人造地表>灌木地>水体>裸地，但是随着空间尺度的增大，人造地表面积占比逐渐增大，草地面积逐渐减小。

将采样点划分到延河中上下游及各支流上，并计算河段和支流上的采样点在三种空间尺度上的土地利用类型面积平均占比。在子流域尺度上，草地类型面积平均占比最高和最低分别位于坪桥河和西川河，分别为 78.79%和 22.92%；林地类型面积平均占比最高和最低分别位于南川河和下游，分别为 43.07%和 5.95%；南川河和坪桥河在人造地表类型面积平均占比上最高和最低，为 15.70%和 0.03%。1000m 河岸带缓冲区尺度上，草地、林地和人造地表三种土地利用类型面积平均占比最高的河段或支流分别为坪桥河、南川河和南川河，面积占比分别为 70.07%、39.02%和 22.08%，最低的河段或支流分别为南川河、下游和坪桥河，面积占比分别为 20.40%、6.44%和 0.102%；1000m 点缓冲区尺度

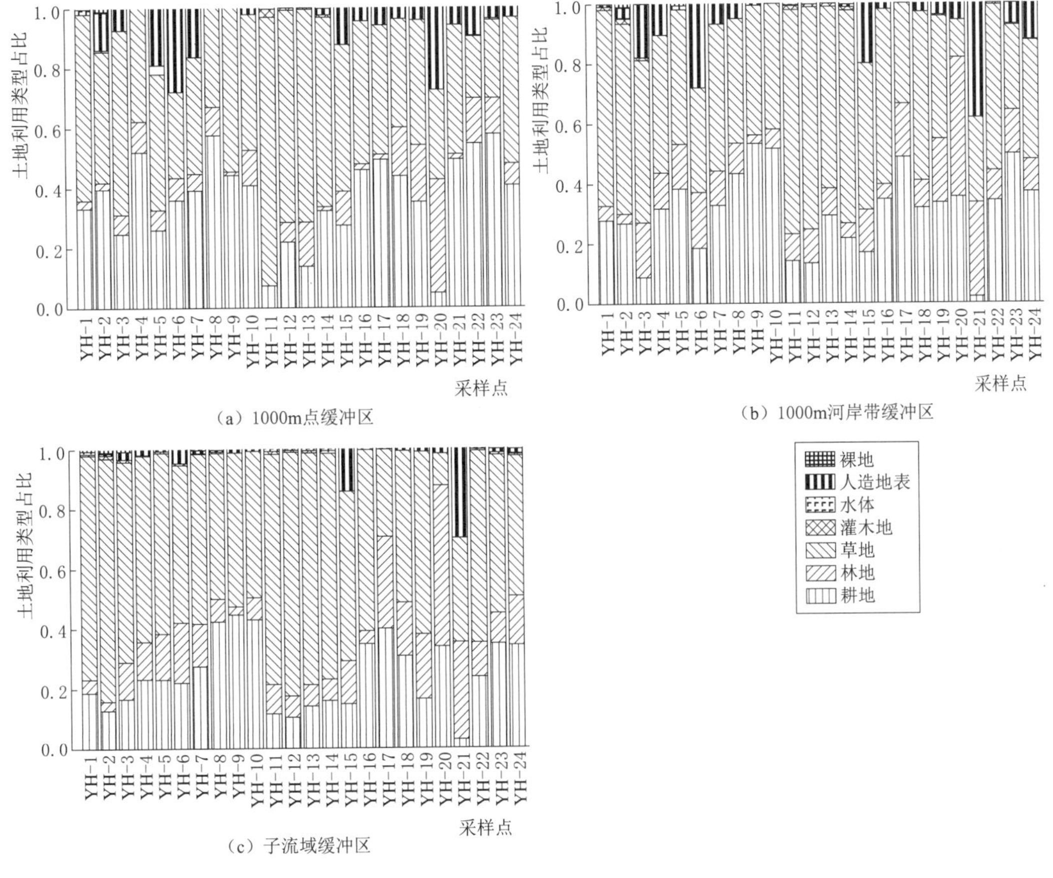

（a）1000m点缓冲区

（b）1000m河岸带缓冲区

（c）子流域缓冲区

图 3.2　延河流域各空间尺度土地利用类型分布情况

上，草地、林地和人造地表三种土地利用类型面积平均占比最高的河段或支流分别为坪桥河、南川河和南川河，面积占比分别为 77.29%、19.80%和 16.82%，最低的河段或支流分别为蟠龙河、上游和坪桥河，面积占比分别为 31.95%、3.79%和 0.00%。

3.3　无定河流域水质评价

春秋两季无定河流域 *WQI* 指数如图 3.3 和图 3.5 所示。从时间尺度上看，无定河流域在春季时水质 *WQI* 值为 50～84.62，均值为 65.48，水质类别为"良好"和"一般"；秋季时 *WQI* 值为 51.92～80.77，均值为 61.67，水质类别为"良好"和"一般"，两季水质差异较小，春季无定河水质更好更稳定，秋季无定河水质相对较差且比较波动较大。无定河流域内 DO、pH、TN、COD 存在显著季节差异，该流域内大部分采样点 COD、pH 水平秋季高于春季，TN、DO 水平总体上春季高于秋季。

从空间尺度上看，由图 3.4 和图 3.6 可知，春季无定河干流水质从上游到下游呈下降趋势，秋季无定河干流中上游水质最好，其次是下游，中游水质最差；春季无定河支流中榆溪河水质最好，大理河水质最差，秋季无定河支流中榆溪河水质最好，马湖峪河水质最

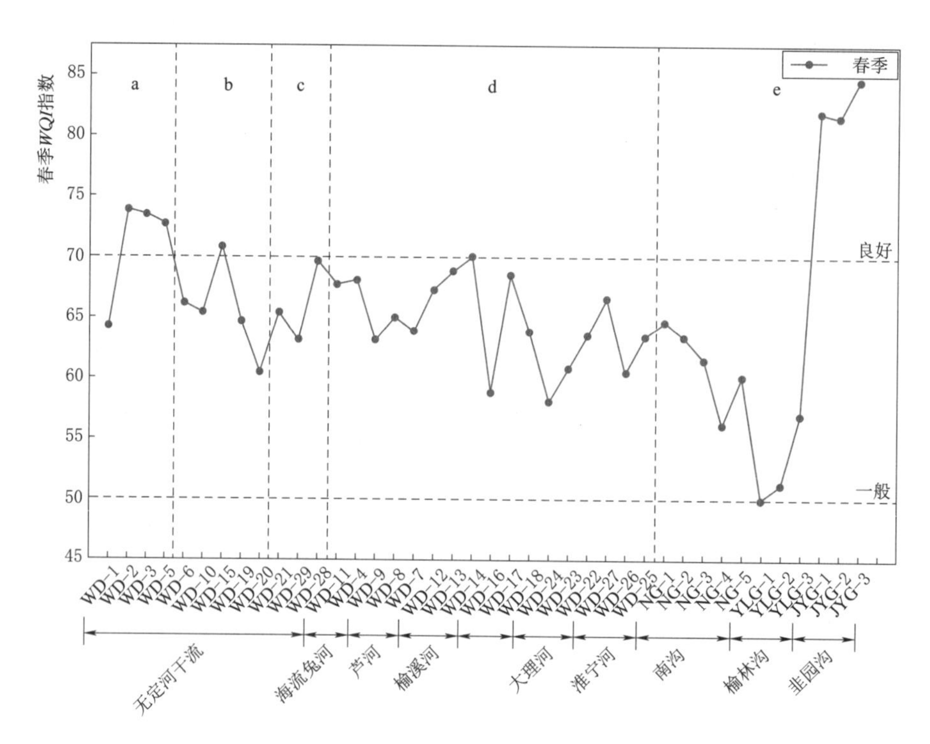

图 3.3 无定河流域春季 *WQI* 指数

图 3.4 无定河流域春季 *WQI* 指数空间分布

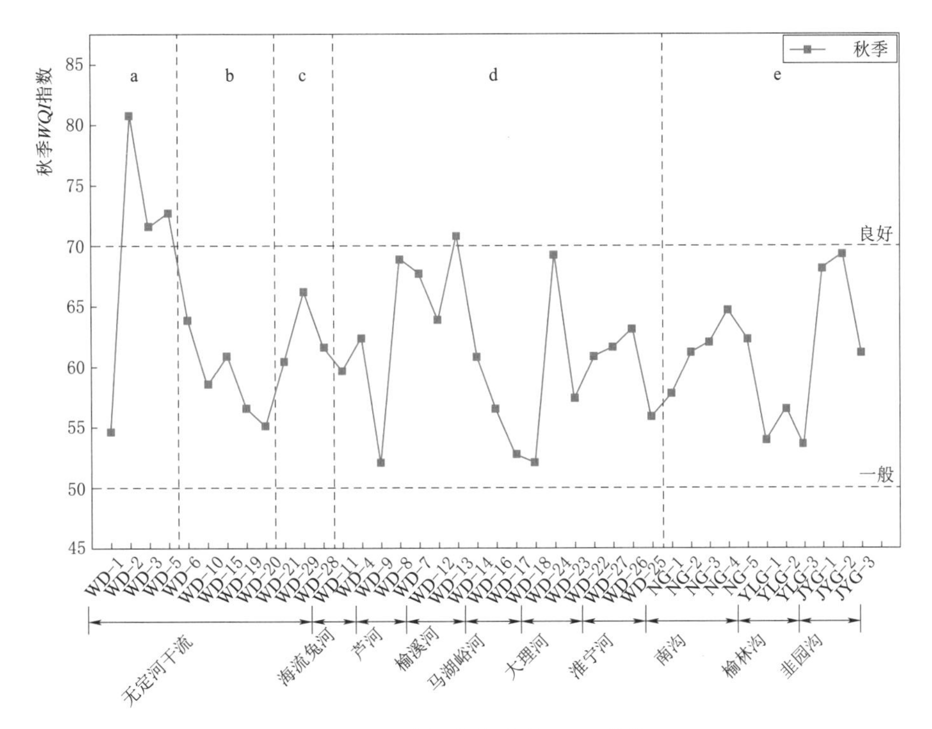

图 3.5 无定河流域秋季 *WQI* 指数

图 3.6 无定河流域秋季 *WQI* 指数空间分布

差；春秋两季无定河淤地坝中韭园沟水质最好，榆林沟水质最差。无定河流域春季的氨氮、硝氮和秋季的溶解氧、硝氮存在一定空间差异，并且硝氮和 COD 在中游、下游、大理河、淮宁河浓度较高，根据《地表水环境质量标准》（GB 3838—2002），无定河流域采样点在春季总氮含量均超出Ⅴ类标准，秋季超出Ⅴ类标准的采样点比例为65.5%，春秋两季总磷浓度超出Ⅲ类标准的采样点比例分别为48.3%和65.5%。

3.4 延河流域水质评价

春秋两季延河流域*WQI*指数如图3.7～图3.10所示。从时间尺度上看，延河流域春季时水质*WQI*值为61.33～83.33，均值为71.04，水质类别为“良好”和“一般”，分别占54.5%和45.5%；在秋季时水质*WQI*值为44.33～76.00，均值为58.75，水质类别为“良好”“一般”和“差”，分别占9.1%、72.7%和18.2%，两季水质差异较大。春季延河水质更好更稳定，秋季延河水质相对较差且比较波动较大。延河流域内，DO、NO_3^--N、NH_4^+-N、pH、TN、TP存在明显季节变化，该流域的采样点除DO外其余指标水平秋季高于春季。

从空间尺度上看，由图3.6和图3.8可知，延河流域干流水质在春季时，从上游到下游为先上升后下降的趋势，在秋季时，从上游到下游为逐渐下降的趋势；春季支流中，水质最好的河为马家沟，水质最差的河为坪桥河；秋季支流中，柳家畔水质最好，蟠龙河水质最差。延河流域春季的电导率、溶解氧、总磷和秋季的硝氮、总磷存在明显空间差异，延河流域秋季总磷、总氮、氨氮在中、下游浓度偏高。根据《地表水环境质量标准》(GB 3838—2002)，延河流域春秋两季都有33.3%的样点总氮水平超出Ⅴ类标准。春秋两季总磷浓度超出Ⅲ类标准的采样点比例分别为62.5%和95.8%。

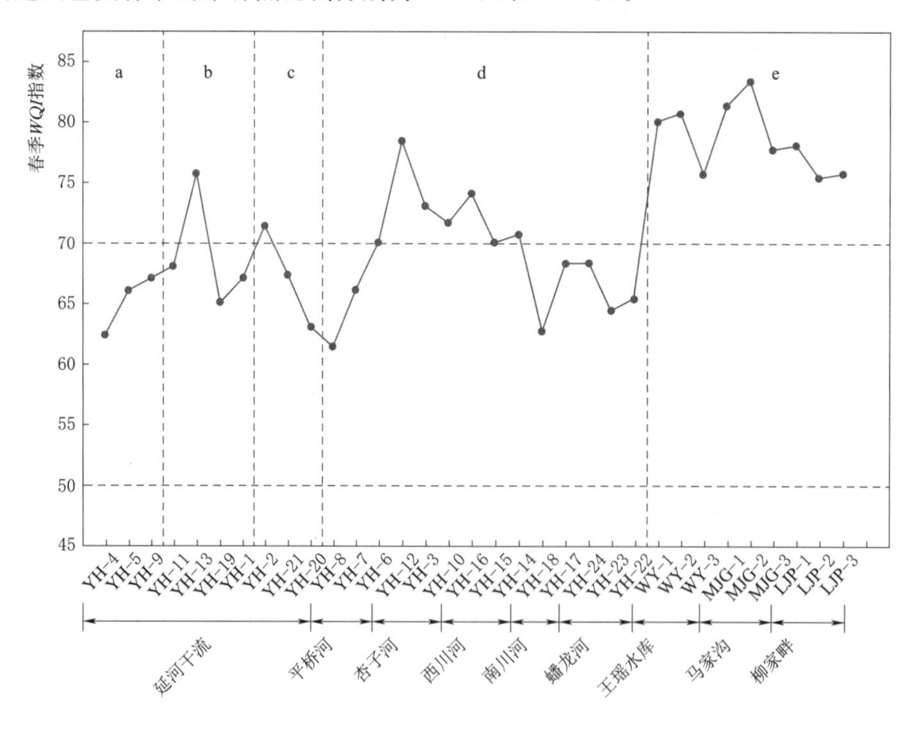

图3.7 延河流域春季 *WQI* 指数

图 3.8 延河流域春季 *WQI* 指数空间分布

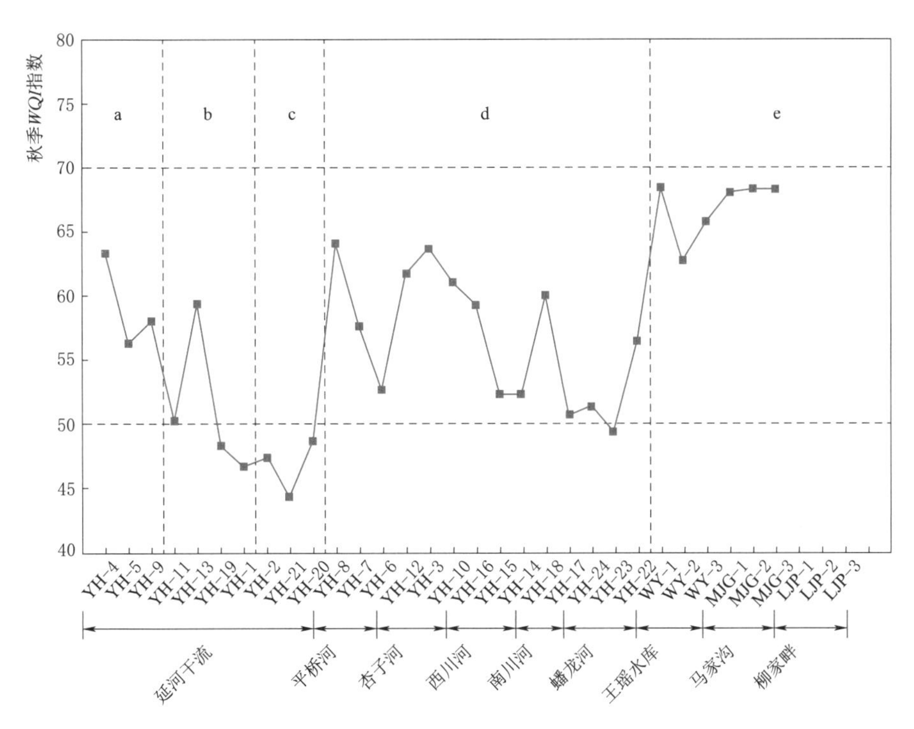

图 3.9 延河流域秋季 *WQI* 指数

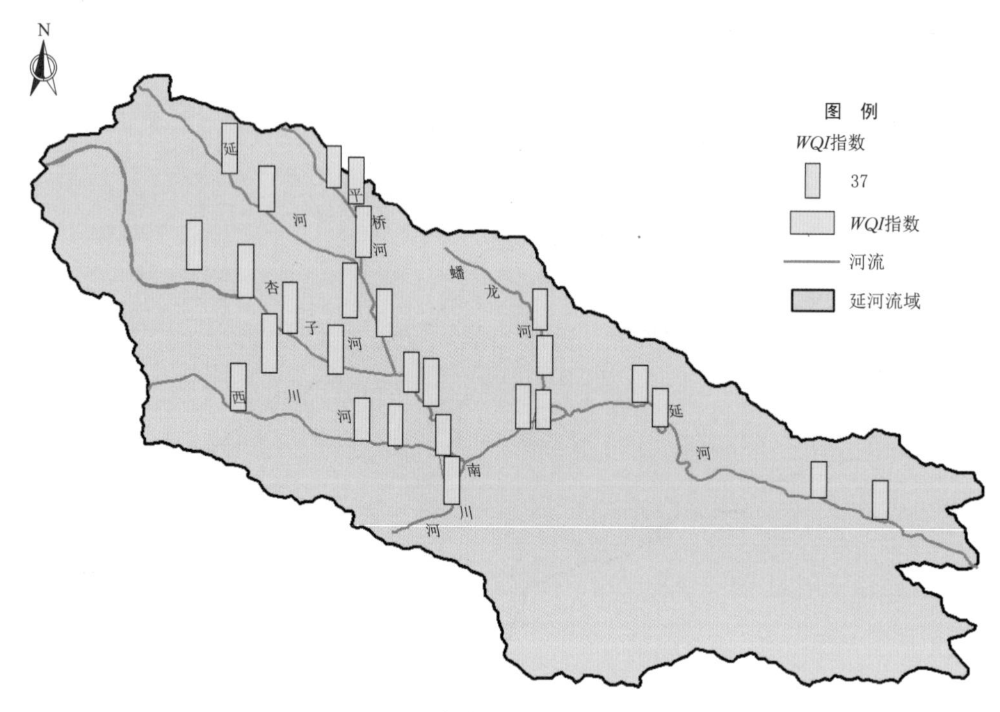

图 3.10 延河流域秋季 *WQI* 指数空间分布

3.5 讨论与小结

无定河和延河流域在三种空间尺度上土地利用类型均以耕地和草地为主，无定河流域耕地面积占比最多，延河流域则为草地，此外，除人造地表面积占比相对较大外，无定河流域裸地面积占比较为明显，延河流域林地占比较为明显。在无定河流域内，相比于1000m 点缓冲区，1000m 河岸带尺度下人造地表面积、耕地面积、水体面积占比有所增加，而草地、裸地面积占比下降，子流域尺度下，人造地表面积占比继续增加，草地面积继续减少。延河流域类似，随着空间尺度的增大，人造地表面积占比逐渐增大，草地面积逐渐减小。

根据 *WQI* 指数，无定河和延河春秋两季水质由好到差依次是春季延河、春季无定河、秋季无定河和秋季延河，两流域多数采样点水质均达到“良好”和“一般”水平。无定河干流水质上游最好，春季下游最差，秋季中游水质最差，而延河干流水质在春季时，从上游到下游为先上升后下降的趋势，在秋季时，从上游到下游为逐渐下降的趋势；无定河支流中榆溪河水质最好，秋季马湖峪河水质最差，延河支流中马家沟水质最好，秋季蟠龙河水质最差。两流域总氮含量超出Ⅴ类标准的采样点比例和总磷浓度超出Ⅲ类标准的采样点比例均较大。

无定河流域内，多数时空尺度下，耕地面积占比与 TP、NH_4^+ - N、NO_3^- - N 和 COD 呈现较大的正相关性，这说明农业用地对水质有负面影响（张亚娟 等，2017；Dylan et al.，2005），农业土地利用会影响河流中的营养物质；人造地表与 TN 浓度呈正相关，说明工业和生活污染源对湖水中氮元素的引入有重要贡献作用（张晓伦 等，2020）；草地面积占比与COD、NO_3^--N、TN呈现较大的负相关性，对水质有净化作用（吉冬青 等，2015）。延河流域内，多数时空尺度下，草地面积占比在大多数时空下与NO_3^--N、NH_4^+-N和TN呈正相关关系，说明虽然有研究表明草地作为一种植被具有水源涵养和水质净化的效果（吉冬青 等，2015），但是一定区域草地面积占比与水质恶化之间具有一定的关系；林地面积占比与TP、NH_4^+-N呈负相关关系，与pH、DO呈正相关关系，说明林地对水质有净化作用（连心桥，2021），林地对水化学元素具有吸收、截留的作用，从而能够保持水土、净化水质（郭羽羽 等，2021；周俊菊 等，2019）；人造地表在多数时空下与COD呈正相关关系，表明对流域水质产生负面关系，且相比无定河流域产生了更明显的负面影响。

土地利用对水质的影响受空间尺度影响较大，河岸尺度比子流域和点缓冲区尺度更能解释总体水质的变化（Li et al.，2008），河岸带通过减少地表径流、保留沉积物和处理营养物质来改善河流水质，从而起到过滤作用（Shi et al.，2017；吉冬青 等，2015）。

降水和径流的季节变化对河水污染浓度有很大影响。无定河流域、延河流域春季降雨量均小于秋季，研究结果发现，春季水质优于秋季。无定河流域在春秋两季的主导因子除裸地外分别为人造地表和耕地，结合无定河流域气候来看，春季的降雨量显著偏低、径流小，水质受气候等自然因素的影响小，在本区域主要受人为因素干扰（项颂 等，2016）。中下游人造地表占比较大，生活污水等人为影响可能使水质变差，同时降水量偏低也会导致河流内污染物的稀释作用偏低。也可以看到无定河流域耕地面积占比在秋季和子流域尺度上对水质的影响更大，且与大多数化学指标呈正相关关系，该流域降雨集中于夏秋季，流域内耕地面积占比较大，随着降雨量的增大，农田中肥料等污染源随着地表径流等方式排入河流，导致解释率较大，影响水质。延河流域春季土地利用结构对水质的解释率低于秋季，耕地对延河流域水质影响比较小，草地面积占比对水质影响较大，可能是由于该地区以草地为主，草地面积占比达到一定比例后变为氮类污染物的来源，与水质恶化相关，加上土地利用类型破碎程度较大，在秋季随着降雨的增多，地表径流将污染物带入河流中。

无定河流域内耕地面积占比比较大，对水质产生负面影响，应该进行保护性耕作以及精确施肥来减少农田内污染物的流出，草地对水质具有净化作用，且在子流域和点缓冲区尺度上对水质变化贡献较大，因此无定河流域内应进行退耕还林、还草等工程减少水土流失。延河流域内，草地为主要土地利用类型且与水质恶化有关，而林地则对水质有明显净化作用，需要在该流域内增加林地面积占比，而人造地表在该流域内与COD表现出一定相关性，流域内城区主要沿河分布，因此控制城市径流并确保符合国家标准十分重要。

参考文献

郭羽羽，李思悦，刘睿，等，2021. 黄河流域多时空尺度土地利用与水质的关系 [J]. 湖泊科学，33 (3)：737-748.

吉冬青，文雅，魏建兵，等，2015. 流溪河流域景观空间特征与河流水质的关联分析 [J]. 生态学报，

35 (2)：246 - 253.

连心桥，朱广伟，杨文斌，等，2021. 土地利用对太湖入流河道营养盐的影响 [J]. 环境科学，42 (10)：4698 - 4707.

项颂，庞燕，储昭升，等，2016. 入湖河流水质对土地利用时空格局的响应研究：以洱海北部流域为例 [J]. 环境科学，37 (8)：2947 - 2956.

张晓伦，邵妍妍，陈占，等，2020. 星云湖流域土地利用变化与水质响应分析 [J]. 昆明冶金高等专科学校学报，36 (1)：77 - 82，117.

张亚娟，李崇巍，胡蓓蓓，等，2017. 城镇化流域“源-汇”景观格局对河流氮磷空间分异的影响——以天津于桥水库流域为例 [J]. 生态学报，37 (7)：2437 - 2446.

周俊菊，向鹃，王兰英，等，2019. 祁连山东部冰沟河流域景观格局与河流水化学特征关系 [J]. 生态学杂志，38 (12)：3779 - 3788.

Dylan S，Ahearn，Richard W，et al.，2005. Land use and land cover influence on water quality in the last free - flowing river draining the western Sierra Nevada，California [J]. Journal of Hydrology，313 (3 - 4)：234 - 247.

Li S，Gu S，Liu W，et al.，2008. Water quality in relation to land use and land cover in the upper Han River Basin. China Catena，75 (2)：216 - 222.

Shi P，Zhang Y，LI Z B，et al.，2017. Influence of land use and land cover patterns on seasonal water quality at multi - spatial scales. Catena，151：182 - 190.

第4章 无定河流域和延河流域浮游植物群落特征

4.1 无定河流域春季浮游植物群落特征

4.1.1 浮游植物种类组成

本次春季生态调查共鉴定出浮游植物7门81属241种：硅藻门28属105种，占43.57%；蓝藻门9属20种，占8.30%；绿藻门32属83种，占34.44%；金藻门1属1种，占0.41%；隐藻门2属3种，占1.24%；甲藻门4属5种，占2.07%；裸藻门5属24种，占9.96%。无定河流域春季浮游植物物种组成和空间分布如图4.1和图4.2所示。

无定河干流上游段共鉴定出浮游植物117种：硅藻门49种，占41.88%；蓝藻门12种，占10.26%；绿藻门44种，占37.61%；金藻门1种，占0.85%；隐藻门3种，占2.56%；裸藻门8种，占6.84%。

无定河干流中游段共鉴定出浮游植物128种：硅藻门65种，占50.78%；蓝藻门12种，占9.38%；绿藻门38种，占29.69%；金藻门1种，占0.78%；隐藻门3种，占2.34%；甲藻门2种，占1.56%；裸藻门7种，占5.47%。

无定河干流下游段共鉴定出浮游植物84种：硅藻门55种，占65.48%；蓝藻门7种，占8.33%；绿藻门15种，占17.86%；金藻门1种，占1.19%；隐藻门2种，占2.38%；甲藻门1种，占1.19%；裸藻门3种，占3.57%。

无定河支流海流兔河共鉴定出浮游植物86种：硅藻门38种，占44.19%；蓝藻门10种，占11.63%；绿藻门28种，占32.56%；隐藻门2种，占2.33%；甲藻门1种，占1.16%；裸藻门7种，占8.14%。

无定河支流芦河共鉴定出浮游植物122种：硅藻门53种，占43.44%；蓝藻门14种，占11.48%；绿藻门44种，占36.07%；金藻门1种，占0.82%；隐藻门3种，占2.46%；甲藻门1种，占0.82%；裸藻门6种，占4.92%。

无定河支流榆溪河共鉴定出浮游植物110种：硅藻门51种，占46.36%；蓝藻门10种，占9.09%；绿藻门41种，占37.27%；金藻门1种，占0.91%；隐藻门1种，占0.91%；甲藻门1种，占0.91%；裸藻门5种，占4.55%。

无定河支流马湖峪河共鉴定出浮游植物66种：硅藻门46种，占69.70%；蓝藻门8

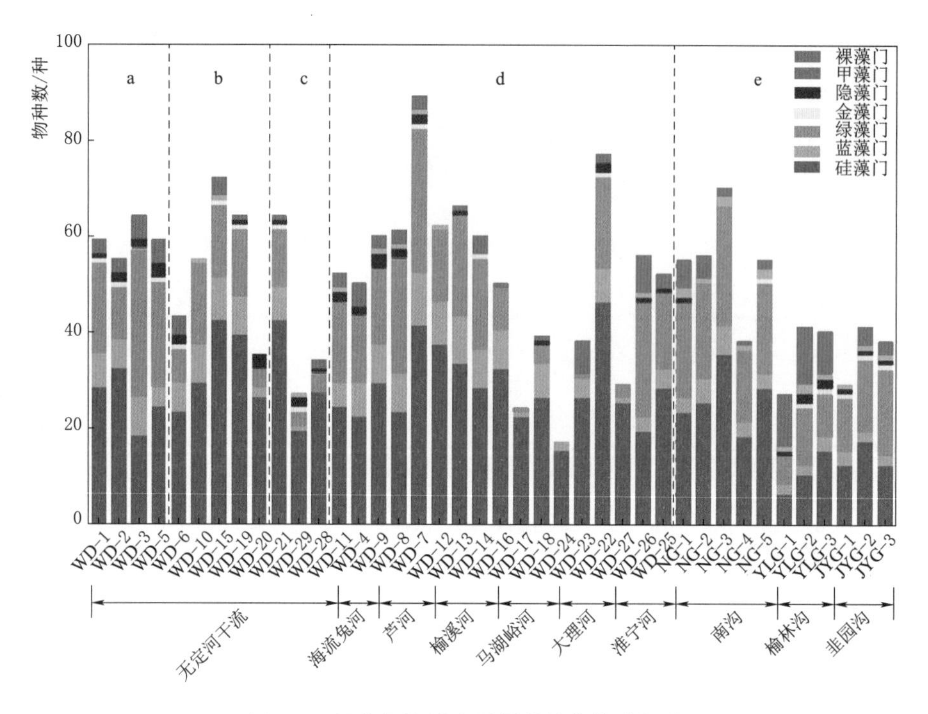

图 4.1 无定河流域春季浮游植物物种组成

注 a—无定河干流上游段；b—无定河干流中游段；c—无定河干流下游段；d—无定河支流；e—淤地坝水体

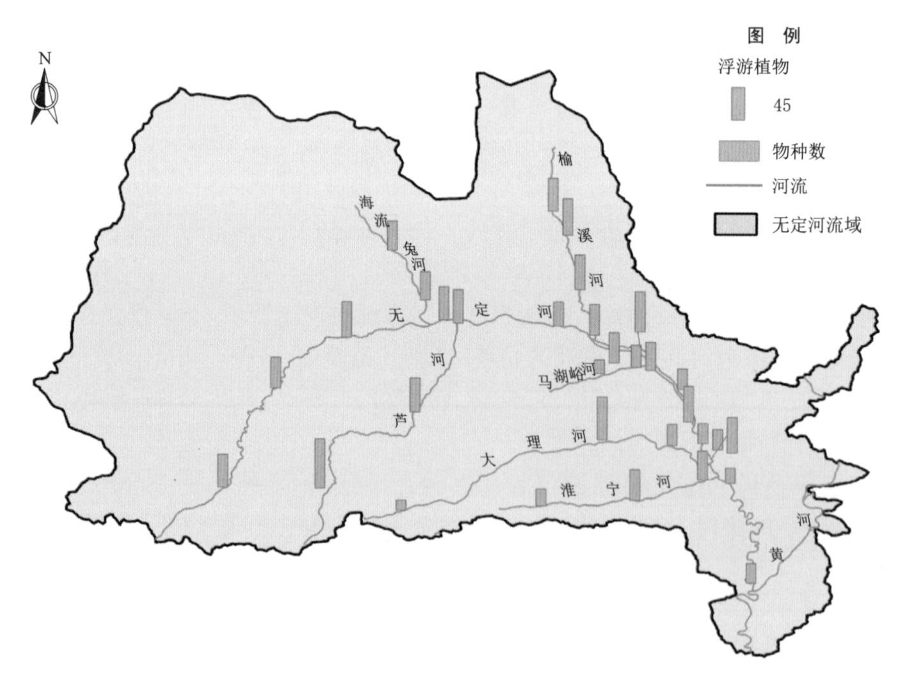

图 4.2 无定河流域春季浮游植物物种数空间分布

种，占12.12%；绿藻门10种，占15.15%；隐藻门1种，占1.52%；裸藻门1种，占1.52%。

无定河支流大理河共鉴定出浮游植物89种：硅藻门52种，占58.43%；蓝藻门8种，占8.99%；绿藻门19种，占21.35%；金藻门1种，占1.12%；隐藻门2种，占2.35%；裸藻门7种，占7.87%。

无定河支流淮宁河共鉴定出浮游植物82种：硅藻门43种，占52.44%；蓝藻门6种，占7.32%；绿藻门23种，占28.05%；隐藻门1种，占1.22%；甲藻门1种，占1.22%；裸藻门8种，占9.76%。

南沟淤地坝共鉴定出浮游植物101种：硅藻门43种，占42.57%；蓝藻门7种，占6.93%；绿藻门39种，占38.61%；金藻门1种，占0.99%；隐藻门1种，占0.99%；甲藻门2种，占1.98%；裸藻门8种，占7.92%。

榆林沟淤地坝共鉴定出浮游植物62种：硅藻门20种，占32.26%；蓝藻门3种，占4.84%；绿藻门18种，占29.03%；金藻门1种，占1.61%；隐藻门2种，占3.23%；甲藻门2种，占3.23%；裸藻门16种，占25.81%。

韭园沟淤地坝共鉴定出浮游植物64种：硅藻门22种，占34.38%；蓝藻门3种，占4.69%；绿藻门28种，占43.75%；金藻门1种，占1.56%；隐藻门2种，占3.13%；甲藻门3种，占4.69%；裸藻门5种，占7.81%。

4.1.2 浮游植物密度和生物量

本次春季调查无定河流域浮游植物密度区间为32.60×10^4～1936.67×10^4cells/L（见图4.3和图4.4），平均密度为473.05×10^4cells/L。其中密度最高的是无定河流域的榆林沟淤地坝YLG-2断面，密度为1936.67×10^4cells/L，密度最低的是无定河支流马湖峪河WD-17断面，密度为32.60×10^4cells/L。

无定河干流上游段浮游植物密度区间为287.10×10^4～578.00×10^4cells/L，平均密度为439.18×10^4cells/L，密度最高的是WD-1断面，密度为578.00×10^4cells/L，密度最低的是WD-2断面，密度为287.10×10^4cells/L。

无定河干流中游段浮游植物密度区间为72.60×10^4～630.36×10^4cells/L，平均密度为358.91×10^4cells/L，密度最高的是WD-15断面，密度为630.36×10^4cells/L，密度最低的是WD-20断面，密度为72.60×10^4cells/L。

无定河干流下游段浮游植物密度区间为225.03×10^4～395.50×10^4cells/L，平均密度为284.58×10^4cells/L，密度最高的是WD-21断面，密度为395.50×10^4cells/L，密度最低的是WD-28断面，密度为225.03×10^4cells/L。

无定河支流海流兔河浮游植物密度区间为300.80×10^4～703.47×10^4cells/L，平均密度为502.13×10^4cells/L，密度最高的是WD-11断面，密度为703.47×10^4cells/L，密度最低的是WD-4断面，密度为300.80×10^4cells/L。

无定河支流芦河浮游植物密度区间为283.97×10^4～403.63×10^4cells/L，平均密度为332.93×10^4cells/L，密度最高的是WD-9断面，密度为403.63×10^4cells/L，密度最低的是WD-7断面，密度为283.97×10^4cells/L。

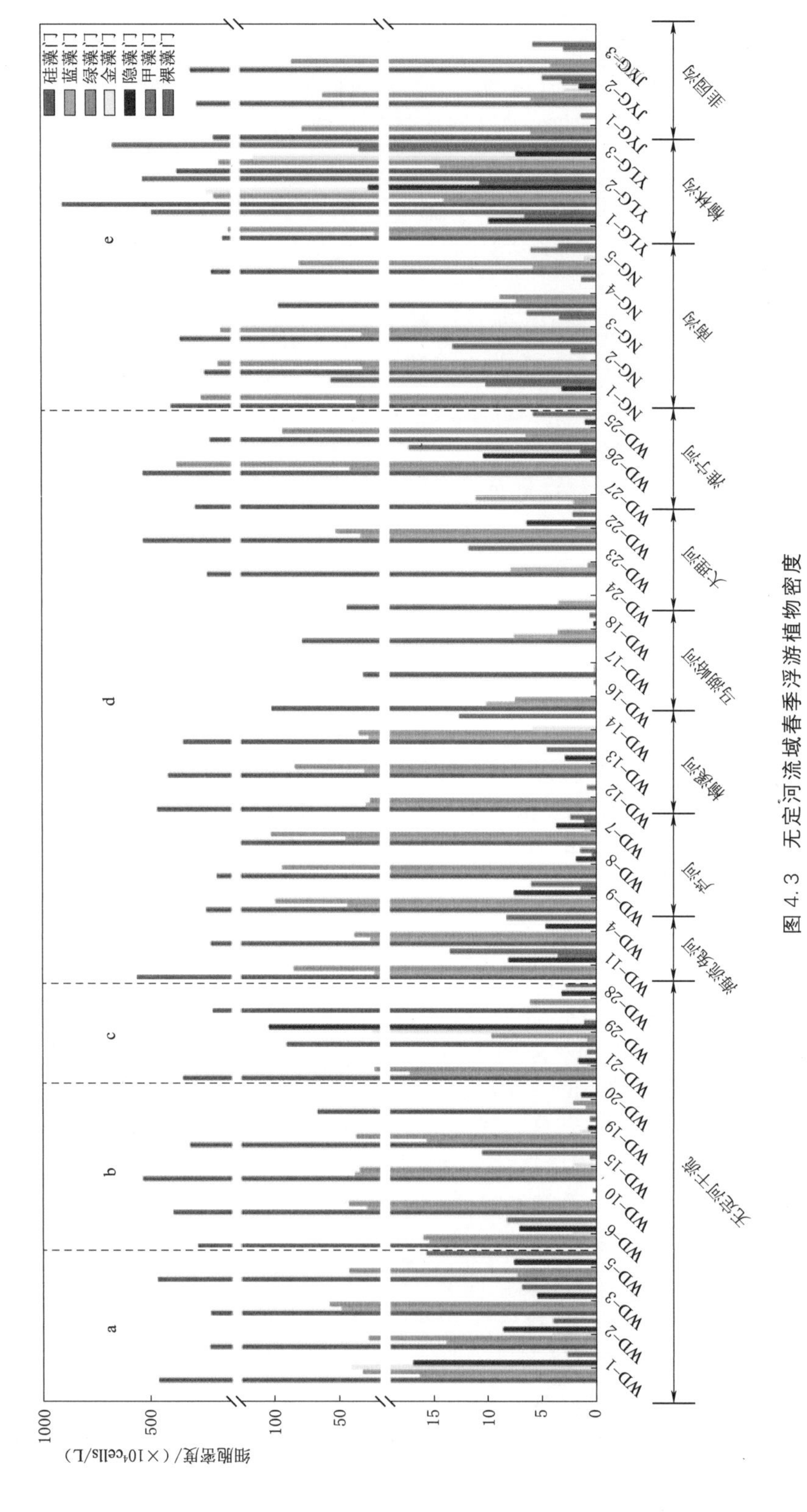

图 4.3　无定河流域春季浮游植物密度

注　a—无定河干流上游段；b—无定河干流中游段；c—无定河干流下游段；d—无定河支流；e—淤地坝水体

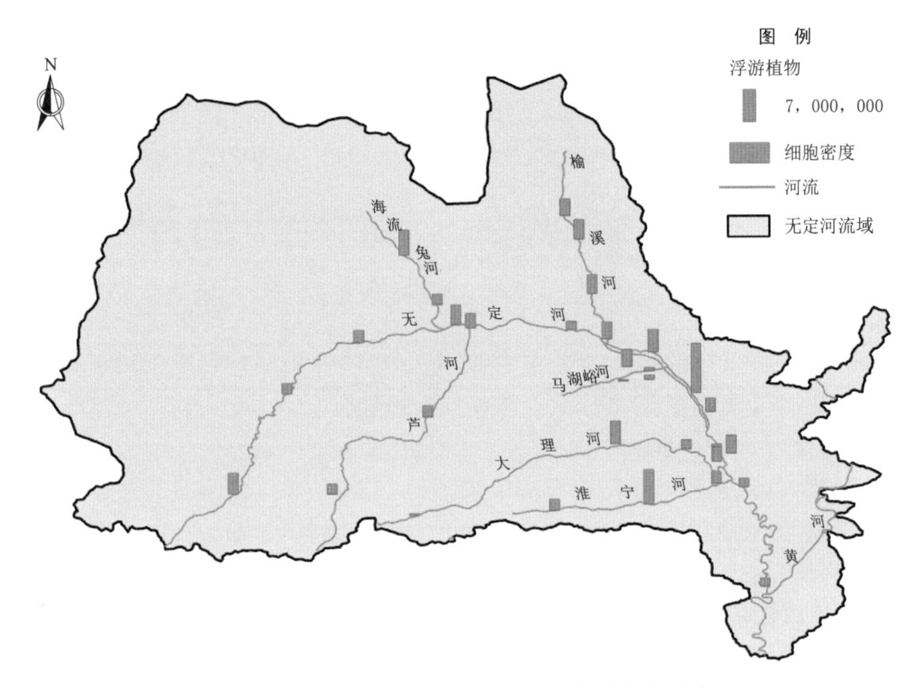

图 4.4 无定河流域春季浮游植物密度空间分布

无定河支流榆溪河浮游植物密度区间为 $471.80\times10^4\sim548.43\times10^4$ cells/L，平均密度为 516.31×10^4 cells/L，密度最高的是 WD－13 断面，密度为 548.43×10^4 cells/L，密度最低的是 WD－14 断面，密度为 471.80×10^4 cells/L。

无定河支流马湖峪河浮游植物密度区间为 $32.60\times10^4\sim120.57\times10^4$ cells/L，平均密度为 81.54×10^4 cells/L，密度最高的是 WD－16 断面，密度为 120.57×10^4 cells/L，密度最低的是 WD－17 断面，密度为 32.60×10^4 cells/L。

无定河支流大理河浮游植物密度区间为 $48.60\times10^4\sim636.00\times10^4$ cells/L，平均密度为 313.96×10^4 cells/L，密度最高的是 WD－22 断面，密度为 636.00×10^4 cells/L，密度最低的是 WD－24 断面，密度为 48.60×10^4 cells/L。

无定河支流淮宁河浮游植物密度区间为 $304.17\times10^4\sim985.08\times10^4$ cells/L，平均密度为 539.68×10^4 cells/L，密度最高的是 WD－26 断面，密度为 985.08×10^4 cells/L，密度最低的是 WD－27 断面，密度为 304.17×10^4 cells/L。

南沟淤地坝浮游植物密度区间为 $311.70\times10^4\sim772.27\times10^4$ cells/L，平均密度为 494.39×10^4 cells/L，密度最高的是 NG－1 断面，密度为 772.27×10^4 cells/L，密度最低的是 NG－5 断面，密度为 311.70×10^4 cells/L。

榆林沟淤地坝浮游植物密度区间为 $833.17\times10^4\sim1936.67\times10^4$ cells/L，平均密度为 1390.06×10^4 cells/L，密度最高的是 YLG－2 断面，密度为 1936.67×10^4 cells/L，密度最低的是 YLG－1 断面，密度为 833.17×10^4 cells/L。

韭园沟淤地坝浮游植物密度区间为 $455.37\times10^4\sim602.43\times10^4$ cells/L，平均密度为 505.79×10^4 cells/L，密度最高的是 JYG－3 断面，密度为 602.43×10^4 cells/L，密度最低

的是JYG－1断面，密度为455.37×10^{4}cells/L。

本次春季调查无定河流域浮游植物生物量区间为0.6348～48.2710mg/L（见图4.5和图4.6），平均生物量为9.6575mg/L。其中生物量最高的是无定河流域的榆林沟淤地坝YLG－2断面，生物量为48.2710mg/L，生物量最低的是无定河支流马湖峪河WD－17断面，生物量为0.6348mg/L。

无定河干流上游段浮游植物生物量区间为4.9079～10.0962mg/L，平均生物量为7.3260mg/L，生物量最高的是WD－1断面，生物量为10.0962mg/L，生物量最低的是WD－3，生物量为4.9079mg/L。

无定河干流中游段浮游植物生物量区间为1.4713～12.0769mg/L，平均生物量为6.4757mg/L，生物量最高的是WD－15断面，生物量为12.0769mg/L，生物量最低的是WD－20，生物量为1.4713mg/L。

无定河干流下游段浮游植物生物量区间为4.1781～7.4571mg/L，平均生物量为5.3787mg/L，生物量最高的是WD－21断面，生物量为7.4571mg/L，生物量最低的是WD－29，生物量为4.1781mg/L。

无定河支流海流兔河浮游植物生物量区间为4.2195～10.7622mg/L，平均生物量为7.4908mg/L，生物量最高的是WD－11断面，生物量为10.7622mg/L，生物量最低的是WD－4，生物量为4.2195mg/L。

无定河支流芦河浮游植物生物量区间为5.1088～5.9238mg/L，平均生物量为5.3862mg/L，生物量最高的是WD－9断面，生物量为5.9238mg/L，生物量最低的是WD－8，生物量为5.1088mg/L。

无定河支流榆溪河浮游植物生物量区间为7.3611～8.7701mg/L，平均生物量为7.9743mg/L，生物量最高的是WD－12断面，生物量为8.7701mg/L，生物量最低的是WD－13，生物量为7.3611mg/L。

无定河支流马湖峪河浮游植物生物量区间为0.6348～2.6086mg/L，平均生物量为1.6091mg/L，生物量最高的是WD－16断面，生物量为2.6086mg/L，生物量最低的是WD－17，生物量为0.6348mg/L。

无定河支流大理河浮游植物生物量区间为0.9764～13.0021mg/L，平均生物量为5.9983mg/L，生物量最高的是WD－22断面，生物量为13.0021mg/L，生物量最低的是WD－24，生物量为0.9764mg/L。

无定河支流淮宁河浮游植物生物量区间为7.0802～21.8227mg/L，平均生物量为12.3133mg/L，生物量最高的是WD－26断面，生物量为21.8227mg/L，生物量最低的是WD－25，生物量为7.0802mg/L。

南沟淤地坝浮游植物生物量区间为6.4046～14.4644mg/L，平均生物量为9.2205mg/L，生物量最高的是NG－1断面，生物量为14.4644mg/L，生物量最低的是NG－5，生物量为6.4046mg/L。

榆林沟淤地坝浮游植物生物量区间为30.4628～48.2710mg/L，平均生物量为40.3878mg/L，生物量最高的是YLG－2断面，生物量为48.2710mg/L，生物量最低的是YLG－1，生物量为30.4628mg/L。

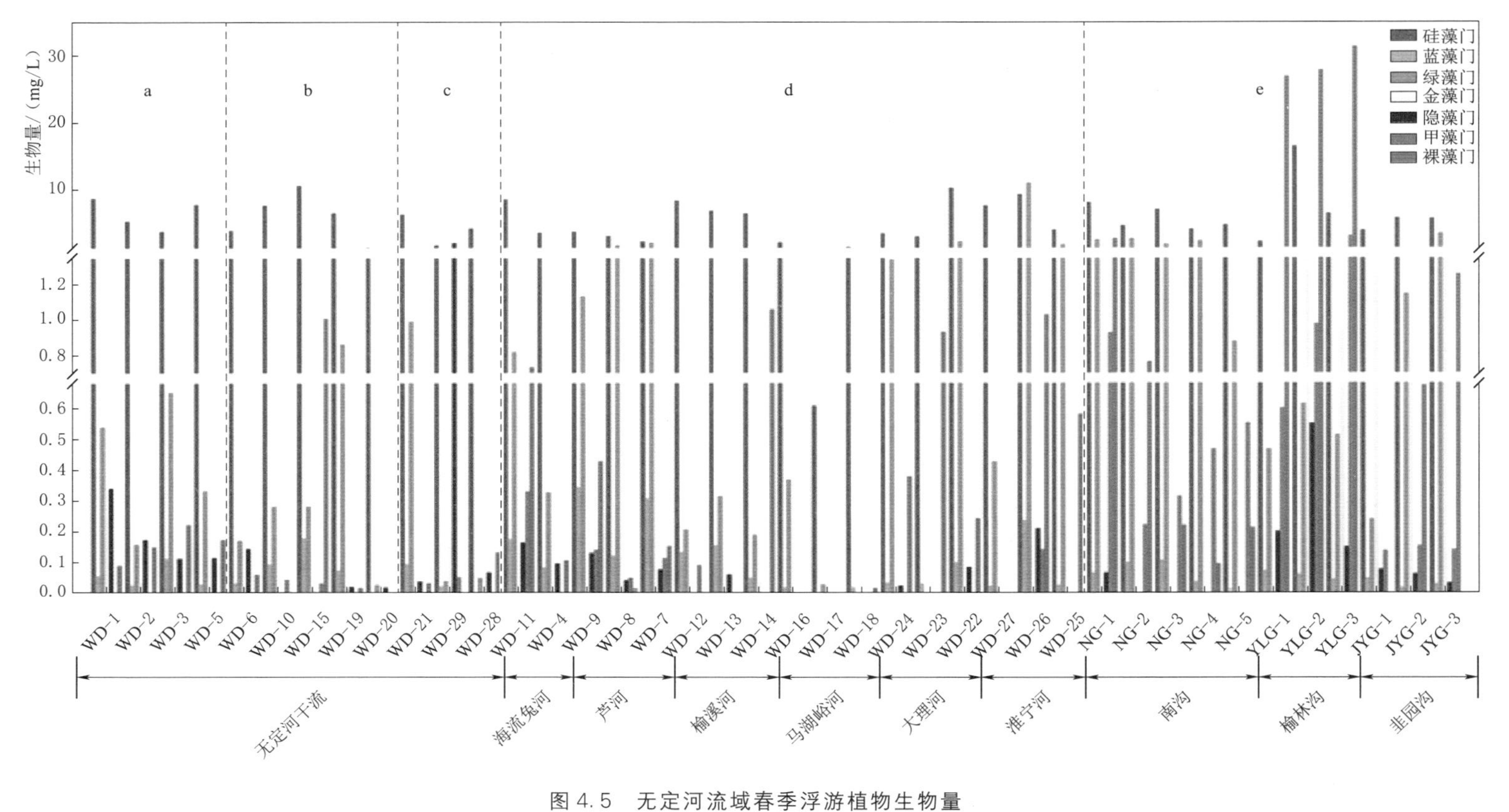

图 4.5 无定河流域春季浮游植物生物量

注 a—无定河干流上游段；b—无定河干流中游段；c—无定河干流下游段；d—无定河支流；e—淤地坝水体

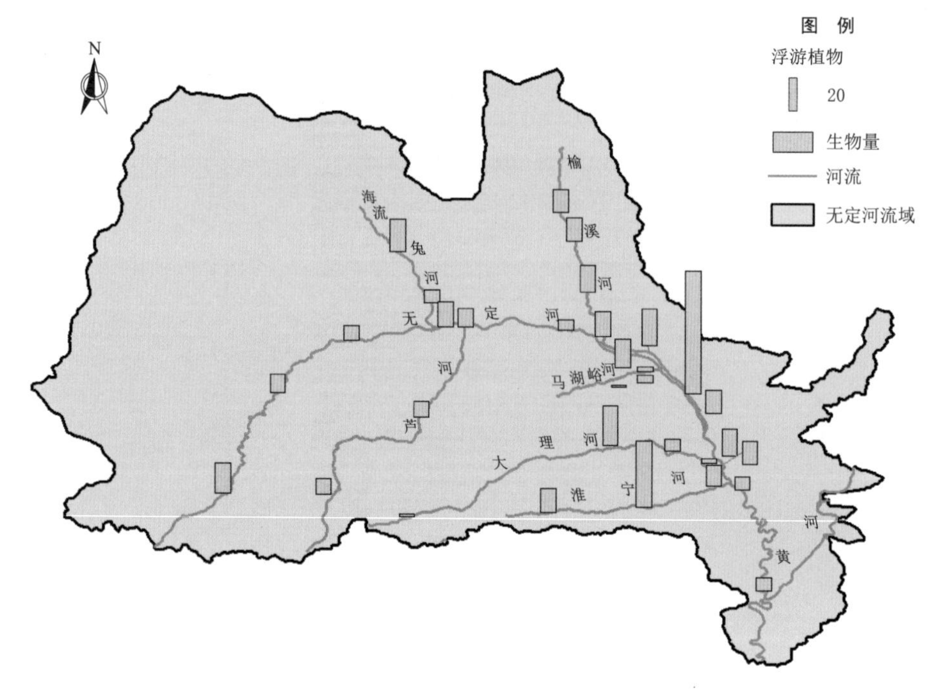

图 4.6 无定河流域春季浮游植物生物量空间分布

韭园沟淤地坝浮游植物生物量区间为 5.7328～12.0954mg/L，平均生物量为 8.7966mg/L，生物量最高的是 JYG-3 断面，生物量为 12.0954mg/L，生物量最低的是 JYG-1，生物量为 5.7328mg/L。

4.1.3 浮游植物群落多样性指数

无定河流域春季浮游植物多样性指数如图 4.7～图 4.12 所示。Shannon-Wiener 多样性指数在 2.3498～4.9315 之间，其平均值为 3.5752；Pielou 均匀度指数在 0.4898～0.6656 之间，其平均值为 0.7478；Margalef 丰富度指数在 0.4514～3.2683 之间，其平均值为 1.9111。

无定河干流上游段浮游植物 Shannon-Wiener 多样性指数在 2.4647～3.6042 之间，其平均值为 2.9049；Pielou 均匀度指数在 0.5132～0.7645 之间，其平均值为 0.6061；Margalef 丰富度指数在 1.6427～1.9932 之间，其平均值为 1.7737。

无定河干流中游段浮游植物 Shannon-Wiener 多样性指数在 3.4066～4.0591 之间，其平均值为 3.8089；Pielou 均匀度指数在 0.7323～0.9165 之间，其平均值为 0.7925；Margalef 丰富度指数在 1.4007～2.6612 之间，其平均值为 1.9157。

无定河干流下游段浮游植物 Shannon-Wiener 多样性指数在 2.9928～4.0844 之间，其平均值为 3.6038；Pielou 均匀度指数在 0.7077～0.8157 之间，其平均值为 0.7777；Margalef 丰富度指数在 1.2956～2.1276 之间，其平均值为 1.6794。

无定河支流海流兔河浮游植物 Shannon-Wiener 多样性指数在 3.0396～3.8990 之间，其平均值为 3.4693；Pielou 均匀度指数在 0.6653～0.7958 之间，其平均值为

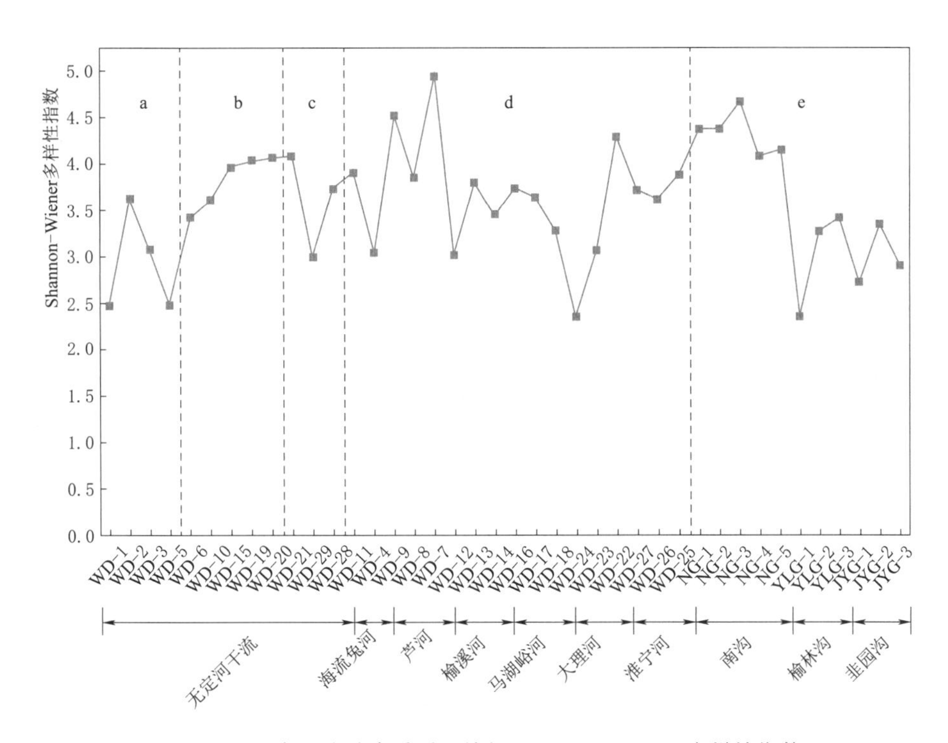

图 4.7 无定河流域春季浮游植物 Shannon - Wiener 多样性指数

注 a—无定河干流上游段；b—无定河干流中游段；c—无定河干流下游段；d—无定河支流；e—淤地坝水体

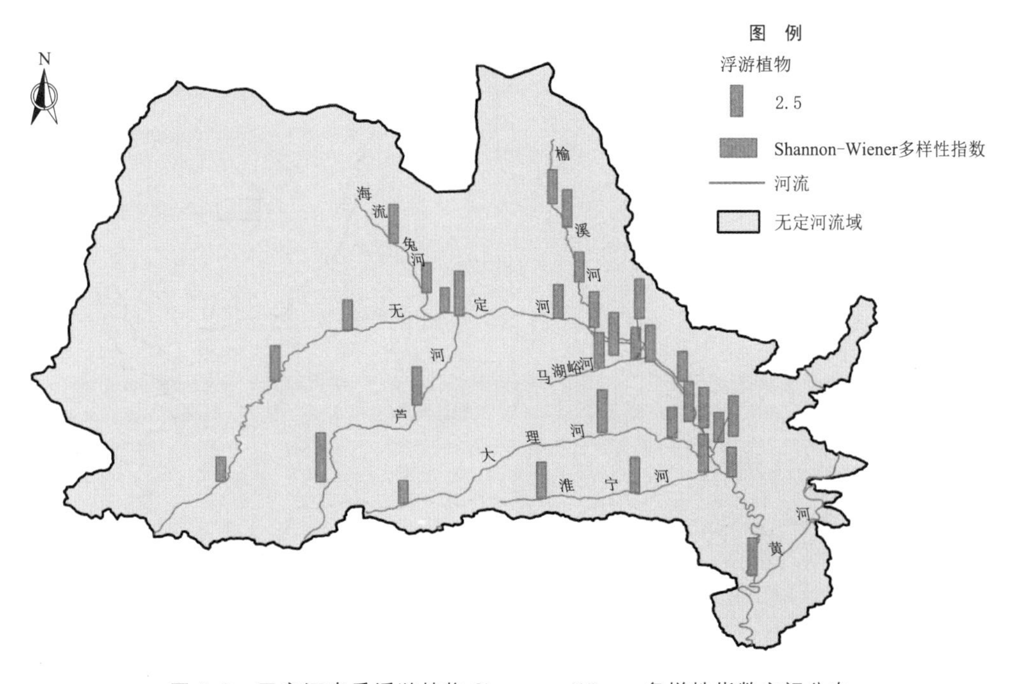

图 4.8 无定河春季浮游植物 Shannon - Wiener 多样性指数空间分布

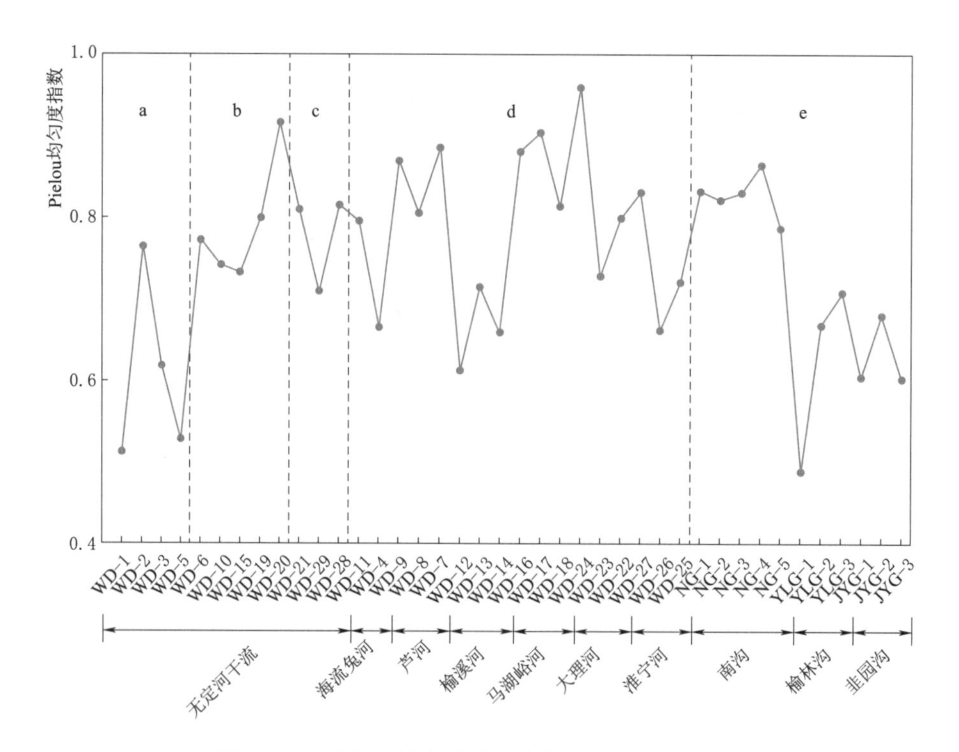

图 4.9 无定河流域春季浮游植物 Pielou 均匀度指数

注 a—无定河干流上游段；b—无定河干流中游段；c—无定河干流下游段；d—无定河支流；e—淤地坝水体

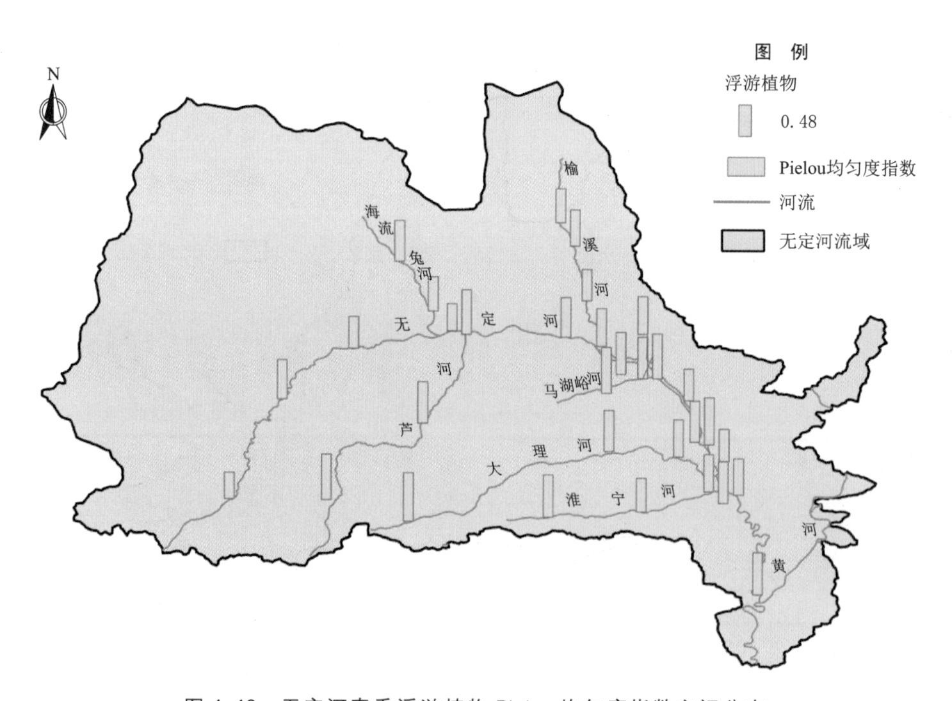

图 4.10 无定河春季浮游植物 Pielou 均匀度指数空间分布

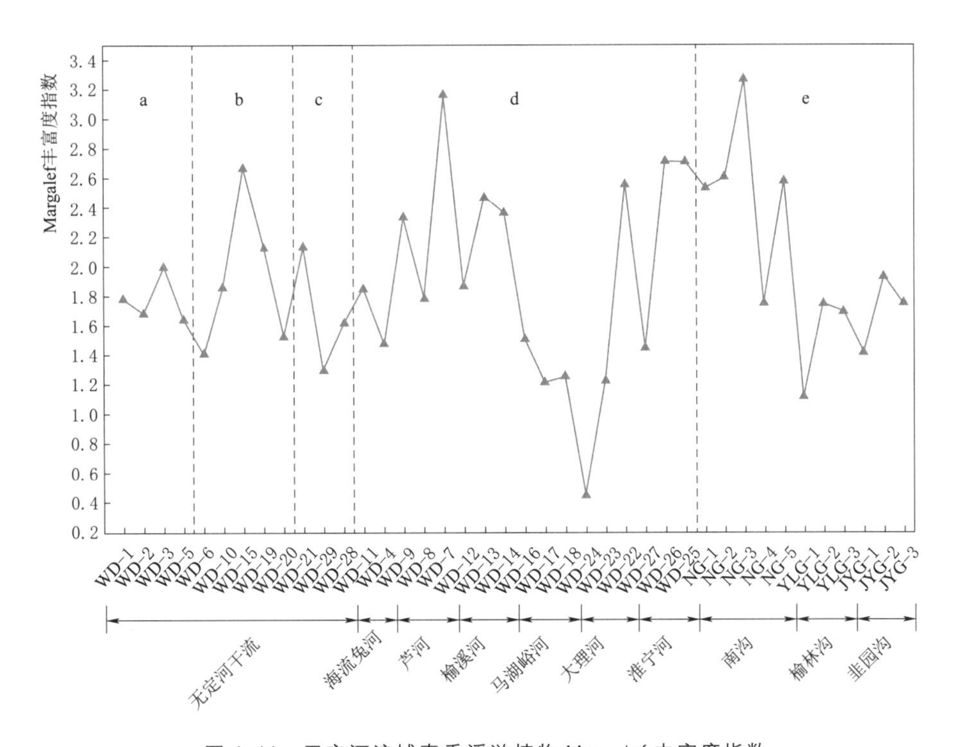

图 4.11　无定河流域春季浮游植物 Margalef 丰富度指数

注　a—无定河干流上游段；b—无定河干流中游段；c—无定河干流下游段；d—无定河支流；e—淤地坝水体

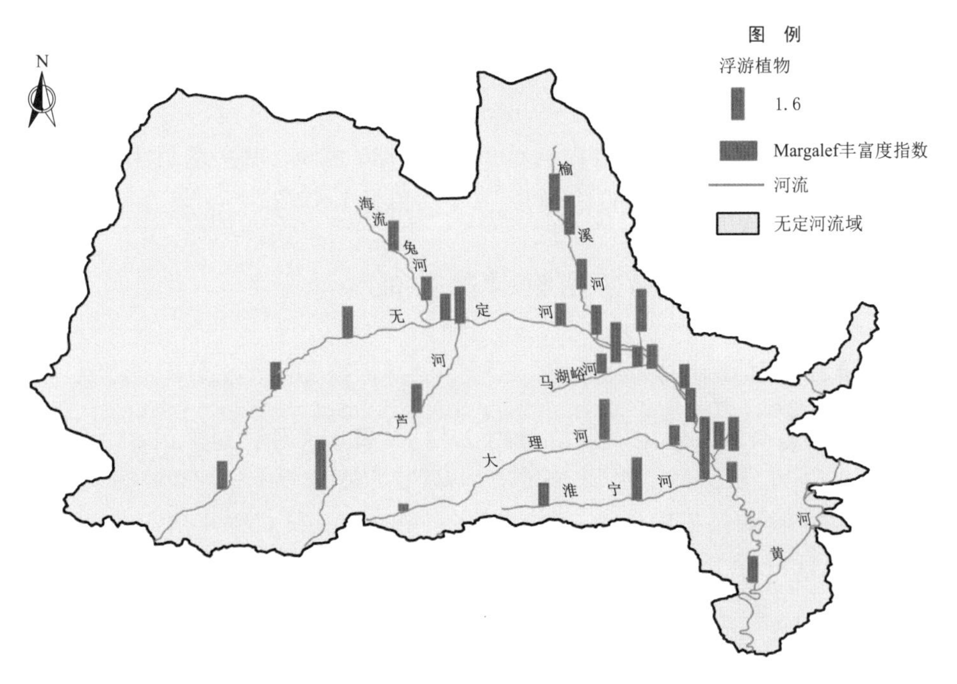

图 4.12　无定河春季浮游植物 Margalef 丰富度指数指数空间分布

0.7305；Margalef 丰富度指数在 1.4736～1.8543 之间，其平均值为 1.6640。

无定河支流芦河浮游植物 Shannon - Wiener 多样性指数在 3.8521～4.9315 之间，其平均值为 4.4252；Pielou 均匀度指数在 0.8057～0.8854 之间，其平均值为 0.8533；Margalef 丰富度指数在 1.7891～3.1510 之间，其平均值为 2.4184。

无定河支流榆溪河浮游植物 Shannon - Wiener 多样性指数在 3.0104～3.7827 之间，其平均值为 3.4091；Pielou 均匀度指数在 0.6120～0.7142 之间，其平均值为 0.6619；Margalef 丰富度指数在 1.8674～2.4703 之间，其平均值为 2.2340。

无定河支流马湖峪河浮游植物 Shannon - Wiener 多样性指数在 3.2714～3.7348 之间，其平均值为 3.5462；Pielou 均匀度指数在 0.8136～0.9040 之间，其平均值为 0.8661；Margalef 丰富度指数在 1.2089～1.5132 之间，其平均值为 1.3252。

无定河支流大理河浮游植物 Shannon - Wiener 多样性指数在 2.3498～4.2769 之间，其平均值为 3.2315；Pielou 均匀度指数在 0.7277～0.9595 之间，其平均值为 0.8286；Margalef 丰富度指数在 0.4514～2.5551 之间，其平均值为 1.4093。

无定河支流淮宁河浮游植物 Shannon - Wiener 多样性指数在 3.6122～3.8727 之间，其平均值为 3.7282；Pielou 均匀度指数在 0.6616～0.8313 之间，其平均值为 0.7382；Margalef 丰富度指数在 1.4490～2.7138 之间，其平均值为 2.2899。

南沟淤地坝浮游植物 Shannon - Wiener 多样性指数在 4.0722～4.6486 之间，其平均值为 4.3202；Pielou 均匀度指数在 0.7877～0.8646 之间，其平均值为 0.8272；Margalef 丰富度指数在 1.7512～3.2683 之间，其平均值为 2.5462。

榆林沟淤地坝浮游植物 Shannon - Wiener 多样性指数在 2.3545～3.4115 之间，其平均值为 3.0108；Pielou 均匀度指数在 0.4898～0.7071 之间，其平均值为 0.6218；Margalef 丰富度指数在 1.1035～1.7484 之间，其平均值为 1.5170。

韭园沟淤地坝浮游植物 Shannon - Wiener 多样性指数在 2.7144～3.3276 之间，其平均值为 2.9797；Pielou 均匀度指数在 0.6035～0.6780 之间，其平均值为 0.6283；Margalef 丰富度指数在 1.4131～1.9314 之间，其平均值为 1.6972。

4.2 无定河流域秋季浮游植物群落特征

4.2.1 浮游植物种类组成

本次秋季生态调查共鉴定出浮游植物 7 门 74 属 189 种：硅藻门 24 属 85 种，占 44.97%；蓝藻门 13 属 26 种，占 13.76%；绿藻门 25 属 54 种，占 28.57%；金藻门 2 属 2 种，占 1.06%；隐藻门 2 属 3 种，占 1.59%；甲藻门 3 属 5 种，占 2.65%；裸藻门 5 属 14 种，占 7.41%。无定河流域秋季浮游植物物种组成及空间分布如图 4.13 和图 4.14 所示。

无定河干流上游段共鉴定出浮游植物 60 种：硅藻门 36 种，占 60.00%；蓝藻门 8 种，占 13.33%；绿藻门 9 种，占 15.00%；金藻门 2 种，占 3.33%；隐藻门 2 种，占 3.33%；甲藻门 1 种，占 1.67%；裸藻门 2 种，占 3.33%。

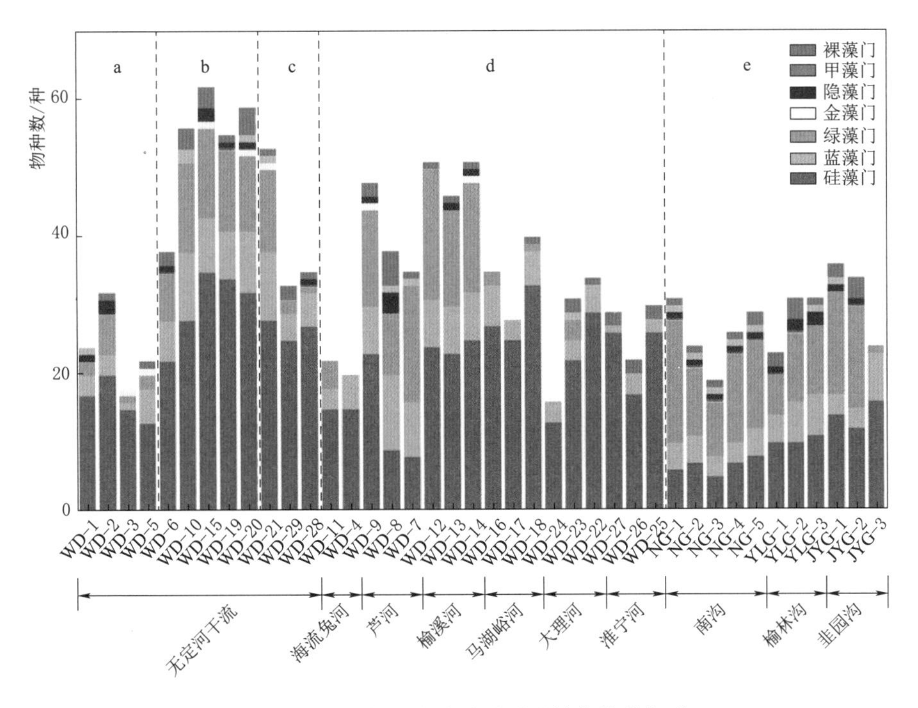

图 4.13 无定河流域秋季浮游植物物种组成

注 a—无定河干流上游段；b—无定河干流中游段；c—无定河干流下游段；d—无定河支流；e—淤地坝水体

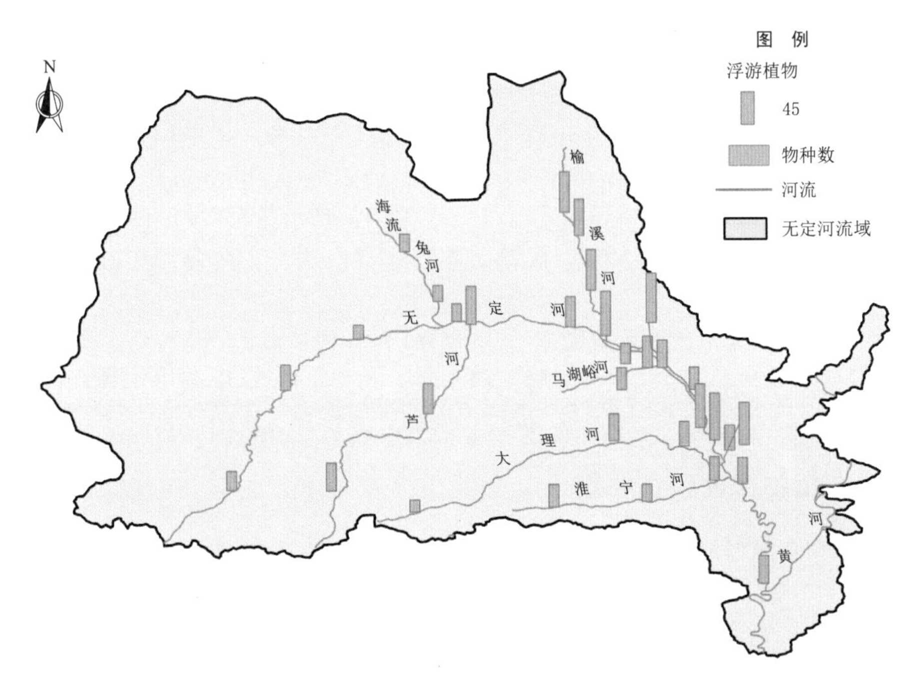

图 4.14 无定河流域秋季浮游植物物种数空间分布

无定河干流中游段共鉴定出浮游植物115种：硅藻门57种，占49.57%；蓝藻门17种，占14.78%；绿藻门27种，占23.48%；金藻门2种，占1.74%；隐藻门2种，占1.74%；甲藻门3种，占2.61%；裸藻门7种，占6.09%。

无定河干流下游段共鉴定出浮游植物69种：硅藻门41种，占59.42%；蓝藻门10种，占14.49%；绿藻门12种，占17.39%；金藻门1种，占1.45%；隐藻门1种，占1.45%；甲藻门1种，占1.45%；裸藻门3种，占4.35%。

无定河支流海流兔河共鉴定出浮游植物35种：硅藻门25种，占71.43%；蓝藻门6种，占17.14%；绿藻门4种，占11.43%。

无定河支流芦河共鉴定出浮游植物76种：硅藻门29种，占38.16%；蓝藻门12种，占15.79%；绿藻门23种，占30.26%；金藻门1种，占1.32%；隐藻门3种，占3.95%；甲藻门2种，占2.63%；裸藻门6种，占7.89%。

无定河支流榆溪河共鉴定出浮游植物76种：硅藻门37种，占48.68%；蓝藻门9种，占11.84%；绿藻门26种，占34.21%；金藻门1种，占1.32%；隐藻门1种，占1.32%；裸藻门2种，占2.63%。

无定河支流马湖峪河共鉴定出浮游植物56种：硅藻门44种，占75.57%；蓝藻门9种，占16.07%；绿藻门2种，占3.57%；裸藻门1种，占1.79%。

无定河支流大理河共鉴定出浮游植物51种：硅藻门36种，占70.59%；蓝藻门8种，占15.69%；绿藻门3种，占5.88%；甲藻门1种，占1.96%；裸藻门3种，占5.88%。

无定河支流淮宁河共鉴定出浮游植物46种：硅藻门38种，占82.61%；蓝藻门3种，占6.52%；裸藻门5种，占10.87%。

南沟淤地坝共鉴定出浮游植物27种：硅藻门11种，占40.74%；蓝藻门6种，占22.22%；绿藻门6种，占22.22%；隐藻门1种，占3.70%；甲藻门1种，占3.70%；裸藻门2种，占7.41%。

榆林沟淤地坝共鉴定出浮游植物32种：硅藻门14种，占43.75%；蓝藻门6种，占18.75%；绿藻门6种，占18.75%；隐藻门2种，占6.25%；甲藻门1种，占3.13%；裸藻门3种，占9.38%。

韭园沟淤地坝共鉴定出浮游植物49种：硅藻门26种，占53.06%；蓝藻门9种，占18.37%；绿藻门9种，占18.37%；隐藻门1种，占2.04%；甲藻门1种，占2.04%；裸藻门3种，占6.12%。

4.2.2 浮游植物密度和生物量

本次秋季调查无定河流域浮游植物密度区间为 13.63×10^4～634.33×10^4 cells/L（见图4.15和图4.16），平均密度为 181.25×10^4 cells/L。其中密度最高的是无定河干流中游段WD-20断面，密度为 634.33×10^4 cells/L，密度最低的是无定河支流大理河WD-24断面，密度为 13.63×10^4 cells/L。

无定河干流上游段浮游植物密度区间为 24.20×10^4～98.57×10^4 cells/L，平均密度为 49.58×10^4 cells/L，密度最高的是WD-5断面，密度为 98.57×10^4 cells/L，密度最低

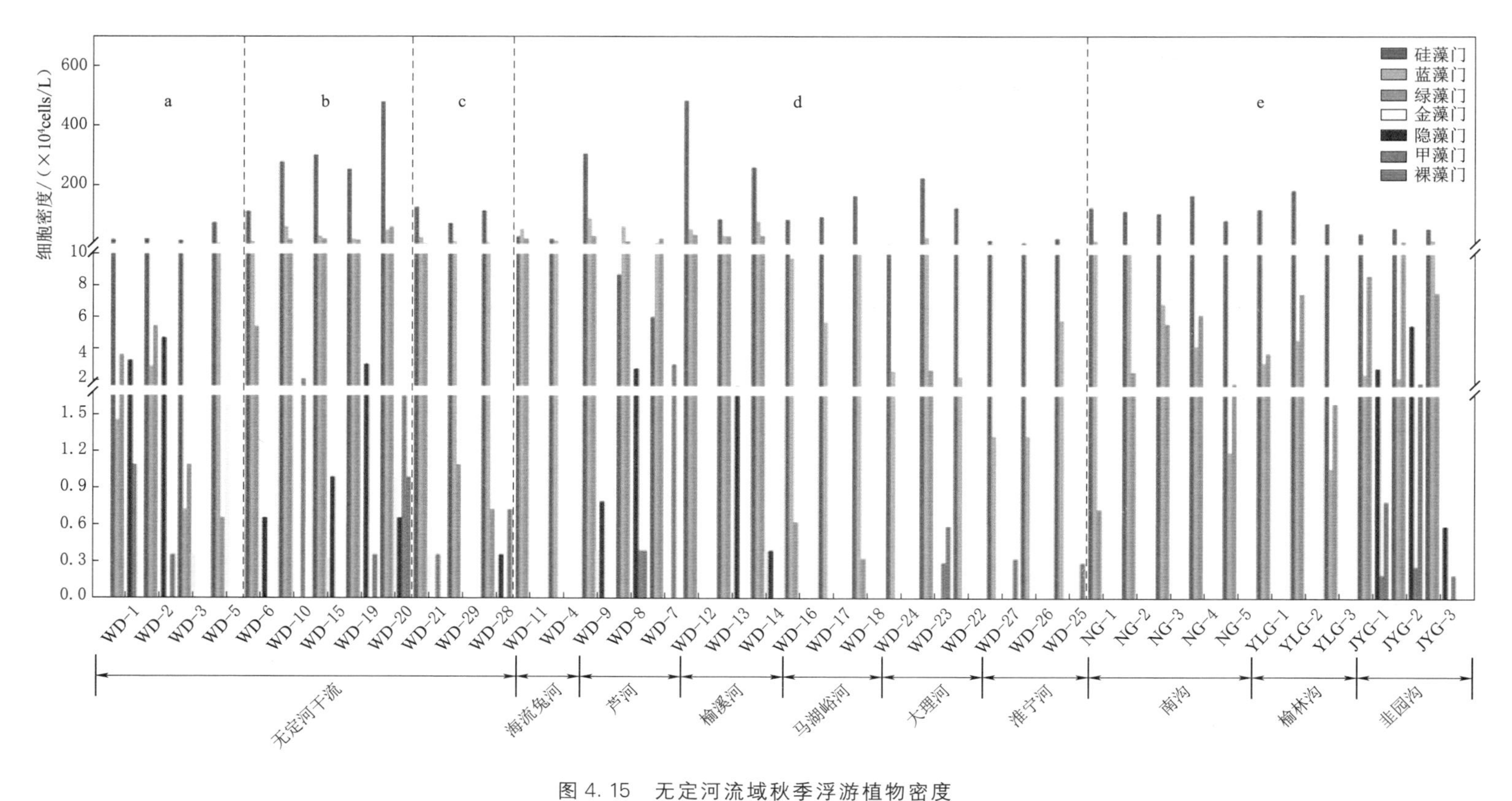

图 4.15 无定河流域秋季浮游植物密度

注 a—无定河干流上游段；b—无定河干流中游段；c—无定河干流下游段；d—无定河支流；e—淤地坝水体

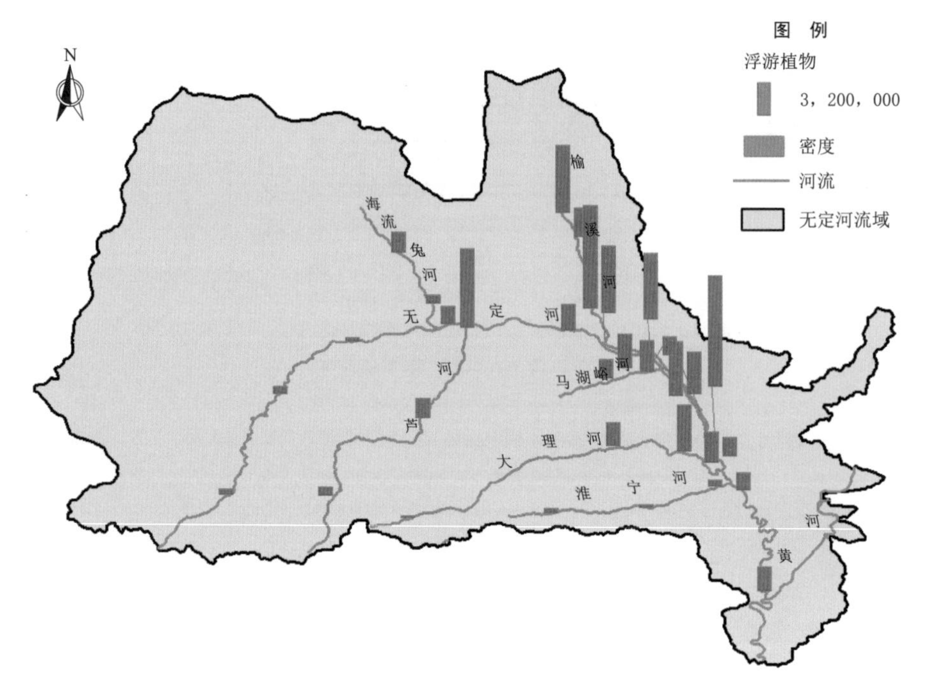

图 4.16 无定河流域秋季浮游动物密度空间分布

的是 WD-3 断面，密度为 24.20×10^4 cells/L。

无定河干流中游段浮游植物密度区间为 143.97×10^4～634.33×10^4 cells/L，平均密度为 368.43×10^4 cells/L，密度最高的是 WD-20 断面，密度为 634.33×10^4 cells/L，密度最低的是 WD-6 断面，密度为 143.97×10^4 cells/L。

无定河干流下游段浮游植物密度区间为 98.27×10^4～179.67×10^4 cells/L，平均密度为 138.60×10^4 cells/L，密度最高的是 WD-21 断面，密度为 179.67×10^4 cells/L，密度最低的是 WD-29 断面，密度为 98.27×10^4 cells/L。

无定河支流海流兔河浮游植物密度区间为 47.30×10^4～120.40×10^4 cells/L，平均密度为 83.85×10^4 cells/L，密度最高的是 WD-11 断面，密度为 120.40×10^4 cells/L，密度最低的是 WD-4 断面，密度为 47.30×10^4 cells/L。

无定河支流芦河浮游植物密度区间为 51.13×10^4～447.20×10^4 cells/L，平均密度为 202.11×10^4 cells/L，密度最高的是 WD-9 断面，密度为 447.20×10^4 cells/L，密度最低的是 WD-7 断面，密度为 51.13×10^4 cells/L。

无定河支流榆溪河浮游植物密度区间为 167.97×10^4～587.73×10^4 cells/L，平均密度为 381.90×10^4 cells/L，密度最高的是 WD-12 断面，密度为 587.73×10^4 cells/L，密度最低的是 WD-13 断面，密度为 167.97×10^4 cells/L。

无定河支流马湖峪河浮游植物密度区间为 102.10×10^4～181.00×10^4 cells/L，平均密度为 130.22×10^4 cells/L，密度最高的是 WD-18 断面，密度为 181.00×10^4 cells/L，密度最低的是 WD-16 断面，密度为 102.10×10^4 cells/L。

无定河支流大理河浮游植物密度区间为 13.63×10^4～266.40×10^4 cells/L，平均密度

为 137.84×10⁴cells/L，密度最高的是 WD－23 断面，密度为 266.40×10⁴cells/L，密度最低的是 WD－24 断面，密度为 13.63×10⁴cells/L。

无定河支流淮宁河浮游植物密度区间为 18.00×10⁴～35.67×10⁴cells/L，平均密度为 26.33×10⁴cells/L，密度最高的是 WD－25 断面，密度为 35.67×10⁴cells/L，密度最低的是 WD－26 断面，密度为 18.00×10⁴cells/L。

南沟淤地坝浮游植物密度区间为 116.67×10⁴～255.73×10⁴cells/L，平均密度为 190.45×10⁴cells/L，密度最高的是 NG－1 断面，密度为 255.73×10⁴cells/L，密度最低的是 NG－2 断面，密度为 116.67×10⁴cells/L。

榆林沟淤地坝浮游植物密度区间为 233.60×10⁴～249.40×10⁴cells/L，平均密度为 241.09×10⁴cells/L，密度最高的是 YLG－1 断面，密度为 249.40×10⁴cells/L，密度最低的是 YLG－3 断面，密度为 233.60×10⁴cells/L。

韭园沟淤地坝浮游植物密度区间为 94.27×10⁴～125.33×10⁴cells/L，平均密度为 105.09×10⁴cells/L，密度最高的是 JYG－2 断面，密度为 125.33×10⁴cells/L，密度最低的是 JYG－1 断面，密度为 94.27×10⁴cells/L。

本次秋季调查无定河流域浮游植物生物量区间为 0.2107～11.9158mg/L（见图 4.17 和图 4.18），平均生物量为 3.8203mg/L。其中生物量最高的是无定河干流中游段 WD－20 断面，生物量为 11.9158mg/L，生物量最低的是无定河支流大理河 WD－24 断面，生物量为 0.2107mg/L。

无定河干流上游段浮游植物生物量区间为 0.2751～1.7141mg/L，平均生物量为 0.8522mg/L，生物量最高的是 WD－5 断面，生物量为 1.7141mg/L，生物量最低的是 WD－3，生物量为 0.2751mg/L。

无定河干流中游段浮游植物生物量区间为 2.4882～11.9158mg/L，平均生物量为 6.9831mg/L，生物量最高的是 WD－20 断面，生物量为 11.9258mg/L，生物量最低的是 WD－6，生物量为 2.4882mg/L。

无定河干流下游段浮游植物生物量区间为 1.9686～3.8095mg/L，平均生物量为 2.9381mg/L，生物量最高的是 WD－21 断面，生物量为 3.8095mg/L，生物量最低的是 WD－29，生物量为 1.9686mg/L。

无定河支流海流兔河浮游植物生物量区间为 0.6808～1.6030mg/L，平均生物量为 1.1419mg/L，生物量最高的是 WD－11 断面，生物量为 1.6030mg/L，生物量最低的是 WD－4，生物量为 0.6808mg/L。

无定河支流芦河浮游植物生物量区间为 0.5782～7.4234mg/L，平均生物量为 3.1183mg/L，生物量最高的是 WD－9 断面，生物量为 7.4234mg/L，生物量最低的是 WD－7，生物量为 0.5782mg/L。

无定河支流榆溪河浮游植物生物量区间为 2.6143～9.8746mg/L，平均生物量为 6.6181mg/L，生物量最高的是 WD－12 断面，生物量为 9.8746mg/L，生物量最低的是 WD－13，生物量为 2.6143mg/L。

无定河支流马湖峪河浮游植物生物量区间为 3.0389～4.5265mg/L，平均生物量为 3.8854mg/L，生物量最高的是 WD－18 断面，生物量为 4.5265mg/L，生物量最低的是

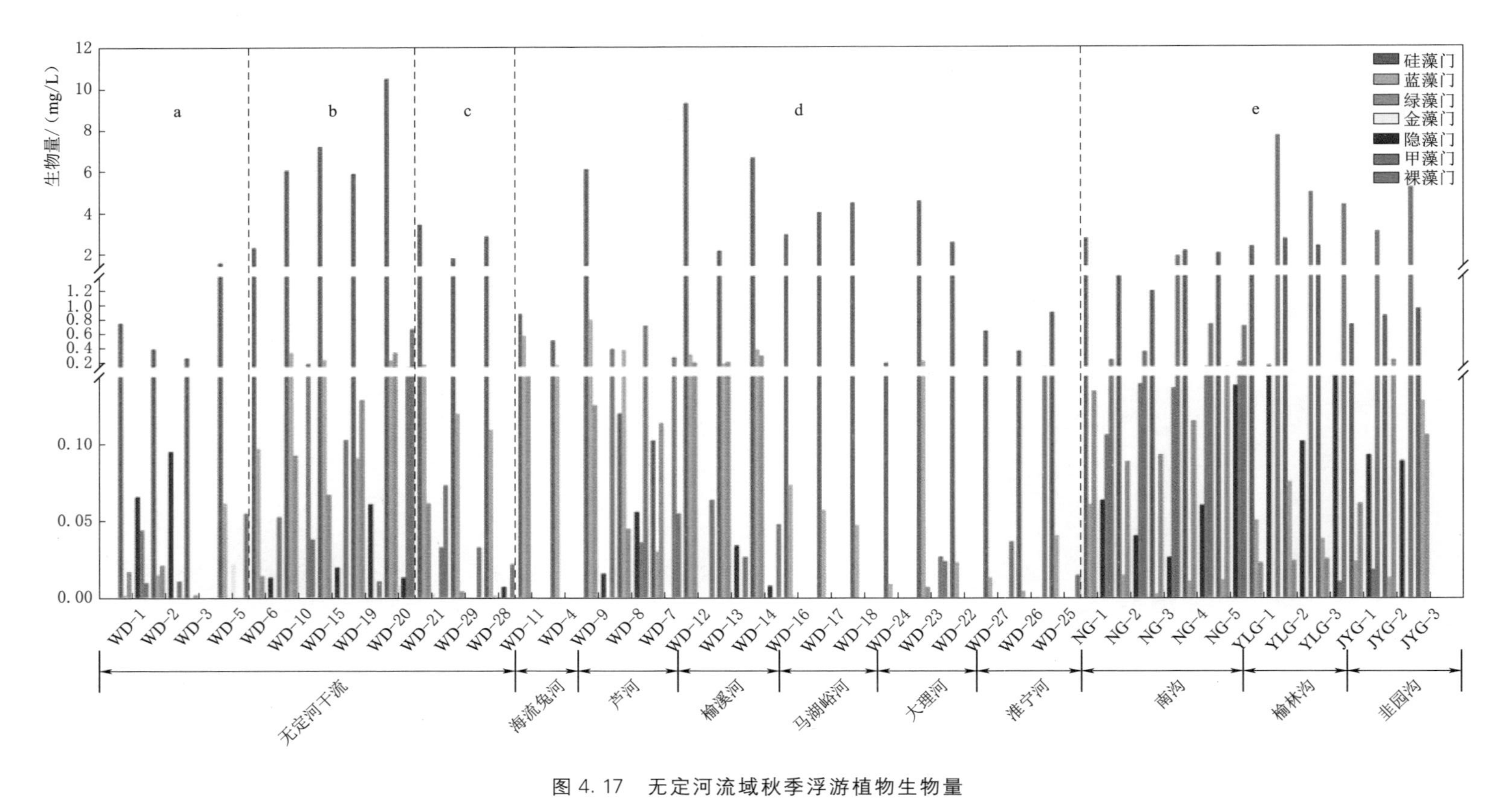

图 4.17 无定河流域秋季浮游植物生物量

注 a—无定河干流上游段；b—无定河干流中游段；c—无定河干流下游段；d—无定河支流；e—淤地坝水体

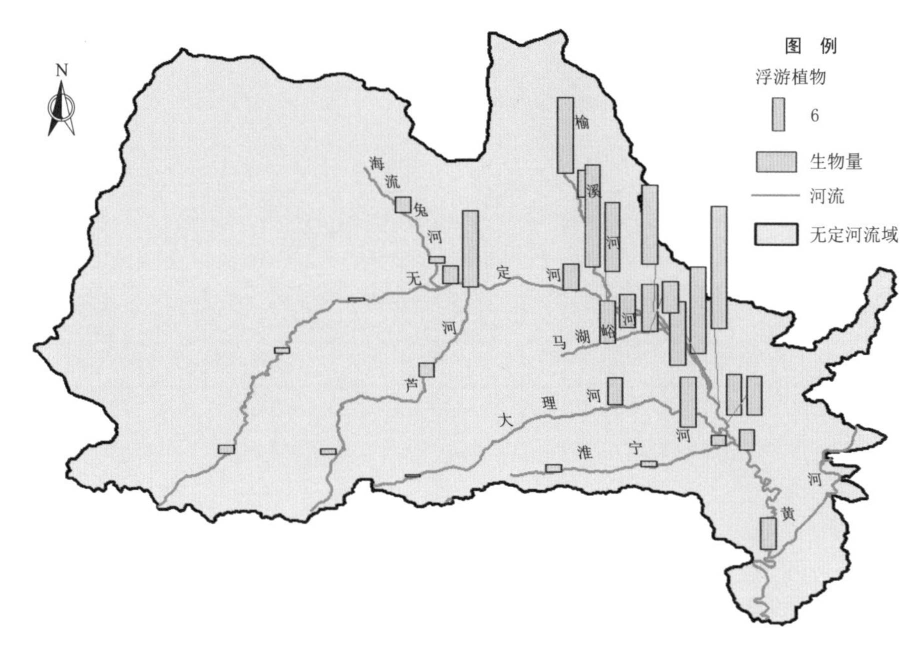

图 4.18 无定河流域秋季浮游植物生物量空间分布

WD－16，生物量为 3.0389mg/L。

无定河支流大理河浮游植物生物量区间为 0.2107～4.8453mg/L，平均生物量为 2.5548mg/L，生物量最高的是 WD－23 断面，生物量为 4.8453mg/L，生物量最低的是 WD－24，生物量为 0.2107mg/L。

无定河支流淮宁河浮游植物生物量区间为 0.5201～0.9589mg/L，平均生物量为 0.7247mg/L，生物量最高的是 WD－25 断面，生物量为 0.9589mg/L，生物量最低的是 WD－26，生物量为 0.5201mg/L。

南沟淤地坝浮游植物生物量区间为 1.7506～3.7845mg/L，平均生物量为 3.1474mg/L，生物量最高的是 NG－3 断面，生物量为 3.7845mg/L，生物量最低的是 NG－2，生物量为 1.7506mg/L。

榆林沟淤地坝浮游植物生物量区间为 7.0181～10.3544mg/L，平均生物量为 8.4362mg/L，生物量最高的是 YLG－1 断面，生物量为 10.3544mg/L，生物量最低的是 YLG－3，生物量为 7.0181mg/L。

韭园沟淤地坝浮游植物生物量区间为 1.1892～6.3982mg/L，平均生物量为 3.8796mg/L，生物量最高的是 JYG－2 断面，生物量为 6.3982mg/L，生物量最低的是 JYG－3，生物量为 1.1892mg/L。

4.2.3 浮游植物群落多样性指数

无定河流域秋季浮游动物多样性指数如图 4.19～图 4.24 所示。Shannon－Wiener 多样性指数在 1.7683～4.4187 之间，其平均值为 3.3810；Pielou 均匀度指数在 0.4321～0.9418 之间，其平均值为 0.7636；Margalef 丰富度指数在 0.6485～2.7534 之间，其平均值为1.5842。

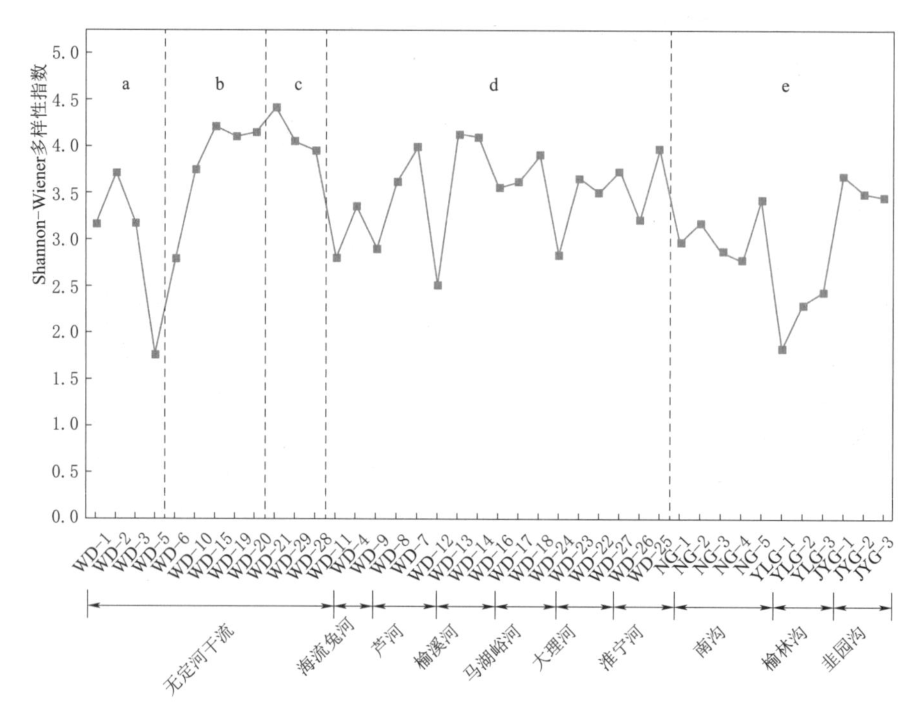

图4.19 无定河流域秋季浮游植物Shannon-Wiener多样性指数

注 a—无定河干流上游段；b—无定河干流中游段；c—无定河干流下游段；d—无定河支流；e—淤地坝水体

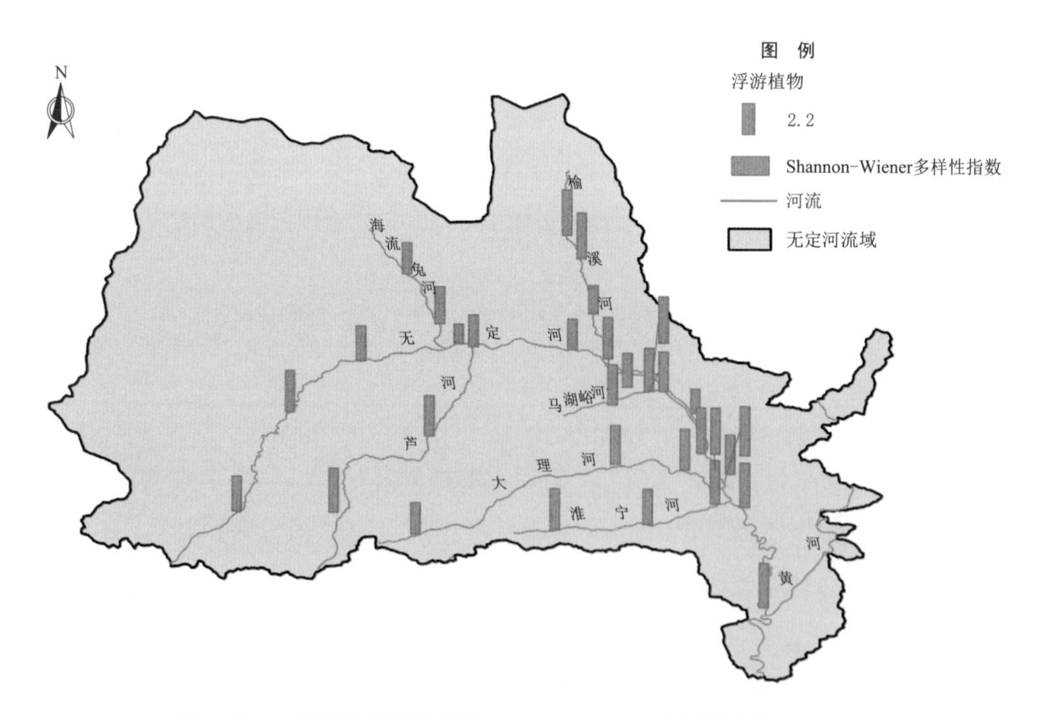

图4.20 无定河秋季浮游动物Shannon-Wiener多样性指数空间分布

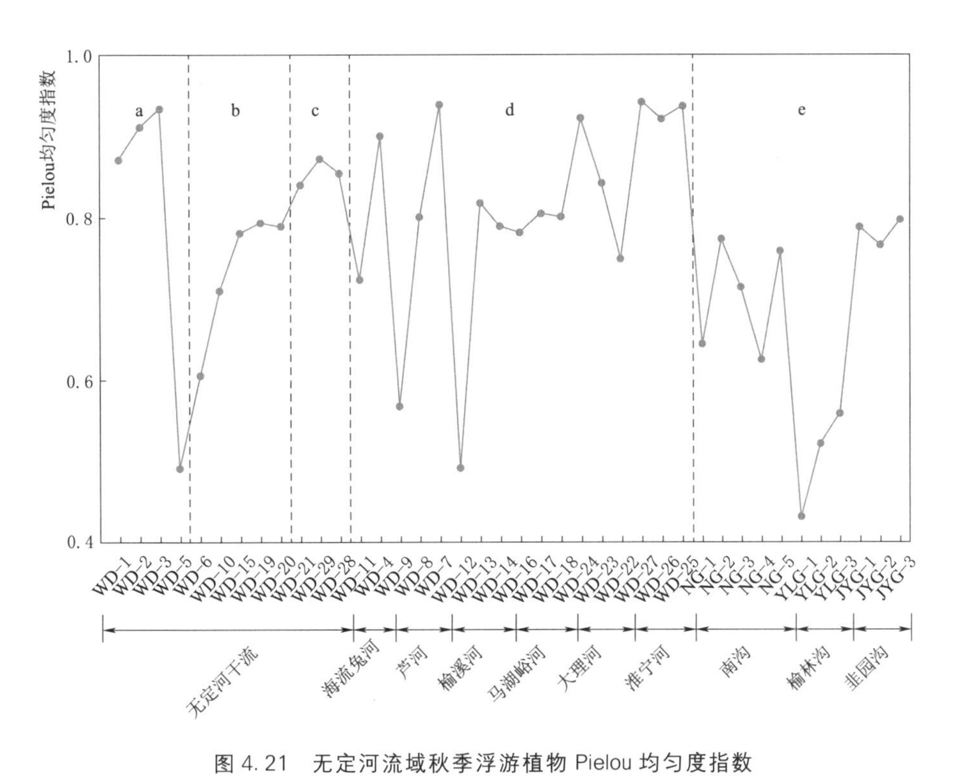

图 4.21　无定河流域秋季浮游植物 Pielou 均匀度指数

注　a—无定河干流上游段；b—无定河干流中游段；c—无定河干流下游段；d—无定河支流；e—淤地坝水体

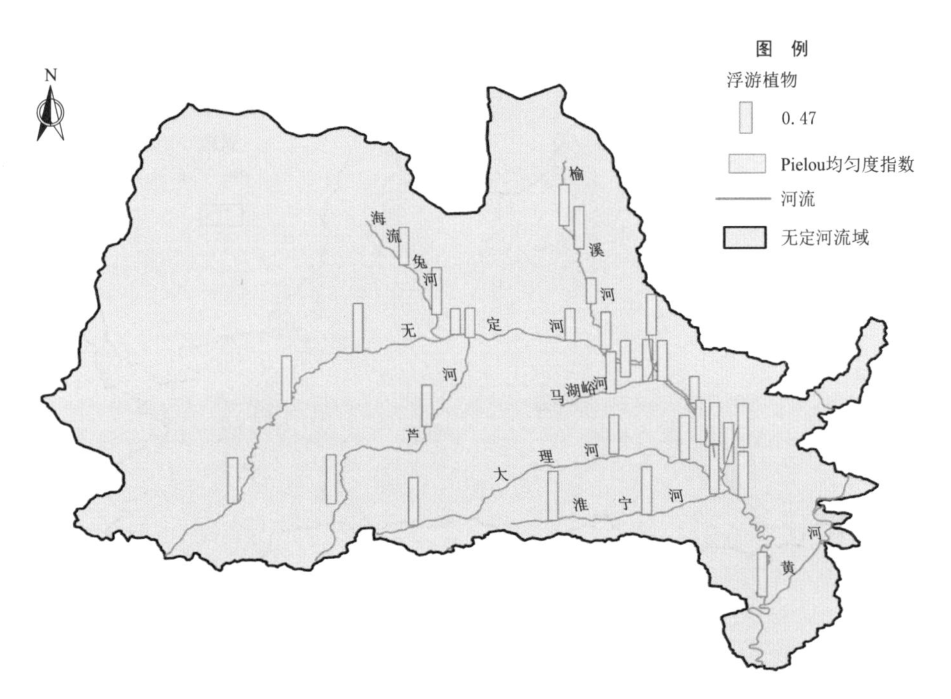

图 4.22　无定河秋季浮游动物 Pielou 均匀度指数空间分布

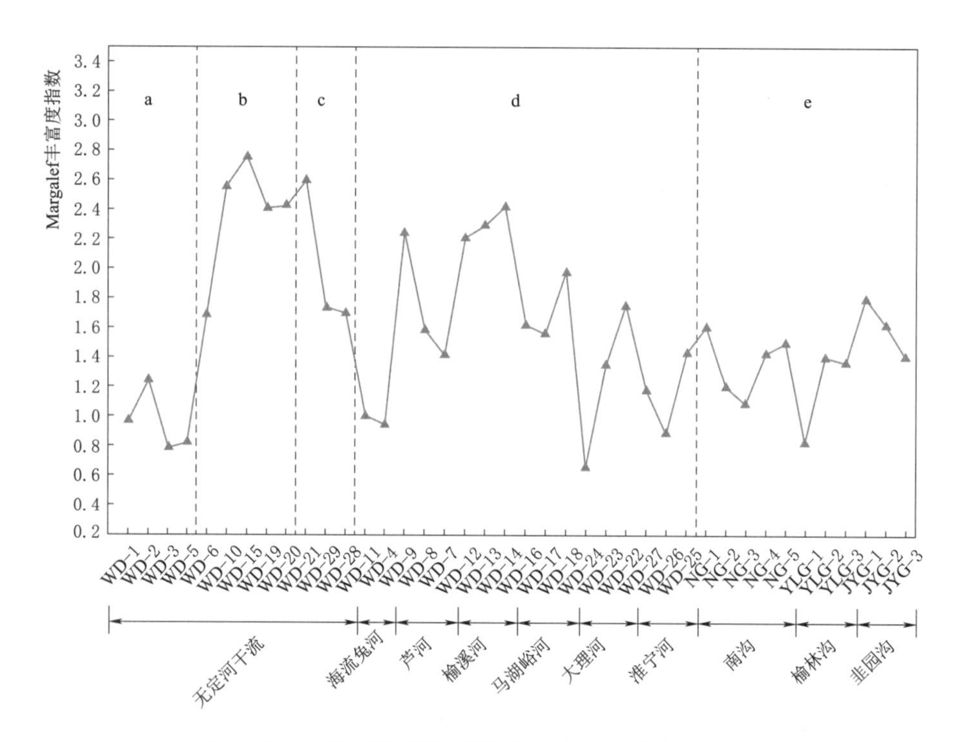

图4.23 无定河流域秋季浮游植物 Margalef 丰富度指数

注 a—无定河干流上游段；b—无定河干流中游段；c—无定河干流下游段；d—无定河支流；e—淤地坝水体

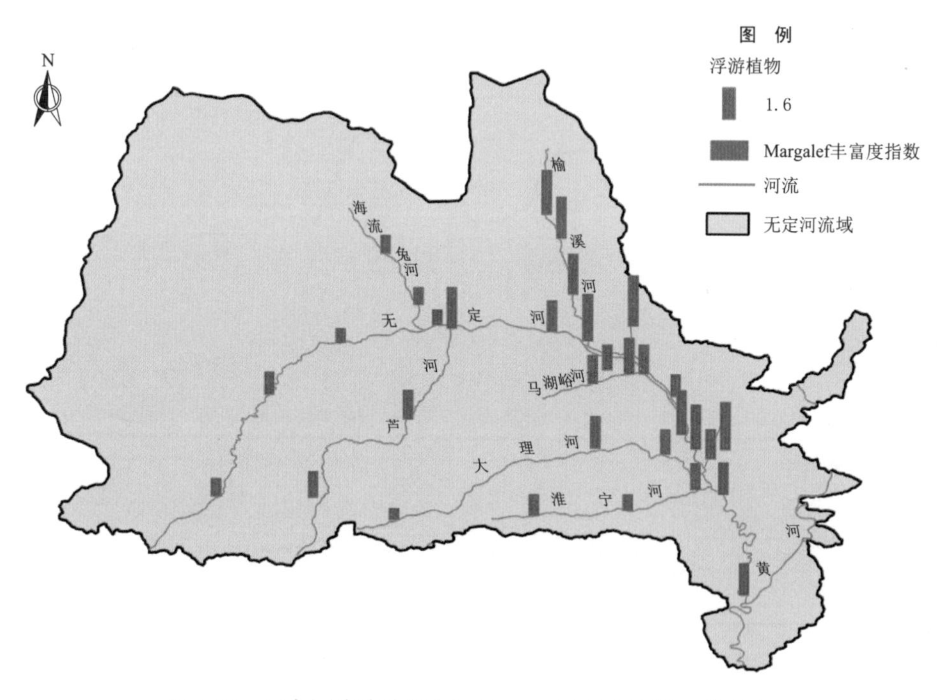

图4.24 无定河秋季浮游动物 Margalef 丰富度指数空间分布

无定河干流上游段浮游植物 Shannon - Wiener 多样性指数在 1.7683～3.7176 之间，其平均值为 2.9608；Pielou 均匀度指数在 0.4915～0.9325 之间，其平均值为 0.8016；Margalef 丰富度指数在 0.7810～1.2391 之间，其平均值为 0.9519。

无定河干流中游段浮游植物 Shannon - Wiener 多样性指数在 2.7983～4.2116 之间，其平均值为 3.8065；Pielou 均匀度指数在 0.6044～0.7932 之间，其平均值为 0.7348；Margalef 丰富度指数在 1.6938～2.7534 之间，其平均值为 0.9519。

无定河干流下游段浮游植物 Shannon - Wiener 多样性指数在 3.9647～4.4187 之间，其平均值为 4.1420；Pielou 均匀度指数在 0.8403～0.8725 之间，其平均值为 0.8555；Margalef 丰富度指数在 1.6989～2.5924 之间，其平均值为 2.0100。

无定河支流海流兔河浮游植物 Shannon - Wiener 多样性指数在 2.8118～3.3508 之间，其平均值为 3.0813；Pielou 均匀度指数在 0.7225～0.8993 之间，其平均值为 0.8109；Margalef 丰富度指数在 0.9433～1.0010 之间，其平均值为 0.9721。

无定河支流芦河浮游植物 Shannon - Wiener 多样性指数在 2.9064～3.9884 之间，其平均值为 3.5031；Pielou 均匀度指数在 0.5663～0.9376 之间，其平均值为 0.7678；Margalef 丰富度指数在 1.4166～2.2419 之间，其平均值为 1.7473。

无定河支流榆溪河浮游植物 Shannon - Wiener 多样性指数在 2.5262～4.1403 之间，其平均值为 3.5908；Pielou 均匀度指数在 0.4912～0.8170 之间，其平均值为 0.6988；Margalef 丰富度指数在 2.2032～2.4147 之间，其平均值为 2.3008。

无定河支流马湖峪河浮游植物 Shannon - Wiener 多样性指数在 3.5544～3.9060 之间，其平均值为 3.6953；Pielou 均匀度指数在 0.7812～0.8052 之间，其平均值为 0.7959；Margalef 丰富度指数在 1.5602～1.9695 之间，其平均值为 1.7157。

无定河支流大理河浮游植物 Shannon - Wiener 多样性指数在 2.8531～3.6676 之间，其平均值为 3.3403；Pielou 均匀度指数在 0.7481～0.9205 之间，其平均值为 0.8370；Margalef 丰富度指数在 0.6485～1.7499 之间，其平均值为 1.2498。

无定河支流淮宁河浮游植物 Shannon - Wiener 多样性指数在 3.2051～3.9690 之间，其平均值为 3.6363；Pielou 均匀度指数在 0.9208～0.9418 之间，其平均值为 0.9330；Margalef 丰富度指数在 0.8821～1.4337 之间，其平均值为 1.1649。

南沟淤地坝浮游植物 Shannon - Wiener 多样性指数在 2.7766～3.4280 之间，其平均值为 3.0493；Pielou 均匀度指数在 0.6256～0.7721 之间，其平均值为 0.7029；Margalef 丰富度指数在 1.0834～1.6052 之间，其平均值为 1.3623。

榆林沟淤地坝浮游植物 Shannon - Wiener 多样性指数在 1.8331～2.4487 之间，其平均值为 2.1975；Pielou 均匀度指数在 0.4321～0.5583 之间，其平均值为 0.5040；Margalef 丰富度指数在 0.8159～1.4064 之间，其平均值为 1.1954。

韭园沟淤地坝浮游植物 Shannon - Wiener 多样性指数在 3.4601～3.6834 之间，其平均值为 3.5471；Pielou 均匀度指数在 0.7662～0.7974 之间，其平均值为 0.7835；Margalef 丰富度指数在 1.4047～1.7931 之间，其平均值为 1.6049。

4.3 延河流域春季浮游植物群落特征

4.3.1 浮游植物种类组成

本次春季生态调查共鉴定浮游植物 168 种：硅藻门 80 种，占 47.62%；蓝藻门 13 种，占 7.74%；绿藻门 52 种，占 30.95%；金藻门 1 种，占 0.6%；隐藻门 3 种，占 1.79%；甲藻门 2 种，占 1.19%；裸藻门 17 种，占 10.12%。延河流域春季浮游植物物种组成及空间分布如图 4.25 和图 4.26 所示。

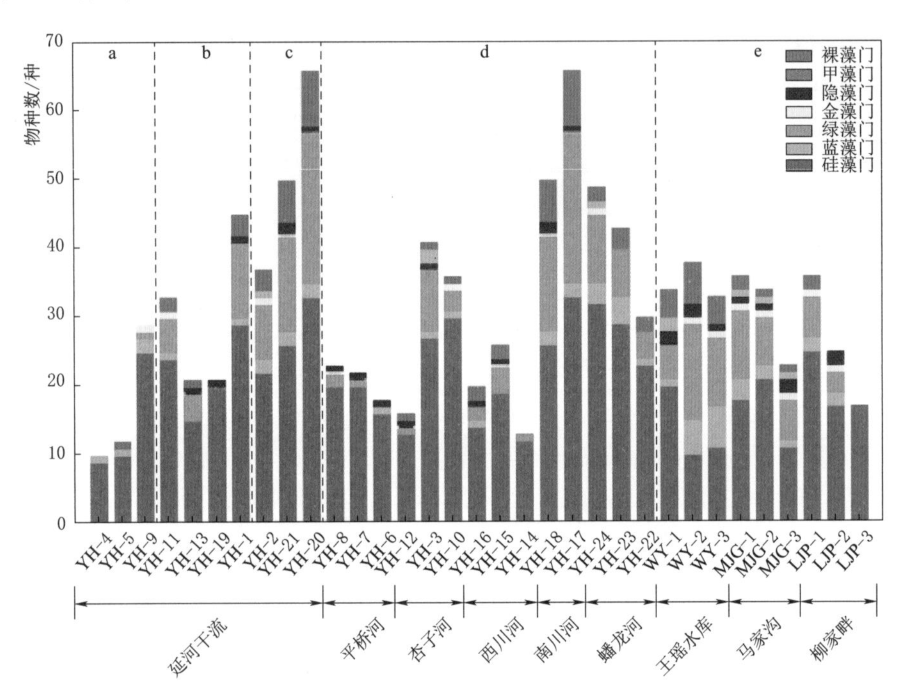

图 4.25 延河流域春季浮游植物物种组成

注 a—延河干流上游段；b—延河干流中游段；c—延河干流下游段；d—延河支流；e—淤地坝水体及水库

延河干流上游段共鉴定出浮游植物 37 种：硅藻门 31 种，占 83.78%；蓝藻门 3 种，占 8.11%；绿藻门 1 种，占 2.70%；金藻门 1 种，占 2.70%；裸藻门 1 种，占 2.70%。

延河干流中游段共鉴定出浮游植物 64 种：硅藻门 42 种，占 65.63%；蓝藻门 2 种，占 3.13%；绿藻门 16 种，占 25.0%；金藻门 1 种，占 1.56%；裸藻门 3 种，占 4.69%。

延河干流下游段共鉴定出浮游植物 87 种：硅藻门 43 种，占 49.43%；蓝藻门 2 种，占 2.30%；绿藻门 28 种，占 32.18%；金藻门 1 种，占 1.15%；隐藻门 2 种，占 2.30%；甲藻门 1 种，占 1.15%；裸藻门 10 种，占 11.49%。

延河支流平桥河共鉴定出浮游植物 43 种：硅藻门 37 种，占 86.05%；蓝藻门 1 种，占 2.33%；绿藻门 3 种，占 6.98%；隐藻门 2 种，占 4.65%。

延河支流杏子河共鉴定出浮游植物 59 种：硅藻门 39 种，占 66.10%；蓝藻门 2 种，

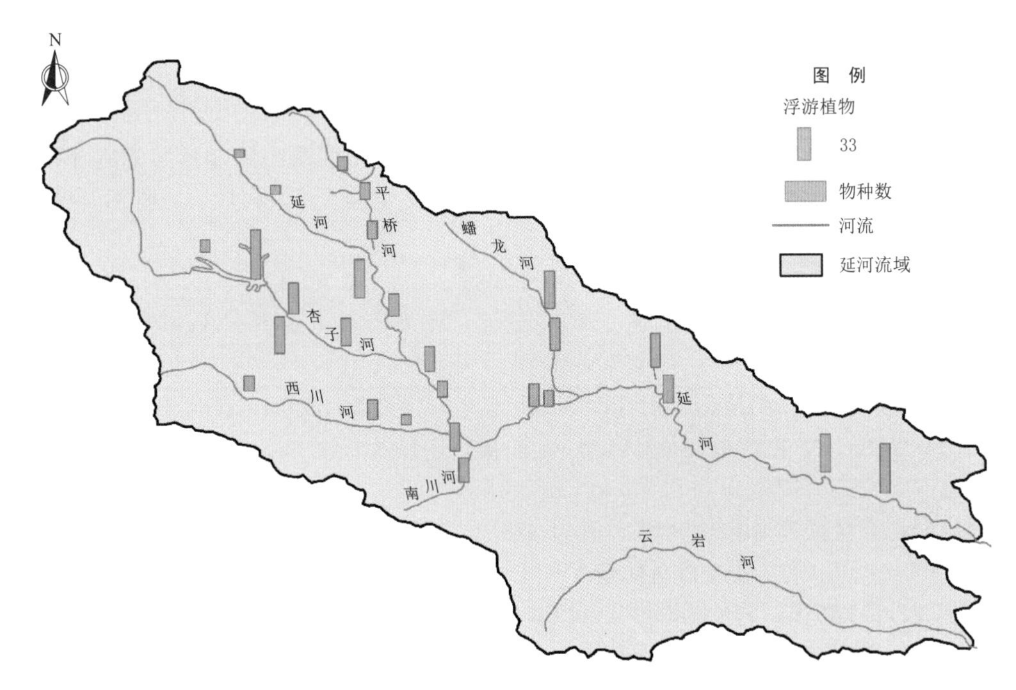

图 4.26 延河流域春季浮游植物物种数空间分布

占 3.39%；绿藻门 10 种，占 16.95%；金藻门 1 种，占 1.15%；隐藻门 2 种，占 3.39%；甲藻门 2 种，占 3.39%；裸藻门 3 种，占 5.08%。

延河支流西川河共鉴定出浮游植物 44 种：硅藻门 32 种，占 72.73%；蓝藻门 1 种，占 2.27%；绿藻门 6 种，占 13.64%；隐藻门 1 种，占 2.27%；甲藻门 4 种，占 9.09%。

延河支流南川河共鉴定出浮游植物 51 种：硅藻门 36 种，占 70.59%；蓝藻门 3 种，占 5.88%；绿藻门 6 种，占 11.76%；隐藻门 2 种，占 3.92%；裸藻门 4 种，占 7.84%。

延河支流蟠龙河共鉴定出浮游植物 69 种：硅藻门 41 种，占 59.42%；蓝藻门 4 种，占 5.80%；绿藻门 15 种，占 21.74%；金藻门 1 种，占 1.45%；隐藻门 2 种，占 2.90%；甲藻门 1 种，占 1.45%；裸藻门 5 种，占 7.25%。

王瑶水库共鉴定出浮游植物 62 种：硅藻门 24 种，占 38.71%；蓝藻门 8 种，占 12.90%；绿藻门 20 种，占 32.26%；金藻门 1 种，占 1.61%；甲藻门 2 种，占 3.23%；裸藻门 7 种，占 11.29%。

马家沟淤地坝水体共鉴定出浮游植物 52 种：硅藻门 26 种，占 50.0%；蓝藻门 4 种，占 7.69%；绿藻门 14 种，占 26.92%；金藻门 1 种，占 1.92%；隐藻门 3 种，占 5.77%；甲藻门 1 种，占 1.92%；裸藻门 3 种，占 5.77%。

柳家畔淤地坝水体共鉴定出浮游植物 48 种：硅藻门 34 种，占 70.83%；蓝藻门 2 种，占 4.17%；绿藻门 7 种，占 14.58%；金藻门 1 种，占 2.08%；隐藻门 2 种，占 4.17%；裸藻门 2 种，占 4.17%。

4.3.2 浮游植物密度和生物量

本次春季调查延河流域浮游植物密度区间为 $29.38\times10^{4}\sim1118.0\times10^{4}$ cells/L（见图4.27和图4.28），平均密度为 316.07×10^{4} cells/L。其中密度最高的是延河干流 YH－20 断面，密度为 1118.0×10^{4} cells/L，密度最低的是支流杏子河 YH－12 断面，密度为 29.38×10^{4} cells/L。

延河干流上游段浮游植物密度区间为 $68.83\times10^{4}\sim241.00\times10^{4}$ cells/L，平均密度为 141.02×10^{4} cells/L，密度最高的是 YH－9 断面，密度为 241.00×10^{4} cells/L，密度最低的是 YH－4 断面，密度为 68.83×10^{4} cells/L。

延河干流中游段浮游植物密度区间为 $35.25\times10^{4}\sim313.83\times10^{4}$ cells/L，平均密度为 208.27×10^{4} cells/L，密度最高的是 YH－1 断面，密度为 313.83×10^{4} cells/L，密度最低的是 YH－13 断面，密度为 35.25×10^{4} cells/L。

延河干流下游段浮游植物密度区间为 $343.2\times10^{4}\sim1118.00\times10^{4}$ cells/L，平均密度为 739.71×10^{4} cells/L，密度最高的是 YH－20 断面，密度为 1118.00×10^{4} cells/L，密度最低的是 YH－2 断面，密度为 343.21×10^{4} cells/L。

延河支流平桥河浮游植物密度区间为 $84.87\times10^{4}\sim315.50\times10^{4}$ cells/L，平均密度为 184.61×10^{4} cells/L，密度最高的是 YH－8 断面，密度为 315.50×10^{4} cells/L，密度最低的是 YH－6 断面，密度为 84.87×10^{4} cells/L。

延河支流杏子河浮游植物密度区间为 $29.38\times10^{4}\sim254.60\times10^{4}$ cells/L，平均密度为 158.46×10^{4} cells/L，密度最高的是 YH－3 断面，密度为 254.60×10^{4} cells/L，密度最低的是 YH－12 断面，密度为 29.38×10^{4} cells/L。

延河支流西川河浮游植物密度区间为 $51.80\times10^{4}\sim109.60\times10^{4}$ cells/L，平均密度为 79.42×10^{4} cells/L，密度最高的是 YH－16 断面，密度为 109.60×10^{4} cells/L，密度最低的是 YH－14 断面，密度为 51.80×10^{4} cells/L。

延河支流南川河浮游植物密度区间为 $690.70\times10^{4}\sim1097.73\times10^{4}$ cells/L，平均密度为 894.22×10^{4} cells/L，密度最高的是 YH－17 断面，密度为 1097.73×10^{4} cells/L，密度最低的是 YH－18 断面，密度为 690.70×10^{4} cells/L。

延河支流蟠龙河浮游植物密度区间为 $282.63\times10^{4}\sim427.53\times10^{4}$ cells/L，平均密度为 336.10×10^{4} cells/L，密度最高的是 YH－23 断面，密度为 427.53×10^{4} cells/L，密度最低的是 YH－22 断面，密度为 282.63×10^{4} cells/L。

王瑶水库浮游植物密度区间为 $173.87\times10^{4}\sim263.20\times10^{4}$ cells/L，平均密度为 215.58×10^{4} cells/L，密度最高的是 WY－2 断面，密度为 263.20×10^{4} cells/L，密度最低的是 WY－3 断面，密度为 173.87×10^{4} cells/L。

马家沟淤地坝蓄水体浮游植物密度区间为 $691.47\times10^{4}\sim683.00\times10^{4}$ cells/L，平均密度为 657.99×10^{4} cells/L，密度最高的是 MJG－2 断面，密度为 683.00×10^{4} cells/L，密度最低的是 MJG－3 断面，密度为 619.47×10^{4} cells/L。

柳家畔淤地坝蓄水体浮游植物密度区间为 $45.67\times10^{4}\sim648.03\times10^{4}$ cells/L，平均密度为 312.32×10^{4} cells/L，密度最高的是 LJP－2 断面，密度为 648.03×10^{4} cells/L，密度

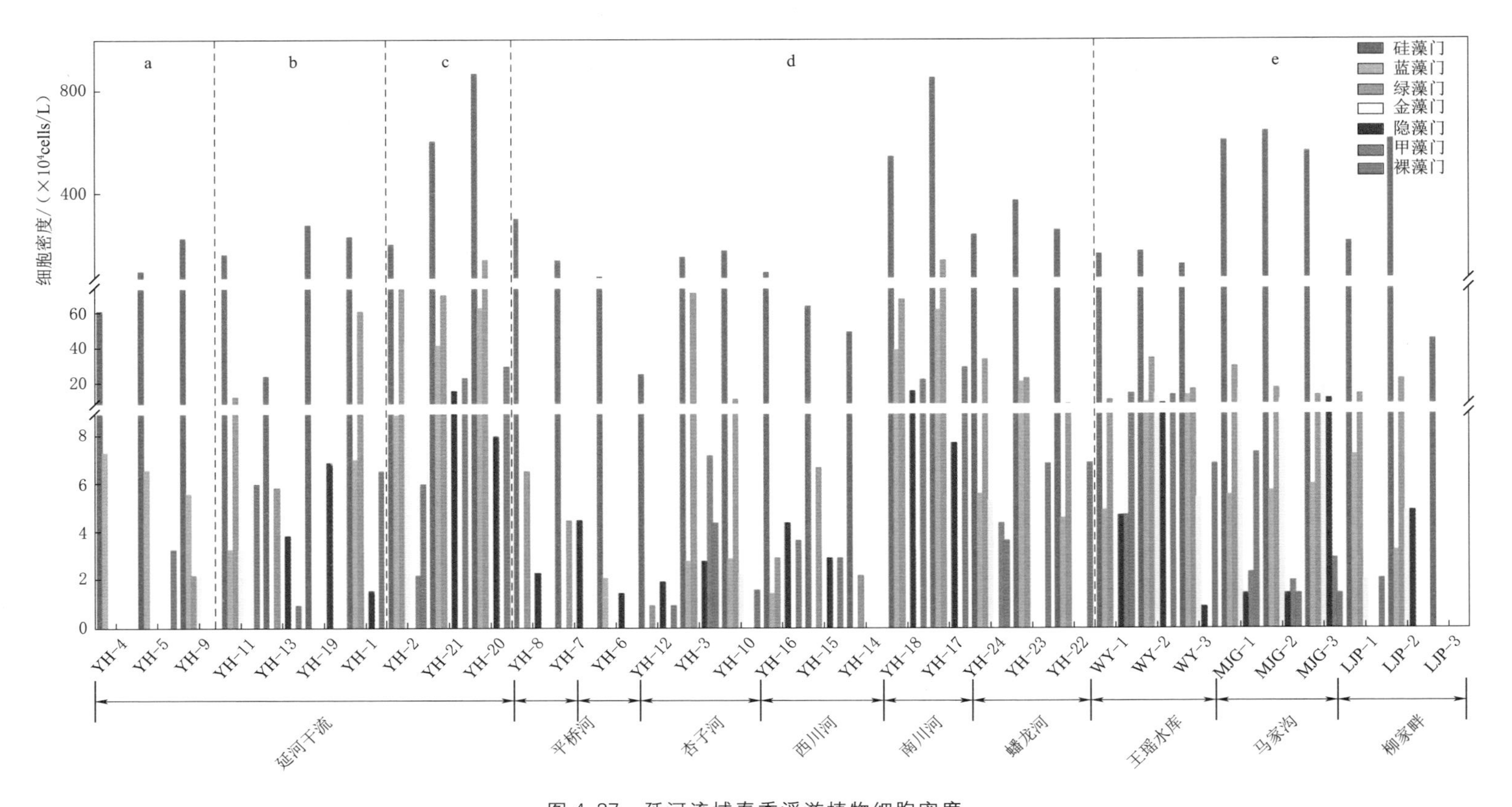

图 4.27 延河流域春季浮游植物细胞密度

注 a—延河干流上游段；b—延河干流中游段；c—延河干流下游段；d—延河支流；e—淤地坝水体及水库

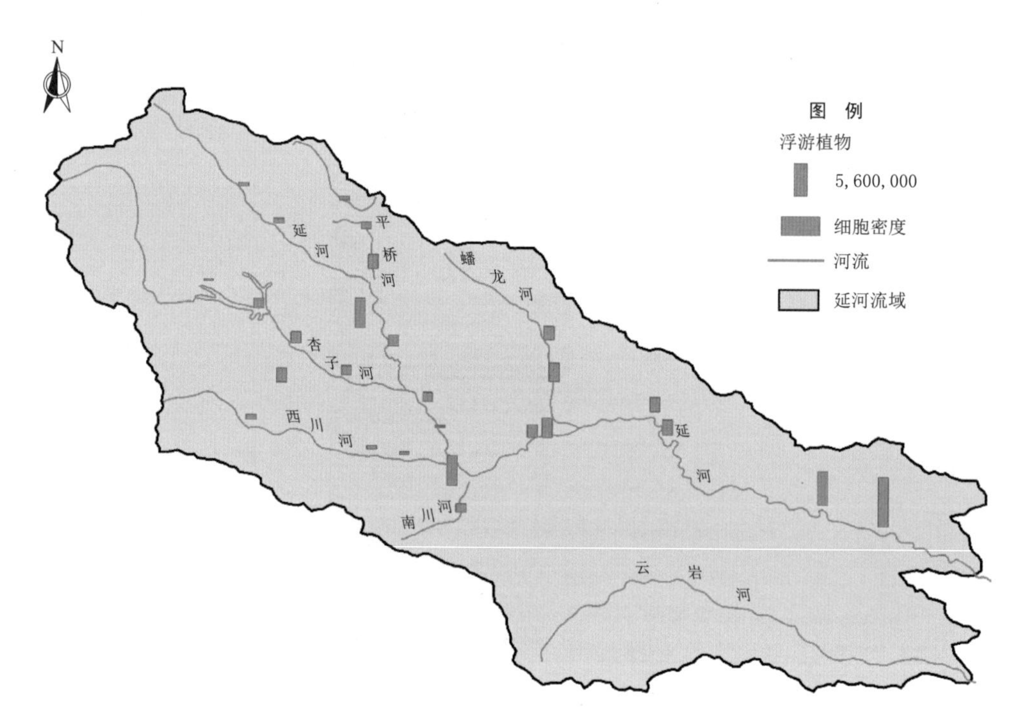

图 4.28 延河流域春季浮游植物细胞密度空间分布

最低的是 LJP－3 断面，密度为 45.67×10^4 cells/L。

本次春季调查延河流域浮游植物生物量区间为 0.5559～23.3023mg/L（见图 4.29 和图 4.30），平均值为 6.3623mg/L，其中生物量最高的是 YH－20 断面，生物量为 23.3023mg/L，生物量最低的是 YH－4 断面，生物量为 0.5559mg/L。

延河干流上游段浮游植物生物量区间为 0.5559～5.5311mg/L，平均值为 2.5820 mg/L，其中生物量最高的是 YH－9 断面，生物量为 5.5311mg/L，生物量最低的是 YH－4 断面，生物量为 0.5559mg/L。

延河干流中游段浮游植物生物量区间为 1.9430～8.1776mg/L，平均值为 4.7286 mg/L，其中生物量最高的是 YH－1 断面，生物量为 8.1776mg/L，生物量最低的是 YH－13 断面，生物量为 1.9430mg/L。

延河干流下游段浮游植物生物量区间为 6.3520～23.3022mg/L，平均值为 15.5189mg/L，其中生物量最高的是 YH－20 断面，生物量为 23.3022mg/L，生物量最低的是 YH－2 断面，生物量为 6.3520mg/L。

延河支流平桥河浮游植物生物量区间为 1.4979～7.4788mg/L，平均值为 4.4054 mg/L，其中生物量最高的是 YH－8 断面，生物量为 7.4788mg/L，生物量最低的是 YH－6 断面，生物量为 1.4979mg/L。

延河支流杏子河浮游植物生物量区间为 0.8406～5.3160mg/L，平均值为 3.1425mg/L，其中生物量最高的是 YH－3 断面，生物量为 5.3160mg/L，生物量最低的是 YH－12 断面，生物量为 0.8406mg/L。

延河支流西川河浮游植物生物量区间为 0.6694～3.2162mg/L，平均值为 1.6220mg/L，

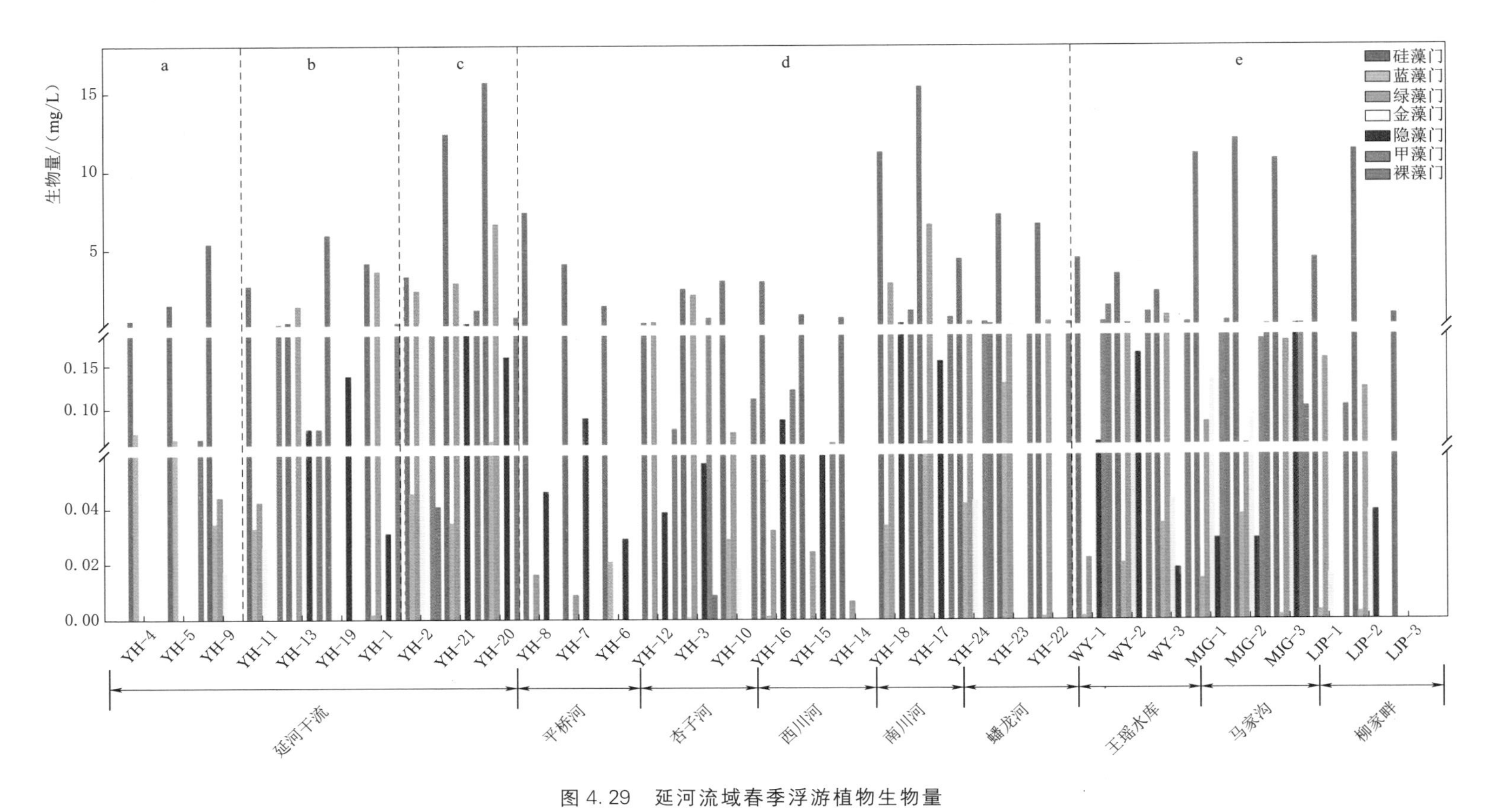

图 4.29 延河流域春季浮游植物生物量

注 a—延河干流上游段；b—延河干流中游段；c—延河干流下游段；d—延河支流；e—淤地坝水体及水库

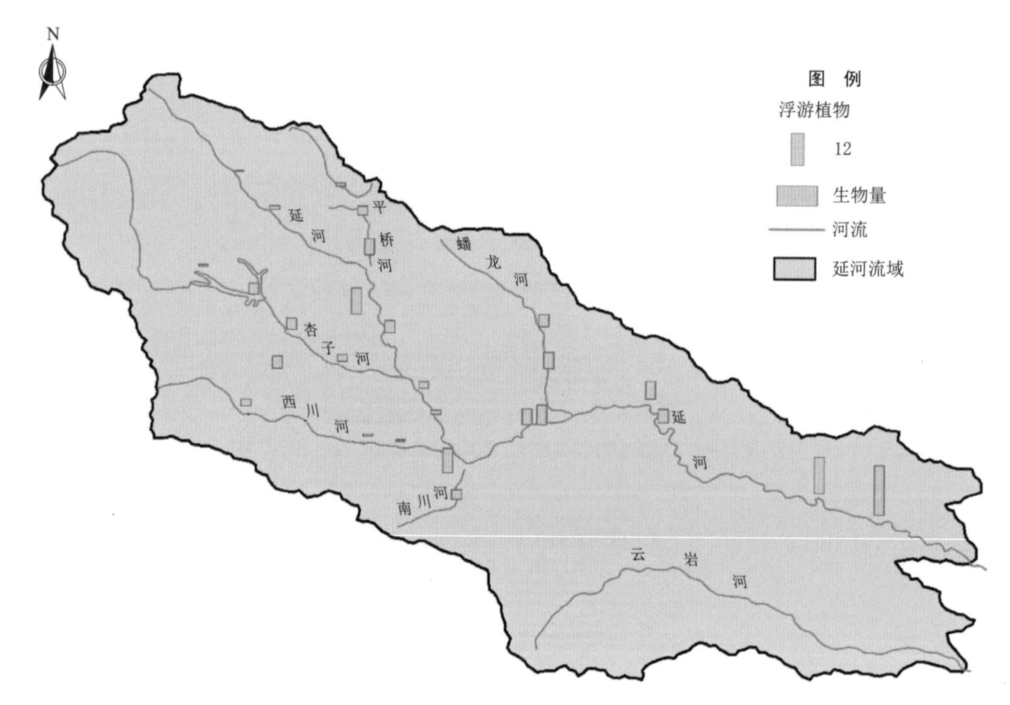

图 4.30 延河流域春季浮游植物生物量空间分布

其中生物量最高的是 YH－16 断面，生物量为 3.2162mg/L，生物量最低的是 YH－14 断面，生物量为 0.6694mg/L。

延河支流南川河浮游植物生物量区间为 4.5683～11.4045mg/L，平均值为 7.9864mg/L，其中生物量最高的是 YH－17 断面，生物量为 11.4045mg/L，生物量最低的是 YH－18 断面，生物量为 4.5683mg/L。

延河支流蟠龙河浮游植物生物量区间为 5.5994～7.7857mg/L，平均值为 6.9422mg/L，其中生物量最高的是 YH－23 断面，生物量为 7.7857mg/L，生物量最低的是 YH－24 断面，生物量为 5.5994mg/L。

王瑶水库浮游植物生物量区间为 3.6195～6.4469mg/L，平均值为 5.0453mg/L，其中生物量最高的是 WY－1 断面，生物量为 6.4469mg/L，生物量最低的是 WY－3 断面，生物量为 3.6195mg/L。

马家沟淤地坝蓄水体浮游植物生物量区间为 11.7421～12.7319mg/L，平均值为 12.1926mg/L，其中生物量最高的是 MJG－2 断面，生物量为 12.7319mg/L，生物量最低的是 MJG－3 断面，生物量为 11.7421mg/L。

柳家畔淤地坝蓄水体浮游植物生物量区间为 0.8748～11.6168mg/L，平均值为 5.7531mg/L，其中生物量最高的是 LJP－2 断面，生物量为 11.6168mg/L，生物量最低的是 LJP－3 断面，生物量为 0.8748mg/L。

4.3.3 浮游植物群落多样性指数

延河流域春季浮游植物多样性指数如图 4.31～图 4.36 所示。Shannon－Wiener 多样

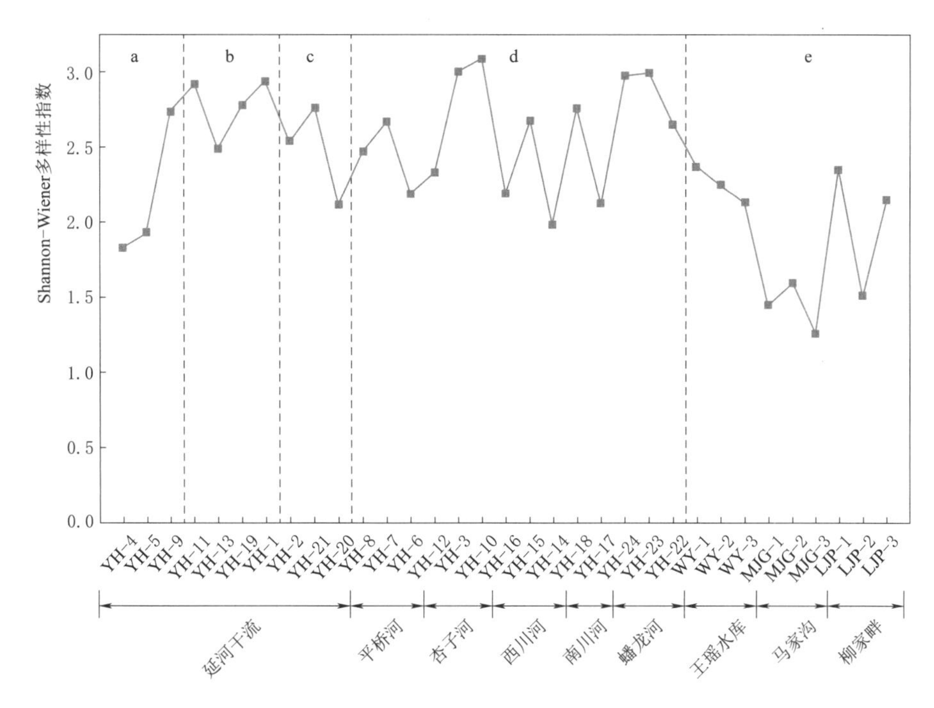

图 4.31 延河流域春季浮游植物 Shannon - Wiener 多样性指数

注 a—延河干流上游段；b—延河干流中游段；c—延河干流下游段；d—延河支流；e—淤地坝水体及水库

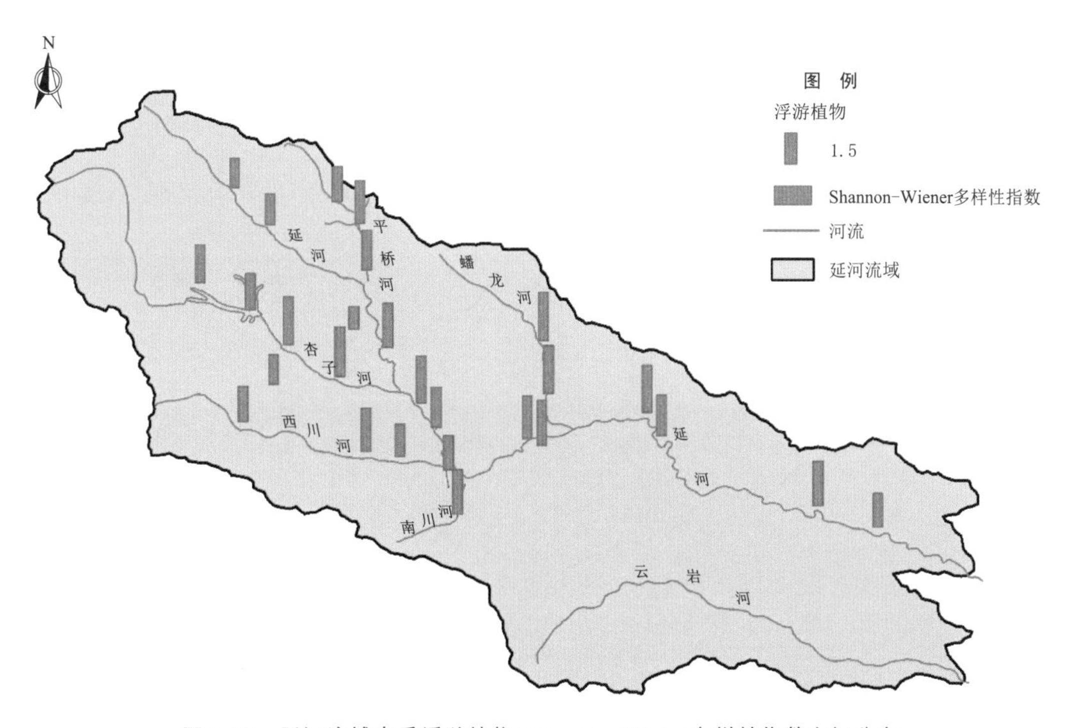

图 4.32 延河流域春季浮游植物 Shannon - Wiener 多样性指数空间分布

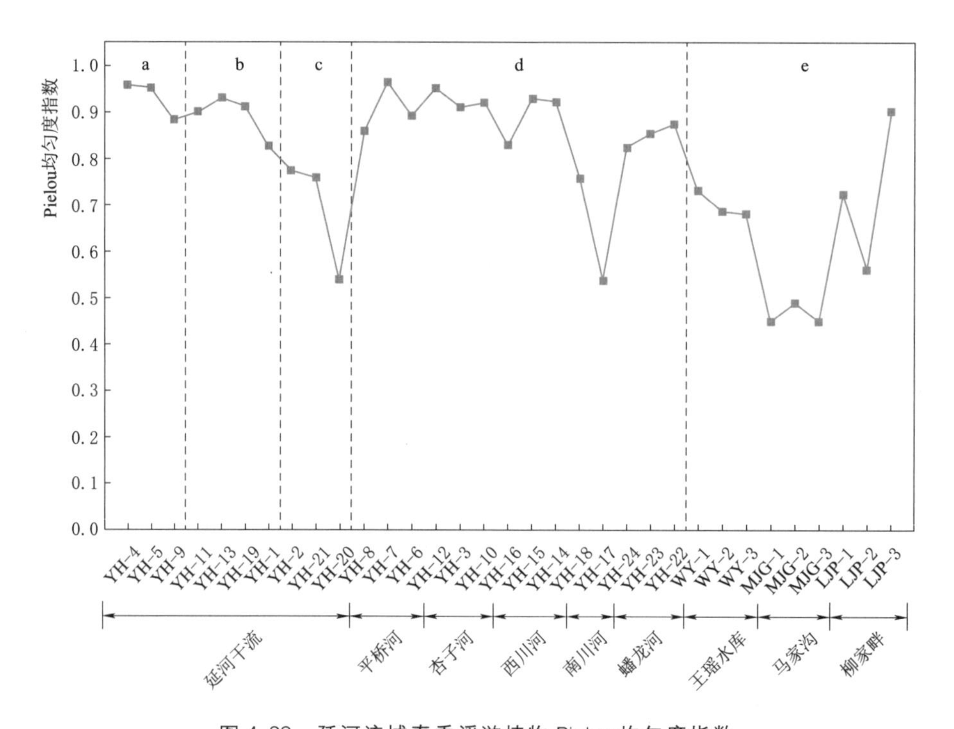

图 4.33 延河流域春季浮游植物 Pielou 均匀度指数

注 a—延河干流上游段；b—延河干流中游段；c—延河干流下游段；d—延河支流；e—淤地坝水体及水库

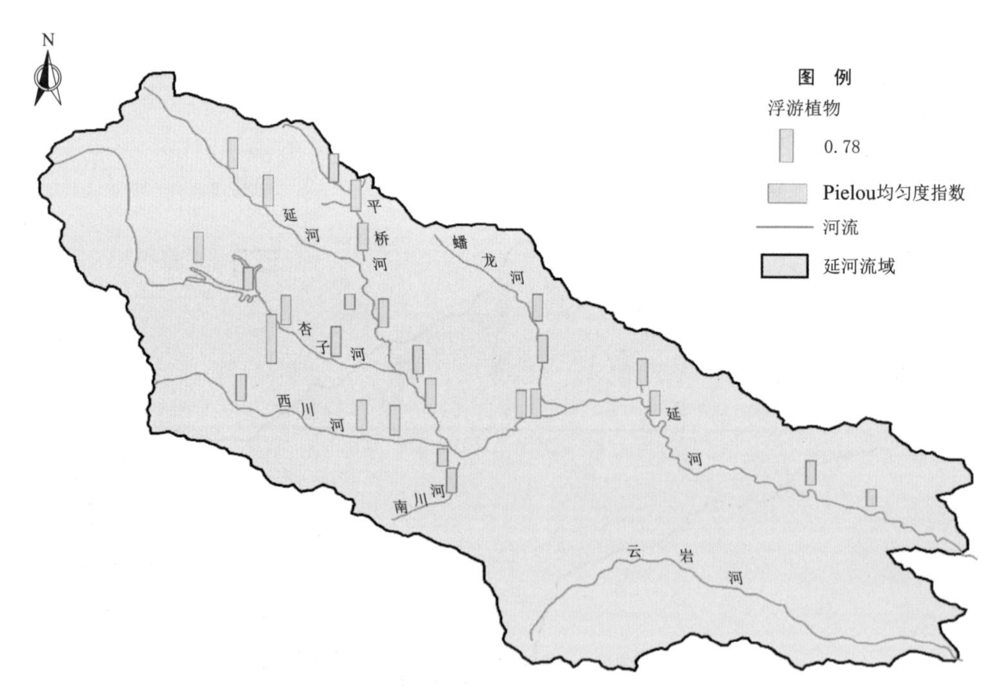

图 4.34 延河流域春季浮游植物 Pielou 均匀度指数空间分布

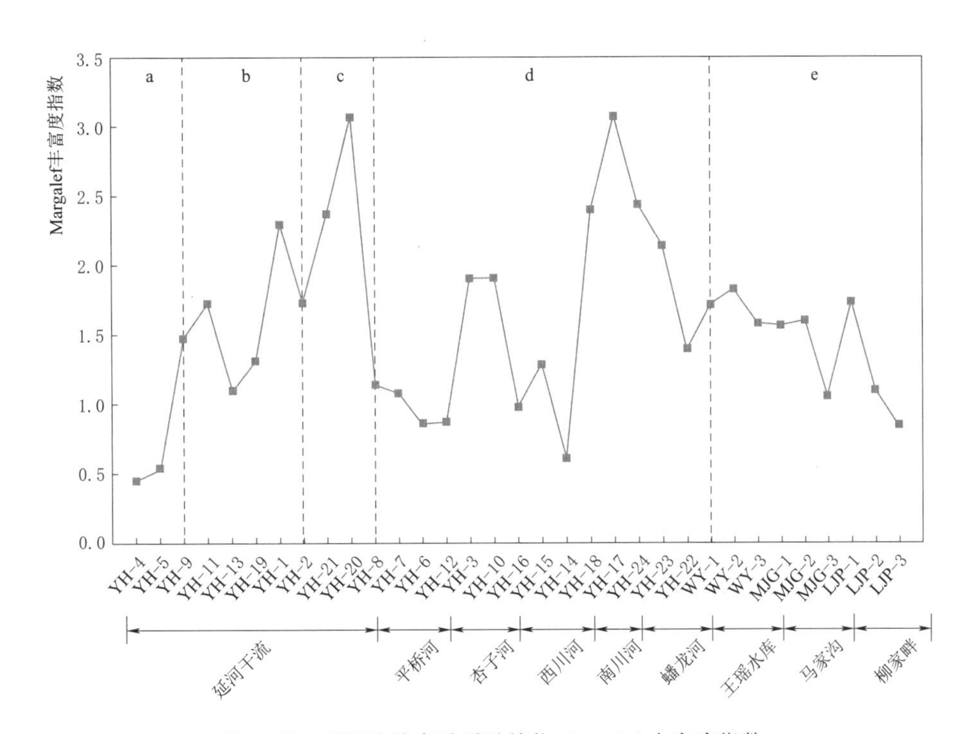

图 4.35　延河流域春季浮游植物 Margalef 丰富度指数

注　a—延河干流上游段；b—延河干流中游段；c—延河干流下游段；d—延河支流；e—淤地坝水体及水库

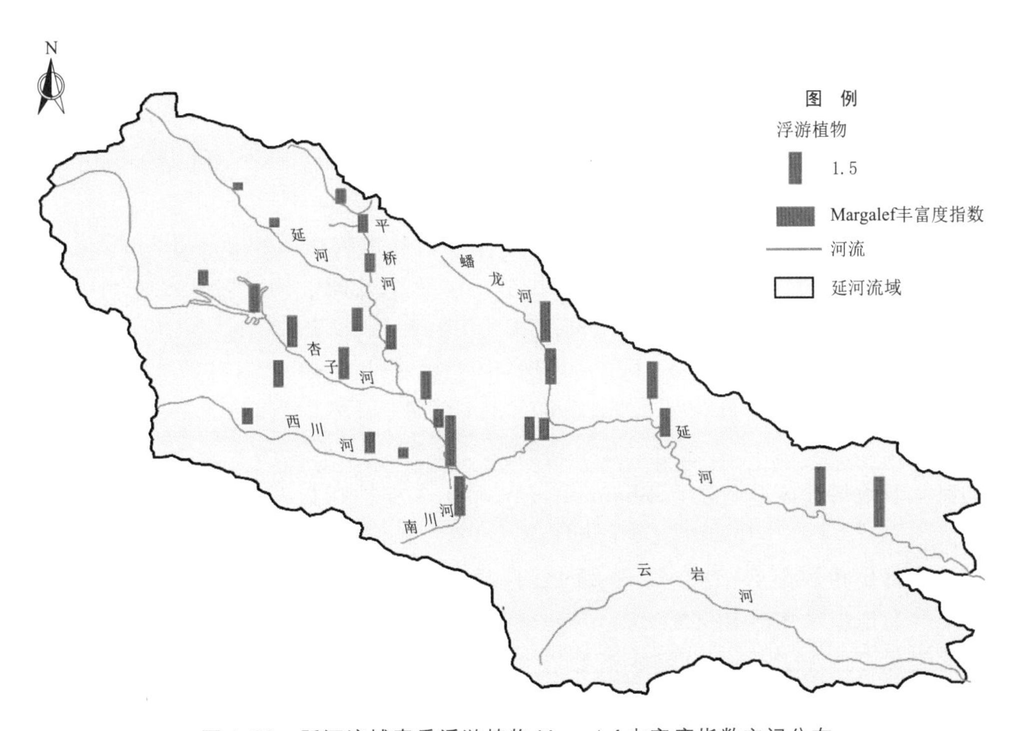

图 4.36　延河流域春季浮游植物 Margalef 丰富度指数空间分布

性指数在 1.2523～3.0820 之间，其平均值为 2.3646；Pielou 均匀度指数在 0.4491～0.9654 之间，其平均值为 0.7927；Margalef 丰富度指数在 0.4466～3.0680 之间，其平均值为 1.5479。

延河干流上游段浮游植物 Shannon - Wiener 多样性指数在 1.8257～2.7387 之间，其平均值为 2.1634；Pielou 均匀度指数在 0.8824～0.9593 之间，其平均值为 0.9314；Margalef 丰富度指数在 0.4466～1.4737 之间，其平均值为 0.8168。

延河干流中游段浮游植物 Shannon - Wiener 多样性指数在 2.4810～2.9373 之间，其平均值为 2.7769；Pielou 均匀度指数在 0.8268～0.9308 之间，其平均值为 0.8927；Margalef 丰富度指数在 1.0928～2.2930 之间，其平均值为 1.6051。

延河干流下游段浮游植物 Shannon - Wiener 多样性指数在 2.1160～2.7527 之间，其平均值为 2.4654；Pielou 均匀度指数在 0.5401～0.7745 之间，其平均值为 0.6919；Margalef 丰富度指数在 1.7320～3.0643 之间，其平均值为 2.3902。

延河支流平桥河浮游植物 Shannon - Wiener 多样性指数在 2.1810～2.6597 之间，其平均值为 2.4367；Pielou 均匀度指数在 0.8920～0.9654 之间，其平均值为 0.9056；Margalef 丰富度指数在 0.8532～1.1393 之间，其平均值为 1.0237。

延河支流杏子河浮游植物 Shannon - Wiener 多样性指数在 2.3260～3.0820 之间，其平均值为 2.8013；Pielou 均匀度指数在 0.9099～0.9531 之间，其平均值为 0.9284；Margalef 丰富度指数在 0.8713～1.9083 之间，其平均值为 1.5618。

延河支流西川河浮游植物 Shannon - Wiener 多样性指数在 1.9800～2.6680 之间，其平均值为 2.2791；Pielou 均匀度指数在 0.8291～0.9303 之间，其平均值为 0.8945；Margalef 丰富度指数在 0.6065～1.2823 之间，其平均值为 0.9546。

延河支流南川河浮游植物 Shannon - Wiener 多样性指数在 2.1160～2.7527 之间，其平均值为 2.4343；Pielou 均匀度指数在 0.5401～0.7613 之间，其平均值为 0.6507；Margalef 丰富度指数在 2.3900～3.0680 之间，其平均值为 2.729。

延河支流蟠龙河浮游植物 Shannon - Wiener 多样性指数在 2.6500～2.9877 之间，其平均值为 2.8967；Pielou 均匀度指数在 0.8247～0.8750 之间，其平均值为 0.8518；Margalef 丰富度指数在 1.3908～2.4363 之间，其平均值为 1.9885。

王瑶水库浮游植物 Shannon - Wiener 多样性指数在 2.1233～2.3663 之间，其平均值为 2.2456；Pielou 均匀度指数在 0.6817～0.7314 之间，其平均值为 0.6999；Margalef 丰富度指数在 1.5740～1.8257 之间，其平均值为 1.7050。

马家沟淤地坝水体浮游植物 Shannon - Wiener 多样性指数在 1.2523～1.5943 之间，其平均值为 1.4274；Pielou 均匀度指数在 0.4491～0.4901 之间，其平均值为 0.4628；Margalef 丰富度指数在 1.0428～1.5983 之间，其平均值为 1.4044。

柳家畔淤地坝水体浮游植物 Shannon - Wiener 多样性指数在 1.4983～2.3457 之间，其平均值为 1.9668；Pielou 均匀度指数在 0.5616～0.9008 之间，其平均值为 0.7287；Margalef 丰富度指数在 0.8393～1.7330 之间，其平均值为 1.2219。

4.4 延河流域秋季浮游植物群落特征

4.4.1 浮游植物种类组成

本次秋季生态调查共鉴定浮游植物179种：硅藻101种，占56.42%；蓝藻门32种，占17.88%；绿藻门30种，占16.76%；金藻门1种，占0.56%；隐藻门2种，占1.12%；甲藻门2种，1.12%；裸藻门11种，占6.15%。延河流域秋季浮游植物物种组成及空间分布如图4.37和图4.38所示。

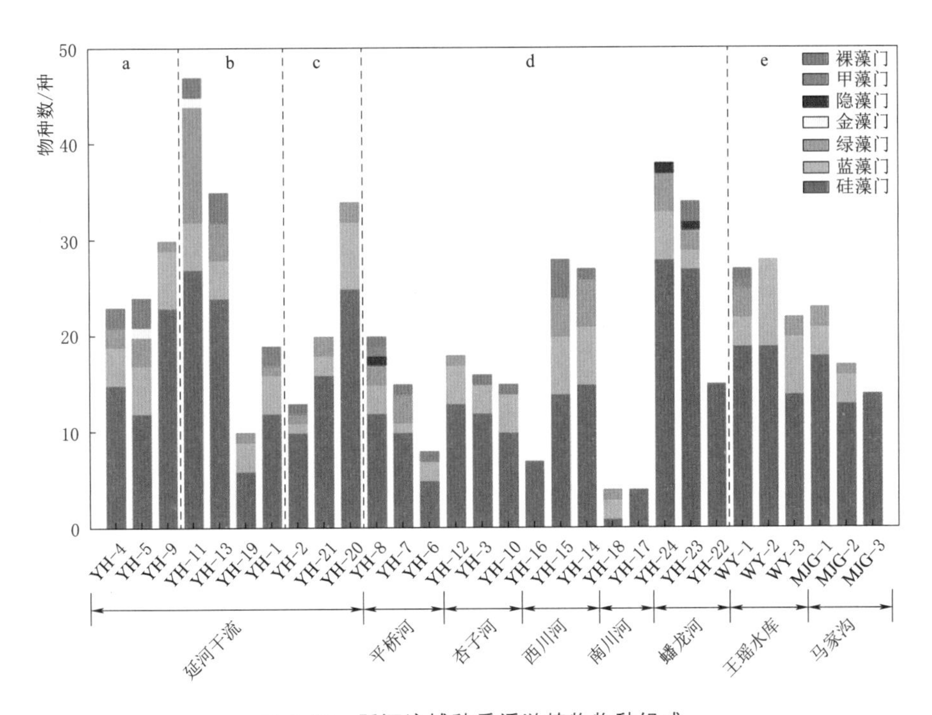

图4.37 延河流域秋季浮游植物物种组成

注 a—延河干流上游段；b—延河干流中游段；c—延河干流下游段；d—延河支流；e—淤地坝水体及水库

延河干流上游段共鉴定出浮游植物53种：硅藻门35种，占66.04%；蓝藻门8种，占15.09%；绿藻门4种，占7.55%；金藻门1种，占1.89%；裸藻门5种，占9.43%。

延河干流中游段共鉴定出浮游植物69种：硅藻门41种，占59.42%；蓝藻门9种，占13.04%；绿藻门13种，占18.84%；金藻门1种，占1.45%；裸藻门5种，占7.25%。

延河干流下游段共鉴定出浮游植物57种：硅藻门42种，占73.68%；蓝藻门9种，占15.79%；绿藻门5种，占8.77%；裸藻门1种，占1.75%。

延河支流平桥河共鉴定出浮游植物28种：硅藻门17种，占60.71%；蓝藻门5种，占17.86%；绿藻门3种，占10.71%；隐藻门1种，占3.57%；甲藻门1种，占3.57%；裸藻门1种，占3.57%。

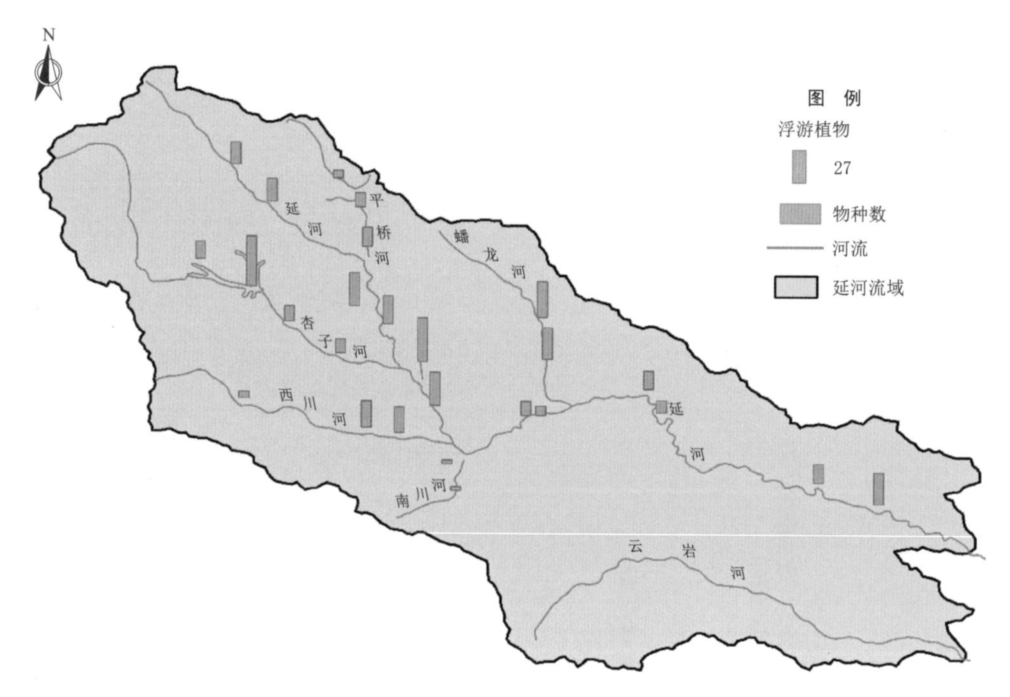

图 4.38 延河流域秋季浮游植物物种数空间分布

延河支流杏子河共鉴定出浮游植物 36 种：硅藻门 25 种，占 69.44%；蓝藻门 8 种，占 22.22%；绿藻门 1 种，占 2.78%；裸藻门 2 种，占 5.56%。

延河支流西川河共鉴定出浮游植物 46 种：硅藻门 27 种，占 58.69%；蓝藻门 9 种，占 19.57%；绿藻门 6 种，占 13.04%；裸藻门 4 种，占 8.69%。

延河支流南川河共鉴定出浮游植物 8 种：硅藻门 5 种，占 62.50%；蓝藻门 2 种，占 25.00%；绿藻门 1 种，占 12.50%。

延河支流蟠龙河共鉴定出浮游植物 50 种：硅藻门 37 种，占 74.00%；蓝藻门 6 种，占 12.00%；绿藻门 4 种，占 8.00%；隐藻门 1 种，占 2.00%；裸藻门 2 种，占 4.00%。

王瑶水库共鉴定出浮游植物 53 种：硅藻门 33 种，占 62.26%；蓝藻门 14 种，占 26.42%；绿藻门 4 种，占 7.55%；甲藻门 1 种，占 1.89%；裸藻门 1 种，占 1.89%。

马家沟淤地坝水体共鉴定出浮游植物 35 种：硅藻门 28 种，占 80.0%；蓝藻门 5 种，占 14.29%；绿藻门 2 种，占 5.71%。

4.4.2 浮游植物密度和生物量

本次秋季调查延河流域浮游植物密度区间为 6.00×10^4～239.27×10^4 cells/L（见图 4.39 和图 4.40），平均密度为 73.33×10^4 cells/L。其中密度最高的是延河干流 YH－11 断面，密度为 239.27×10^4 cells/L，密度最低的是支流南川河 YH－17 和 YH－18 断面，密度为 6.00×10^4 cells/L。

延河干流上游段浮游植物密度区间为 68.23×10^4～105.43×10^4 cells/L，平均密度为 85.98×10^4 cells/L，密度最高的是 YH－4 断面，密度为 105.43×10^4 cells/L，密度最低

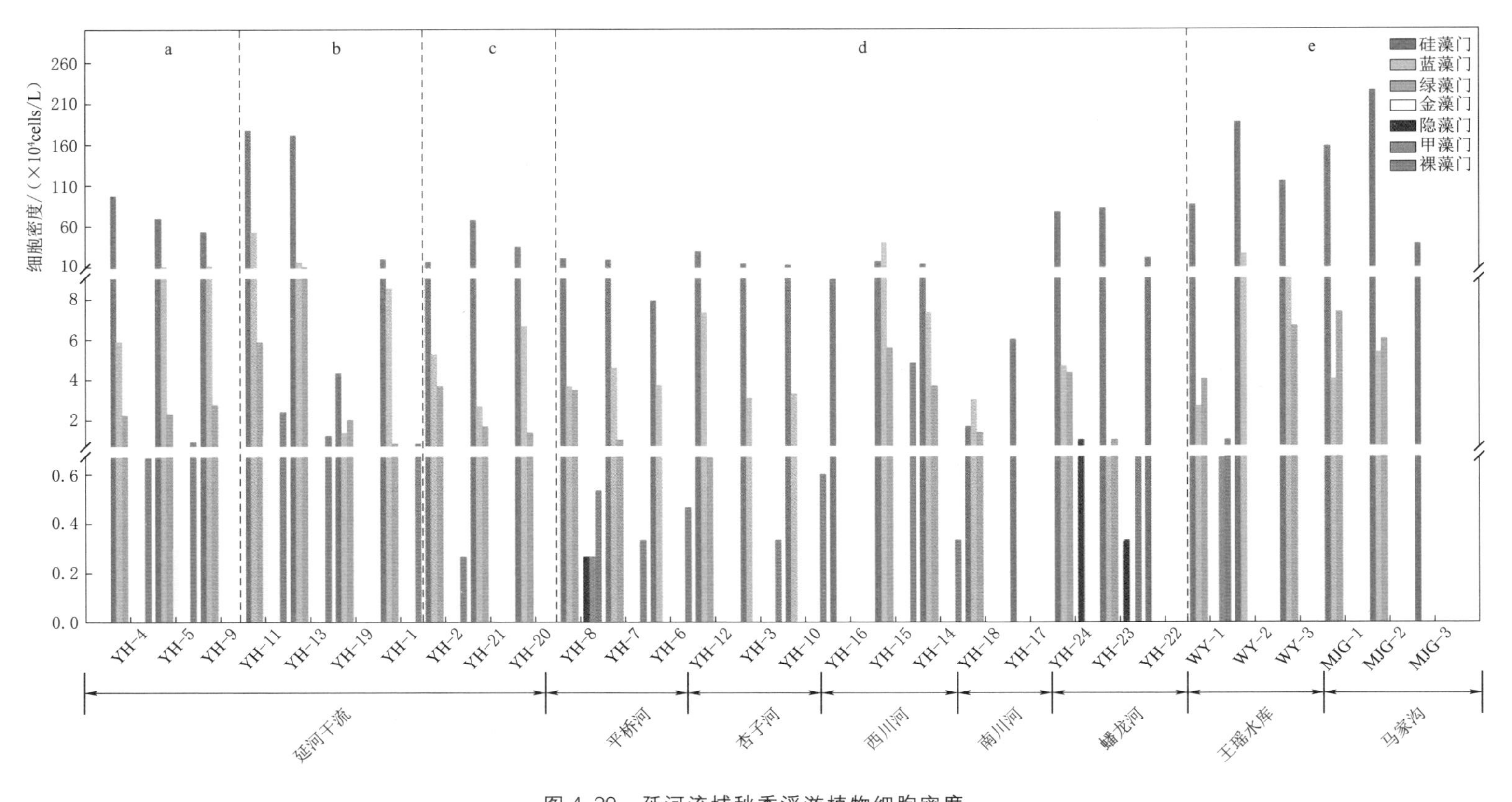

图 4.39 延河流域秋季浮游植物细胞密度

注 a—延河干流上游段；b—延河干流中游段；c—延河干流下游段；d—延河支流；e—淤地坝水体及水库

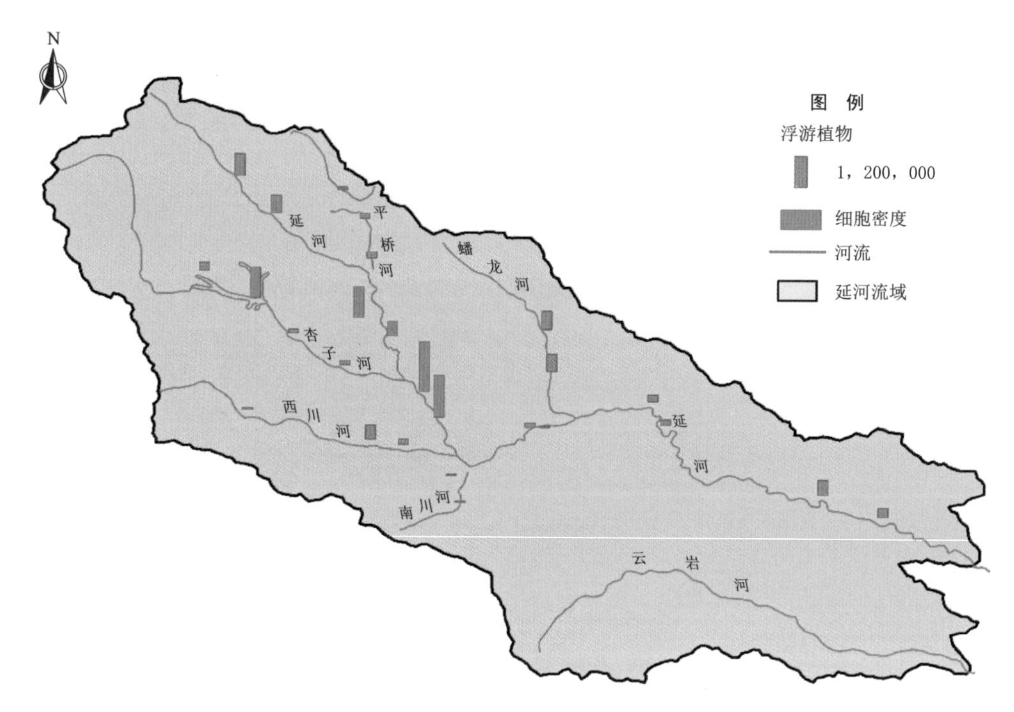

图 4.40 延河流域秋季浮游植物细胞密度空间分布

的是 YH－9 断面，密度为 68.23×10^4 cells/L。

延河干流中游段浮游植物密度区间为 $7.67\times10^4\sim239.27\times10^4$ cells/L，平均密度为 119.34×10^4 cells/L，密度最高的是 YH－11 断面，密度为 239.27×10^4 cells/L，密度最低的是 YH－19 断面，密度为 7.67×10^4 cells/L。

延河干流下游段浮游植物密度区间为 $26.03\times10^4\sim72.33\times10^4$ cells/L，平均密度为 47.12×10^4 cells/L，密度最高的是 YH－21 断面，密度为 72.33×10^4 cells/L，密度最低的是 YH－2 断面，密度为 26.03×10^4 cells/L。

延河支流平桥河浮游植物密度区间为 $12.13\times10^4\sim29.47\times10^4$ cells/L，平均密度为 22.38×10^4 cells/L，密度最高的是 YH－8 断面，密度为 29.47×10^4 cells/L，密度最低的是 YH－6 断面，密度为 12.13×10^4 cells/L。

延河支流杏子河浮游植物密度区间为 $16.80\times10^4\sim37.33\times10^4$ cells/L，平均密度为 29.93×10^4 cells/L，密度最高的是 YH－12 断面，密度为 37.33×10^4 cells/L，密度最低的是 YH－10 断面，密度为 16.80×10^4 cells/L。

延河支流西川河浮游植物密度区间为 $9.00\times10^4\sim67.43\times10^4$ cells/L，平均密度为 33.70×10^4 cells/L，密度最高的是 YH－15 断面，密度为 67.43×10^4 cells/L，密度最低的是 YH－16 断面，密度为 9.00×10^4 cells/L。

延河支流南川河浮游植物密度为 6.00×10^4 cells/L，平均密度为 6.00×10^4 cells/L，YH－17 断面和 YH－18 断面的密度均为 6.00×10^4 cells/L。

延河支流蟠龙河浮游植物密度区间为 $21.33\times10^4\sim86.67\times10^4$ cells/L，平均密度为 63.89×10^4 cells/L，密度最高的是 YH－24 断面，密度为 86.67×10^4 cells/L，密度最低

的是 YH－22 断面，密度为 21.33×10^4cells/L。

王瑶水库浮游植物密度区间为 $94.00\times10^4\sim212.67\times10^4$cells/L，平均密度为 145.78×10^4cells/L，密度最高的是 WY－2 断面，密度为 212.67×10^4cells/L，密度最低的是 WY－1 断面，密度为 94.00×10^4cells/L。

马家沟淤地坝蓄水体浮游植物密度区间为 $37.67\times10^4\sim236.33\times10^4$cells/L，平均密度为 147.44×10^4cells/L，密度最高的是 MJG－2 断面，密度为 236.33×10^4cells/L，密度最低的是 MJG－3 断面，密度为 37.67×10^4cells/L。

本次秋季调查延河流域浮游植物生物量区间为 0.0440～9.6507mg/L（见图 4.41 和图 4.42），平均值为 1.6360mg/L，其中生物量最高的是 MJG－2 断面，生物量为 9.6507mg/L，生物量最低的是 YH－18 断面，生物量为 0.0440mg/L。

延河干流上游段浮游植物生物量区间为 0.3091～0.6596mg/L，平均值为 0.5321mg/L，其中生物量最高的是 YH－9 断面，生物量为 0.6596mg/L，生物量最低的是 YH－5 断面，生物量为 0.3091mg/L。

延河干流中游段浮游植物生物量区间为 0.0849～3.1225mg/L，平均值为 1.5017mg/L，其中生物量最高的是 YH－11 断面，生物量为 3.1225mg/L，生物量最低的是 YH－19 断面，生物量为 0.0849mg/L。

延河干流下游段浮游植物生物量区间为 0.3628～2.3807mg/L，平均值为 1.2525mg/L，其中生物量最高的是 YH－21 断面，生物量为 2.3807mg/L，生物量最低的是 YH－2 断面，生物量为 0.3628mg/L。

延河支流平桥河浮游植物生物量区间为 0.1238～0.2917mg/L，平均值为 0.2239mg/L，其中生物量最高的是 YH－8 断面，生物量为 0.2917mg/L，生物量最低的是 YH－6 断面，生物量为 0.1238mg/L。

延河支流杏子河浮游植物生物量区间为 0.1864～0.6787mg/L，平均值为 0.3916mg/L，其中生物量最高的是 YH－12 断面，生物量为 0.6787mg/L，生物量最低的是 YH－10 断面，生物量为 0.1864mg/L。

延河支流西川河浮游植物生物量区间为 0.1817～1.0511mg/L，平均值为 0.5106mg/L，其中生物量最高的是 YH－15 断面，生物量为 1.0511mg/L，生物量最低的是 YH－16 断面，生物量为 0.1817mg/L。

延河支流南川河浮游植物生物量区间为 0.0440～0.2147mg/L，平均值为 0.1290mg/L，其中生物量最高的是 YH－17 断面，生物量为 0.2147mg/L，生物量最低的是 YH－18 断面，生物量为 0.0440mg/L。

延河支流蟠龙河浮游植物生物量区间为 0.6255～4.7239mg/L，平均值为 3.1826mg/L，其中生物量最高的是 YH－24 断面，生物量为 4.7239mg/L，生物量最低的是 YH－22 断面，生物量为 0.6255mg/L。

王瑶水库浮游植物生物量区间为 1.4446～3.5997mg/L，平均值为 2.4722mg/L，其中生物量最高的是 WY－3 断面，生物量为 3.5997mg/L，生物量最低的是 WY－1 断面，生物量为 1.4446mg/L。

马家沟淤地坝蓄水体浮游植物生物量区间为 0.9800～9.6507mg/L，平均值为

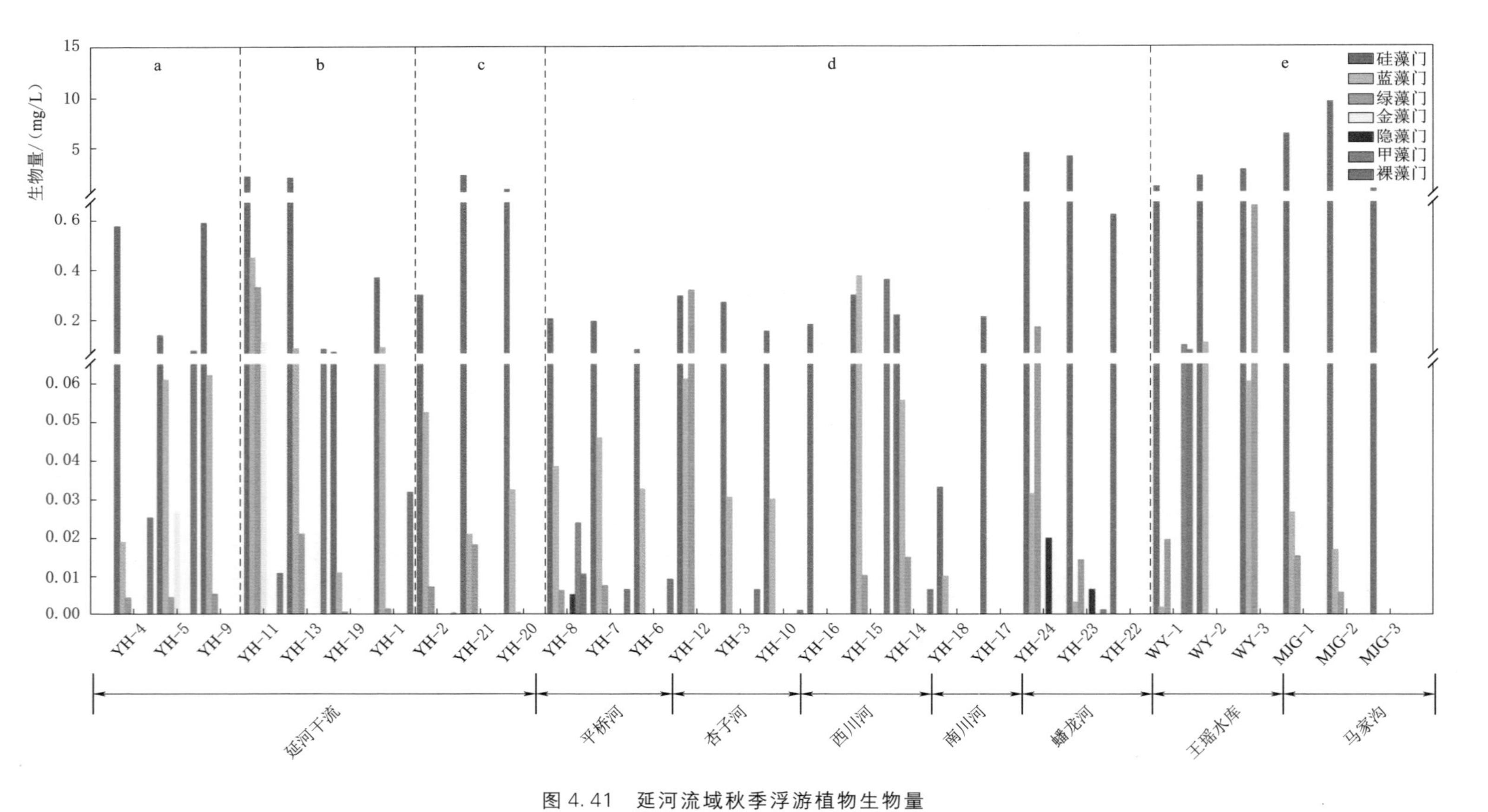

图 4.41 延河流域秋季浮游植物生物量

注 a—延河干流上游段；b—延河干流中游段；c—延河干流下游段；d—延河支流；e—淤地坝水体及水库

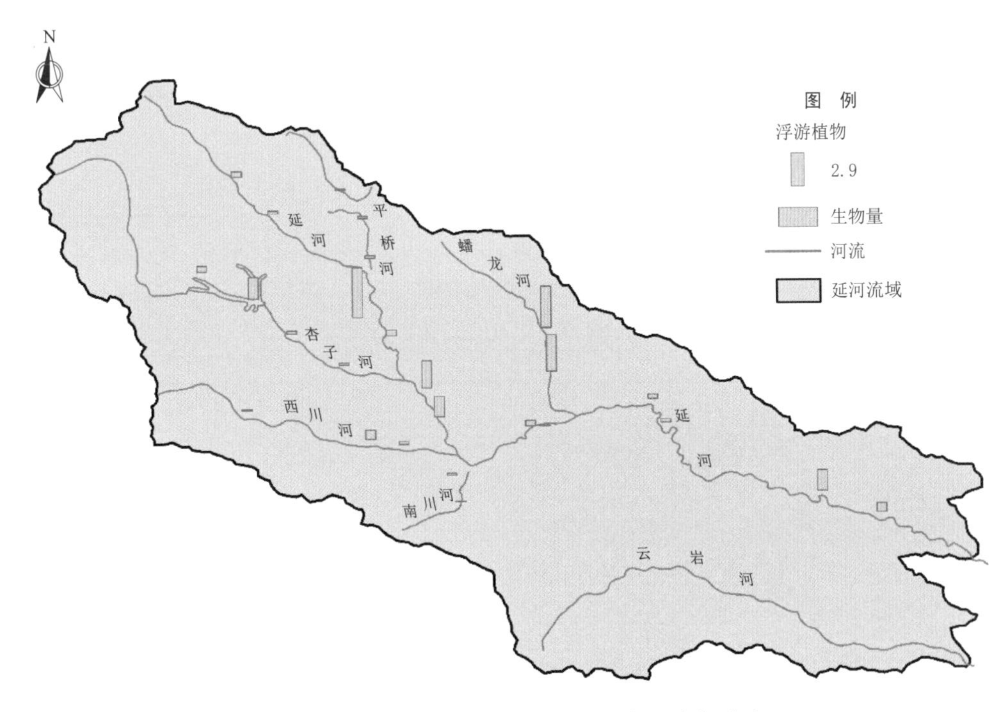

图 4.42 延河流域秋季浮游植物生物量空间分布

5.7066mg/L，其中生物量最高的是 MJG－2 断面，生物量为 9.6507mg/L，生物量最低的是 MJG－3 断面，生物量为 0.9800mg/L。

4.4.3 浮游植物群落多样性指数

延河流域秋季浮游植物多样性指数如图 4.43～图 4.48 所示。Shannon－Wiener 多样性指数在 1.0367～2.6397 之间，其平均值为 1.9172；Pielou 均匀度指数在 0.4648～0.9489 之间，其平均值为 0.8081；Margalef 丰富度指数在 0.1837～1.8613 之间，其平均值为 0.9387。

延河干流上游段浮游植物 Shannon－Wiener 多样性指数在 1.440～2.3250 之间，其平均值为 1.6353；Pielou 均匀度指数在 0.4648～0.7952 之间，其平均值为 0.6085；Margalef 丰富度指数在 0.8052～1.3383 之间，其平均值为 1.0036。

延河干流中游段浮游植物 Shannon－Wiener 多样性指数在 1.5837～2.6067 之间，其平均值为 2.0773；Pielou 均匀度指数在 0.7751～0.9489 之间，其平均值为 0.8484；Margalef 丰富度指数在 0.3857～1.8613 之间，其平均值为 1.0606。

延河干流下游段浮游植物 Shannon－Wiener 多样性指数在 1.8723～2.4587 之间，其平均值为 2.1116；Pielou 均匀度指数在 0.7507～0.9236 之间，其平均值为 0.8515；Margalef 丰富度指数在 0.5346～1.3335 之间，其平均值为 0.9607。

延河支流平桥河浮游植物 Shannon－Wiener 多样性指数在 1.4980～2.2333 之间，其平均值为 1.8093；Pielou 均匀度指数在 0.8823～0.9377 之间，其平均值为 0.9099；Margalef 丰富度指数在 0.3414～0.8477 之间，其平均值为 0.5654。

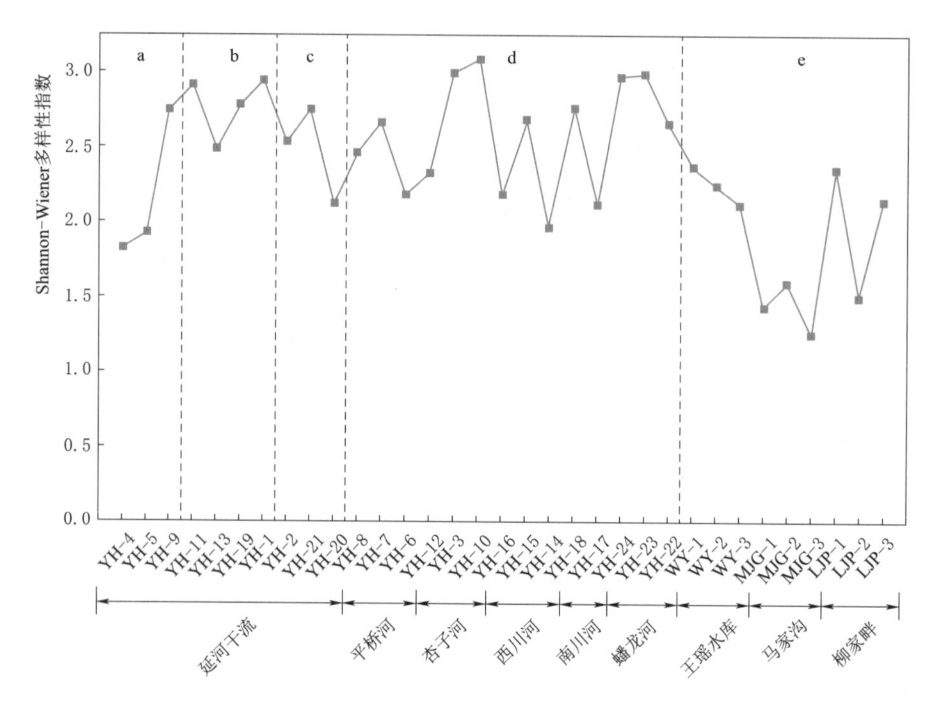

图 4.43 延河流域秋季浮游植物 Shannon－Wiener 多样性指数

注 a—延河干流上游段；b—延河干流中游段；c—延河干流下游段；d—延河支流；e—淤地坝水体及水库

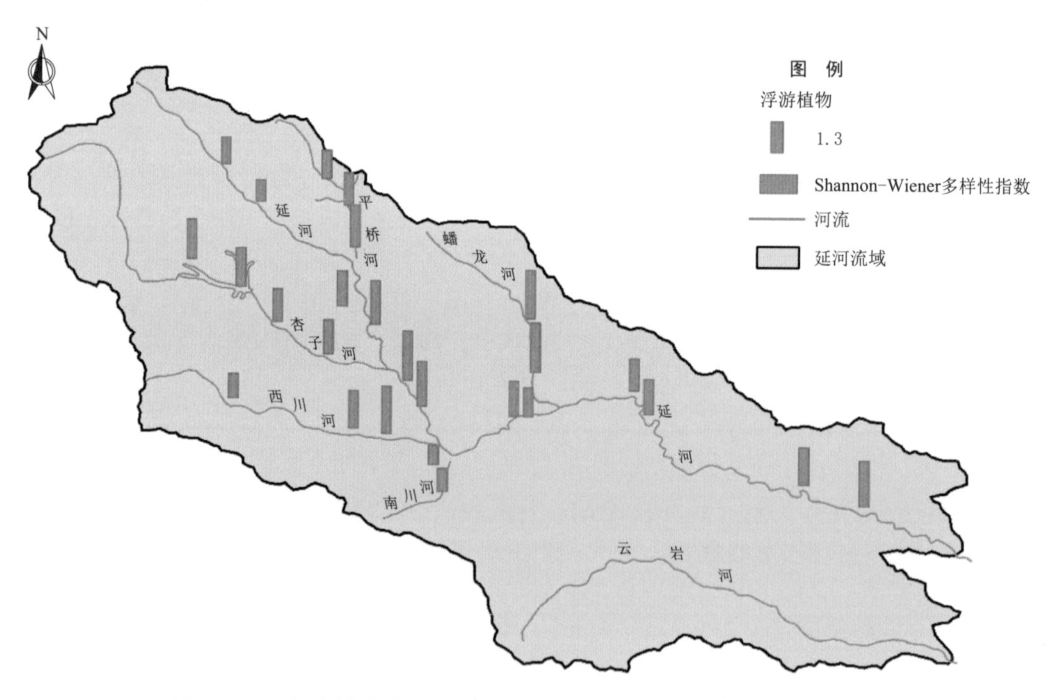

图 4.44 延河流域秋季浮游植物 Shannon－Wiener 多样性指数空间分布

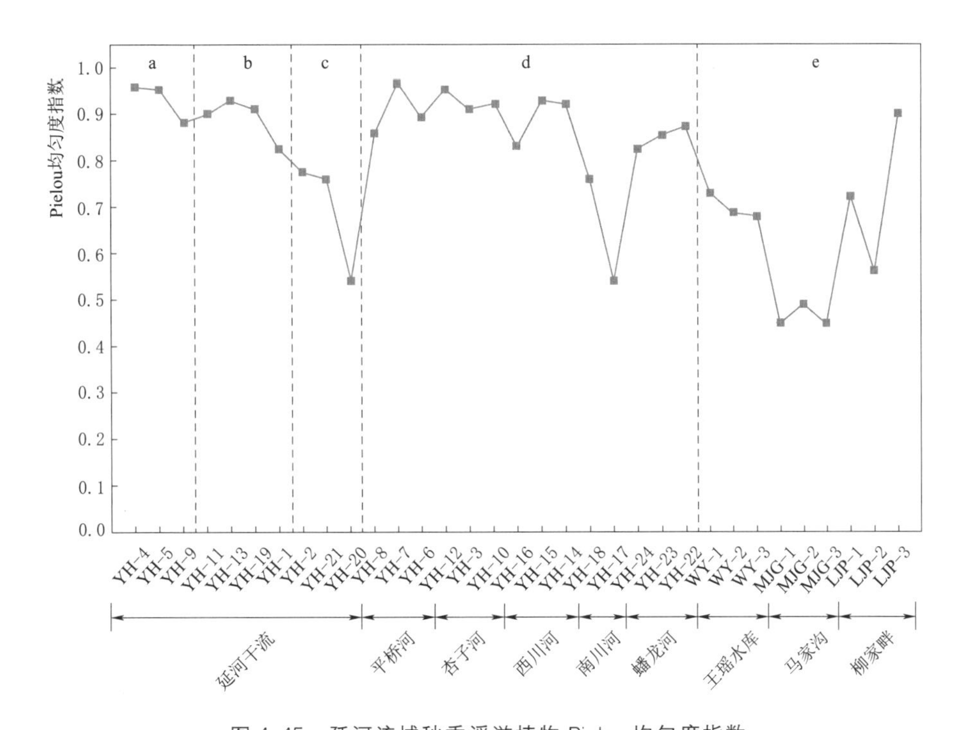

图 4.45 延河流域秋季浮游植物 Pielou 均匀度指数

注 a—延河干流上游段；b—延河干流中游段；c—延河干流下游段；d—延河支流；e—淤地坝水体及水库

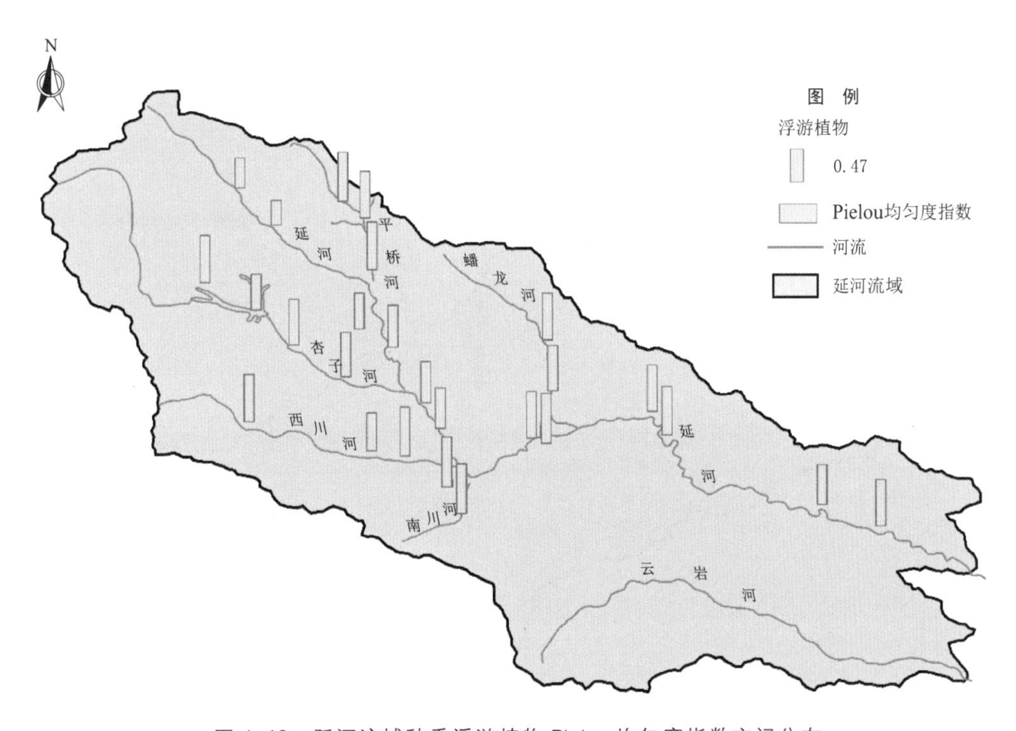

图 4.46 延河流域秋季浮游植物 Pielou 均匀度指数空间分布

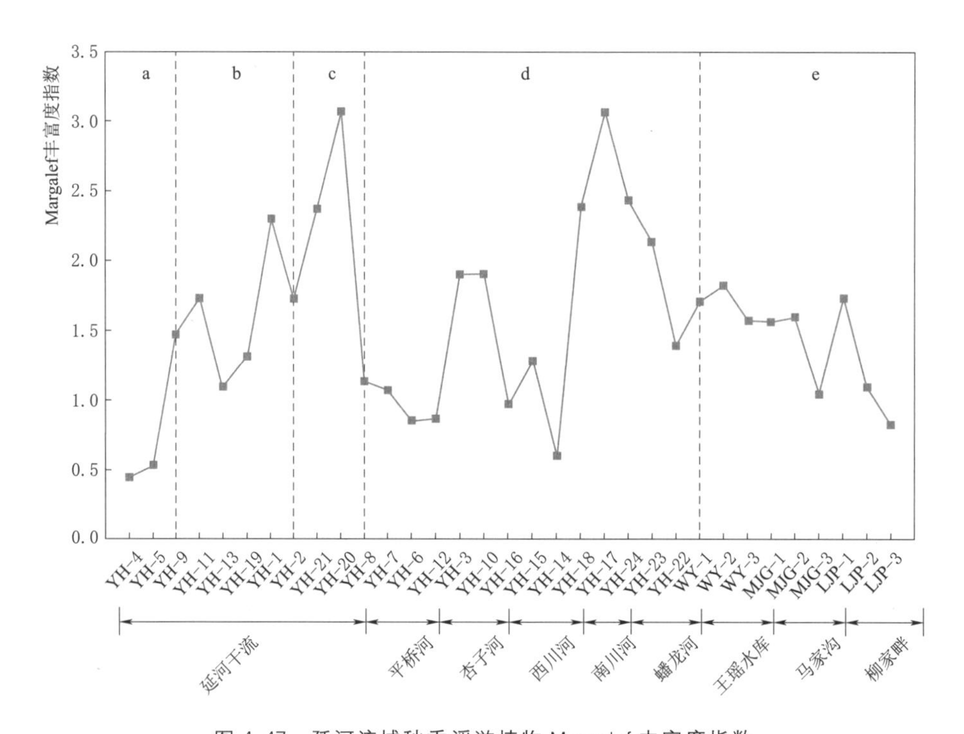

图 4.47　延河流域秋季浮游植物 Margalef 丰富度指数

注　a—延河干流上游段；b—延河干流中游段；c—延河干流下游段；d—延河支流；e—淤地坝水体及水库

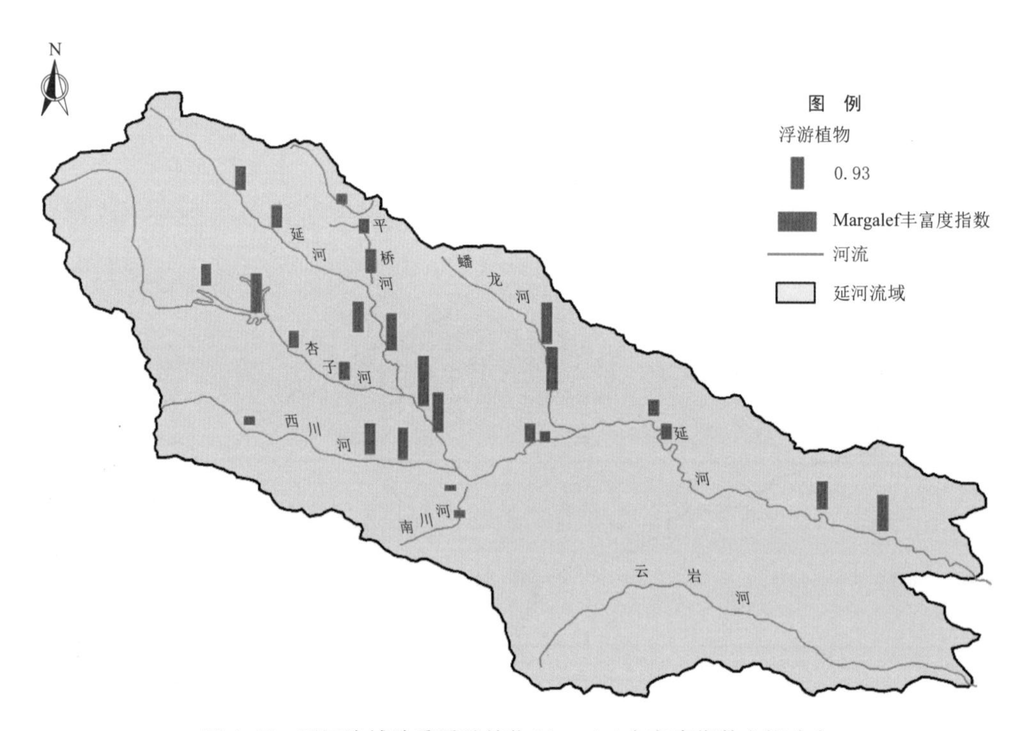

图 4.48　延河流域秋季浮游植物 Margalef 丰富度指数空间分布

延河支流杏子河浮游植物 Shannon - Wiener 多样性指数在 1.7337～2.1177 之间，其平均值为 1.8770；Pielou 均匀度指数在 0.8343～0.8998 之间，其平均值为 0.8665；Margalef 丰富度指数在 0.6017～0.7534 之间，其平均值为 0.6636。

延河支流西川河浮游植物 Shannon - Wiener 多样性指数在 1.2953～2.4947 之间，其平均值为 1.9276；Pielou 均匀度指数在 0.7190～0.9211 之间，其平均值为 0.8492；Margalef 丰富度指数在 0.2912～1.1534 之间，其平均值为 0.8543。

延河支流南川河浮游植物 Shannon - Wiener 多样性指数在 1.0367～1.2163 之间，其平均值为 1.1265；Pielou 均匀度指数在 0.9433～0.9438 之间，其平均值为 0.9436；Margalef 丰富度指数在 0.1837～0.2421 之间，其平均值为 0.2129。

延河支流蟠龙河浮游植物 Shannon - Wiener 多样性指数在 1.8917～2.6397 之间，其平均值为 2.3627；Pielou 均匀度指数在 0.8586～0.8910 之间，其平均值为 0.8774；Margalef 丰富度指数在 0.6488～1.5667 之间，其平均值为 1.2387。

王瑶水库浮游植物 Shannon - Wiener 多样性指数在 1.8753～2.2407 之间，其平均值为 2.0550；Pielou 均匀度指数在 0.6268～0.7557 之间，其平均值为 0.6756；Margalef 丰富度指数在 1.3500～1.6013 之间，其平均值为 1.4359。

马家沟淤地坝水体浮游植物 Shannon - Wiener 多样性指数在 1.3640～2.2277 之间，其平均值为 1.8729；Pielou 均匀度指数在 0.4945～0.8886 之间，其平均值为 0.6823；Margalef 丰富度指数在 0.8853～1.1487 之间，其平均值为 1.1088。

4.5 讨论与小结

浮游植物对水环境的敏感性导致其群落特征易受水体生态环境变化影响（Stomp M et al.，2011），通过对无定河流域干支流河道及淤地坝水体断面的春秋两季水生态调查显示，其浮游植物群落特征表现出较明显的时空差异性。从时间来看，2021 年春季共鉴定到浮游植物 7 门 241 种，秋季共鉴定到 7 门 189 种，浮游植物物种组成存在较大差异，类似研究结果也出现在其他季节性河流中（孙来康 等，2023）。无定河流域春秋两季浮游植物物种组成整体表现为硅藻-绿藻-蓝藻型，这与黄河干流（丁一桐 等，2021）和长江干流（钟可儿 等，2022）等研究结果基本一致，表明无定河流域浮游植物种类组成具有一般河流的普遍性特征。无定河流域浮游植物密度与优势门在春秋两季也有所不同。春季浮游植物群落组成以硅藻门及绿藻门占主要优势，秋季以硅藻门及蓝藻门占主要优势，春季主要优势种密度远大于秋季，可见春秋两季的浮游植物群落特征存在差异，可能与春秋两季环境异质性有关。除时间尺度外，无定河干支流与淤地坝水体浮游植物群落结构也有较大的差异。无定河干支流物种数较多，优势种以硅藻、绿藻和蓝藻种类为主，淤地坝水体物种数相对较少，优势种以硅藻、绿藻和裸藻种类为主，这与国内大多数淡水河流和湖泊中浮游植物群落特征相一致。淤地坝水流流速接近于零，水体相对静止且有机质含量随着泥沙淤积而逐渐增加，相比于河流水体更适宜裸藻生存（李飞鹏 等，2015），因此，裸藻门优势种在淤地坝水体中普遍出现且优势度逐渐增大。

物种多样性是衡量一定区域内群落演替方向和稳定程度的客观指标，能够有效地反映水生态环境的变化（霍堂斌，2013）。Isbell 等（2009）指出：在大多数多样性指数中，组成群落的物种数量越多，其多样性数值越大，而重复性越小，同时多样性指数大的群落，其稳定性越强。Shannon - Wiener 多样性指数（H'）指群落中物种的数量，群落中种类或个体数量越多，群落结构越复杂，同样指数越高，对环境的反馈越稳定（韩谞 等，2019）。Pielou 均匀度指数（J）是用来衡量群落中每个物种生物量分类的均匀度，在一定程度上反映物种生物群落的稳定性。Margalef 丰富度指数（D）是通过浮游植物群落结构来反映环境稳定性，指数越大，其所反映出环境的稳定性也将越高。随着春秋季节更替，无定河流域 H'和 D 均值普遍呈现降低的趋势，而 J 值变化范围则相对较小，这反映出春季无定河流域浮游植物多样性较高，群落结构相对复杂且稳定性较强，而秋季群落结构相对简单且抵御外界环境的能力越弱，这与南水北调中线水源区（赵志楠 等，2022）的研究结果基本一致。无定河干支流浮游植物 H'、J 及 D 均值大部分高于淤地坝水体，表明无定河干支流河道断面相比淤地坝断面浮游植物物种分布较为均匀，种群分散程度大，群落结构稳定性相对较高。

有研究表明，浮游植物群落特征与其所处的生境特征紧密相关，受水体营养盐浓度、水生生物捕食、水动力学特征及水文动态的直接作用（肖利娟 等，2008；杨宋琪 等，2019；张海涵 等，2022）。土地利用类型同样是浮游植物群落特征的重要驱动因子，其通过影响水体理化因子可间接影响浮游植物群落特征（Katsiapi M et al.，2012）。本研究结构方程模型结果表明，水体理化因子对浮游植物群落特征有显著影响，这与 Gao 等（2005）研究的结果一致。本研究中，春季影响浮游植物群落特征的水体理化因子主要有 WT、v、NH_4^+ - N、pH 和 DO。余业鑫等（2022）研究发现，水温能够影响藻类呼吸作用的强度和光合作用酶促反应的速率，其变化直接影响着藻类的生长，10～30℃下，水温升高可以促进藻类生长（方丽娟 等，2014），春季为浮游植物生长周期的复苏期，随着温度的升高，浮游植物密度及生物量会随之增大。春季水体 pH 均值为 8.31，呈弱碱性，有利于浮游植物通过吸收固定 CO_2，从而具有较高的初级生产力（Jakobsen et al.，2015）。无定河流域采样点 1000m 河岸带缓冲区内耕地占比较高，且春季为陕北地区主要耕灌时段，坡面耕种等农业活动中氮肥的大量使用导致面源污染，污染物通过径流、淋溶和侧渗等方式进入各受纳水体，导致春季水体 TN、含氮营养盐等平均浓度较高，这与徐奇峰等（2023）研究的结果相似。NH_4^+ - N 作为代表性含氮营养盐之一，满足了浮游植物生长对营养盐的需求，在适宜的 pH、水温和光照条件下，浮游植物会快速增殖并在水体中形成一定的生物量。春季水体 DO 与浮游植物生长呈正相关，这与张云等（2015）研究的结果基本一致。浮游植物通过光合作用提供氧气，但在无光条件下，其会进行呼吸作用消耗氧气，水体溶解氧浓度较高可以为浮游植物夜间生长提供有利条件。春季河流流速普遍偏高，水体快速流动削弱了浮游植物对光照的利用率（朱宜平 等，2010），对浮游植物有一定负面影响，但弱于其余环境因子对浮游植物的促进作用。秋季影响浮游植物群落特征的水体理化因子主要有 Turb、WT、DO。无定河流域处于陕北地区，秋季侵蚀性降雨量大于春季（胡琳 等，2014），降雨对河床岸坡及耕地的冲刷会导致水体悬浮颗粒物含量增大（刘冉 等，2021），且降雨汇流引起水量的增加会稀释浮游植物细胞密度（张萍等，2022）。秋季水体浊度升高，悬浮颗粒物对光照有遮蔽作用，水体透明度降低，导致水体光合有效辐射降低，抑制了浮游植物光合作用。秋季大量有机质伴随水土流失进入到水体中，在微生物作用下，有机质氧化分解消耗大量溶解氧且秋季水温高于春季，随着水温升高，水体溶解氧浓度逐渐降低（潘向忠 等，2011）。在无法进行光合作用条件下，水体溶解氧浓度降低会极大限制浮游植物生长和增殖。本研究发现秋季DO对解释浮游植物群落特征的贡献呈负相关，可见在不同季节影响下，DO与浮游植物群落特征的相关性并不一致。无定河流域作为黄河流域中游水土流失区域典型流域，水体浊度普遍偏高，与长江流域（张静 等，2023）相比，浊度作为特有影响因子对无定河流域浮游植物群落特征有着重要影响。

延河流域浮游植物物种组成、细胞密度、生物量、优势种以及群落特征指数均表现出明显的时空差异性。从时间尺度上看，浮游植物群落组成由春季的硅藻-绿藻型向秋季的硅藻-绿藻-蓝藻型转变，与黄河干流全段（丁一桐 等，2021）、内蒙古河段（胡俊 等，2016）以及渭河流域（杨涛 等，2021）等多沙河流的调查结果相似，两季浮游植物群落组成均以喜流水性硅藻占优，其对流域内浮游植物群落总生物量的贡献率超过80%。秋季浮游植物种类总数高于春季，但密度和生物量与之相反，表现为春季高于秋季。造成这种差异的原因可能是春季为浮游植物生长周期的复苏期，且随着水温升高，河流水环境更适宜浮游植物的生长繁殖（田永强 等，2012），而秋淋会使河流水量增加，水流速度加快，对浮游植物群落起到一定的稀释作用，使原本较为集中的藻种分散开来，种类增加（王超 等，2013），密度和生物量降低。将延河流域的浮游植物密度和生物量与黄河干流中游不同时期的调查结果（丁一桐 等，2021；蒋晓辉 等，2012）对比发现，该流域浮游植物的平均密度与黄河中游浮游植物密度保持在同一数量级，但平均生物量高于黄河干流中游，其原因可能在河流中硅藻门种群结构发生变化，布纹藻等体积较大的物种数量增加，导致生物量增加。在优势种上，春秋两季干支流主要优势种为硅藻门的小环藻、针杆藻、舟形藻和菱形藻，秋季新增蓝藻门的小席藻。有研究表明属浮游和着生的兼性浮游植物，如硅藻的小环藻、针杆藻、菱形藻等，在富营养化水体中全年可形成优势种群，尤其以春季和秋季最盛（魏志兵 等，2020），表明延河流域水体营养水平较高。春季蓄水水体的主要优势种为硅藻门的小环藻、针杆藻和金藻门的锥囊藻，秋季为硅藻门的小环藻、直链藻和脆杆藻。周小玉（2012）指出直链藻、脆杆藻主要出现在高营养水平水体，也有研究发现营养水平升高可能会导致脆杆藻生物量升高（王英华 等，2016）。此外，金藻在水体受到有机物污染时会减少甚至消失，本研究发现春季优势种锥囊藻在秋季消失，而直链藻和脆杆藻的生物量显著上升，这预示着秋季蓄水水体不仅富营养化程度升高，还存在有机物污染的可能性。秋季优势种种类数高于春季，但其优势种优势度远低于春季。吴利等（2015）发现优势种的种类数多且优势度小，则群落结构相对更加复杂和稳定，可见秋季浮游植物群落结构复杂度优于春季。

从空间尺度上看，延河流域的浮游植物群落结构与水环境关联密切。延河干流中游和下游的浮游植物现存量均高于上游河段，其原因在于延河干流上游河谷狭窄且河道比降高（李传哲 等，2011），上游浊度（254.36NTU）显著高于中游（22.89NTU）和下游（13.73NTU），水流强冲刷作用促使水体挟沙能力增加，进而削弱了光在水下的传播，从而限制浮游植物的生长和繁殖（马煜 等，2021），中游地处延安市腹地，受城区内工业生活废水影响，使得该河段及下游河段水体营养盐含量处于较高水平，为浮游植物生长提供了基础。此外，在分析流域内河流走势对浮游植物群落分布格局的影响过程中，除城市活动干扰外，支流汇入也是不可忽略的因素之一。有研究表明，在空间上相邻样点的群落组成具有一定的相似性（张春梅 等，2021）。本研究中，秋季延河干流下游的浮游植物细胞密度低于上游，但生物量却高于上游，支流蟠龙河的浮游植物细胞密度和生物量也呈现出相似的规律性，其密度低于干流上游和中游，但生物量显著高于干流上游和中游水体。此外，干流下游河段的浮游植物群落组成与支流蟠龙河具有高度相似性，且物种多样性数值相近，说明相较于水体条件的变化，秋季延河干流下游浮游植物群落结构受蟠龙河支流水源补给的影响更为显著。而相较于河流，蓄水水体水深相对较深，水面开阔，流速变缓，水体透明度增大，再加上水体温度分层的作用，致使蓄水水体浮游植物现存量维持在较高水平，且春季甲藻、金藻和裸藻生物量占比增加，形成了不同于干支流河道的独特群落结构（杨亮杰 等，2014）。这种静水环境适宜裸藻生长；且蓄水水体自净能力低，营养盐在水体中积累使甲藻大量繁殖，而金藻喜低温和高透明度，因此在春季水体中成为优势种。秋季蓄水水体主要以硅藻占优，原因可能是秋季农业灌溉用水量增加缩短了库区的换水周期，高换水率有利于硅藻的生长和占优；淤地坝水体因秋淋导致水体混合较为充分，硅藻在此期间容易占据优势（任杰 等，2017）。

物种多样性是衡量群落演替方向和稳定性程度的客观指标。本书选用 H'、D 和 J 三个指数共同表示。与黄河干流（河龙区间）（丁一桐 等，2021）的浮游植物多样性指数相比较，延河流域浮游植物多样性指数较低，反映了延河流域群落结构较为简单，抵抗外部环境改变和群落内部变动的能力相对较弱。一般来讲，春季浮游植物多样性指数高于秋季，表明其群落结构越复杂，稳定性越大，水质也越好。春季延河流域水温升高，且经过枯水期的慢流速、高透明度的河流环境更适宜浮游植物的生长繁殖。此外，一些喜低温的藻类，如狭冷性物种硅藻、金藻等也在早春大量繁殖，浮游植物群落中种类和丰度增加，生物多样性升高。秋季陕北地区的秋淋天气会导致延河流域径流增加和水土流失情况加剧，一定程度上破坏了群落的稳定性，导致多样性降低。秋季农田用水造成的面源污染一定程度上也会影响浮游植物的生长环境，造成生物多样性降低。已有研究表明泛化种可在多种生境中生存，利用较高的功能可塑性形成生存优势，并在维持多样性方面发挥着关键作用，而特化种对生境专一性强，易受环境变化影响（刘红涛 等，2022）。蓄水水体的水环境较河流水环境更加稳定，导致群落聚集度增加，生态位分化减少，有利于特化种的生长；河流水环境的异质性较高，有利于泛化种的生长。由此可以解释春季延河干支流的浮游植物多样指数显著高于蓄水水体，群落抗干扰能力相对较强，蓄水水体中具有换水周期的库区多样性指数高于无水体交换的淤地坝水体。按照生态学中度扰动理论，生境的适度扰动可维持较高的浮游植物物种多样性（张佳磊 等，2017），因此秋淋导致的水体扰动会使干支流水体和蓄水水体之间的物种多样性差异性减小。

已有大量研究表明，浮游植物群落结构在不同河湖生态系统中有不同的特征，其演替规律是众多环境因子在时间和空间上相互影响的结果（君珊 等，2019；王丽 等，2013）。谢海莎等（2022）通过冗余分析得出 WT 和 TN 是影响延河丰水期浮游植物群落分布的关键因素，本研究结果显示影响延河流域春秋两季浮游植物分布的关键因素存在差异，其中春季的影响因子为 H、V、DO 和 NO_2^- -N 浓度，秋季的影响因子为 H、DO 和 NO_3^- -N 浓度。尽管不同研究所选取的浮游植物指标以及环境因子不同可能导致研究结果不同，但可以发现氮均为影响浮游植物群落的关键因素。春季延河干流中游及下游河段、支流南川河和蟠龙河的亚硝态氮浓度较高，相应水体的硅藻和绿藻密度也相对较高。其原因在于浮游植物的生长可以影响水中 DO 含量，当溶解氧水平下降，加之硝化细菌的代谢，会使水体中亚硝酸盐氮的浓度升高，进而促进尖针杆藻、舟形藻和菱形藻等优势种的生长（陈康 等，2022）。秋季干流中游和下游、支流西川河、南川河、蟠龙河的 NO_3^- -N 浓度和 NH_4^+ -N 浓度均高于其他采样断面，李利强等（2014）研究发现溶解态的营养盐更易被浮游植物吸收利用，且对氨态氮的利用优于硝态氮。硝态氮浓度增高预示着水体中铵氮浓度转化利用率较低，从而造成水体富营养化，导致蓝藻大量生长（陈康 等，2022），因此相应水体浮游植物现存量高于其他断面且蓝藻占比增加。流态变化是影响延河流域浮游植物群落结构的重要因子之一。有研究表明在水体流动性较强时，营养盐浓度不再是影响浮游植物群落结构分布的主要驱动因素，而是水动力条件（王三秀 等，2022）。天然河道下水动力条件促使水体携沙能力增强，浮游植物可以被相似粒径的泥沙携带而发生迁移，其群落格局会随着流速变化而发生改变。RDA 分析表明，水流速度与浮游植物细胞密度密切相关。已有资料显示延河上游河道平均比降高，暂时性水流冲刷强烈；中游为主要河段，河谷展宽，流速渐小；下游为破碎塬区，流速升高但低于上游河段（李传哲 等，2011），所以浮游植物密度在干流中游和下游河段较高，位于流域上游区域的支流浮游植物现存量低于位于中下游区域的支流。王瑶水库、马家沟和柳家畔淤地坝水体因水深较大，增加了水流滞缓的程度，再加上水体温度分层的作用，致使浮游植物现存量维持在较高状态，这与杨亮杰等（2014）的研究一致。本研究发现，DO 对春秋两季浮游植物群落分布有显著影响，高 DO 含量有利于浮游植物生长并形成稳定的生态系统，但浮游植物的生长繁殖过程中会消耗水中的 DO，使得浮游植物对 DO 的竞争成为影响浮游植物群落结构的关键因素（李娜 等，2020）。除此之外，浮游植物的生长亦可能受水温以及水文气象过程（如降雨）的影响。如延河流域春季和秋季平均水温为 15.1℃ 和 12.2℃，适合硅藻等狭冷性物种生存，因此该流域的浮游植物群落以硅藻为优势类群。秋季雨量变多，水体扰动增强，浊度增加，从而制约着浮游植物的丰度与分布。研究中出现的直链藻、脆杆藻等水体富营养化的指示生物，主要出现在秋季的蓄水水体中，说明该区域具有藻类异常增殖的风险，应着重关注，重点防范，特别是关注水流滞缓区的浮游植物群落动态变化。另外，研究结果中流速较快或者换水周期短均能够使水体浊度增加，浮游植物在水流的快速冲击作用下无法大量繁殖，所以针对秋季库区或淤地坝蓄水体中藻类异常增殖的风险，应充分利用库区的水生态调度，及时调整换水周期，保障蓄水水体的水生态健康。综上所述，本研究以浮游植物为指示生物，探明了研究区域水环境状况、浮游植物群落结构及关键影响因子，可为延河流域水生态保护实时监测提供关键生物数据；其次，在浮游植物的基础上结合水环境参数的调查结果，可以制定包含生物因素且契合延河流域水体状况的环境基准，为该流域的水资源利用和水生态保护提供科学依据。

参考文献

陈康，孟子豪，李学梅，等，2022. 鄱阳湖流域柘林水库秋季浮游植物群落结构及其构建过程驱动机制［J］. 湖泊科学，34（2）：433－444.

丁一桐，潘保柱，赵耿楠，等，2021. 黄河干流全河段浮游植物群落特征与水质生物评价［J］. 中国环境科学，41（2）：891－901.

方丽娟，刘德富，杨正健，等，2014. 水温对浮游植物群落结构的影响实验研究［J］. 环境科学与技术，37（S2）：45－50.

韩谞，潘保柱，赵耿楠，等，2019. 长江源区浮游植物群落结构及分布特征［J］. 长江流域资源与环境，28（11）：2621－2631.

胡俊，胡鑫，米玮洁，等，2016. 多沙河流夏季浮游植物群落结构变化及水环境因子影响分析［J］. 生态环境学报，25（12）：1974－1982.

胡琳，苏静，桑永枝，等，2014. 陕西省降雨侵蚀力时空分布特征［J］. 干旱区地理，37（6）：1101－1107.

霍堂斌，2013. 嫩江下游水生生物多样性及生态系统健康评价［D］. 哈尔滨：东北林业大学.

蒋晓辉，王洪铸，2012. 黄河干流水生态系统结构特征沿程变化及其健康评价［J］. 水利学报，43（8）：991－998.

君珊，王东波，周健华，等，2019. 拉萨河流域浮游植物群落结构特征及与环境因子的关系［J］. 生态学报，39（3）：787－798.

李传哲，王浩，于福亮，等，2011. 延河流域水土保持对径流泥沙的影响［J］. 中国水土保持科学，9（1）：1－8.

李飞鹏，高雅，张海平，等，2015. 流速对浮游藻类生长和种群变化影响的模拟试验［J］. 湖泊科学，27（1）：44－49.

李利强，黄代中，熊剑，等，2014. 洞庭湖浮游植物增长的限制性营养元素研究［J］. 生态环境学报，23（2）：283－288.

李娜，周绪申，孙博闻，等，2020. 白洋淀浮游植物群落的时空变化及其与环境因子的关系［J］. 湖泊科学，32（3）：772－783.

刘红涛，胡天龙，王慧，等，2022. 典型水稻土细菌亚类群——泛化种、特化种的群落构建及功能潜力［J］. 土壤学报，1－13.

刘冉，余新晓，蔡强国，等，2021. 黄土丘陵沟壑区黄土坡面侵蚀过程及其影响因素［J］. 应用生态学报，32（8）：2886－2894.

马煜，陆欣鑫，范亚文，2021. 松花江哈尔滨段浮游植物群落格局及其与环境因子的相关性［J］. 生态学报，41（1）：224－234.

潘向忠，高玉蓉，李佳，等，2011. 钱塘江杭州段水体中溶解氧现状及其影响因素［J］. 环境保护科学，37（4）：13－16.

任杰，朱广伟，金颖薇，等，2017. 换水率和营养水平对太湖流域横山水库硅藻水华的影响［J］. 湖泊科学，29（3）：604－616.

孙来康，杨涛，万旭昊，等，2023. 西安城市河流浮游植物群落结构及其与环境因子的关系［J］. 水生生物学报，47（4）：543－555.

田永强，俞超超，王磊，等，2012. 福建九龙江北溪浮游植物群落分布特征及其影响因子［J］. 应用生态学报，23（9）：2559－2565.

王超，李新辉，赖子尼，等，2013. 珠三角河网浮游植物生物量的时空特征［J］. 生态学报，33（18）：5835－5847.

王丽，魏伟，周平，等，2013. 铜陵市河流冬季浮游植物群落结构及其与环境因子的关系［J］. 应用生态学报，24（1）：243－250.

王三秀，魏莱，王爽，等，2022. 上海水源地毗邻湖库浮游植物群落结构的季节变化及其影响因子［J］. 湖泊科学，34（4）：1127－1139.

王英华，陈雷，牛远，等，2016. 丹江口水库浮游植物时空变化特征［J］. 湖泊科学，28（5）：1057－1065.

魏志兵，何勇凤，龚进玲，等，2020. 金沙江干流浮游植物群落结构特征及其时空变化［J］. 长江流域资源与环境，29（6）：1356－1365.

吴利，李源玲，陈延松，2015. 淮河干流浮游动物群落结构特征［J］. 湖泊科学，27（5）：932－940.

肖利娟，望甜，韩博平，2008. 流溪河水库的盔形溞和舌状叶镖水蚤对浮游植物的牧食影响研究［J］. 生态科学，（5）：362－367.

谢海莎，邵瑞华，王际焱，等，2022. 延河丰水期浮游生物群落分布及其与环境因子的关系［J］. 环境保护科学，48（1）：108－114.

徐奇峰，夏云，李书鉴，等，2023. 无定河流域地表水硝酸盐浓度的时空分布特征及来源解析［J］. 环境科学，44（6）：3174－3183.

杨亮杰，余鹏飞，竺俊全，等，2014. 浙江横山水库浮游植物群落结构特征及其影响因子［J］. 应用生态学报，25（2）：569－576.

杨宋琪，祖廷勋，王怀斌，等，2019. 黑河张掖段浮游植物群落结构及其与环境因子的关系［J］. 湖泊科学，31（1）：159－170.

杨涛，王伟，陈佳，等，2021. 渭河流域浮游植物群落结构特征及环境影响因子［J］. 水生态学杂志，42（3）：63－71.

余业鑫，李艳，向罗京，等，2022. 汉江下游干支流浮游植物群落特征及其对水质的指示评价［J］. 中国环境监测，38（1）：124－135.

张春梅，朱宇轩，宋高飞，等，2021. 南水北调中线干渠浮游植物群落时空格局及其决定因子［J］. 湖泊科学，33（3）：675－686.

张海涵，王娜，宗容容，等，2022. 水动力条件对藻类生理生态学影响的研究进展［J］. 环境科学研究，35（1）：181－190.

张佳磊，郑丙辉，刘德富，等，2017. 三峡水库大宁河支流浮游植物演变过程及其驱动因素［J］. 环境科学，38（2）：535－546.

张静，胡愈炘，胡圣，等，2023. 长江流域浮游植物群落的环境驱动及生态评价［J］. 环境科学，44（4）：2072－2082.

张萍，国超旋，俞洁，等，2022. 钱塘江干流夏季浮游植物群落结构特征及其对水文气象的响应［J］. 湖泊科学，34（2）：418－432.

张云，马徐发，郭飞飞，等，2015. 湖北金沙河水库浮游植物群落结构及其与水环境因子的关系［J］. 湖泊科学，27（5）：902－910.

赵志楠，王俊健，张元娜，等，2022. 南水北调中线水源区浮游植物群落结构及其生物多样性［J］. 南水北调与水利科技（中英文），20（5）：914－924.

钟可儿，杨潇，马吉顺，等，2022. 长江干流浮游植物群落结构空间异质性及其影响因素［J］. 长江流域资源与环境，31（11）：2458－2472.

周小玉，2012. 千岛湖浮游藻类演替格局与环境因子的关系及其机理的初探［D］. 上海：上海海洋大学.

朱宜平，张海平，李飞鹏，等，2010. 水动力对浮游生物影响的围隔研究［J］. 环境科学，31（1）：69－75.

Gao X L，Song J M，2005. Phytoplankton distributions and their relationship with the environment in the

Changjiang Estuary, China [J]. Marine Pollution Bulletin, 50 (3): 327-335.

Isbell F I, Polley H W, Wilsey B J, 2009. Biodiversity, productivity and the temporal stability of productivity: patterns and processes [J]. Ecology Letters, 12 (5): 443-451.

Jakobsen H H, Blanda E, Staehr P A, et al., 2015. Development of phytoplankton communities: Implications of nutrient injections on phytoplankton composition, pH and ecosystem production [J]. Journal of Experimental Marine Biology & Ecology, 473 (Dec.): 81-89.

Katsiapi M, Mazaris A D, Charalampous E, et al., 2012. Watershed land use types as drivers of freshwater phytoplankton structure [J]. Hydrobiologia, 698 (1): 121-131.

Stomp M, Huisman J, Mittelbach G G, et al., 2011. Large-scale biodiversity patterns in freshwater phytoplankton [J]. Ecology, 92 (11): 2096-2107.

第5章 无定河流域和延河流域浮游动物群落特征

5.1 无定河流域春季浮游动物群落特征

5.1.1 浮游动物种类组成

本次春季生态调查共鉴定出浮游动物 76 种：原生动物 17 种，占 22.37%；轮虫 40 种，占 52.63%；枝角类 9 种，占 11.84%；桡足类 10 种，占 13.16%。无定河流域春季浮游动物物种组成及空间分布如图 5.1 和图 5.2 所示。

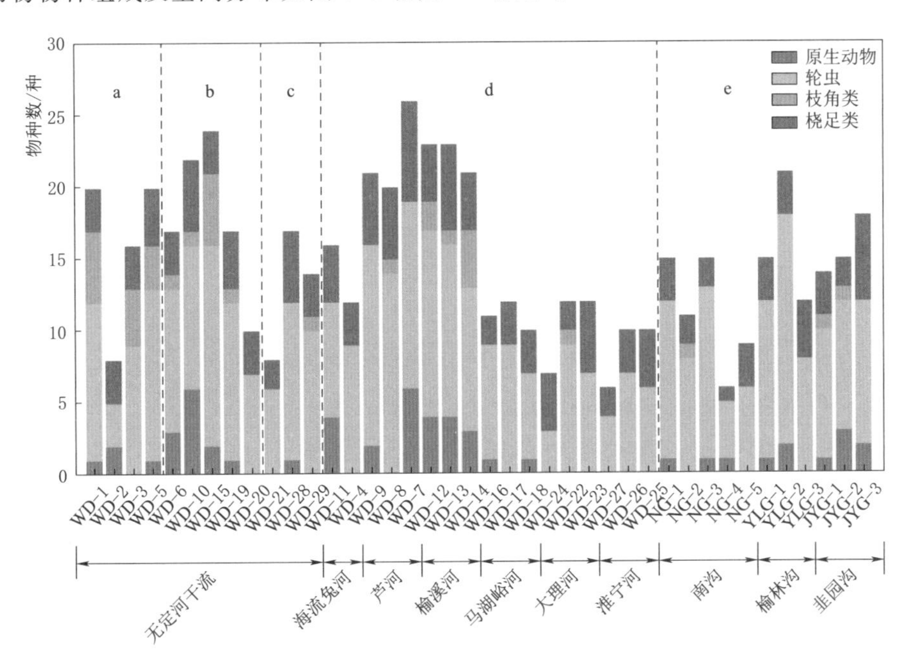

图 5.1 无定河流域春季浮游动物物种组成

注 a—无定河干流上游段；b—无定河干流中游段；c—无定河干流下游段；d—无定河支流；e—淤地坝水体及水库

无定河干流上游段共鉴定浮游动物 33 种：原生动物 4 种，占 12.12%；轮虫 19 种，占 57.58%；枝角类 6 种，占 18.18%；桡足类 4 种，占 12.12%。

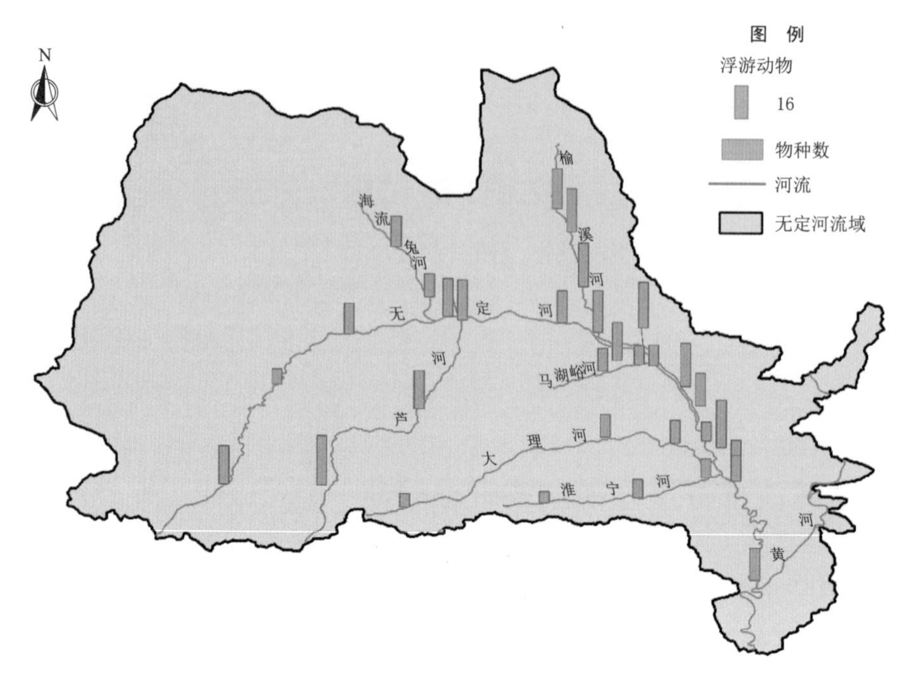

图5.2 无定河流域春季浮游动物物种组成空间分布

无定河干流中游段共鉴定浮游动物46种：原生动物8种，占17.39%；轮虫24种，占52.17%；枝角类7种，占15.22%；桡足类7种，占15.22%。

无定河干流下游段共鉴定浮游动物23种：其中原生动物1种，占4.35%；轮虫16种，占69.57%；枝角类1种，占4.35%；桡足类5种，占21.74%。

无定河支流海流兔河共鉴定浮游动物21种：原生动物4种，占19.05%；轮虫12种，占57.14%；没有枝角类；桡足类5种，占23.81%。

无定河支流芦河共鉴定浮游动物37种：原生动物7种，占18.92%；轮虫21种，占56.76%；枝角类1种，占2.70%；桡足类8种，占21.62%。

无定河支流榆溪河共鉴定浮游动物38种：原生动物10种，占26.32%；轮虫16种，占42.11%；枝角类6种，占15.79%；桡足类6种，占15.79%。

无定河支流马湖峪河共鉴定浮游动物20种：原生动物2种，占10.00%；轮虫14种，占70.00%；没有枝角类；桡足类4种，占20.00%。

无定河支流大理河共鉴定浮游动物18种：没有原生动物；轮虫11种，占61.11%；枝角类1种，占5.56%；桡足类6种，占33.33%。

无定河支流淮宁河共鉴定浮游动物12种：没有原生动物；轮虫8种，占66.67%；没有枝角类；桡足类4种，占33.33%。

南沟淤地坝共鉴定浮游动物21种：原生动物1种，占4.76%；轮虫16种，占76.19%；枝角类1种，占4.76%；桡足类3种，占14.29%。

榆林沟淤地坝共鉴定浮游动物24种：原生动物2种，占8.33%；轮虫18种，占75.00%；没有枝角类；桡足类4种，占16.67%。

韭园沟淤地坝共鉴定浮游动物 26 种：原生动物 4 种，占 15.38%；轮虫 14 种，占 53.85%；枝角类 2 种，占 7.69%；桡足类 6 种，占 23.08%。

5.1.2 浮游动物密度和生物量

本次春季调查无定河流域浮游动物密度区间为 3.07～1572.13ind./L（见图 5.3 和图 5.4），平均密度为 306.90ind./L。其中密度最高的是无定河上游段 WD－3 断面，密度为 1572.13ind./L，密度最低的是无定河支流大理河 WD－24 断面，密度为 3.07ind./L。

无定河干流上游段浮游动物密度区间为 10.60～1572.13ind./L，平均密度为 682.93ind./L，密度最高的是 WD－3 断面，密度为 1572.13ind./L，密度最低的是 WD－2，密度为 10.60ind./L。

无定河干流中游段浮游动物密度区间为 18.67～271.60ind./L，平均密度为 108.09ind./L，密度最高的是 WD－15 断面，密度为 271.60ind./L，密度最低的是 WD－20，密度为 18.67ind./L。

无定河干流下游段浮游动物密度区间为 22.67～77.40ind./L，平均密度为 42.99ind./L，密度最高的是 WD－28 断面，密度为 77.40ind./L，密度最低的是 WD－29，密度为 22.67ind./L。

无定河支流海流兔河浮游动物密度区间为 150.63～182.00ind./L，平均密度为 166.32ind./L，密度最高的是 WD－11 断面，密度为 182.00ind./L，密度最低的是 WD－4，密度为 150.63ind./L。

无定河支流芦河浮游动物密度区间为 872.60～1051.07ind./L，平均密度为 980.00ind./L，密度最高的是 WD－7 断面，密度为 1051.07ind./L，密度最低的是 WD－9，密度为 872.60ind./L。

无定河支流榆溪河浮游动物密度区间为 333.27～818.33ind./L，平均密度为 531.53ind./L，密度最高的是 WD－13 断面，密度为 818.33ind./L，密度最低的是 WD－12，密度为 333.27ind./L。

无定河支流马湖峪河浮游动物密度区间为 9.53～90.87ind./L，平均密度为 38.29ind./L，密度最高的是 WD－17 断面，密度为 90.87ind./L，密度最低的是 WD－16，密度为 9.53ind./L。

无定河支流大理河浮游动物密度区间为 3.07～28.73ind./L，平均密度为 14.47ind./L，密度最高的是 WD－22 断面，密度为 28.73ind./L，密度最低的是 WD－24，密度为 3.07ind./L。

无定河支流淮宁河浮游动物密度区间为 3.07～28.73ind./L，平均密度为 14.47ind./L，密度最高的是 WD－22 断面，密度为 28.73ind./L，密度最低的是 WD－24，密度为 3.07ind./L。

南沟淤地坝浮游动物密度区间为 49.27～1410.33ind./L，平均密度为 814.97ind./L，密度最高的是 NG－1 断面，密度为 1410.33ind./L，密度最低的是 NG－4，密度为 49.27ind./L。

榆林沟淤地坝浮游动物密度区间为 88.80～162.07ind./L，平均密度为 114.51ind./L，

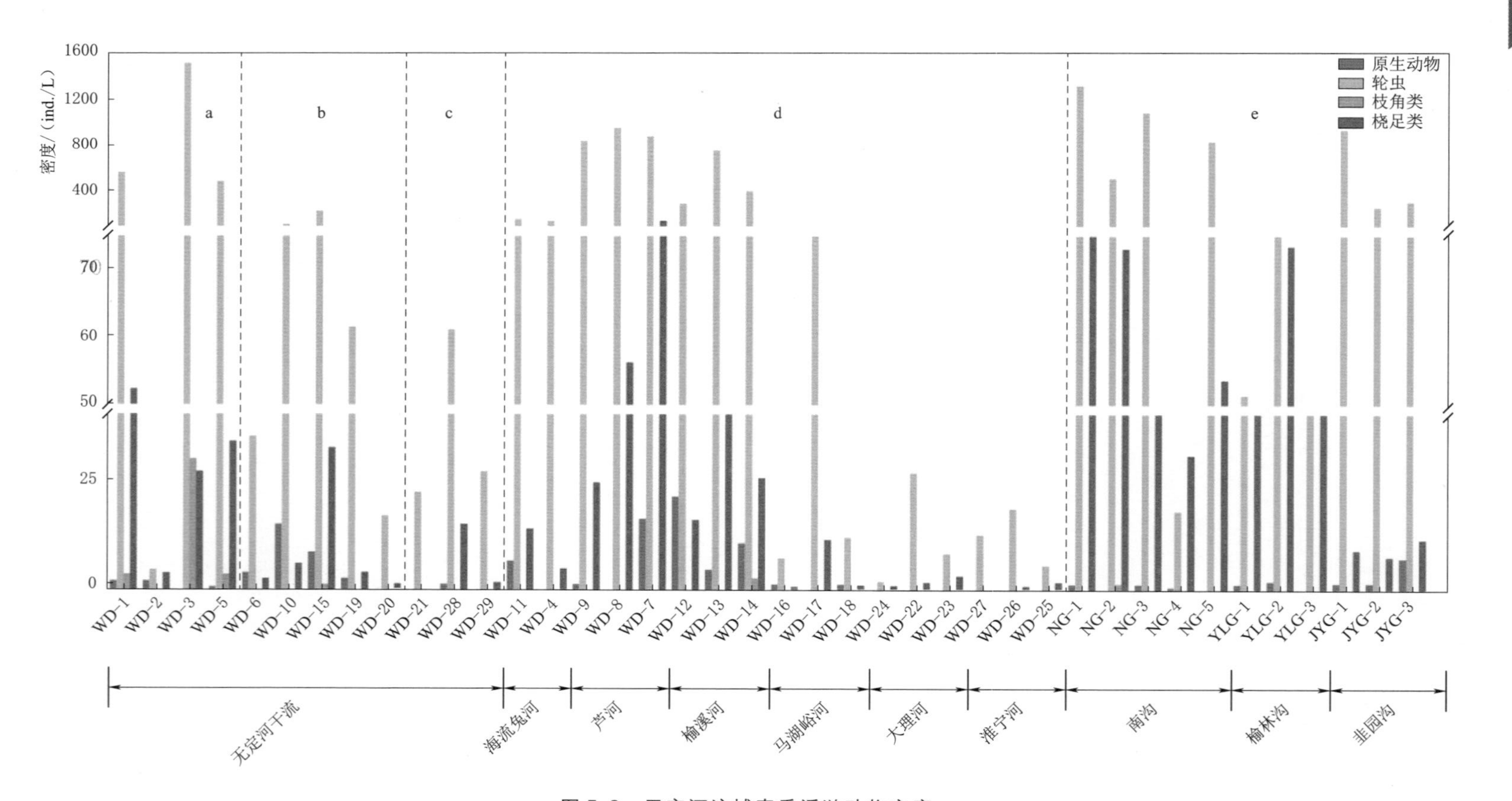

图 5.3 无定河流域春季浮游动物密度

注 a—无定河干流上游段；b—无定河干流中游段；c—无定河干流下游段；d—无定河支流；e—淤地坝水体及水库

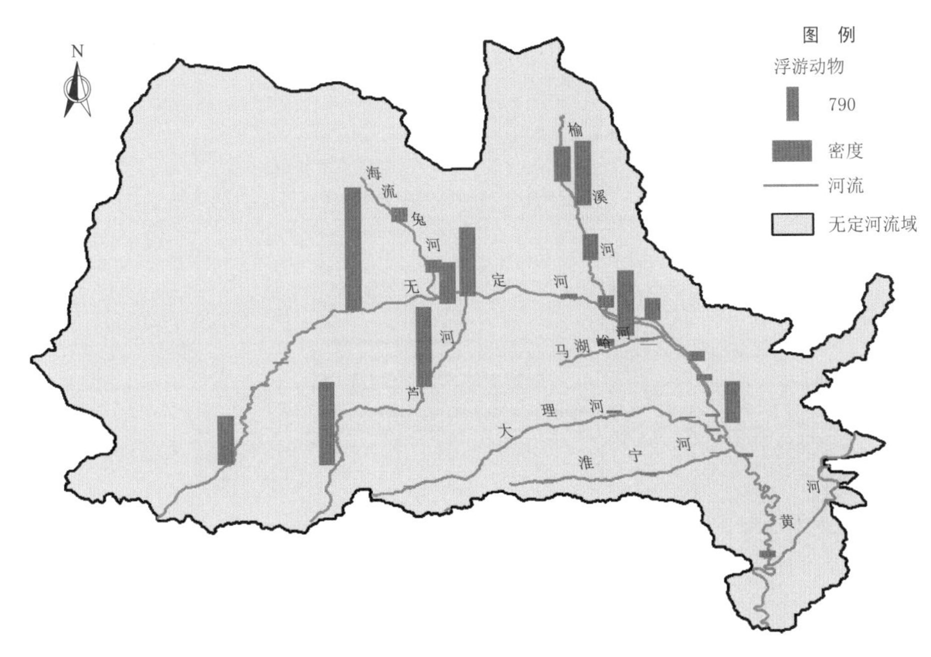

图 5.4 无定河流域春季浮游动物密度空间分布

密度最高的是 YLG－2 断面，密度为 162.07ind./L，密度最低的是 YLG－3，密度为 88.80ind./L。

韭园沟淤地坝浮游动物密度区间为 271.13～950.80ind./L，平均密度为 516.78ind./L，密度最高的是 JYG－1 断面，密度为 950.80ind./L，密度最低的是 JYG－2，密度为 271.13ind./L。

本次春季调查无定河流域浮游动物生物量区间为 0.0099～2.6034mg/L（见图 5.5 和图 5.6），平均值为 0.5997mg/L，其中生物量最高的是无定河干流 WD－3 断面，生物量为 2.6034mg/L，生物量最低的是 WD－24 断面，生物量为 0.0099mg/L。

无定河干流上游段浮游动物生物量区间为 0.0332～2.6034mg/L，平均值为 1.1618mg/L，其中 WD－3 断面生物量最高，生物量为 2.0634mg/L，WD－2 断面生物量最低，生物量为 0.0332mg/L。

无定河干流中游段浮游动物生物量区间为 0.0307～0.5264mg/L，平均值为 0.1838mg/L，其中 WD－15 断面生物量最高，生物量为 0.5264mg/L，WD－20 断面生物量最低，生物量为 0.0307mg/L。

无定河干流下游段浮游动物生物量区间为 0.0291～0.1787mg/L，平均值为 0.0851mg/L，其中 WD－28 断面生物量最高，生物量为 0.1787mg/L，WD－21 断面生物量最低，生物量为 0.0291mg/L。

无定河支流海流兔河浮游动物生物量区间为 0.2096～0.2919mg/L，平均值为 0.2508mg/L，其中 WD－11 断面生物量最高，生物量为 0.2919mg/L，WD－4 断面生物量最低，生物量为 0.2096mg/L。

无定河支流芦河浮游动物生物量区间为 0.2096～0.2919mg/L，平均值为 0.2508mg/L，

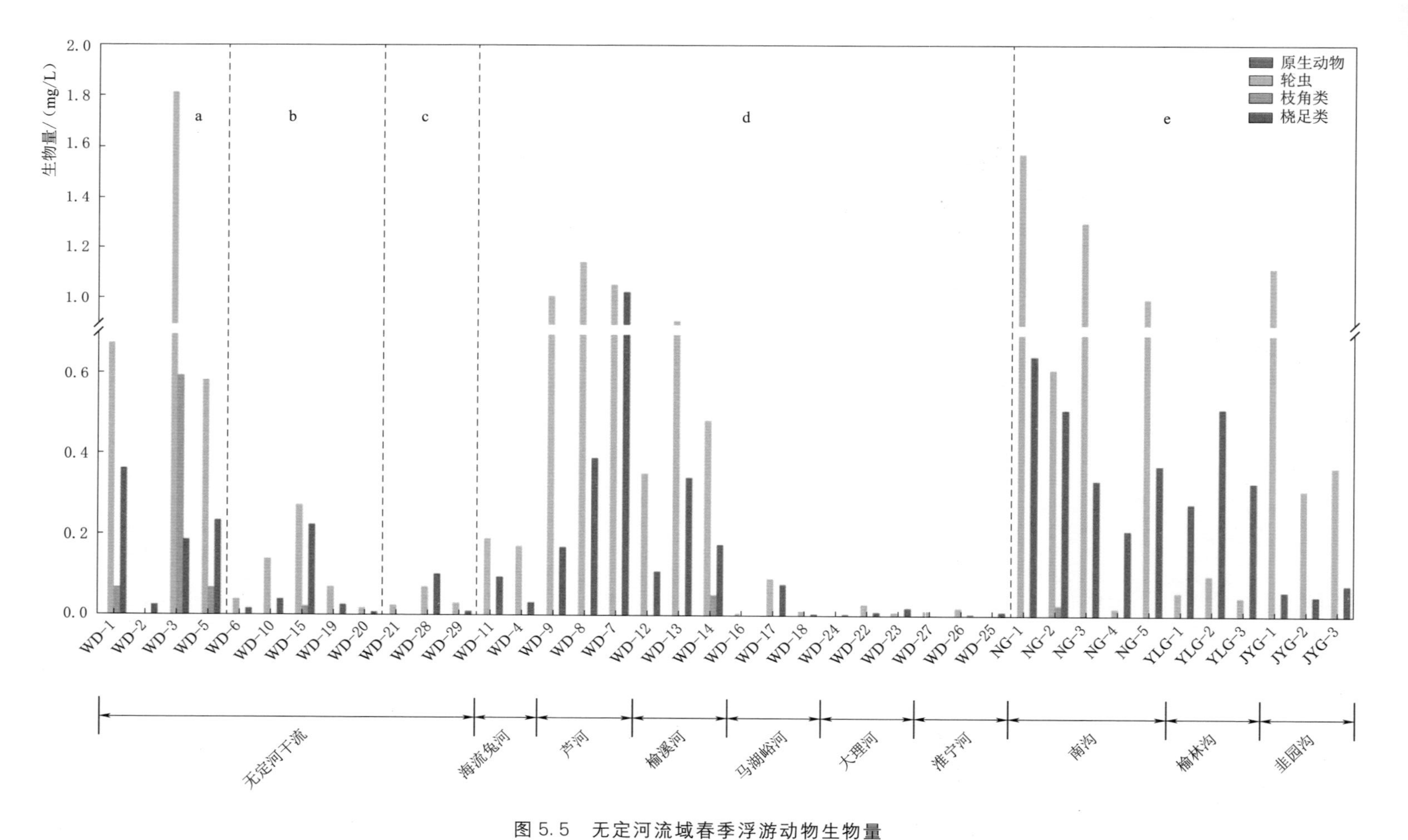

图5.5 无定河流域春季浮游动物生物量

注 a—无定河干流上游段；b—无定河干流中游段；c—无定河干流下游段；d—无定河支流；e—淤地坝水体及水库

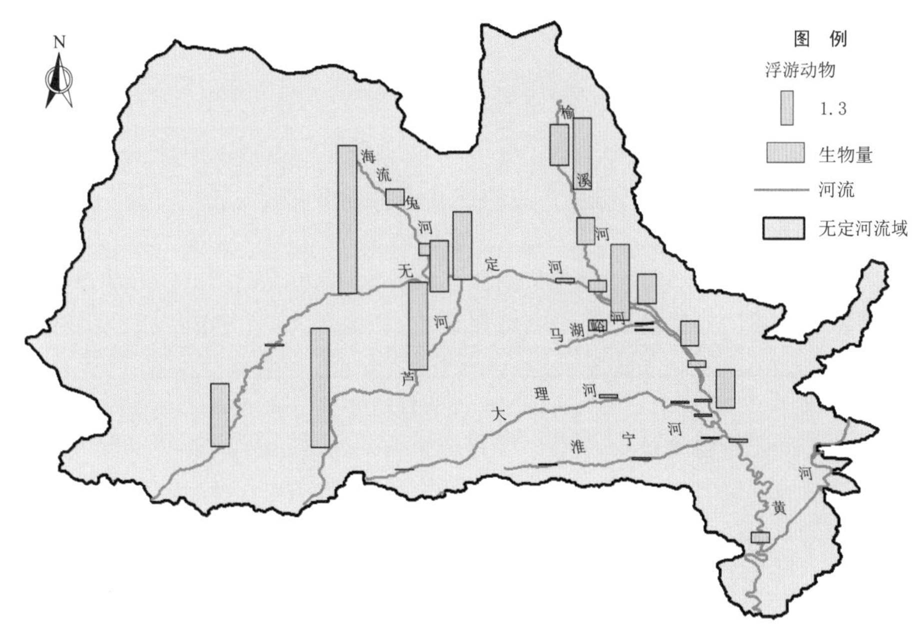

图 5.6 无定河流域春季浮游动物生物量空间分布

其中 WD－11 断面生物量最高，生物量为 0.2919mg/L，WD－4 断面生物量最低，生物量为 0.2096mg/L。

无定河支流榆溪河浮游动物生物量区间为 0.4723～1.2662mg/L，平均值为 0.8193mg/L，其中 WD－13 断面生物量最高，生物量为 1.2662mg/L，WD－12 断面生物量最低，生物量为 0.4723mg/L。

无定河支流马湖峪河浮游动物生物量区间为 0.0149～0.1759mg/L，平均值为 0.0711mg/L，其中 WD－17 断面生物量最高，生物量为 0.1759mg/L，WD－16 断面生物量最低，生物量为 0.0149mg/L。

无定河支流大理河浮游动物生物量区间为 0.0099～0.0499mg/L，平均值为 0.0309mg/L，其中 WD－22 断面生物量最高，生物量为 0.0499mg/L，WD－24 断面生物量最低，生物量为 0.0099mg/L。

无定河支流淮宁河浮游动物生物量区间为 0.0180～0.0294mg/L，平均值为 0.0223mg/L，其中 WD－26 断面生物量最高，生物量为 0.0294mg/L，WD－27 断面生物量最低，生物量为 0.0180mg/L。

南沟淤地坝浮游动物生物量区间为 0.2358～2.2264mg/L，平均值为 1.3281mg/L，其中 NG－1 断面生物量最高，生物量为 2.2264mg/L，NG－4 断面生物量最低，生物量为 0.2358mg/L。

榆林沟淤地坝浮游动物生物量区间为 0.3417～0.6179mg/L，平均值为 0.4471mg/L，其中 YLG－2 断面生物量最高，生物量为 0.6179mg/L，YLG－1 断面生物量最低，生物量为 0.3417mg/L。

韭园沟淤地坝浮游动物生物量区间为 0.3700～1.1945mg/L，平均值为 0.6725mg/L，其中JYG-1断面生物量最高，生物量为1.1945mg/L，JYG-2断面生物量最低，生物量为0.3700mg/L。

5.1.3 浮游动物优势种

本次生态调查发现，无定河流域常见的浮游动物是角突臂尾轮虫（*Brachionus angularis*）、曲腿龟甲轮虫（*KeratelIa valaa*）、螺形龟甲轮虫（*Keratella cochlearis*）、矩形龟甲轮虫（*Keratella quadrata*）和无节幼体（*Copepod nauplii*）。

无定河干流浮游动物优势种是角突臂尾轮虫（*Brachionus angularis*）、螺形龟甲轮虫（*Keratella cochlearis*）、尖趾腔轮虫（*Lecane closterocerca*）、唇形叶轮虫（*Notholca labis*）、鳞状叶轮虫（*Notholca squamula*）和无节幼体（*Copepod nauplii*）。

无定河支流浮游动物优势种是角突臂尾轮虫（*Brachionus angularis*）、萼花臂尾轮虫（*Brachionus calyciflorus*）、螺形龟甲轮虫（*Keratella cochlearis*）、矩形龟甲轮虫（*Keratella quadrata*）和泡轮虫（*Pompholyx* sp.）。

淤地坝及水库浮游动物优势种是角突臂尾轮虫（*Brachionus angularis*）、曲腿龟甲轮虫（*KeratelIa valaa*）、螺形龟甲轮虫（*Keratella cochlearis*）和广布多肢轮虫（*Polyarthra vulgaris*）。无定河流域浮游动物优势种及优势度见表5.1。

表5.1 无定河流域春季浮游动物优势种及优势度

优势种	优势度			
	全流域	干流	支流	淤地坝
角突臂尾轮虫 *Brachionus angularis*	0.1917	0.0757	0.2534	—
萼花臂尾轮虫 *Brachionus calyciflorus*	—	—	0.0299	0.2126
曲腿龟甲轮虫 *KeratelIa valaa*	0.0386	—	—	0.2717
螺形龟甲轮虫 *Keratella cochlearis*	0.1241	0.1140	0.0889	0.1619
矩形龟甲轮虫 *Keratella quadrata*	0.1204	0.2850	0.2160	—
尖趾腔轮虫 *Lecane closterocerca*	—	0.0738	—	—
唇形叶轮虫 *Notholca labis*	—	0.0521	—	—
鳞状叶轮虫 *Notholca squamula*	—	0.0388	—	—
泡轮虫 *Pompholyx* sp.	—	—	0.0257	—

续表

优势种	优势度			
	全流域	干流	支流	淤地坝
广布多肢轮虫 *Polyarthra vulgaris*	—	—	—	0.0337
无节幼体 *Copepod nauplii*	0.0375	0.0270	0.0506	0.0336
哲水蚤 *Calanoida*	—	—	—	0.0376

5.1.4 浮游动物群落多样性指数

无定河流域春季浮游动物多样性指数及空间分布如图5.7～图5.12所示。Shannon-Wiener多样性指数在0.6272～2.3258之间，其平均值为1.7210；Pielou均匀度指数在0.1749～0.6589之间，其平均值为0.4597；Margalef丰富度指数在0.5058～2.6500之间，其平均值为1.7067。

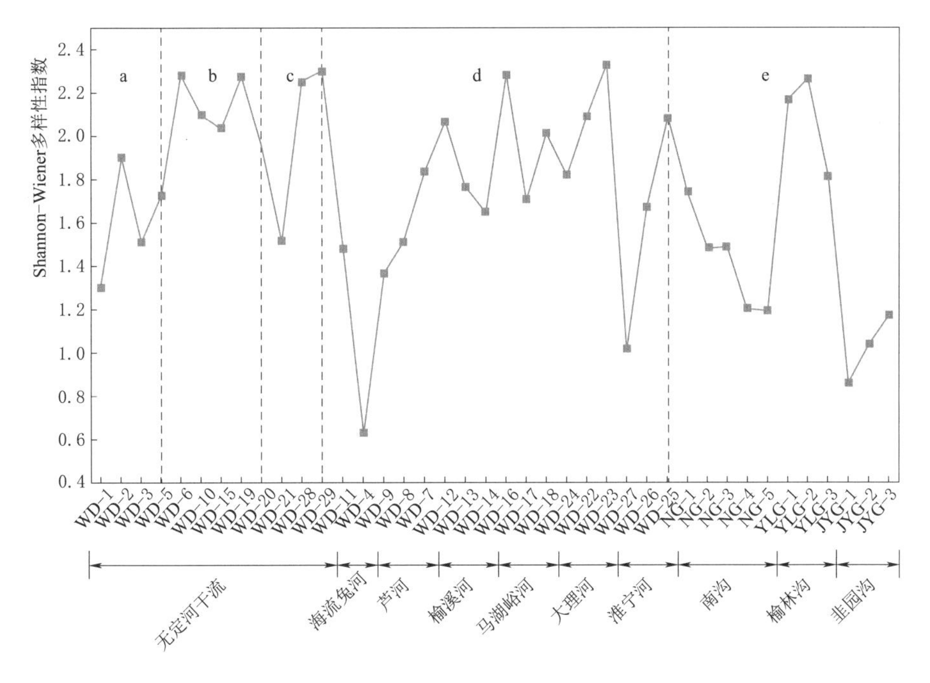

图5.7 无定河流域春季浮游动物Shannon-Wiener多样性指数

注 a—无定河干流上游段；b—无定河干流中游段；c—无定河干流下游段；d—无定河支流；e—淤地坝水体及水库

无定河干流上游段浮游动物Shannon-Wiener多样性指数在1.3034～1.9003之间，其平均值为1.6096；Pielou均匀度指数在0.3016～0.6335之间，其平均值为0.4279；Margalef丰富度指数在1.0864～1.5433之间，其平均值为1.3310。

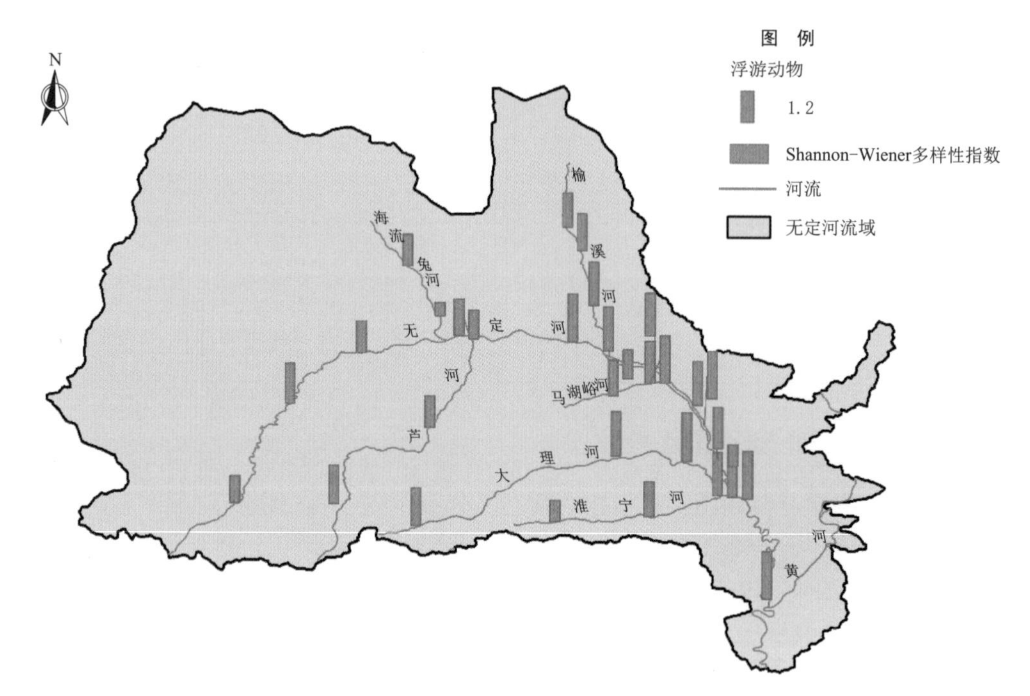

图 5.8 无定河流域春季浮游动物 Shannon - Wiener 多样性指数空间分布

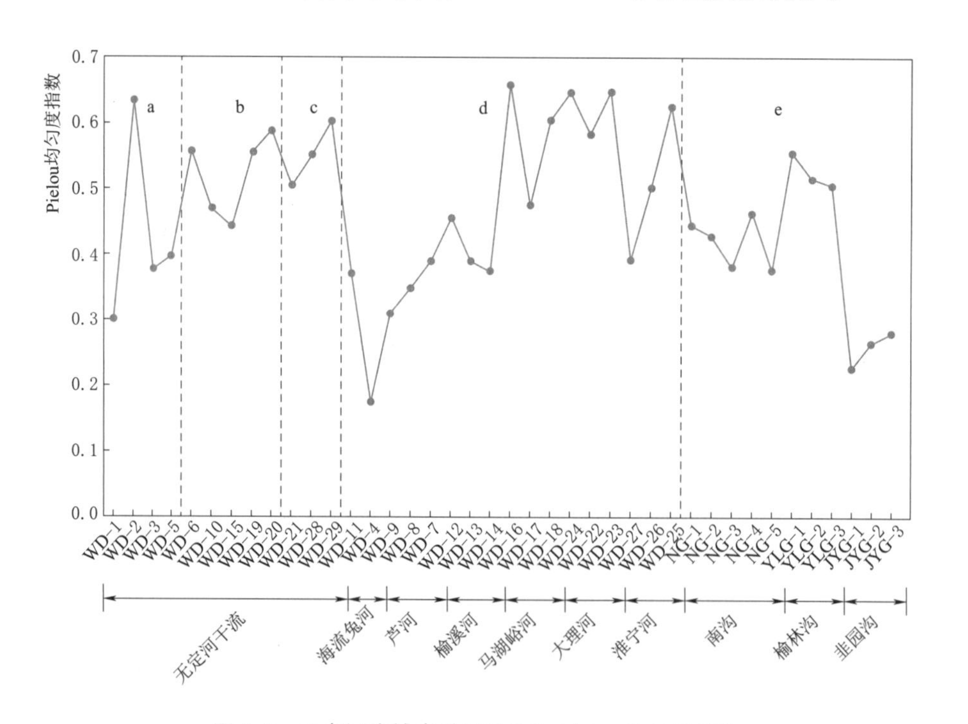

图 5.9 无定河流域春季浮游动物 Pielou 均匀度指数

注 a—无定河干流上游段；b—无定河干流中游段；c—无定河干流下游段；d—无定河支流；e—淤地坝水体及水库

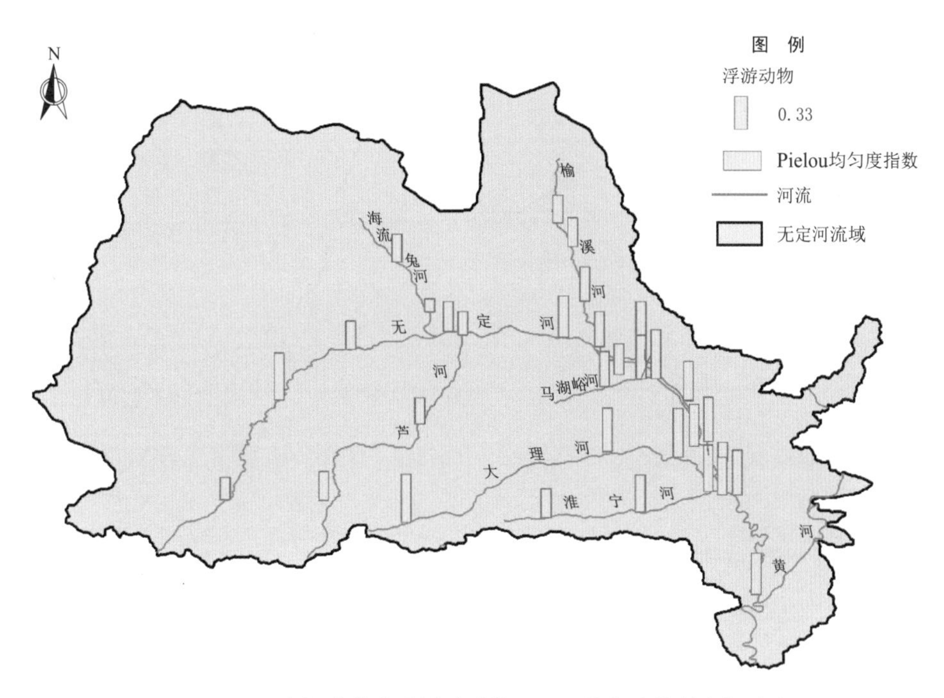

图 5.10　无定河流域春季浮游动物 Pielou 均匀度指数空间分布

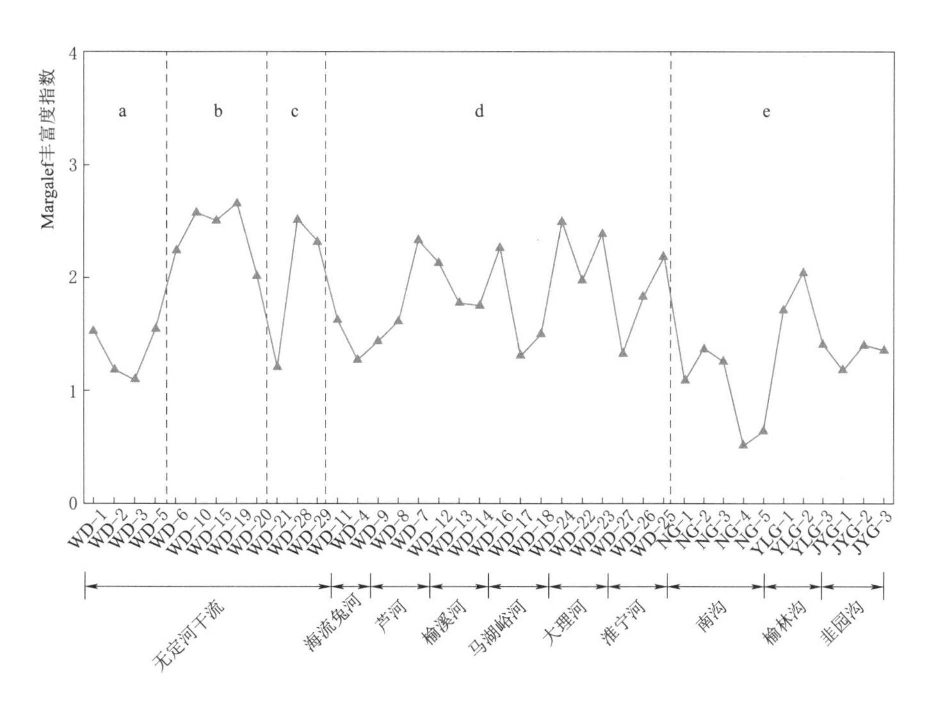

图 5.11　无定河流域春季浮游动物 Margalef 丰富度指数

注　a—无定河干流上游段；b—无定河干流中游段；c—无定河干流下游段；d—无定河支流；e—淤地坝水体及水库

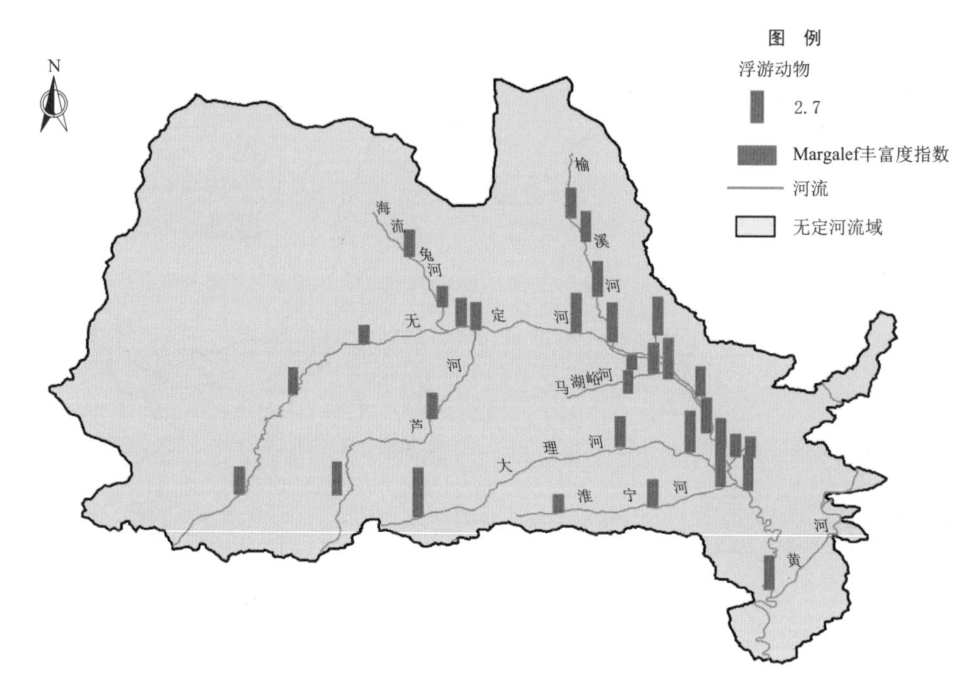

图 5.12 无定河流域春季浮游动物 Margalef 丰富度指数空间分布

无定河干流中游段浮游动物 Shannon - Wiener 多样性指数在 1.9578～2.2783 之间，其平均值为 2.1270；Pielou 均匀度指数在 0.4429～0.5894 之间，其平均值为 0.5231；Margalef 丰富度指数在 2.0116～2.6500 之间，其平均值为 2.3924。

无定河干流下游段浮游动物 Shannon - Wiener 多样性指数在 1.5116～2.2979 之间，其平均值为 2.0209；Pielou 均匀度指数在 0.5039～0.6035 之间，其平均值为 0.5529；Margalef 丰富度指数在 1.1976～2.5060 之间，其平均值为 2.0061。

无定河支流海流兔河浮游动物 Shannon - Wiener 多样性指数在 0.6272～1.4839 之间，其平均值为 1.0555；Pielou 均匀度指数在 0.1749～0.3710 之间，其平均值为 0.2730；Margalef 丰富度指数在 1.2623～1.6190 之间，其平均值为 1.4407。

无定河支流芦河浮游动物 Shannon - Wiener 多样性指数在 1.3637～1.8368 之间，其平均值为 1.5697；Pielou 均匀度指数在 0.3105～0.3908 之间，其平均值为 0.3501；Margalef 丰富度指数在 1.4295～2.3264 之间，其平均值为 1.7865。

无定河支流榆溪河浮游动物 Shannon - Wiener 多样性指数在 1.6476～2.0652 之间，其平均值为 1.8261；Pielou 均匀度指数在 0.3751～0.4565 之间，其平均值为 0.4073；Margalef 丰富度指数在 1.7488～2.1235 之间，其平均值为 1.8802。

无定河支流马湖峪河浮游动物 Shannon - Wiener 多样性指数在 1.7025～2.2794 之间，其平均值为 1.9975；Pielou 均匀度指数在 0.4749～0.6589 之间，其平均值为 0.5797；Margalef 丰富度指数在 1.2984～2.2618 之间，其平均值为 1.6835。

无定河支流大理河浮游动物 Shannon - Wiener 多样性指数在 1.8165～2.3258 之间，其平均值为 2.0778；Pielou 均匀度指数在 0.5833～0.6471 之间，其平均值为 0.6264；

Margalef 丰富度指数在 1.9676～2.4857 之间，其平均值为 2.2770。

无定河支流淮宁河浮游动物 Shannon - Wiener 多样性指数在 1.0131～2.0785 之间，其平均值为 1.5865；Pielou 均匀度指数在 0.3919～0.6257 之间，其平均值为 0.5066；Margalef 丰富度指数在 1.3107～2.1766 之间，其平均值为 1.7706。

南沟淤地坝浮游动物 Shannon - Wiener 多样性指数在 1.0131～2.0785 之间，其平均值为 1.1497；Pielou 均匀度指数在 0.3764～0.4640 之间，其平均值为 0.4188；Margalef 丰富度指数在 0.5058～1.3631 之间，其平均值为 0.9651。

榆林沟淤地坝浮游动物 Shannon - Wiener 多样性指数在 1.8130～2.2637 之间，其平均值为 2.0817；Pielou 均匀度指数在 0.5057～0.5550 之间，其平均值为 0.5254；Margalef 丰富度指数在 1.3991～2.0367 之间，其平均值为 1.7153。

韭园沟淤地坝浮游动物 Shannon - Wiener 多样性指数在 0.8645～1.1726 之间，其平均值为 1.0259；Pielou 均匀度指数在 0.2271～0.2812 之间，其平均值为 0.2582；Margalef 丰富度指数在 1.1676～1.3961 之间，其平均值为 1.3044。

5.2 无定河流域秋季浮游动物群落特征

5.2.1 浮游动物种类组成

本次秋季生态调查共鉴定出浮游动物 103 种：原生动物 34 种，占 33.01%；轮虫 42 种，占 40.78%；枝角类 13 种，占 12.62%；桡足类 14 种，占 13.59%。无定河流域秋季浮游动物物种组成及空间分布如图 5.13 和图 5.14 所示。

无定河干流上游段共鉴定浮游动物 19 种：原生动物 4 种，占 21.05%；轮虫 5 种，占 26.32%；枝角类 4 种，占 21.05%；桡足类 6 种，占 31.58%。

无定河干流中游段共鉴定浮游动物 35 种：原生动物 9 种，占 25.71%；轮虫 15 种，占 42.86%；枝角类 4 种，占 11.43%；桡足类 7 种，占 20.00%。

无定河干流下游段共鉴定浮游动物 24 种：原生动物 10 种，占 41.67%；轮虫 6 种，占 25.00%；枝角类 2 种，占 8.33%；桡足类 6 种，占 25.00%。

无定河支流海流兔河共鉴定浮游动物 3 种：原生动物 2 种，占 66.67%；没有轮虫；没有枝角类；桡足类 1 种，占 33.33%。

无定河支流芦河共鉴定浮游动物 31 种：原生动物 6 种，占 19.35%；轮虫 15 种，占 48.39%；枝角类 3 种，占 9.68%；桡足类 7 种，占 22.58%。

无定河支流榆溪河共鉴定浮游动物 38 种：原生动物 12 种，占 31.58%；轮虫 16 种，占 42.11%；枝角类 5 种，占 13.16%；桡足类 5 种，占 13.16%。

无定河支流马湖峪河共鉴定浮游动物 16 种：原生动物 2 种，占 12.50%；轮虫 4 种，占 25.00%；枝角类 4 种，占 25.00%；桡足类 6 种，占 37.50%。

无定河支流大理河共鉴定浮游动物 18 种：原生动物 3 种，占 16.67%；轮虫 5 种，占 27.78%；枝角类 6 种，占 33.33%；桡足类 4 种，占 22.22%。

无定河支流淮宁河共鉴定浮游动物 16 种：原生动物 4 种，占 25.00%；轮虫 4 种，

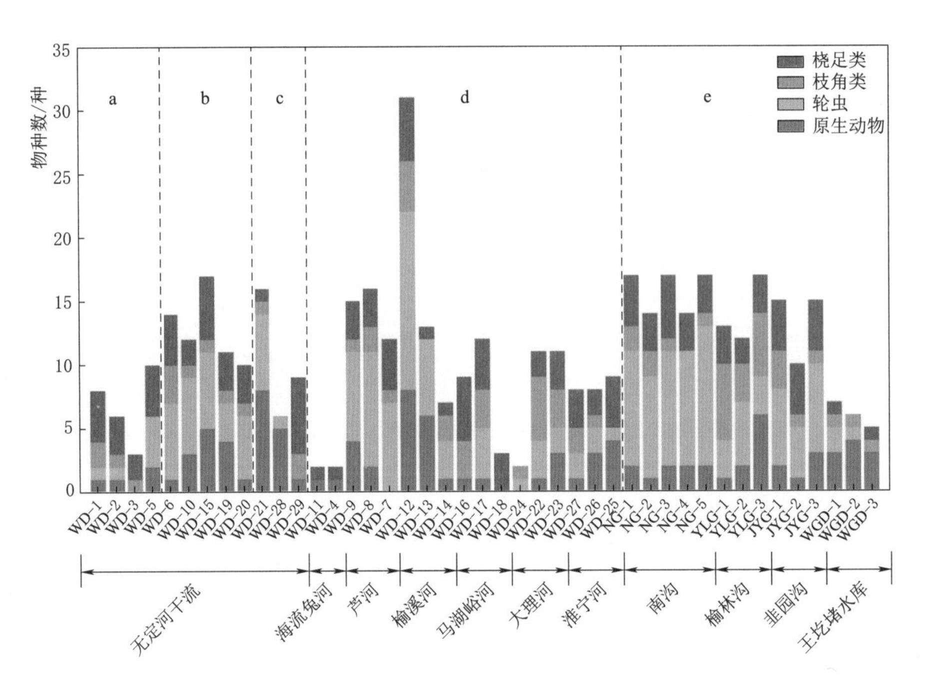

图 5.13 无定河流域秋季浮游动物物种组成

注 a—无定河干流上游段；b—无定河干流中游段；c—无定河干流下游段；d—无定河支流；e—淤地坝水体及水库

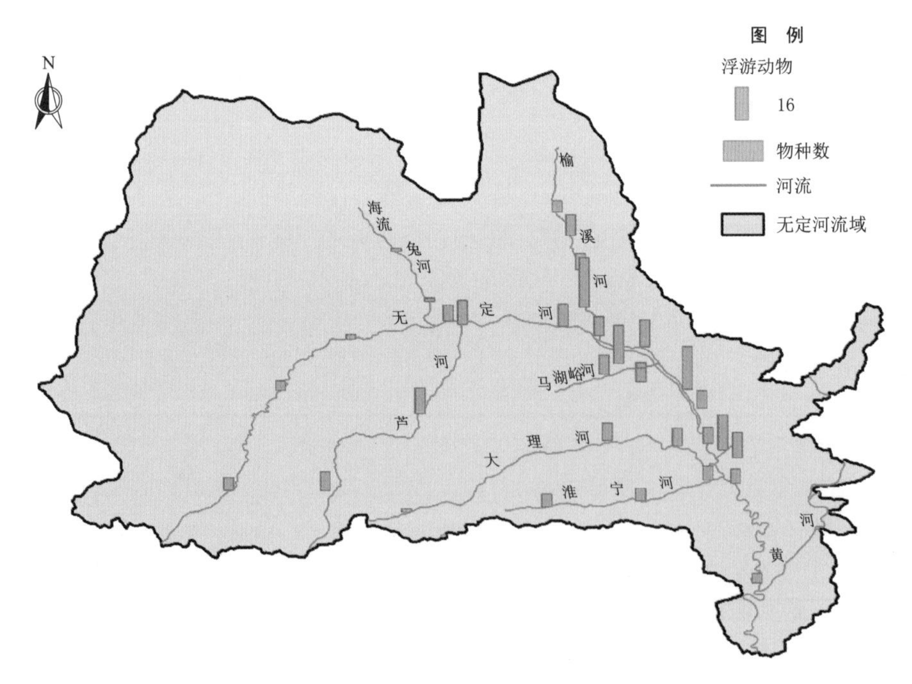

图 5.14 无定河流域秋季浮游动物物种数空间分布

占25.00%；枝角类2种，占12.50%；桡足类6种，占37.50%。

南沟淤地坝共鉴定浮游动物25种：原生动物4种，占16.00%；轮虫13种，占52.00%；枝角类2种，占8.00%；桡足类6种，占24.00%。

榆林沟淤地坝共鉴定浮游动物27种：原生动物8种，占29.63%；轮虫8种，占29.63%；枝角类8种，占29.63%；桡足类3种，占11.11%。

韭园沟淤地坝共鉴定浮游动物21种：原生动物4种，占19.05%；轮虫9种，占42.86%；枝角类3种，占14.29%；桡足类5种，占23.81%。

5.2.2 浮游动物密度和生物量

本次秋季调查无定河流域浮游动物密度区间为0.53～728.47ind./L（见图5.15和图5.16），平均密度为77.95ind./L。其中密度最高的是南沟大坝NG－5断面，密度为728.47ind./L，密度最低的是无定河支流海流兔河WD－11断面，密度为0.53ind./L。

无定河干流上游段浮游动物密度区间为0.67～14.67ind./L，平均密度为7.95ind./L，密度最高的是WD－1断面，密度为14.67ind./L，密度最低的是WD－3断面，密度为0.67ind./L。

无定河干流中游段浮游动物密度区间为6.80～32.67ind./L，平均密度为19.25ind./L，密度最高的是WD－15断面，密度为32.67ind./L，密度最低的是WD－20断面，密度为6.80ind./L。

无定河干流下游段浮游动物密度区间为5.93～38.07ind./L，平均密度为22.33ind./L，密度最高的是WD－21断面，密度为38.07ind./L，密度最低的是WD－29断面，密度为5.93ind./L。

无定河支流海流兔河浮游动物密度区间为0.53～1.07ind./L，平均密度为0.80ind./L，密度最高的是WD－4断面，密度为1.07ind./L，密度最低的是WD－4断面，密度为0.53ind./L。

无定河支流芦河浮游动物密度区间为7.33～51.00ind./L，平均密度为27.33ind./L，密度最高的是WD－7断面，密度为51.00ind./L，密度最低的是WD－9断面，密度为7.33ind./L。

无定河支流榆溪河浮游动物密度区间为17.73～220.67ind./L，平均密度为88.96ind./L，密度最高的是WD－12断面，密度为220.67ind./L，密度最低的是WD－14断面，密度为17.73ind./L。

无定河支流马湖峪河浮游动物密度区间为0.80～15.93ind./L，平均密度为10.58ind./L，密度最高的是WD－17断面，密度为15.93ind./L，密度最低的是WD－18断面，密度为0.80ind./L。

无定河支流大理河浮游动物密度区间为6.20～17.53ind./L，平均密度为12.98ind./L，密度最高的是WD－23断面，密度为17.53ind./L，密度最低的是WD－24断面，密度为6.20ind./L。

无定河支流淮宁河浮游动物密度区间为8.93～16.33ind./L，平均密度为11.87ind./L，密度最高的是WD－27断面，密度为16.33ind./L，密度最低的是WD－26断面，密度为

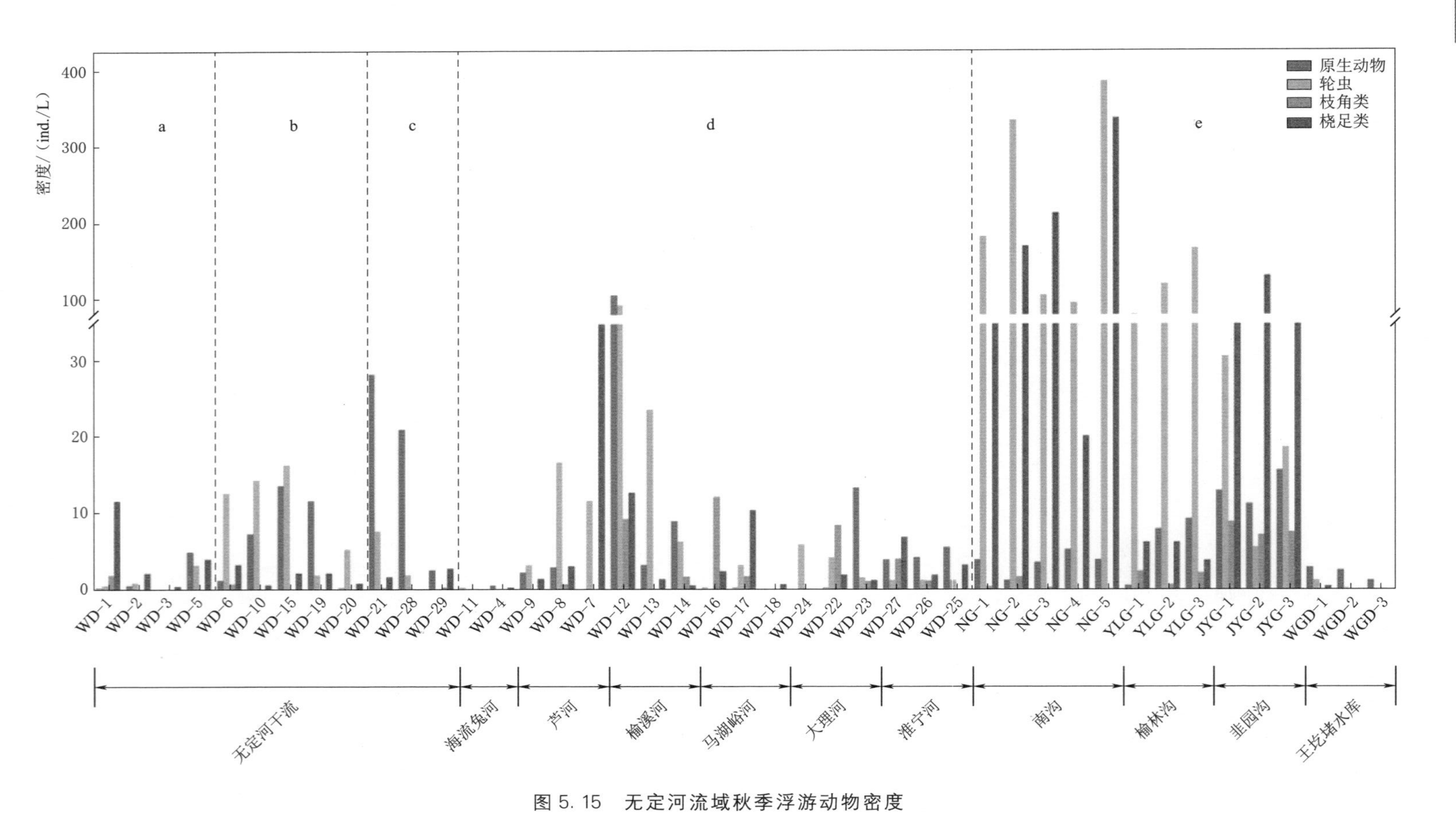

图5.15 无定河流域秋季浮游动物密度

注 a—无定河干流上游段；b—无定河干流中游段；c—无定河干流下游段；d—无定河支流；e—淤地坝水体及水库

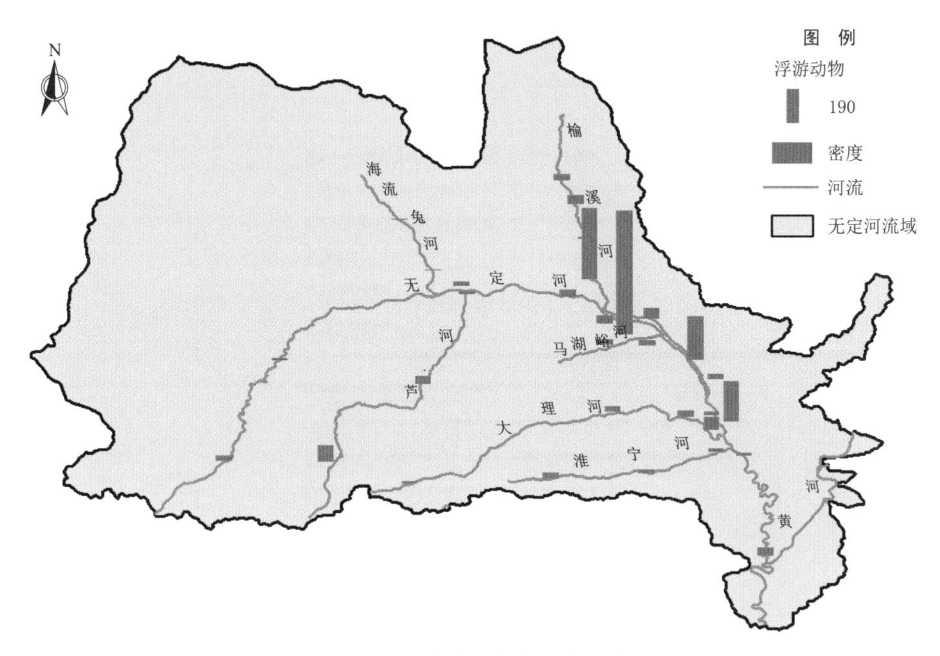

图 5.16　无定河流域秋季浮游动物密度空间分布

8.93ind./L。

南沟淤地坝浮游动物密度区间为 121.47～782.47ind./L，平均密度为 382.92ind./L，密度最高的是 NG－5 断面，密度为 782.47ind./L，密度最低的是 NG－4 断面，密度为 121.47ind./L。

榆林沟淤地坝浮游动物密度区间为 90.13～182.87ind./L，平均密度为 136.22ind./L，密度最高的是 YLG－3 断面，密度为 182.87ind./L，密度最低的是 YLG－1 断面，密度为 90.13ind./L。

韭园沟淤地坝浮游动物密度区间为 84.00～155.40ind./L，平均密度为 122.36ind./L，密度最高的是 JYG－2 断面，密度为 155.40ind./L，密度最低的是 JYG－3 断面，密度为 84.00ind./L。

王圪堵水库浮游动物密度区间为 1.47～5.10ind./L，平均密度为 3.26ind./L，密度最高的是 WGD－1 断面，密度为 5.10ind./L，密度最低的是 WGD－3 断面，密度为 1.47ind./L。

本次秋季调查无定河流域浮游动物生物量区间为 0.0014～2.3861mg/L（见图 5.17 和图 5.18），平均值为 0.2775mg/L，其中生物量最高的是无定河干流 NG－5 断面，生物量为 2.3861mg/L，生物量最低的是 WD－11 断面，生物量为 0.0014mg/L。

无定河干流上游段浮游动物生物量区间为 0.0064～0.1225mg/L，平均值为 0.0453mg/L，其中 WD－1 断面生物量最高，生物量为 0.1225mg/L，WD－3 断面生物量最低，生物量为 0.0064mg/L。

无定河干流中游段浮游动物生物量区间为 0.0169～0.0564mg/L，平均值为 0.0326mg/L，其中 WD－6 断面生物量最高，生物量为 0.0564mg/L，WD－20 断面生物

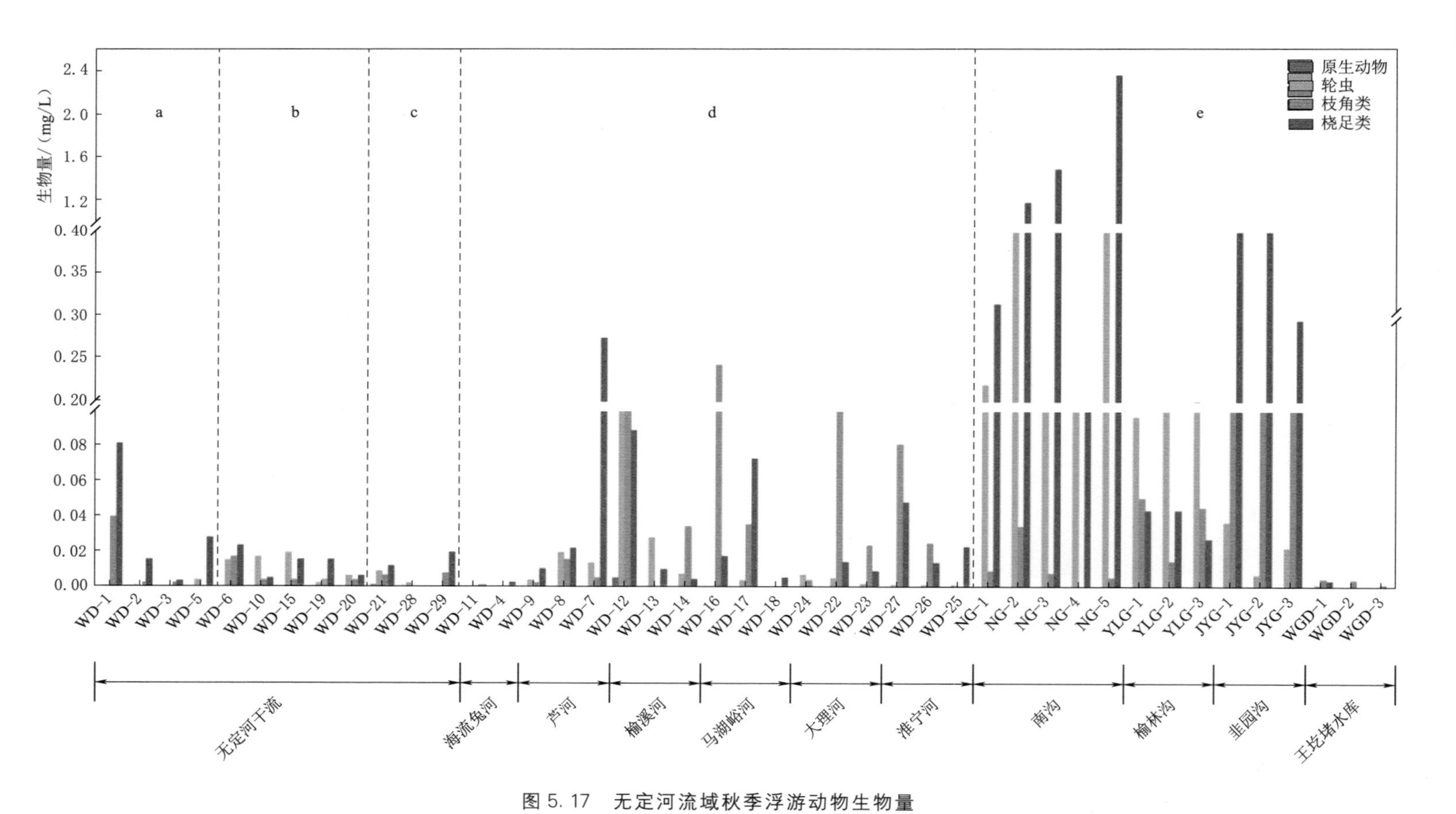

图 5.17 无定河流域秋季浮游动物生物量

注 a—无定河干流上游段；b—无定河干流中游段；c—无定河干流下游段；d—无定河支流；e—淤地坝水体及水库

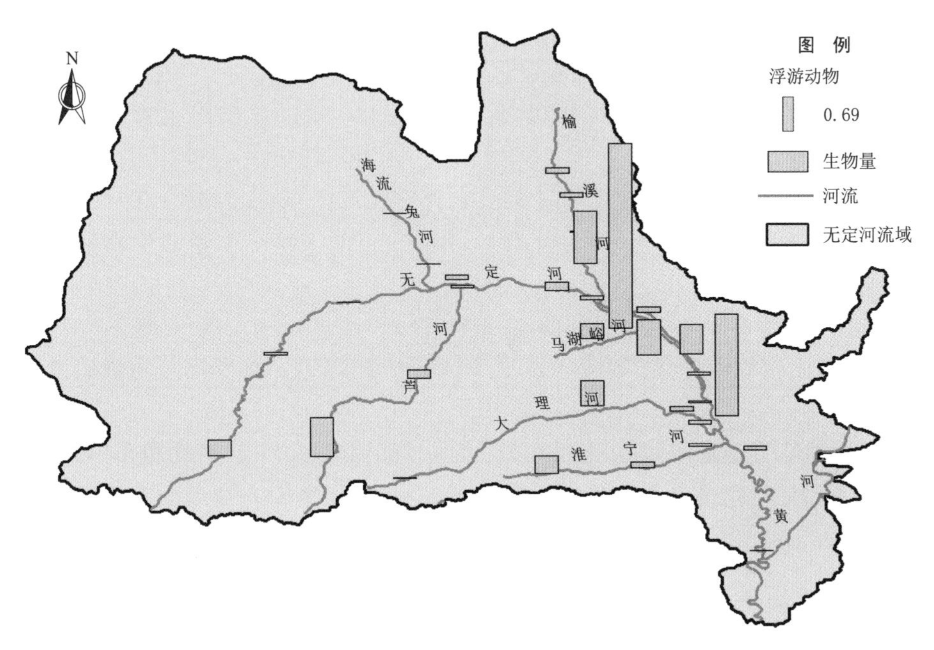

图 5.18 无定河流域秋季浮游动物生物量空间分布

量最低，生物量为 0.0169mg/L。

无定河干流下游段浮游动物生物量区间为 0.0035～0.0294mg/L，平均值为 0.0204mg/L，其中 WD-21 断面生物量最高，生物量为 0.0294mg/L，WD-28 断面生物量最低，生物量为 0.0035mg/L。

无定河支流海流兔河浮游动物生物量区间为 0.0014～0.0028mg/L，平均值为 0.0021mg/L，其中 WD-4 断面生物量最高，生物量为 0.0028mg/L，WD-11 断面生物量最低，生物量为 0.0014mg/L。

无定河支流芦河浮游动物生物量区间为 0.0175～0.2928mg/L，平均值为 0.1230mg/L，其中 WD-7 断面生物量最高，生物量为 0.2928mg/L，WD-9 断面生物量最低，生物量为 0.0175mg/L。

无定河支流榆溪河浮游动物生物量区间为 0.0388～0.3914mg/L，平均值为 0.1592mg/L，其中 WD-12 断面生物量最高，生物量为 0.3914mg/L，WD-13 断面生物量最低，生物量为 0.0388mg/L。

无定河支流马湖峪河浮游动物生物量区间为 0.0056～0.2604mg/L，平均值为 0.1264mg/L，其中 WD-16 断面生物量最高，生物量为 0.2604mg/L，WD-18 断面生物量最低，生物量为 0.0056mg/L。

无定河支流大理河浮游动物生物量区间为 0.0112～0.1890mg/L，平均值为 0.0787mg/L，其中 WD-22 断面生物量最高，生物量为 0.1890mg/L，WD-24 断面生物量最低，生物量为 0.0112mg/L。

无定河支流淮宁河浮游动物生物量区间为 0.0252～0.1317mg/L，平均值为 0.0660mg/L，其中 WD-27 断面生物量最高，生物量为 0.1317mg/L，WD-25 断面生物量最低，生物量为0.0252mg/L。

南沟淤地坝浮游动物生物量区间为0.2564～2.8361mg/L，平均值为1.3791mg/L，其中NG-5断面生物量最高，生物量为2.8361mg/L，NG-4断面生物量最低，生物量为0.2564mg/L。

榆林沟淤地坝浮游动物生物量区间为0.1914～0.2741mg/L，平均值为0.2231mg/L，其中YLG-3断面生物量最高，生物量为0.2741mg/L，YLG-1断面生物量最低，生物量为0.1914mg/L。

韭园沟淤地坝浮游动物生物量区间为0.4697～1.0698mg/L，平均值为0.7603mg/L，其中JYG-2断面生物量最高，生物量为1.0698mg/L，JYG-3断面生物量最低，生物量为0.4697mg/L。

王圪堵水库浮游动物生物量区间为0.0019～0.0101mg/L，平均值为0.0055mg/L，其中WGD-1断面生物量最高，生物量为0.0101mg/L，WGD-3断面生物量最低，生物量为0.0019mg/L。

5.2.3 浮游动物优势种

本次生态调查发现，无定河流域常见的浮游动物是萼花臂尾轮虫（*Brachionus calyciflorus*）、近邻剑水蚤（*Cyclops vicinus*）和无节幼体（*Copepod nauplii*）。

无定河干流浮游动物优势种是半圆表壳虫（*Arcella hemiisphaerica*）、萼花臂尾轮虫（*Brachionus calyciflorus*）、近邻剑水蚤（*Cyclops vicinus*）和无节幼体（*Copepod nauplii*）。

无定河支流浮游动物优势种是累枝虫（*Epistylis* sp.）、萼花臂尾轮虫（*Brachionus calyciflorus*）、圆形盘肠溞（*Chydorus sphaericus*）和无节幼体（*Copepod nauplii*）。

淤地坝及水库浮游动物优势种是萼花臂尾轮虫（*Brachionus calyciflorus*）、近邻剑水蚤（*Cyclops vicinus*）和无节幼体（*Copepod nauplii*）。无定河流域秋季浮游动物优势种及优势度见表5.2。

表5.2 无定河流域秋季浮游动物优势种及优势度

优势种	优势度			
	全流域	干流	支流	淤地坝
萼花臂尾轮虫 *Brachionus calyciflorus*	0.2048	0.0273	0.0780	0.3469
半圆表壳虫 *Arcella hemiisphaerica*	—	0.0698	—	—
累枝虫 *Epistylis* sp.	—	—	0.0389	—
近邻剑水蚤 *Cyclops vicinus*	0.1567	0.0262	—	0.2124
圆形盘肠溞 *Chydorus sphaericus*	—	—	0.0256	—
无节幼体 *Copepod nauplii*	0.0656	0.0333	0.0285	0.0982

5.2.4 浮游动物群落多样性指数

无定河流域秋季浮游动物多样性指数及空间分布如图 5.19～图 5.24 所示。Shannon - Wiener 多样性指数在 0.0145～2.5627 之间，其平均值为 1.5732；Pielou 均匀度指数在 0.1420～0.6616 之间，其平均值为 0.4916；Margalef 丰富度指数在 0～3.4696 之间，其平均值为 1.9287。

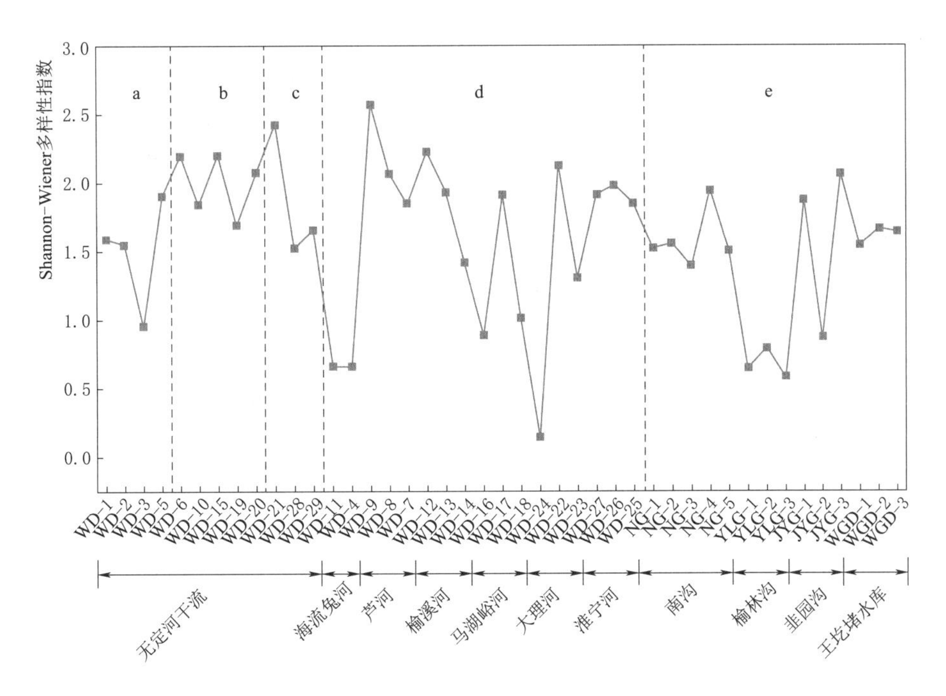

图 5.19 无定河流域秋季浮游动物 Shannon - Wiener 多样性指数

注 a—无定河干流上游段；b—无定河干流中游段；c—无定河干流下游段；d—无定河支流；e—淤地坝水体及水库

无定河干流上游段浮游动物 Shannon - Wiener 多样性指数在 0.9503～1.8989 之间，其平均值为 1.4966；Pielou 均匀度指数在 0.5287～0.6000 之间，其平均值为 0.5750；Margalef 丰富度指数在 0.5402～1.8857 之间，其平均值为 1.2698。

无定河干流中游段浮游动物 Shannon - Wiener 多样性指数在 1.6890～2.1987 之间，其平均值为 1.9985；Pielou 均匀度指数在 0.4882～0.6242 之间，其平均值为 0.5478；Margalef 丰富度指数在 2.0363～3.0742 之间，其平均值为 2.6484。

无定河干流下游段浮游动物 Shannon - Wiener 多样性指数在 1.5204～2.4227 之间，其平均值为 1.8660；Pielou 均匀度指数在 0.5220～0.6057 之间，其平均值为 0.5720；Margalef 丰富度指数在 1.1727～2.9107 之间，其平均值为 2.2681。

无定河支流海流兔河浮游动物 Shannon - Wiener 多样性指数在 0.4606～0.7123 之间，其平均值为 0.6616；Pielou 均匀度指数在 0.5749～0.6710 之间，其平均值为 0.6231；Margalef 丰富度指数在 0～0.3237 之间，其平均值为 0.1619。

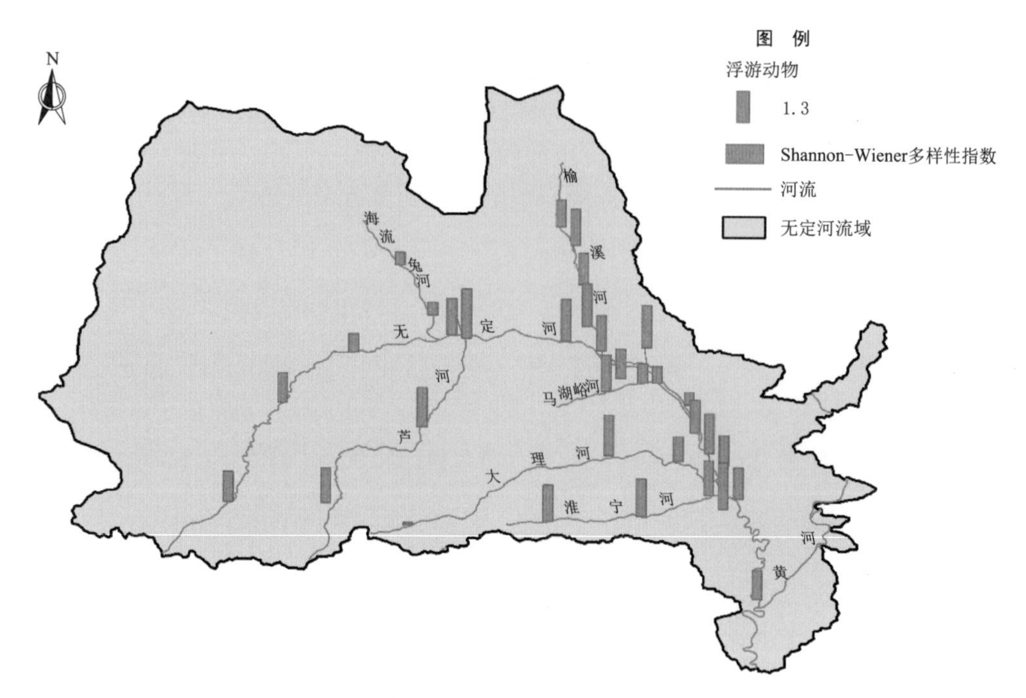

图 5.20 无定河流域秋季浮游动物 Shannon-Wiener 多样性指数空间分布

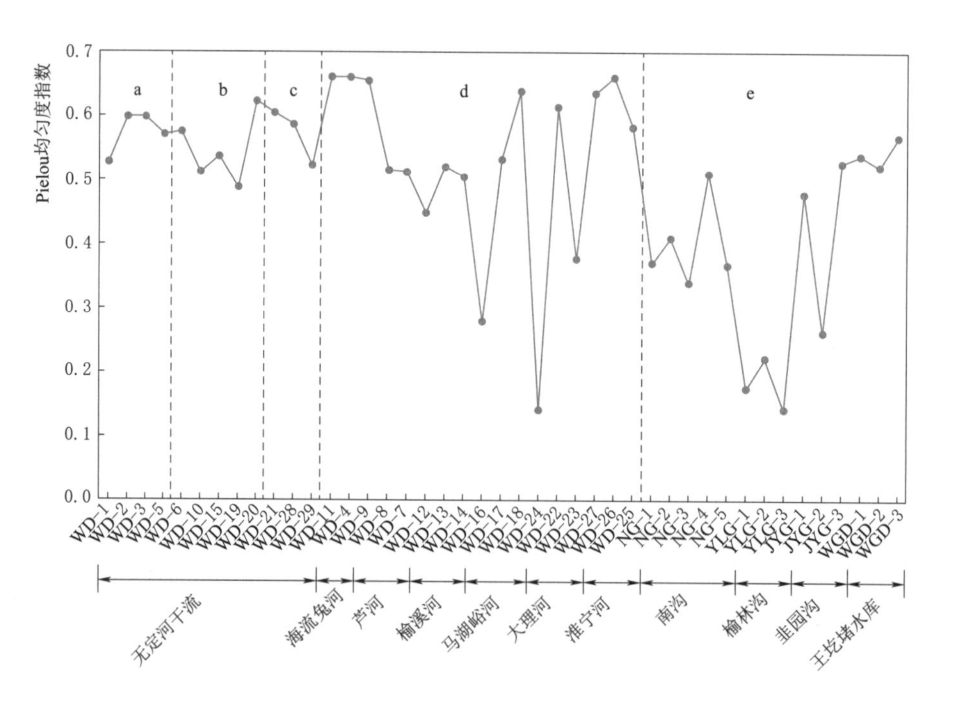

图 5.21 无定河流域秋季浮游动物 Pielou 均匀度指数

注 a—无定河干流上游段；b—无定河干流中游段；c—无定河干流下游段；d—无定河支流；e—淤地坝水体及水库

图 5.22 无定河流域秋季浮游动物 Pielou 均匀度指数空间分布

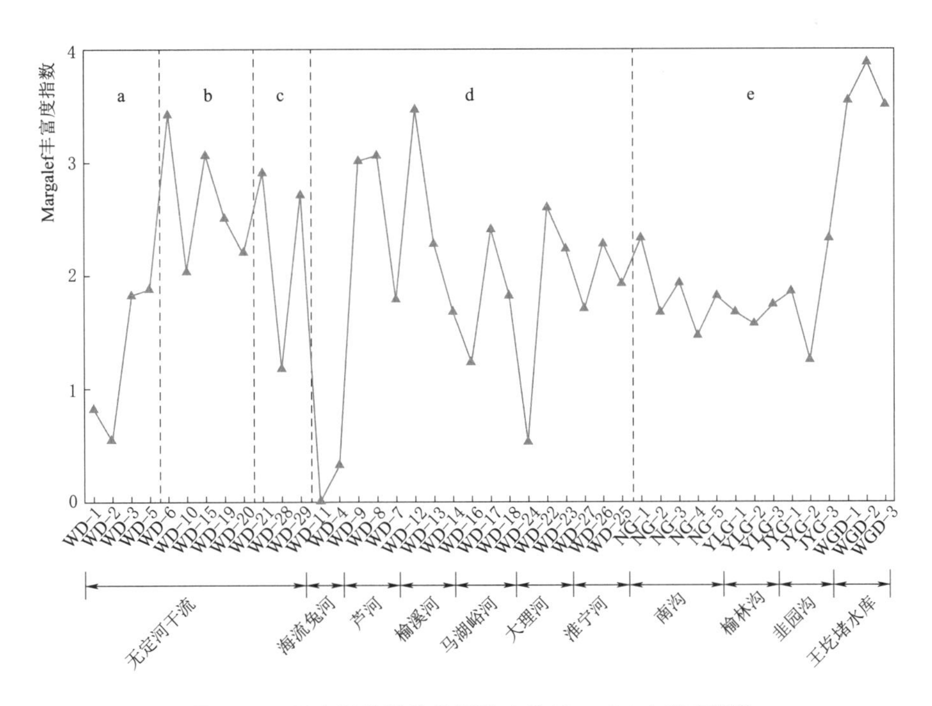

图 5.23 无定河流域秋季浮游动物 Margalef 丰富度指数

注 a—无定河干流上游段；b—无定河干流中游段；c—无定河干流下游段；d—无定河支流；e—淤地坝水体及水库

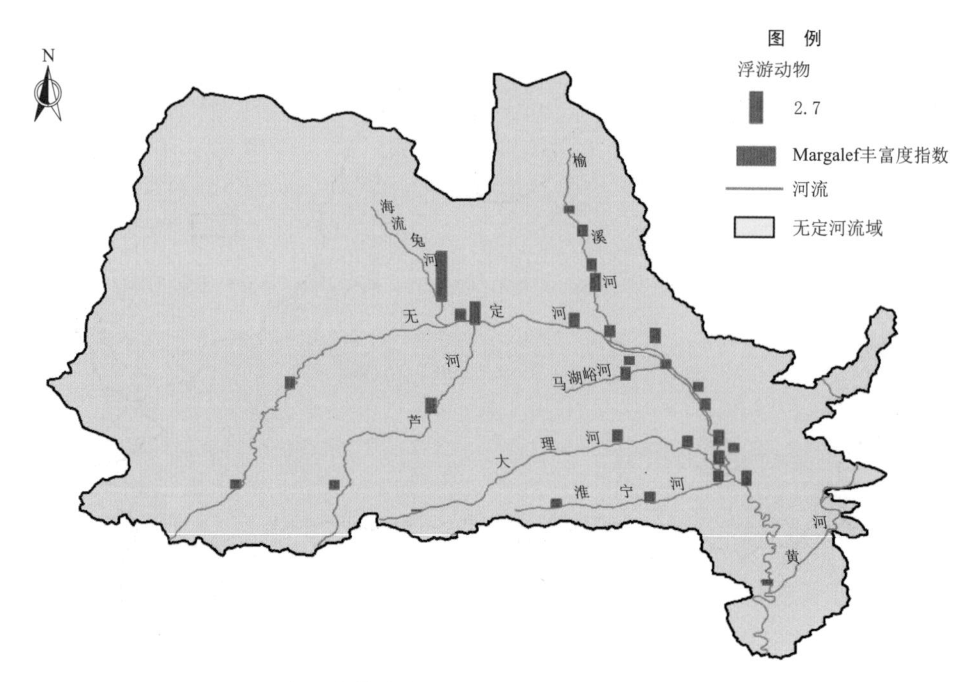

图 5.24 无定河流域秋季浮游动物 Margalef 丰富度指数空间分布

无定河支流芦河浮游动物 Shannon - Wiener 多样性指数在 1.8430～2.5627 之间，其平均值为 2.1573；Pielou 均匀度指数在 0.5141～0.6560 之间，其平均值为 0.5622；Margalef 丰富度指数在 1.7820～3.0662 之间，其平均值为 2.6224。

无定河支流榆溪河浮游动物 Shannon - Wiener 多样性指数在 1.4183～2.2269 之间，其平均值为 1.8594；Pielou 均匀度指数在 0.4495～0.5224 之间，其平均值为 0.4924；Margalef 丰富度指数在 1.6850～3.4696 之间，其平均值为 2.4786。

无定河支流马湖峪河浮游动物 Shannon - Wiener 多样性指数在 0.8829～1.9115 之间，其平均值为 1.2686；Pielou 均匀度指数在 0.2785～0.6381 之间，其平均值为 0.4833；Margalef 丰富度指数在 1.2288～2.4057 之间，其平均值为 1.8209。

无定河支流大理河浮游动物 Shannon - Wiener 多样性指数在 0.1425～2.1260 之间，其平均值为 1.1906；Pielou 均匀度指数在 0.1425～0.6146 之间，其平均值为 0.3779；Margalef 丰富度指数在 0.5243～2.6086 之间，其平均值为 1.7894。

无定河支流淮宁河浮游动物 Shannon - Wiener 多样性指数在 1.8484～1.9098 之间，其平均值为 1.9137；Pielou 均匀度指数在 0.5831～0.6609 之间，其平均值为 0.6269；Margalef 丰富度指数在 1.6988～2.2880 之间，其平均值为 1.9704。

南沟淤地坝浮游动物 Shannon - Wiener 多样性指数在 1.3842～1.9482 之间，其平均值为 1.5819；Pielou 均匀度指数在 0.3386～0.5117 之间，其平均值为 0.3996；Margalef 丰富度指数在 1.4641～2.3356 之间，其平均值为 1.8460。

榆林沟淤地坝浮游动物 Shannon - Wiener 多样性指数在 0.5805～0.7939 之间，其平均值为 0.6737；Pielou 均匀度指数在 0.1420～0.2214 之间，其平均值为 0.1794；Margalef 丰富度指数在 1.5688～1.7437 之间，其平均值为 1.6628。

韭园沟大坝浮游动物 Shannon - Wiener 多样性指数在 0.8674～2.0625 之间，其平均值为 1.6005；Pielou 均匀度指数在 0.2611～0.5279 之间，其平均值为 0.4227；Margalef 丰富度指数在 1.2445～2.3320 之间，其平均值为 1.8121。

王圪堵水库浮游动物 Shannon - Wiener 多样性指数在 1.5425～1.6616 之间，其平均值为 1.6152；Pielou 均匀度指数在 0.5214～0.5679 之间，其平均值为 0.5430；Margalef 丰富度指数在 3.5060～3.8869 之间，其平均值为 3.6470。

5.3 延河流域春季浮游动物群落特征

5.3.1 浮游动物种类组成

本次春季生态调查共鉴定出浮游动物 87 种：原生动物 22 种，占 25.00%；轮虫 49 种，占 55.68%；枝角类 9 种，占 10.23%；桡足类 9 种，占 9.09%。延河流域春季浮游动物物种组成及空间分布如图 5.25 和图 5.26 所示。

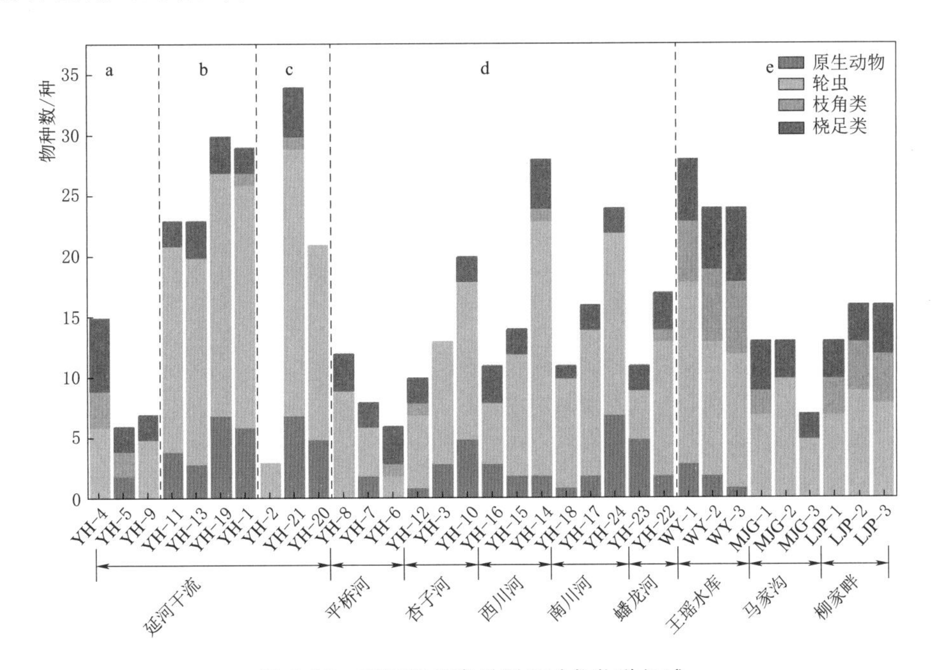

图 5.25 延河流域春季浮游动物物种组成

注 a—延河干流上游段；b—延河干流中游段；c—延河干流下游段；d—延河支流；e—淤地坝水体及水库

延河干流上游段共鉴定出浮游动物 22 种：原生动物 2 种，占 9.09%；轮虫 10 种，占 45.46%；枝角类 4 种，占 18.18%；桡足类 4 种，占 27.27%。

延河干流中游段共鉴定出浮游动物 51 种：原生动物 13 种，占 25.49%；轮虫 33 种，占 64.71%；枝角类 1 种，占 1.96%；桡足类 4 种，占 7.84%。

延河干流下游段共鉴定出浮游动物 45 种：原生动物 9 种，占 19.57%；轮虫 32 种，

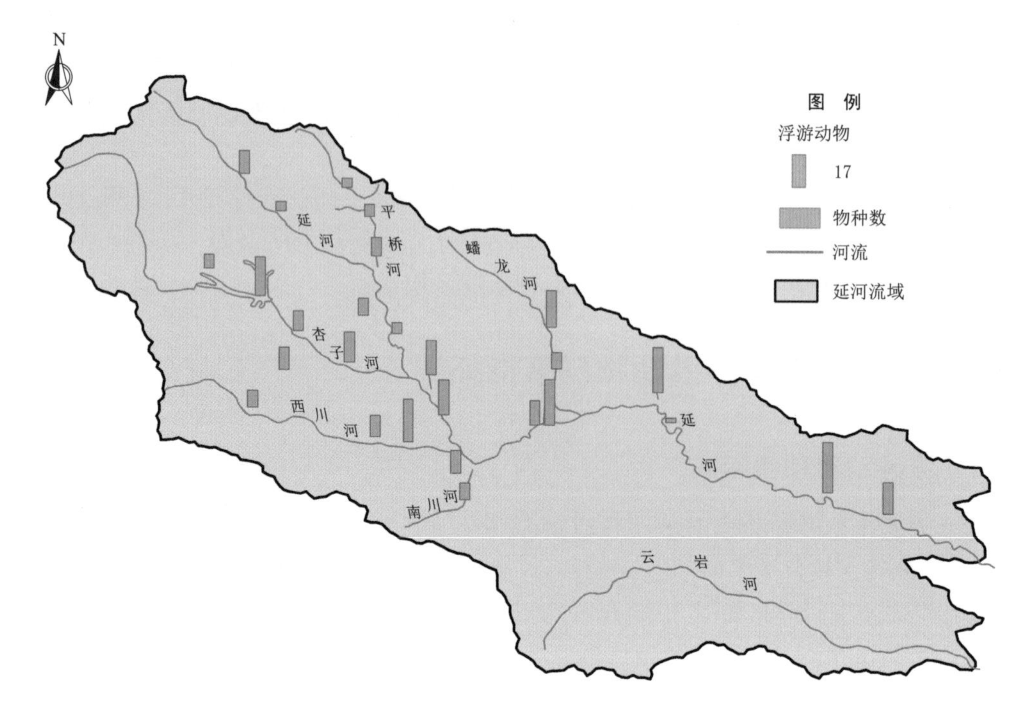

图5.26 延河流域春季浮游动物物种数空间分布

占69.57%；枝角类1种，占2.17%；桡足类4种，占8.69%。

延河支流平桥河共鉴定出浮游动物16种：原生动物2种，占12.50%；轮虫10种，占62.50%；枝角类1种，占6.25%；桡足类3种，占18.75%。

延河支流杏子河共鉴定浮游动物29种：原生动物8种，占27.59%；轮虫18种，占62.07%；没有枝角类；桡足类3种，占10.34%。

延河支流西川河共鉴定出浮游动物34种：原生动物5种，占14.71%；轮虫24种，占70.59%；枝角类1种，占2.94%；桡足类4种，占11.76%。

延河支流南川河共鉴定出浮游动物20种：原生动物3种，占15.00%；轮虫15种，占75.00%；没有枝角类；桡足类2种，占10.00%。

延河支流蟠龙河共鉴定出浮游动物31种：原生动物9种，占29.03%；轮虫17种，占54.84%；枝角类1种，占3.23%；桡足类4种，占12.90%。

王瑶水库共鉴定出浮游动物37种：原生动物5种，占13.51%；轮虫19种，占51.35%；枝角类7种，占18.92%；桡足类6种，占16.22%。

马家沟淤地坝共鉴定出浮游动物17种：没有原生动物；轮虫11种，占64.71%；枝角类2种，占11.76%；桡足类4种，占23.53%。

柳家畔淤地坝共鉴定出浮游动物24种：没有原生动物；轮虫16种，占66.67%；枝角类4种，占16.67%；桡足类16.67种，占16.67%。

5.3.2 浮游动物密度和生物量

本次春季调查延河流域浮游动物密度区间为2.27～1255.73ind./L（见图5.27和

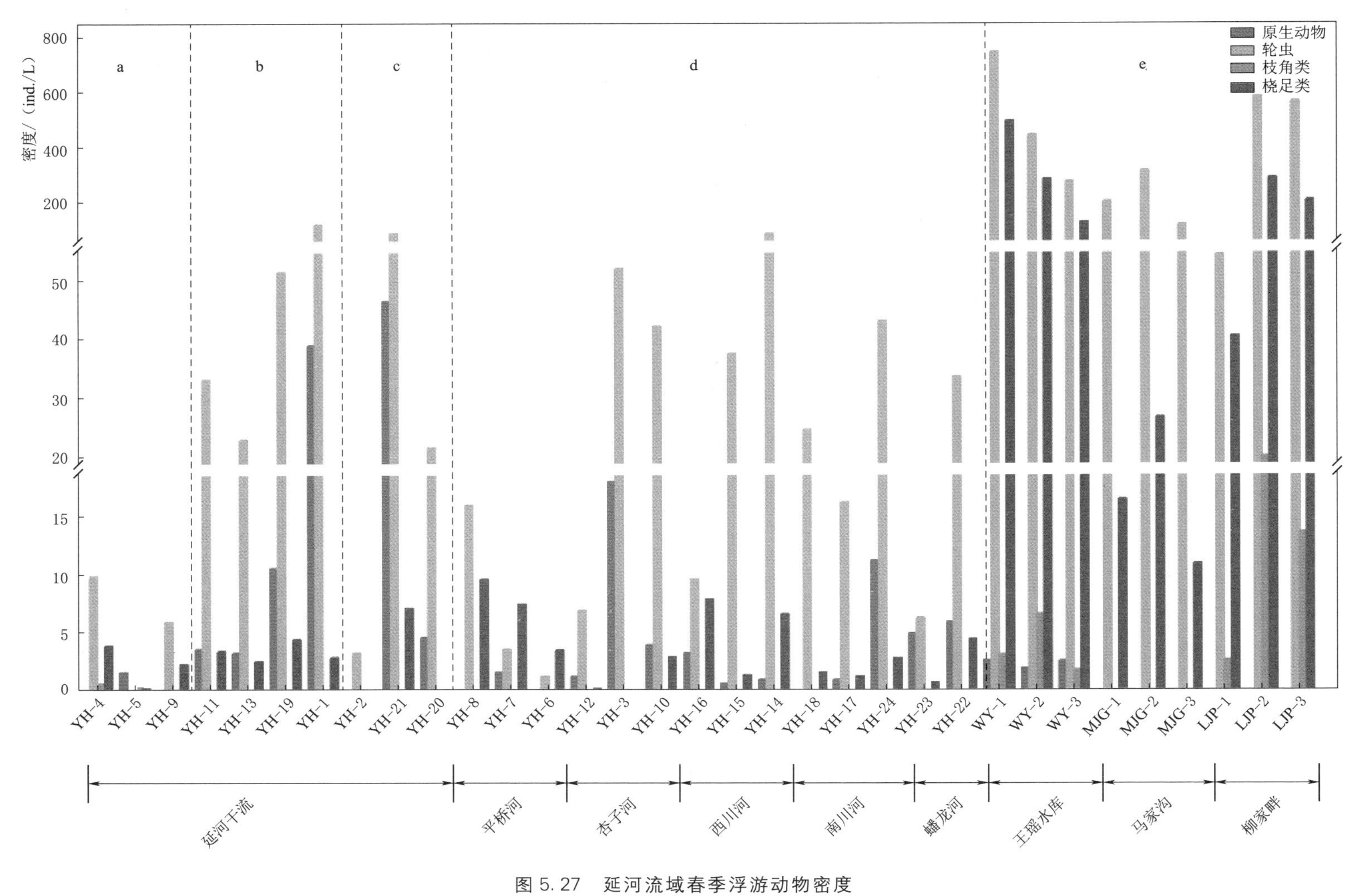

图 5.27　延河流域春季浮游动物密度

注　a—延河干流上游段；b—延河干流中游段；c—延河干流下游段；d—延河支流；e—淤地坝水体及水库

图5.28)，平均密度为178.36ind./L。其中密度最高的是延河流域的王瑶水库WY-1断面，密度为1255.73ind./L，密度最低的是延河干流YH-5断面，密度为2.27ind./L。

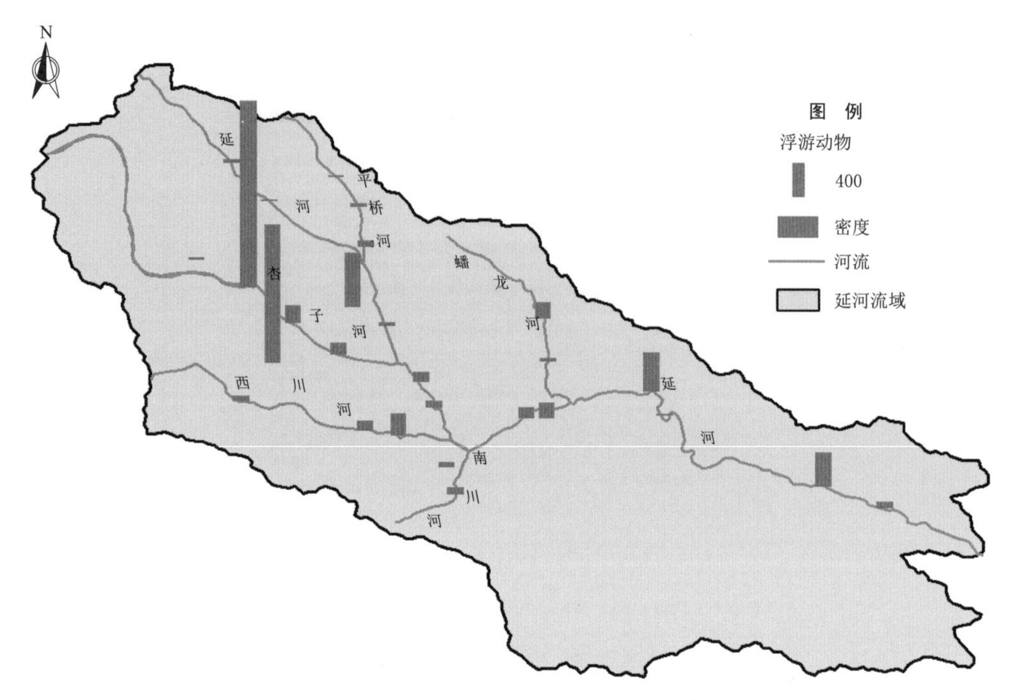

图5.28 延河流域春季浮游动物密度空间分布

延河干流上游段浮游动物密度区间为2.27～14.60ind./L，平均密度为8.42ind./L，密度最高的是YH-4断面，密度为14.60ind./L，密度最低的是YH-5断面，密度为2.27ind./L。

延河干流中游段浮游动物密度区间为28.97～163.73ind./L，平均密度为75.01ind./L，密度最高的是YH-1断面，密度为163.73ind./L，密度最低的是YH-13断面，密度为28.97ind./L。

延河干流下游段浮游动物密度区间为3.33～142.33ind./L，平均密度为57.33ind./L，密度最高的是YH-21断面，密度为142.33ind./L，密度最低的是YH-2断面，密度为3.33ind./L。

延河支流平桥河浮游动物密度区间为5.07～25.67ind./L，平均密度为14.53ind./L，密度最高的是YH-8断面，密度为25.67ind./L，密度最低的是YH-6断面，密度为5.07ind./L。

延河支流杏子河浮游动物密度区间为8.60～70.33ind./L，平均密度为42.76ind./L，密度最高的是YH-3断面，密度为70.33ind./L，密度最低的是YH-12断面，密度为8.60ind./L。

延河支流西川河浮游动物密度区间为20.93～94.47ind./L，平均密度为51.72ind./L，密度最高的是YH-14断面，密度为94.47ind./L，密度最低的是YH-16断面，密度为20.93ind./L。

延河支流南川河浮游动物密度区间为18.67～26.33ind./L，平均密度为22.50ind./L，密度最高的是YH－18断面，密度为26.33ind./L，密度最低的是YH－17断面，密度为18.67ind./L。

延河支流蟠龙河浮游动物密度区间为12.13～57.60ind./L，平均密度为38.02ind./L，密度最高的是YH－24断面，密度为57.60ind./L，密度最低的是YH－23断面，密度为12.13ind./L。

王瑶水库浮游动物密度区间为412.93～1255.73ind./L，平均密度为804.27ind./L，密度最高的是WY－1断面，密度为1255.73ind./L，密度最低的是WY－3断面，密度为412.93ind./L。

马家沟淤地坝浮游动物密度区间为133.07～343.80ind./L，平均密度为233.64ind./L，密度最高的是MJG－2断面，密度为343.80ind./L，密度最低的是MJG－3断面，密度为133.07ind./L。

柳家畔淤地坝浮游动物密度区间为98.07～897.40ind./L，平均密度为596.31ind./L，密度最高的是LJP－2断面，密度为897.40ind./L，密度最低的是LJP－1断面，密度为98.07ind./L。

本次春季调查延河流域浮游动物生物量区间为0.0120～9.9620mg/L（见图5.29和图5.30），平均值为1.1254mg/L，其中生物量最高的是王瑶水库WY－1断面，生物量为9.9620mg/L，生物量最低的是YH－2断面，生物量为0.0120mg/L。

延河干流上游段浮游动物生物量区间为0.0259～0.1506mg/L，平均值为0.0735mg/L，其中YH－4断面生物量最高，生物量为0.1506mg/L，YH－5断面生物量最低，生物量为0.0259mg/L。

延河干流中游段浮游动物生物量区间为0.1106～0.4815mg/L，平均值为0.2519mg/L，其中YH－1断面生物量最高，生物量为0.4815mg/L，YH－13断面生物量最低，生物量为0.1106mg/L。

延河干流下游段浮游动物生物量区间为0.0120～0.4442mg/L，平均值为0.1783mg/L，其中YH－21断面生物量最高，生物量为0.4442mg/L，YH－2断面生物量最低，生物量为0.0120mg/L。

延河支流平桥河浮游动物生物量区间为0.0484～0.1806mg/L，平均值为0.1042mg/L，其中YH－8断面生物量最高，生物量为0.1806mg/L，YH－6断面生物量最低，生物量为0.0484mg/L。

延河支流杏子河浮游动物生物量区间为0.0310～0.1911mg/L，平均值为0.1354mg/L，其中YH－3断面生物量最高，生物量为0.1911mg/L，YH－12断面生物量最低，生物量为0.0310mg/L。

延河支流西川河浮游动物生物量区间为0.1498～0.3962mg/L，平均值为0.2346mg/L，其中YH－14断面生物量最高，生物量为0.3962mg/L，YH－15断面生物量最低，生物量为0.1498mg/L。

延河支流南川河浮游动物生物量区间为0.0750～0.1039mg/L，平均值为0.0894mg/L，其中YH－18断面生物量最高，生物量为0.1039mg/L，YH－17断面生物量最低，生物

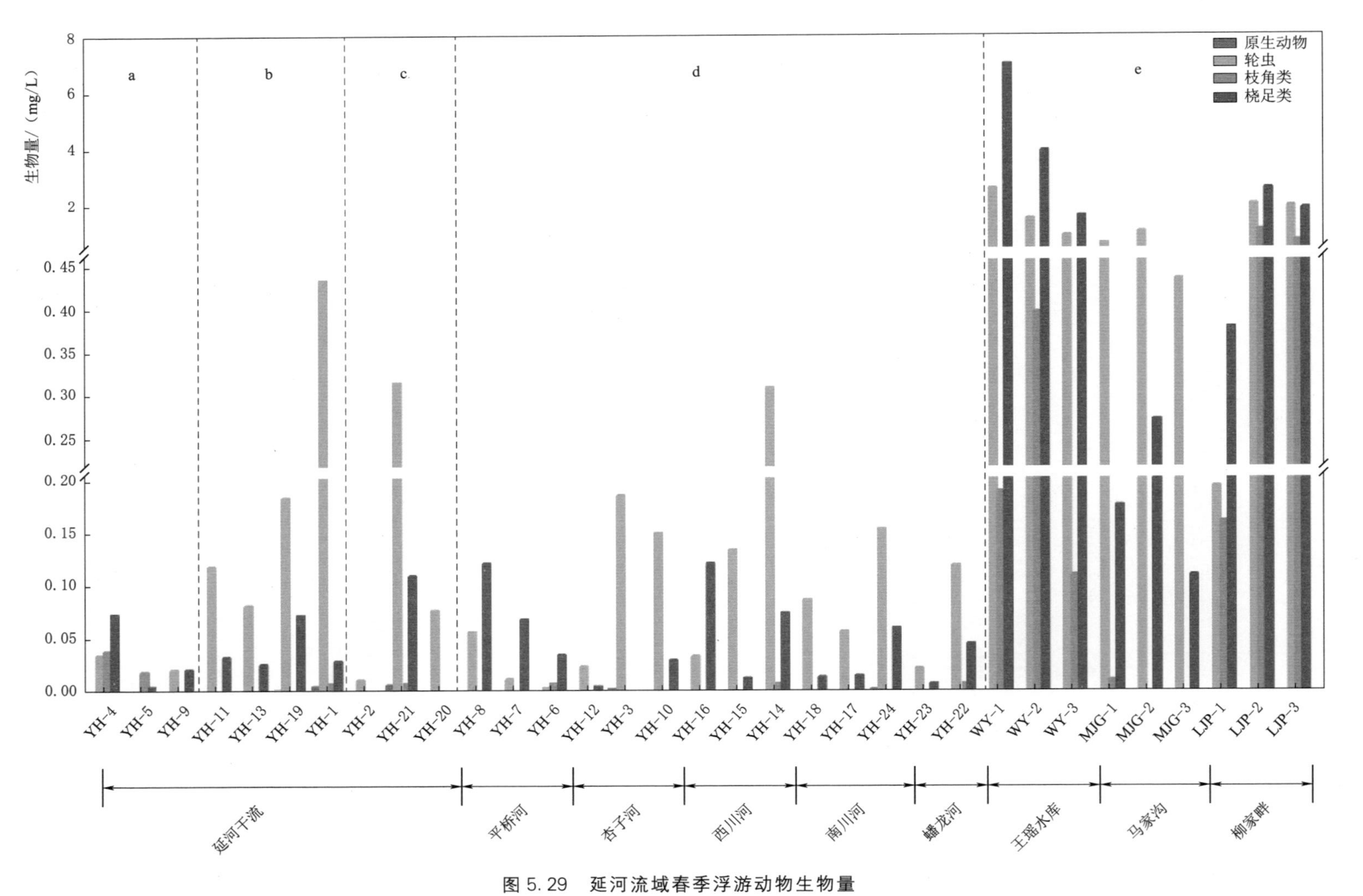

图 5.29 延河流域春季浮游动物生物量

注 a—延河干流上游段；b—延河干流中游段；c—延河干流下游段；d—延河支流；e—淤地坝水体及水库

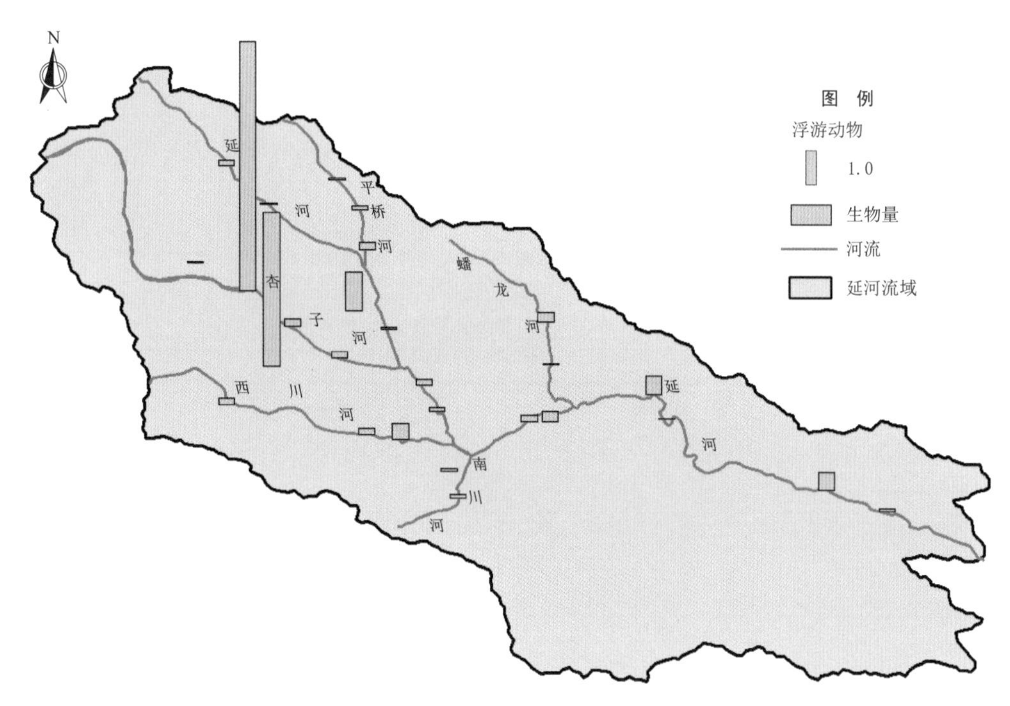

图 5.30　延河流域春季浮游动物生物量空间分布

量为 0.0750mg/L。

延河支流蟠龙河浮游动物生物量区间为 0.0324～0.2210mg/L，平均值为 0.1436mg/L，其中 YH－24 断面生物量最高，生物量为 0.2210mg/L，YH－23 断面生物量最低，生物量为 0.034mg/L。

王瑶水库浮游动物生物量区间为 2.8408～9.9620mg/L，平均值为 6.2774mg/L，其中 WY－1 断面生物量最高，生物量为 9.9620mg/L，WY－3 断面生物量最低，生物量为 2.8408mg/L。

马家沟淤地坝浮游动物生物量区间为 0.5516～1.4160mg/L，平均值为 0.9684mg/L，其中 MJG－2 断面生物量最高，生物量为 1.4160mg/L，MJG－3 断面生物量最低，生物量为 0.5516mg/L。

柳家畔淤地坝浮游动物生物量区间为 0.7428～6.0200mg/L，平均值为 3.8682mg/L，其中 LJP－2 断面生物量最高，生物量为 6.0200mg/L，LJP－1 断面生物量最低，生物量为 0.7428mg/L。

5.3.3 浮游动物优势种

本次（春季）生态调查发现，延河流域常见的浮游动物是螺形龟甲轮虫（*Keratella cochlearis*）、矩形龟甲轮虫（*Keratella quadrata*）、尖趾腔轮虫（*Lecane closterocerca*）、无节幼体（*Copepod nauplii*）和近邻剑水蚤（*Cyclops vicinus*）。

延河干流浮游动物优势种是半圆表壳虫（*Arcella hemiisphaerica*）、钟虫（*Vorticella* sp.1）、蛭态类轮虫 3（*Bdelloidea* sp.3）、螺形龟甲轮虫（*Keratella cochlearis*）、矩

形龟甲轮虫（*Keratella quadrata*）和无节幼体（*Copepod nauplii*）。

延河支流浮游动物优势种是螺形龟甲轮虫（*Keratella cochlearis*）、矩形龟甲轮虫（*Keratella quadrata*）、唇形叶轮虫（*Notholca labis*）和无节幼体（*Copepod nauplii*）。

延河流域淤地坝及水库浮游动物优势种是螺形龟甲轮虫（*Keratella cochlearis*）、矩形龟甲轮虫（*Keratella quadrata*）、尖趾腔轮虫（*Lecane closterocerca*）、长肢多肢轮虫（*Polyarthra dolichoptera*）、无节幼体（*Copepod nauplii*）和近邻剑水蚤（*Cyclops vicinus*）。延河流域春季浮游动物优势种及优势度见表5.3。

表5.3 延河流域春季浮游动物优势种及优势度

优势种	优势度			
	全流域	干流	支流	淤地坝
半圆表壳虫 *Arcella hemiisphaerica*	—	0.0291	—	—
钟虫 *Vorticella* sp.1	—	0.0260	—	—
蛭态类轮虫3 *Bdelloidea* sp.3	—	0.0245	—	—
蛭态类轮虫4 *Bdelloidea* sp.4	—	0.0367	—	—
螺形龟甲轮虫 *Keratella cochlearis*	0.1564	0.0638	0.0812	0.2030
矩形龟甲轮虫 *Keratella quadrata*	0.2228	0.0736	0.0620	0.3204
尖趾腔轮虫 *Lecane closterocerca*	0.0282	—	—	0.0462
唇形叶轮虫 *Notholca labis*	—	—	0.0507	—
长肢多肢轮虫 *Polyarthra dolichoptera*	—	—	—	0.0291
无节幼体 *Copepod nauplii*	0.1615	0.0308	0.0593	0.2265
近邻剑水蚤 *Cyclops vicinus*	0.0314	—	—	0.0543

5.3.4 浮游动物群落多样性指数

延河流域春季浮游动物多样性指数及空间分布如图5.31～图5.36所示。Shannon-Wiener多样性指数在0.8347～2.9521之间，其平均值为2.0035；Pielou均匀度指数在0.2087～0.6656之间，其平均值为0.5215；Margalef丰富度指数在1.2268～6.9020之间，其平均值为3.9898。

延河干流上游段浮游动物Shannon-Wiener多样性指数在1.4351～2.2084之间，其平均值为 1.7931；Pielou 均匀度指数在 0.5552～0.6183 之间，其平均值为 0.5796；Margalef 丰富度指数在 2.8192～6.1101 之间，其平均值为 6.1102。

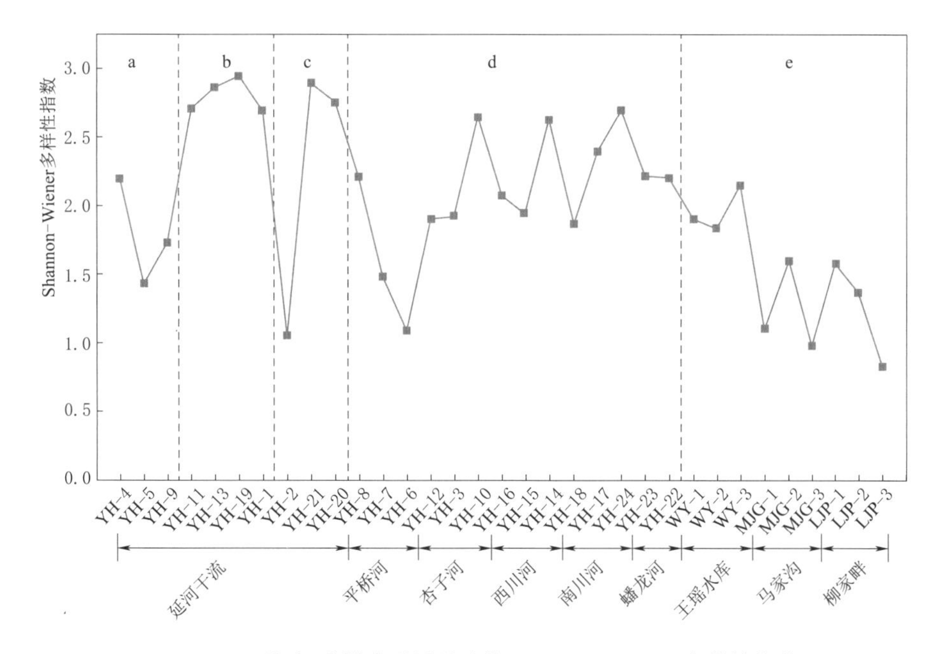

图 5.31　延河河流域春季浮游动物 Shannon - Wiener 多样性指数

注　a—延河干流上游段；b—延河干流中游段；c—延河干流下游段；d—延河支流；e—淤地坝水体及水库

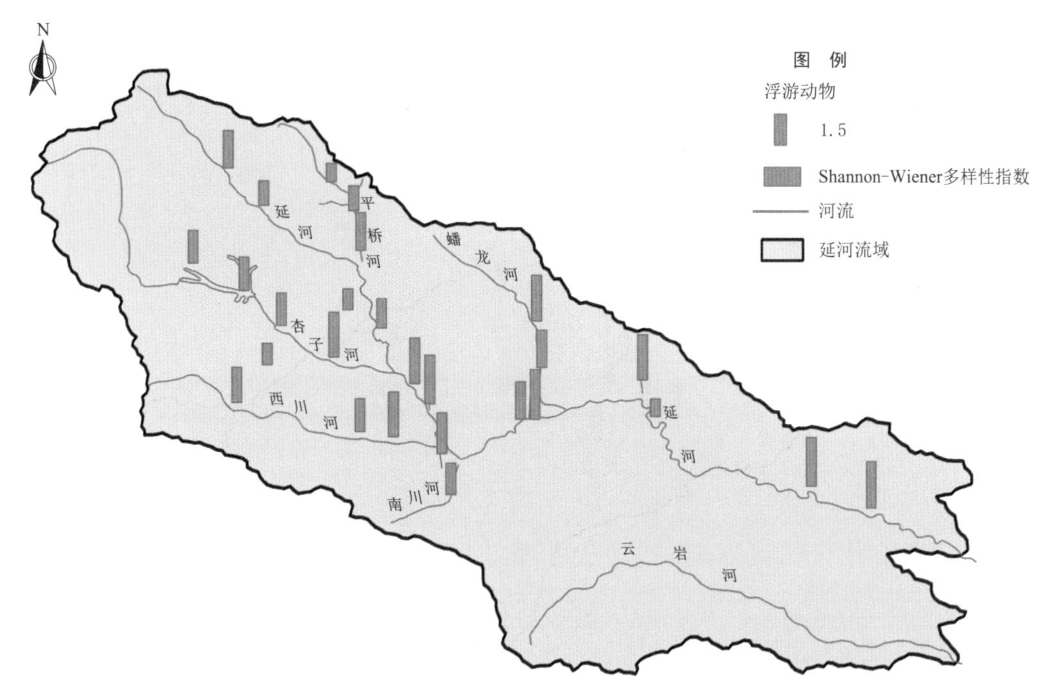

图 5.32　延河春季浮游动物 Shannon - Wiener 多样性指数空间分布

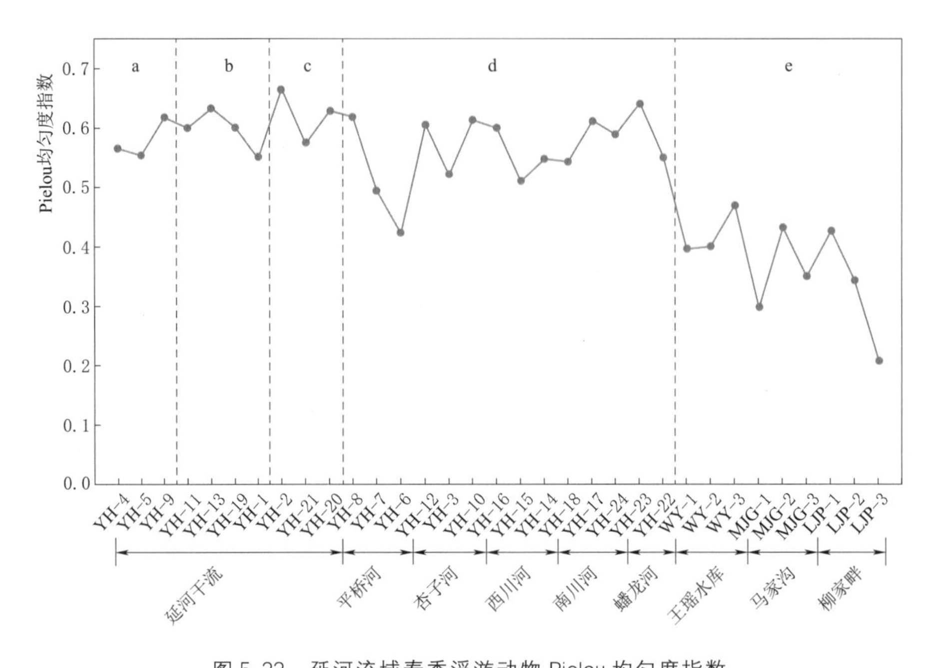

图 5.33 延河流域春季浮游动物 Pielou 均匀度指数

注 a—延河干流上游段；b—延河干流中游段；c—延河干流下游段；d—延河支流；e—淤地坝水体及水库

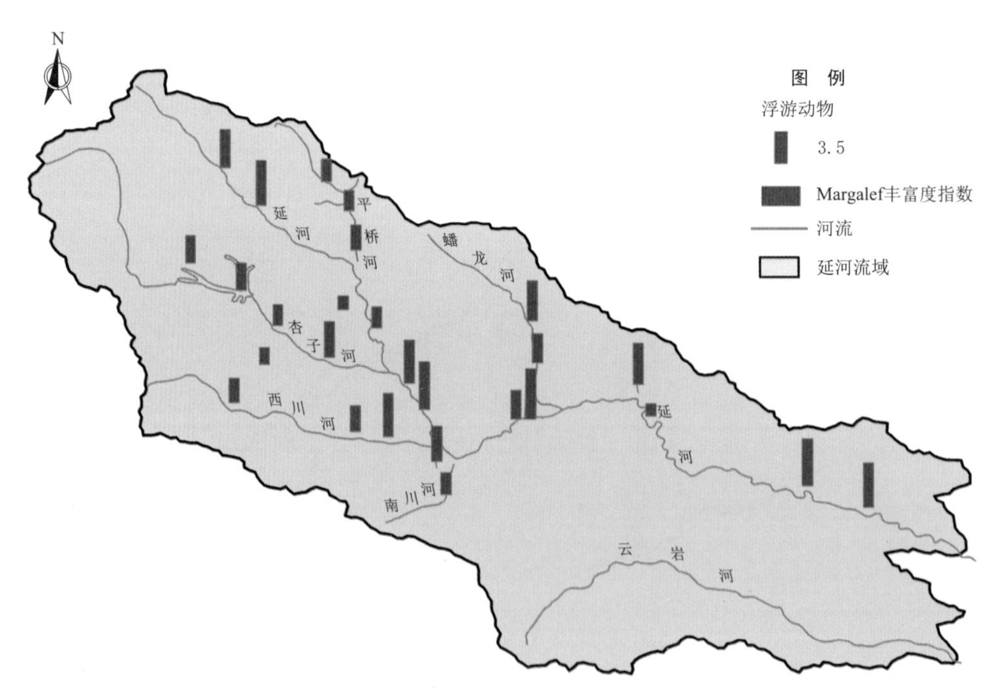

图 5.34 延河春季浮游动物 Margalef 丰富度指数空间分布

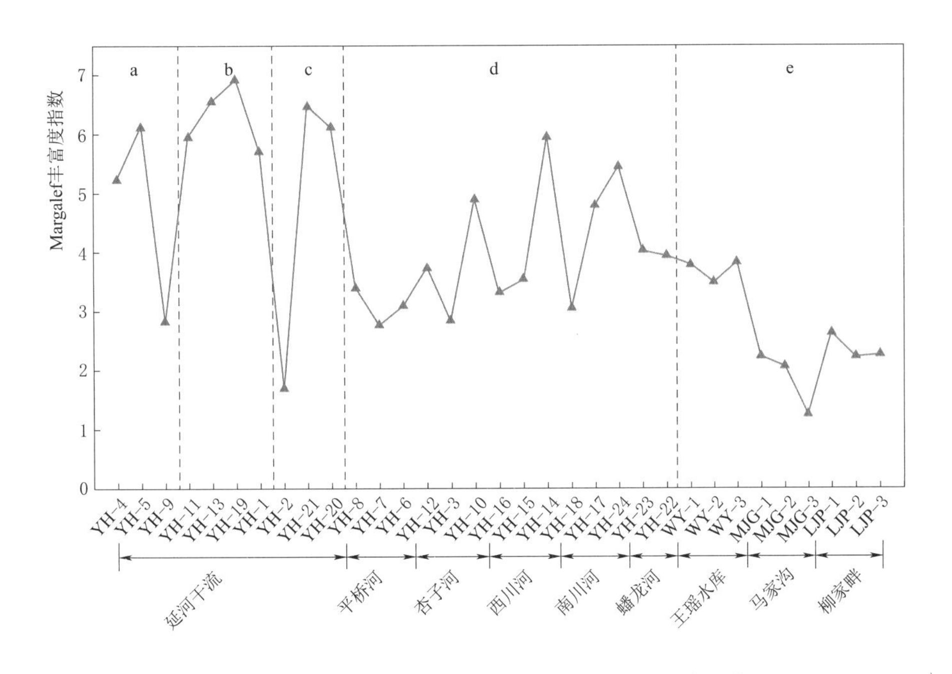

图 5.35 延河流域春季浮游动物 Margalef 丰富度指数

注 a—延河干流上游段；b—延河干流中游段；c—延河干流下游段；d—延河支流；e—淤地坝水体及水库

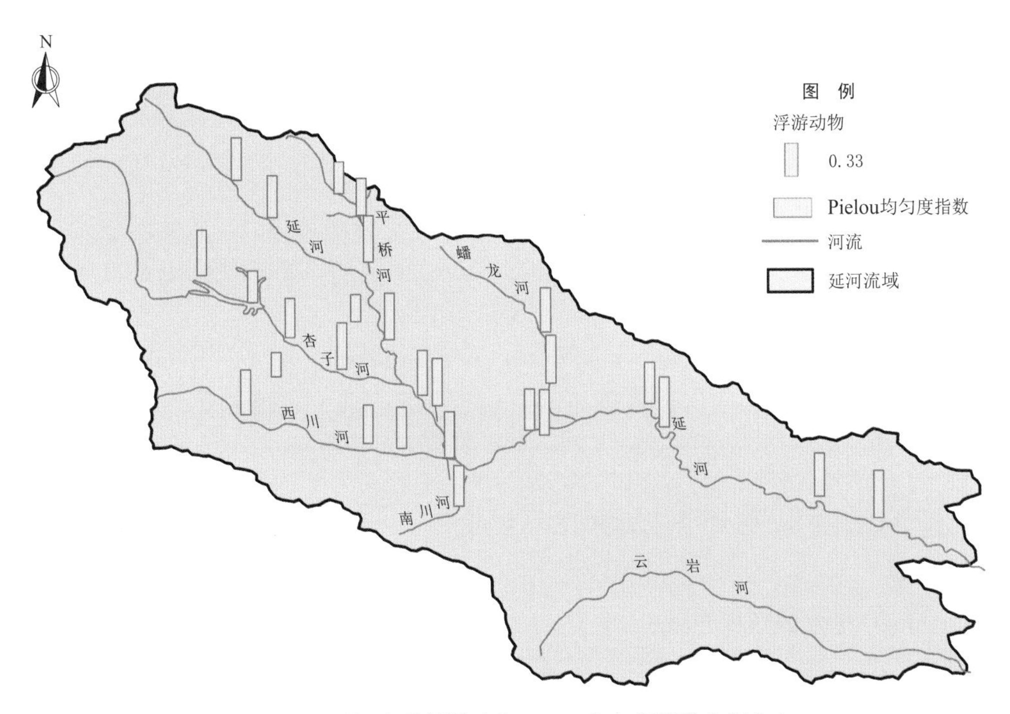

图 5.36 延河春季浮游动物 Pielou 均匀度指数空间分布

延河干流中游段浮游动物 Shannon - Wiener 多样性指数在 2.6985～2.9521 之间，其平均值为 2.8108；Pielou 均匀度指数在 0.5499～0.6353 之间，其平均值为 0.5970；Margalef 丰富度指数在 5.6882～6.9020 之间，其平均值为 6.2674。

延河干流下游段浮游动物 Shannon - Wiener 多样性指数在 1.0549～2.9004 之间，其平均值为 2.2408；Pielou 均匀度指数在 0.5750～0.6658 之间，其平均值为 0.6235；Margalef 丰富度指数在 1.6612～6.4540 之间，其平均值为 4.7433。

延河支流平桥河浮游动物 Shannon - Wiener 多样性指数在 1.0964～2.2211 之间，其平均值为 1.6012；Pielou 均匀度指数在 0.4241～0.6196 之间，其平均值为 0.5130；Margalef 丰富度指数在 2.7401～3.3896 之间，其平均值为 3.0704。

延河支流杏子河浮游动物 Shannon - Wiener 多样性指数在 1.9172～2.6554 之间，其平均值为 2.1673；Pielou 均匀度指数在 0.5214～0.6144 之间，其平均值为 0.5802；Margalef 丰富度指数在 2.8214～4.8735 之间，其平均值为 3.8043。

延河支流西川河浮游动物 Shannon - Wiener 多样性指数在 1.9470～2.6385 之间，其平均值为 2.2213；Pielou 均匀度指数在 0.5114～0.6007 之间，其平均值为 0.5537；Margalef 丰富度指数在 3.2880～5.9364 之间，其平均值为 4.2514。

延河支流南川河浮游动物 Shannon - Wiener 多样性指数在 1.8799～2.3974 之间，其平均值为 2.1386；Pielou 均匀度指数在 0.5434～0.6136 之间，其平均值为 0.5785；Margalef 丰富度指数在 3.0341～4.7835 之间，其平均值为 3.9088。

延河支流蟠龙河浮游动物 Shannon - Wiener 多样性指数在 2.2103～2.7042 之间，其平均值为 2.3787；Pielou 均匀度指数在 0.5526～0.6422 之间，其平均值为 0.5949；Margalef 丰富度指数在 3.9253～5.4333 之间，其平均值为 4.4550。

王瑶水库浮游动物 Shannon - Wiener 多样性指数在 1.8415～2.1577 之间，其平均值为 1.9693；Pielou 均匀度指数在 0.3970～0.4706 之间，其平均值为 0.4231；Margalef 丰富度指数在 3.4784～3.8185 之间，其平均值为 3.6936。

马家沟淤地坝浮游动物 Shannon - Wiener 多样性指数在 0.9828～1.5988 之间，其平均值为 1.2285；Pielou 均匀度指数在 0.2983～0.4321 之间，其平均值为 0.3602；Margalef 丰富度指数在 1.2268～2.2173 之间，其平均值为 1.8330。

柳家畔淤地坝浮游动物 Shannon - Wiener 多样性指数在 0.8347～1.5823 之间，其平均值为 1.2646；Pielou 均匀度指数在 0.2087～0.4276 之间，其平均值为 0.3268；Margalef 丰富度指数在 2.2060～2.6169 之间，其平均值为 2.3565。

5.4 延河流域秋季浮游动物群落特征

5.4.1 浮游动物物种组成

本次秋季生态调查共鉴定出浮游动物 61 种：原生动物 24 种，占 38.71%；轮虫 21 种，占 33.87%；枝角类 8 种，占 12.90%；桡足类 9 种，占 14.52%。延河流域秋季浮游动物物种组成及空间分布如图 5.37 和图 5.38 所示。

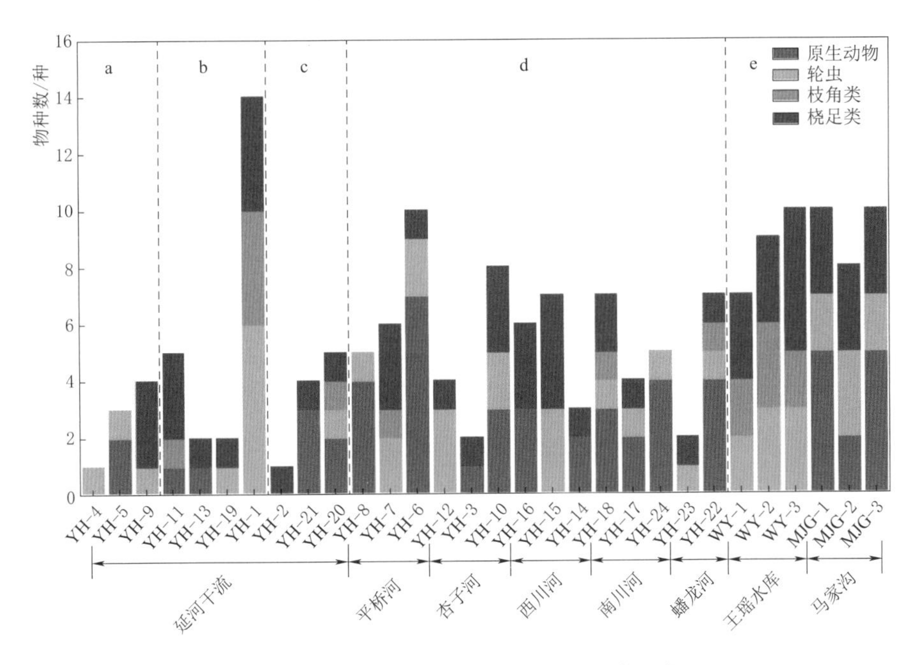

图 5.37　延河流域秋季浮游动物物种组成

注　a—延河干流上游段；b—延河干流中游段；c—延河干流下游段；d—延河支流；e—淤地坝水体及水库

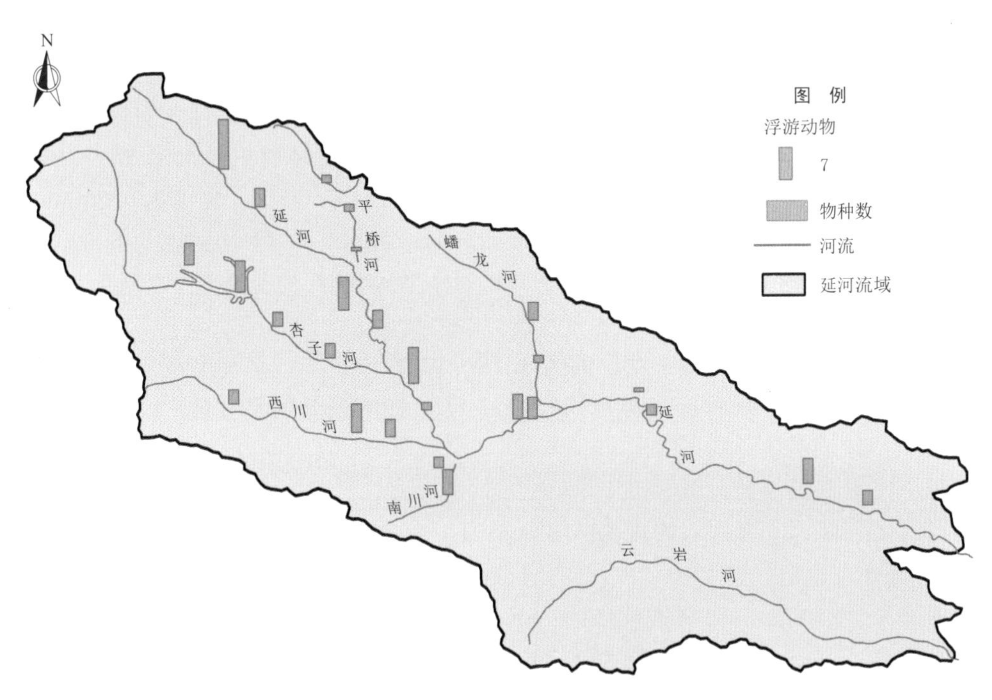

图 5.38　延河流域秋季浮游动物物种数空间分布

延河干流上游段共鉴定出浮游动物 11 种：原生动物 2 种，占 18.18%；没有鉴定出轮虫；枝角类 4 种，占 36.36%；桡足类 5 种，占 45.46%。

延河干流中游段共鉴定出浮游动物16种：原生动物10种，占62.50%；轮虫2种，占12.50%；没有鉴定出枝角类；桡足类4种，占25.00%。

延河干流下游段共鉴定出浮游动物13种：原生动物7种，占53.85%；轮虫3种，占23.08%；枝角类1种，占7.69%；桡足类2种，占15.38%。

延河支流平桥河共鉴定出浮游动物16种：原生动物1种，占20.00%；轮虫1种，占20.00%；没有鉴定出枝角类；桡足类3种，占60.00%。

延河支流杏子河共鉴定浮游动物11种：原生动物3种，占27.27%；轮虫3种，占27.27%；枝角类1种，占比9.09%；桡足类4种，占36.37%。

延河支流西川河共鉴定出浮游动物13种：原生动物5种，占38.46%；轮虫5种，占38.46%；没有鉴定出枝角类；桡足类3种，占23.08%。

延河支流南川河共鉴定出浮游动物8种：原生动物2种，占25.00%；轮虫3种，占37.50%；没有枝角类；桡足类3种，占37.50%。

延河支流蟠龙河共鉴定出浮游动物11种：原生动物6种，占54.55%；轮虫2种，占18.18%；枝角类1种，占9.09%；桡足类2种，占18.18%。

王瑶水库共鉴定出浮游动物13种：没有鉴定出原生动物；轮虫4种，占30.77%；枝角类3种，占23.08%；桡足类6种，占46.15%。

马家沟淤地坝共鉴定出浮游动物16种：原生动物8种，占比50.00%；轮虫5种，占31.25%；没有枝角类；桡足类3种，占18.75%。

5.4.2 浮游动物密度和生物量

本次秋季调查延河流域浮游动物密度区间为0.20～160.71ind./L（见图5.39和图5.40），平均密度为20.04ind./L。其中密度最高的是延河流域的王瑶水库WY-2断面，密度为160.71ind./L，密度最低的是延河支流杏子河YH-8断面，密度为0.20ind./L。

延河干流上游段浮游动物密度区间为3.60～11.20ind./L，平均密度为6.62ind./L，密度最高的是YH-4断面，密度为11.20ind./L，密度最低的是YH-5断面，密度为3.60ind./L。

延河干流中游段浮游动物密度区间为1.78～11.31ind./L，平均密度为4.84ind./L，密度最高的是YH-11断面，密度为11.31ind./L，密度最低的是YH-1断面，密度为1.78ind./L。

延河干流下游段浮游动物密度区间为3.31～6.22ind./L，平均密度为5.03ind./L，密度最高的是YH-20断面，密度为6.22ind./L，密度最低的是YH-21断面，密度为3.31ind./L。

延河支流平桥河浮游动物密度区间为0.20～1.56ind./L，平均密度为0.94ind./L，密度最高的是YH-7断面，密度为1.56ind./L，密度最低的是YH-8断面，密度为0.20ind./L。

延河支流杏子河浮游动物密度区间为2.49～13.20ind./L，平均密度为8.82ind./L，密度最高的是YH-10断面，密度为13.20ind./L，密度最低的是YH-3断面，密度为2.49ind./L。

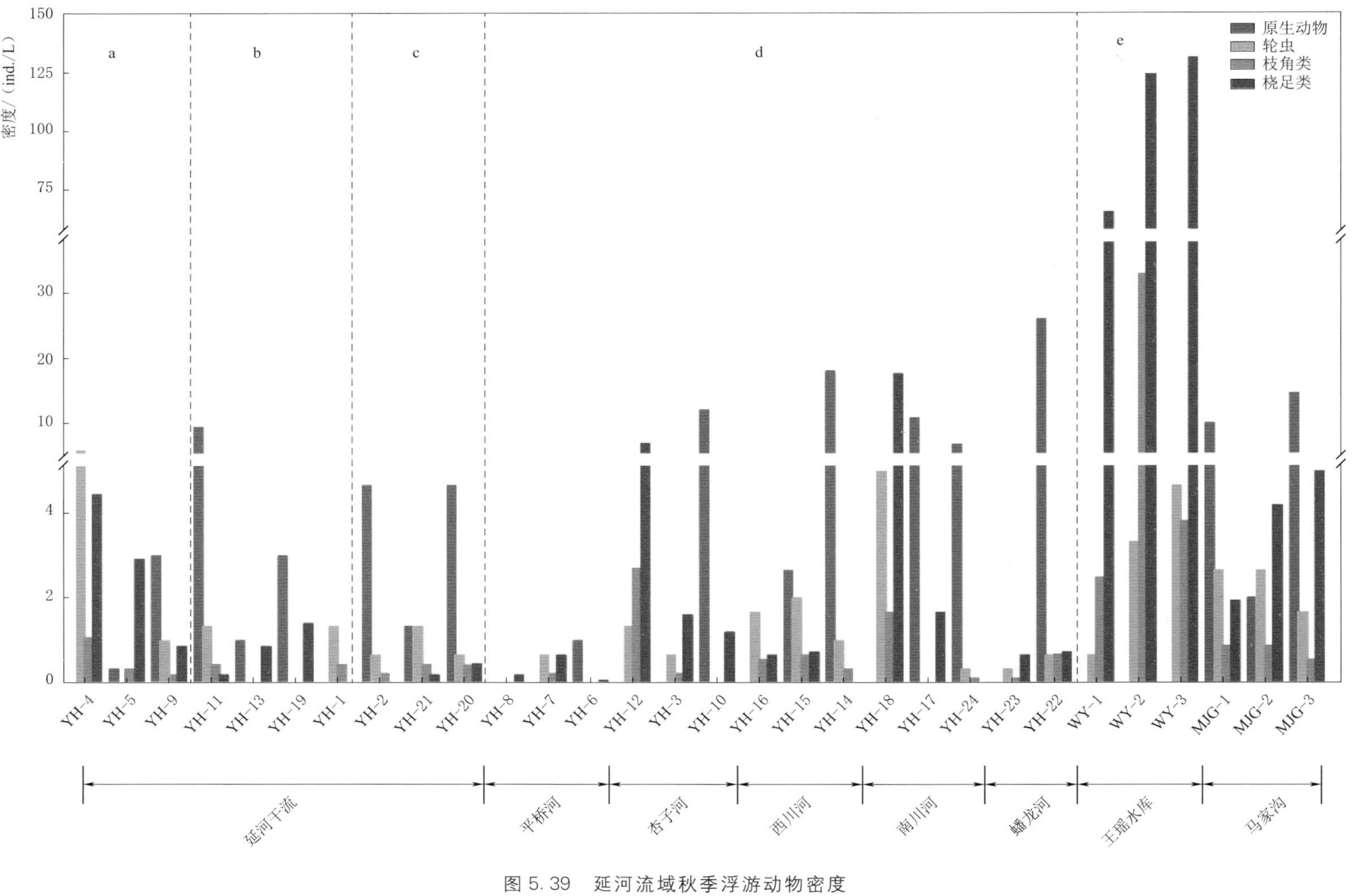

图 5.39 延河流域秋季浮游动物密度

注 a—延河干流上游段；b—延河干流中游段；c—延河干流下游段；d—延河支流；e—淤地坝水体及水库

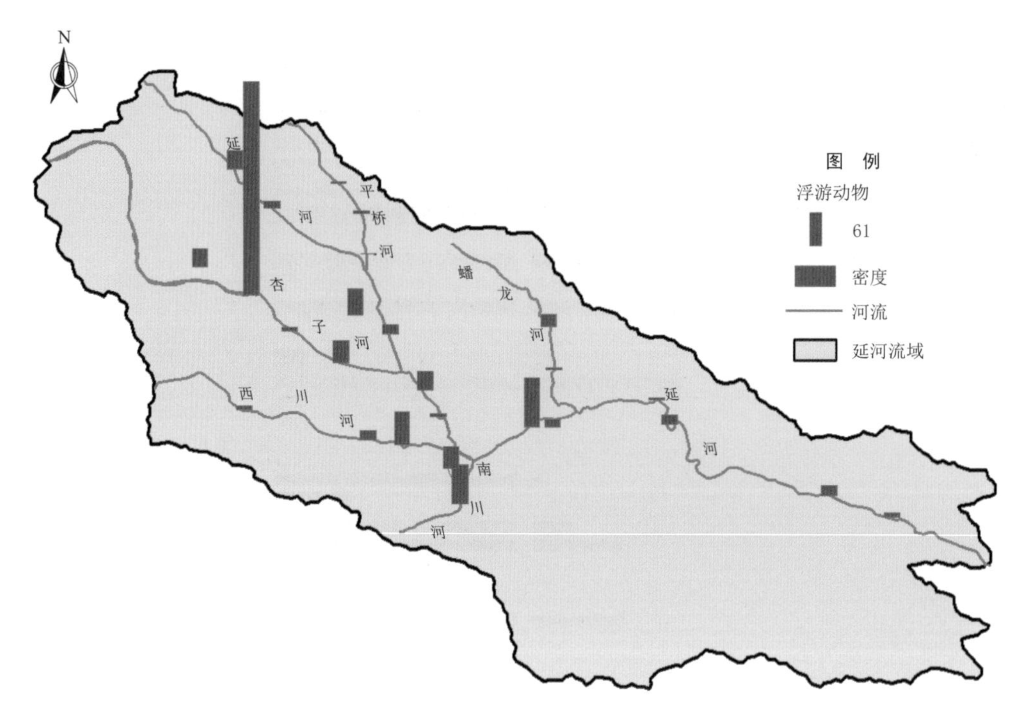

图5.40 延河流域秋季浮游动物密度空间分布

延河支流西川河浮游动物密度区间为2.89～19.33ind./L，平均密度为9.43ind./L，密度最高的是YH-14断面，密度为19.33ind./L，密度最低的是YH-16断面，密度为2.89ind./L。

延河支流南川河浮游动物密度区间为12.33～24.33ind./L，平均密度为18.33ind./L，密度最高的是YH-18断面，密度为24.33ind./L，密度最低的是YH-17断面，密度为12.33ind./L。

延河支流蟠龙河浮游动物密度区间为1.11～28.09ind./L，平均密度为12.10ind./L，密度最高的是YH-22断面，密度为28.09ind./L，密度最低的是YH-23断面，密度为1.11ind./L。

王瑶水库浮游动物密度区间为68.62～160.71ind./L，平均密度为123.10ind./L，密度最高的是WY-2断面，密度为160.71ind./L，密度最低的是WY-1断面，密度为68.62ind./L。

马家沟淤地坝浮游动物密度区间为9.76～21.89ind./L，平均密度为15.71ind./L，密度最高的是MJG-3断面，密度为21.89ind./L，密度最低的是MJG-2断面，密度为9.76ind./L。

本次秋季调查延河流域浮游动物生物量区间为0.0016～4.5364mg/L（见图5.41和图5.42），平均值为0.3510mg/L，其中生物量最高的是王瑶水库WY-2断面，生物量为4.5364mg/L，生物量最低的是YH-6断面，生物量为0.0016mg/L。

延河干流上游段浮游动物生物量区间为0.0343～0.1782mg/L，平均值为0.0980mg/L，其中YH-4断面生物量最高，生物量为0.1782mg/L，YH-9断面生物量最低，生物量为

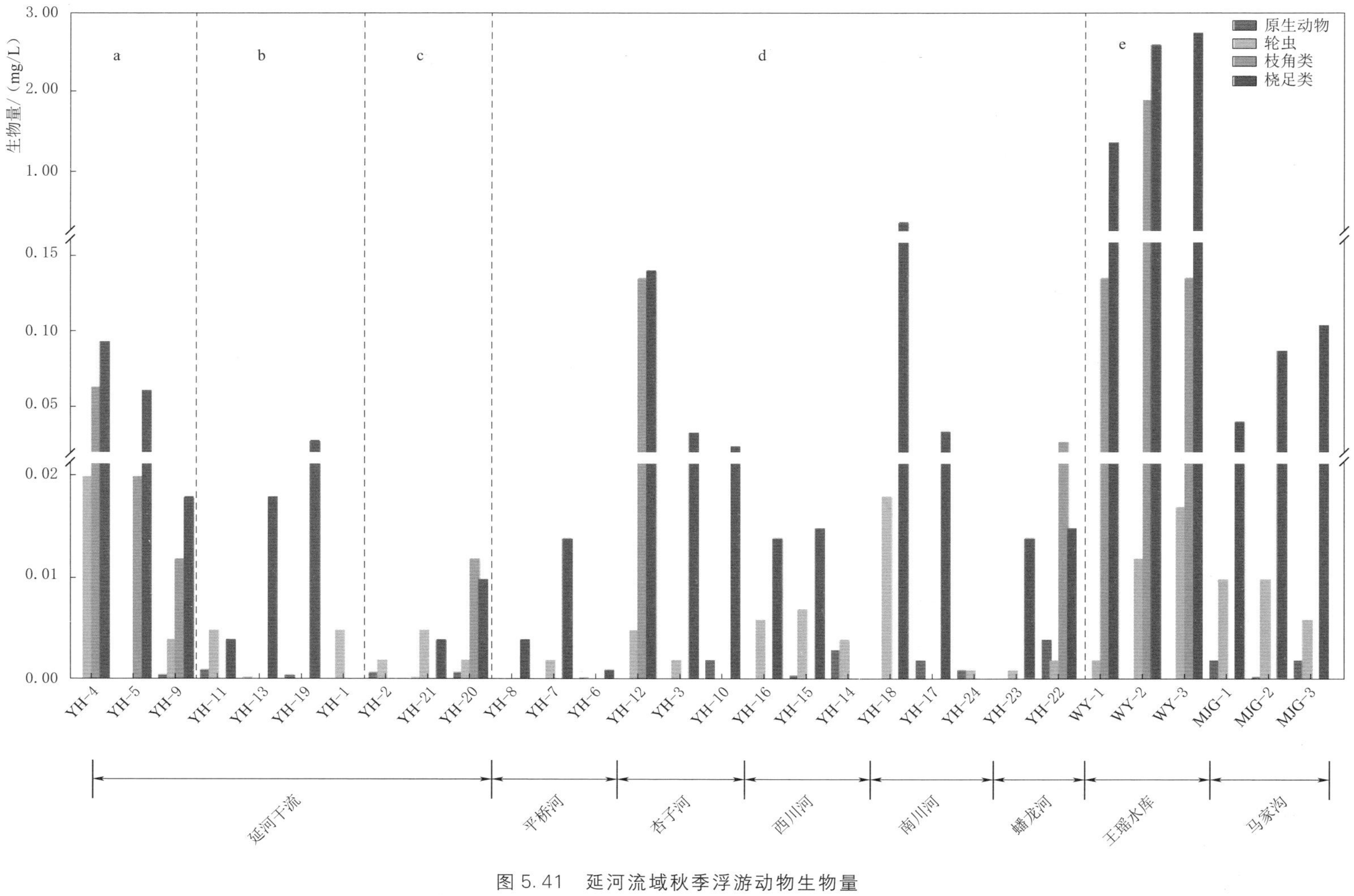

图 5.41 延河流域秋季浮游动物生物量

注 a—延河干流上游段；b—延河干流中游段；c—延河干流下游段；d—延河支流；e—淤地坝水体及水库

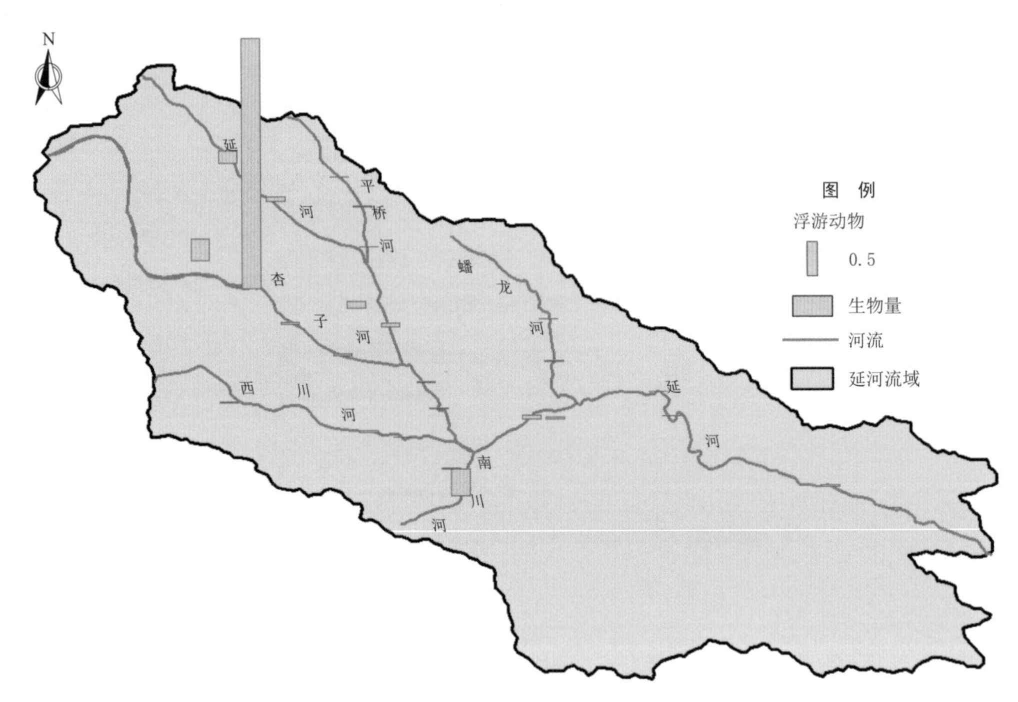

图 5.42 延河流域秋季浮游动物生物量空间分布

0.0343mg/L。

延河干流中游段浮游动物生物量区间为0.0048～0.0299mg/L，平均值为0.0159mg/L，其中YH-1断面生物量最高，生物量为0.0299mg/L，YH-11断面生物量最低，生物量为0.0048mg/L。

延河干流下游段浮游动物生物量区间为0.0031～0.0249mg/L，平均值为0.0124mg/L，其中YH-20断面生物量最高，生物量为0.0249mg/L，YH-2断面生物量最低，生物量为0.0031mg/L。

延河支流平桥河浮游动物生物量区间为0.0016～0.0360mg/L，平均值为0.0180mg/L，其中YH-6断面生物量最高，生物量为0.0360mg/L，YH-8断面生物量最低，生物量为0.0016mg/L。

延河支流杏子河浮游动物生物量区间为0.0042～0.2822mg/L，平均值为0.1045mg/L，其中YH-10断面生物量最高，生物量为0.2822mg/L，YH-12断面生物量最低，生物量为0.0042mg/L。

延河支流西川河浮游动物生物量区间为0.0063～0.0230mg/L，平均值为0.0164mg/L，其中YH-15断面生物量最高，生物量为0.0230mg/L，YH-16断面生物量最低，生物量为0.0063mg/L。

延河支流南川河浮游动物生物量区间为0.0366～0.3890mg/L，平均值为0.2128mg/L，其中YH-17断面生物量最高，生物量为0.3890mg/L，YH-17断面生物量最低，生物量为0.0366mg/L。

延河支流蟠龙河浮游动物生物量区间为0.0022～0.0497mg/L，平均值为0.0224mg/L，其中 YH－24 断面生物量最高，生物量为 0.0497mg/L，YH－22 断面生物量最低，生物量为 0.0022mg/L。

王瑶水库浮游动物生物量区间为 1.5132～4.5364mg/L，平均值为 2.9877mg/L，其中 WY－2 断面生物量最高，生物量为 4.5364mg/L，WY－1 断面生物量最低，生物量为 1.5132mg/L。

马家沟淤地坝浮游动物生物量区间为 0.0517～0.1132mg/L，平均值为 0.0877mg/L，其中 MJG－3 断面生物量最高，生物量为 0.1132mg/L，MJG－1 断面生物量最低，生物量为 0.0517mg/L。

5.4.3 浮游动物优势种

本次（秋季）生态调查发现，延河流域常见的浮游动物是无节幼体（*Copepod nauplii*）和近邻剑水蚤（*Cyclops vicinus*）。

延河干流浮游动物优势种是钟虫（*Vorticella* sp.1）、无节幼体（*Copepod nauplii*）和近邻剑水蚤（*Cyclops vicinus*）。

延河支流浮游动物优势种是累枝虫（*Epistylis* sp.3）、累枝虫（*Epistylis* sp.4）、无节幼体（Copepod nauplii）和近邻剑水蚤（*Cyclops vicinus*）。

延河流域淤地坝及水库浮游动物优势种是长额象鼻溞（*Bosmina longirostris*）、近邻剑水蚤（*Cyclops vicinus*）。延河流域秋季浮游动物优势种及优势度见表 5.4。

表 5.4 延河秋季浮游动物优势种及优势度

优势种	优势度			
	全流域	干流	支流	淤地坝
累枝虫 *Epistylis* sp.3	—	—	0.1058	—
累枝虫 *Epistylis* sp.4	—	—	0.0567	—
钟虫 *Vorticella* sp.1	—	0.0698	—	—
长额象鼻溞 *Bosmina longirostris*	—	—	—	0.0411
无节幼体 *Copepod nauplii*	0.0252	0.0286	0.0574	—
近邻剑水蚤 *Cyclops vicinus*	0.0.0936	0.0396	0.0556	0.7670

5.4.4 浮游动物群落多样性指数

延河流域秋季浮游动物多样性指数及空间分布如图 5.43～图 5.48 所示。Shannon－Wiener 多样性指数在 0～2.3451 之间，其平均值为 1.1167；Pielou 均匀度指数在 0～0.6931 之间，其平均值为 0.4729，Margalef 丰富度指数在 0～15.4946 之间，其平均值为

2.7669。

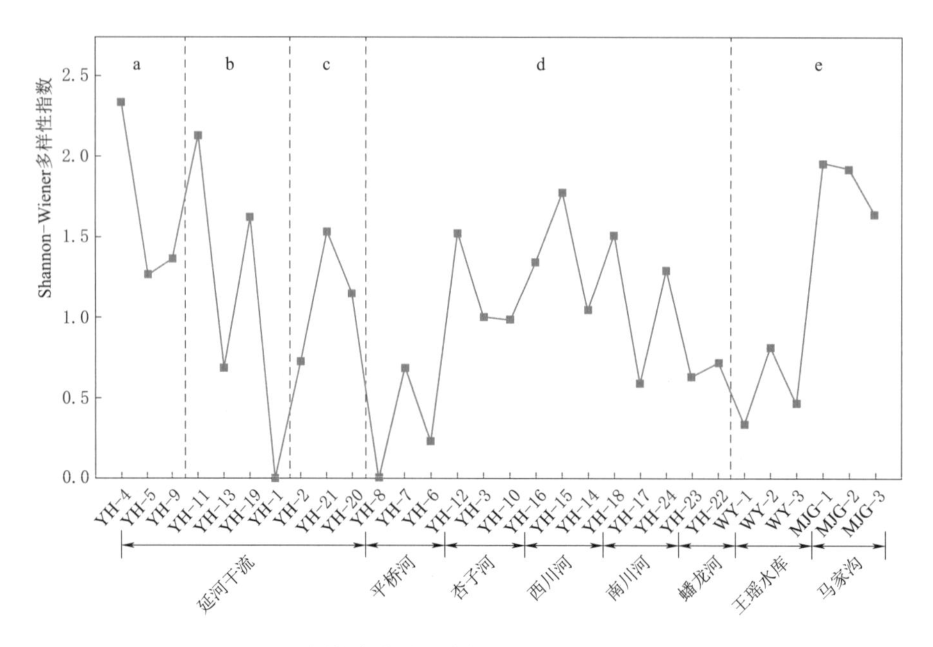

图5.43 延河流域秋季浮游动物 Shannon-Wiener 多样性指数

注 a—延河干流上游段；b—延河干流中游段；c—延河干流下游段；d—延河支流；e—淤地坝水体及水库

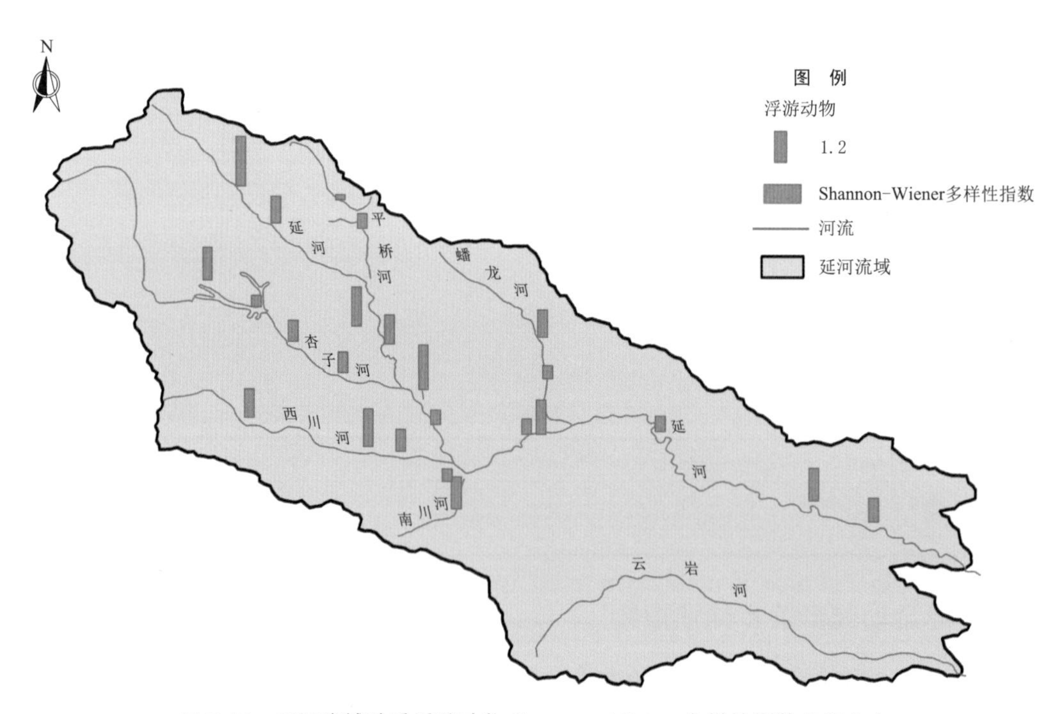

图5.44 延河流域秋季浮游动物 Shannon-Wiener 多样性指数空间分布

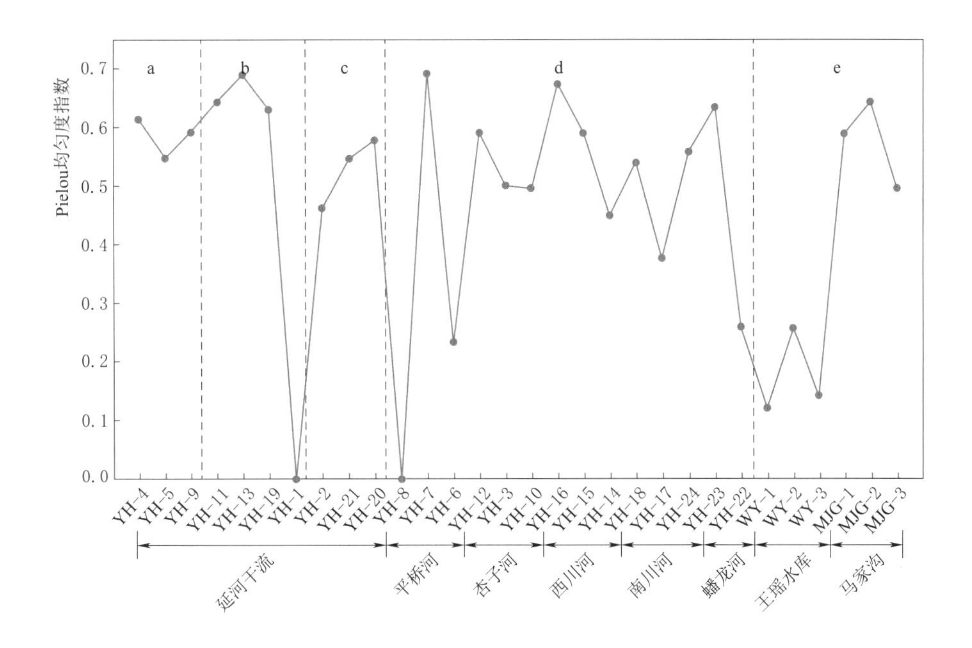

图 5.45 延河流域秋季浮游动物 Pielou 均匀度指数

注 a—延河干流上游段；b—延河干流中游段；c—延河干流下游段；d—延河支流；e—淤地坝水体及水库

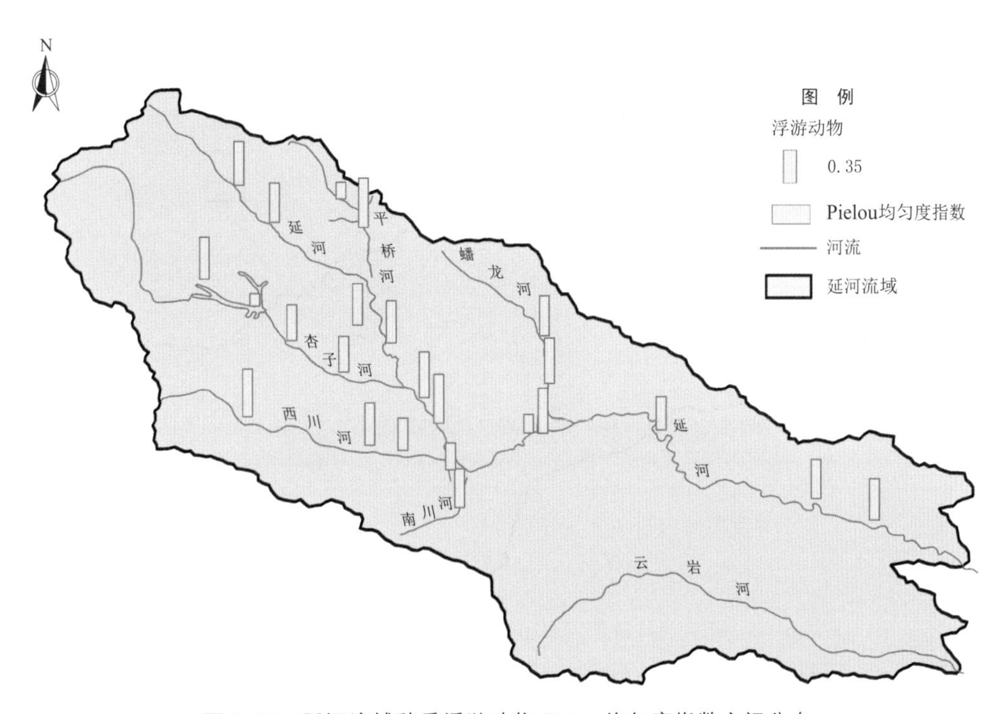

图 5.46 延河流域秋季浮游动物 Pielou 均匀度指数空间分布

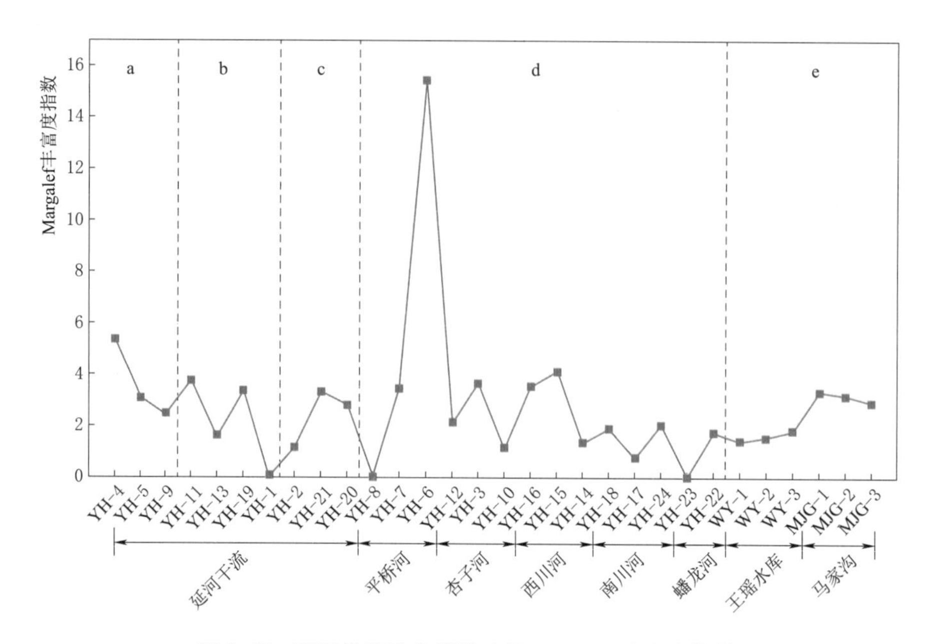

图 5.47 延河流域秋季浮游动物 Margalef 丰富度指数

注 a—延河干流上游段；b—延河干流中游段；c—延河干流下游段；d—延河支流；e—淤地坝水体及水库

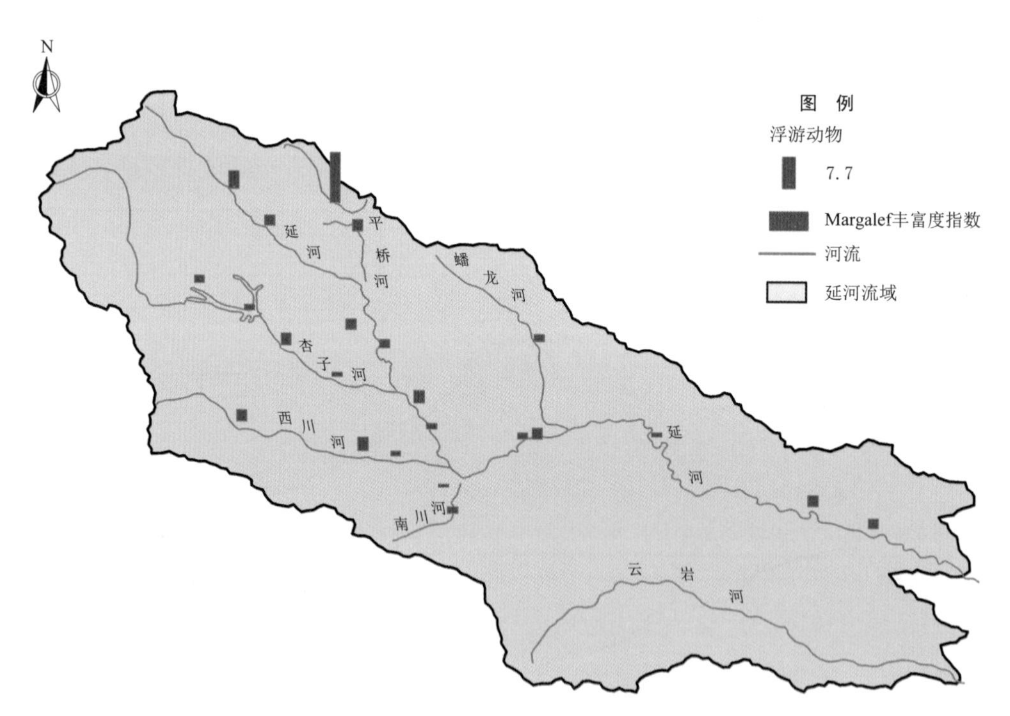

图 5.48 延河流域秋季浮游动物 Margalef 丰富度指数空间分布

延河干流上游段浮游动物 Shannon - Wiener 多样性指数在 1.2723～2.3451 之间，其平均值为 1.6638；Pielou 均匀度指数在 0.5479～0.6159 之间，其平均值为 0.5852；Margalef 丰富度指数在 2.4651～5.3810 之间，其平均值为 3.6563。

延河干流中游段浮游动物 Shannon - Wiener 多样性指数在 0～2.1434 之间，其平均值为 1.1168；Pielou 均匀度指数在 0.6318～0.6906 之间，其平均值为 0.6559；Margalef 丰富度指数在 0～3.7725 之间，其平均值为 2.1873。

延河干流下游段浮游动物 Shannon - Wiener 多样性指数在 0.7356～1.5415 之间，其平均值为 1.1455；Pielou 均匀度指数在 0.4641～0.5797 之间，其平均值为 0.5310；Margalef 丰富度指数在 1.1948～3.3487 之间，其平均值为 2.4640。

延河支流平桥河浮游动物 Shannon - Wiener 多样性指数在 0～0.6931 之间，其平均值为 0.3090；Pielou 均匀度指数在 0～0.6931 之间，其平均值为 0.3090；Margalef 丰富度指数在 0～15.4946 之间，其平均值为 6.3236。

延河支流杏子河浮游动物 Shannon - Wiener 多样性指数在 0.9959～1.5300 之间，其平均值为 1.1771；Pielou 均匀度指数在 0.4979～0.5919 之间，其平均值为 0.5308；Margalef 丰富度指数在 1.163～3.666 之间，其平均值为 2.3233。

延河支流西川河浮游动物 Shannon - Wiener 多样性指数在 1.0450～1.7804 之间，其平均值为 1.3924；Pielou 均匀度指数在 0.4501～0.6759 之间，其平均值为 0.5731；Margalef 丰富度指数在 1.3585～4.1509 之间，其平均值为 3.0167。

延河支流南川河浮游动物 Shannon - Wiener 多样性指数在 0.5982～1.5209 之间，其平均值为 1.0596；Pielou 均匀度指数在 0.3774～0.5417 之间，其平均值为 0.4596；Margalef 丰富度指数在 0.7961～1.9225 之间，其平均值为 1.3593。

延河支流蟠龙河浮游动物 Shannon - Wiener 多样性指数在 0.6365～1.3015 之间，其平均值为 0.8894；Pielou 均匀度指数在 0.2601～0.6365 之间，其平均值为 0.4857；Margalef 丰富度指数在 0～2.0556 之间，其平均值为 1.2863。

王瑶水库浮游动物 Shannon - Wiener 多样性指数在 0.3424～0.8187 之间，其平均值为 0.5435；Pielou 均匀度指数在 0.1220～0.2583 之间，其平均值为 0.1739；Margalef 丰富度指数在 1.4200～1.8255 之间，其平均值为 1.6075。

马家沟淤地坝浮游动物 Shannon - Wiener 多样性指数在 1.6336～1.9646 之间，其平均值为 1.8513；Pielou 均匀度指数在 0.4978～0.6452 之间，其平均值为 0.5781；Margalef 丰富度指数在 2.9409～3.3569 之间，其平均值为 3.1685。

5.5 讨论与小结

本研究显示，无定河流域春秋两季浮游动物种类均以轮虫为主，原生动物次之，两者占总种类数的 70%以上，可能是因为该流域水土流失导致土壤中氮磷等元素输入河流和淤地坝水体，使得氮磷等营养盐的含量升高，丰富的氮和磷的营养盐为浮游动物的生长提供丰富的营养基础，而轮虫独特的孤雌繁衍方式使其能快速适应河流中理化环境和水文条件的改变，因此才呈现出浮游动物“小型多、大型少”的特点，这种种类组成特点与旱区其他区域，如黄河中游陕西段、泾河、北洛河等河流基本相似。

在时间尺度上，无定河流域秋季浮游动物种类数多于春季，而物种密度则春季高于秋季，其中海流兔河差异最为明显，这可能是由于春季水体富营养化程度的增加导致了物种数的降低以及耐污性物种密度的增加（Sommer，1989；Dussart et al.，1984；Dumont，1983）。优势种种类数及其丰度对群落结构的稳定性有重要作用，优势种种类数越多且优势度越小，则群落结构越复杂、稳定（吴利 等，2015）。本研究中春秋两季浮游动物优势种数量基本一样，但秋季浮游动物优势度均有减小的趋势，因此从优势度角度看秋季浮游动物群落结构趋于复杂化。两季节优势种种类差异验证了春秋两季无定河流域水体富营养化程度较高且秋季水体富营养化程度在减弱的规律。春季优势种中出现了蛭态类轮虫，而该类轮虫一般营底栖生活，可能是采样误差所致。

从空间尺度上看，研究结果表明无定河干流中游物种数少于上游和下游且物种平均密度中游大于上游和下游，这是因为无定河干流中下游地处陕北榆神、榆横以及南部工业区，流域水体受盐化工、煤化工及火电等各类工业污染源污染，导致其水质变差，浮游动物群落结构发生变化（王硕 等，2019）。NMDS分析结果显示，河流和淤地坝水体存在空间异质性，这对水体中浮游动物群落结构有明显影响。淤地坝水体中浮游动物现存量相对河流要高，这是因为淤地坝水体基本无流速，水滞留时间相对较长，而河流水体有流速，水滞留时间相对较短，静水或流速缓慢的生境条件降低了浮游动物快速流出水体的可能（白海锋 等，2021），同时在淡水生态系统中浮游动物生物量与其所处的水环境中水滞留时间呈正相关（Saunders et al.，1988），所以才出现淤地坝水体中浮游动物现存量高的现象。

无定河流域浮游动物群落结构的时空变化主要是由WH、NO_3^--N、Chl-a等因素共同决定。不同季节影响浮游动物群落结构的主导因素不同，春季主导因素为WH、SD、DO、Turb、Salt、NO_2^--N，秋季主导因素为WH、NO_3^--N、TDP、Chl-a。

有研究表明，水深变化是影响河流生态系统变化的重要环境因子，对浮游动物的分布及多样性具有显著的影响（Stampfli et al.，2013）。河流水深变化改变水力滞留时间，为浮游动物快速繁殖提供条件。透明度是水体中无机或有机悬浮物综合影响的反映（张辉 等，2022；饶科 等，2022），与水深的变化以及蓝绿藻的大量繁殖密切相关，进而间接体现浮游动物的密度。而溶解氧是生物赖以生存的重要环境因子，水体中充足的溶解氧有助于浮游动物的生长和繁殖（董旭峰 等，2015），说明溶解氧充足的水体中浮游动物群落结构复杂，同时生物量及多样性更高（白海锋 等，2022）。本研究中春季DO均高于秋季，说明春季浮游动物群落较为复杂，生物量和多样性变化与上述结论一致。此外，叶绿素a是衡量水体中浮游植物生物量的主要指标（陈佳琪 等，2020），叶绿素含量代表着水体的初级生产力，同时也与浮游动物密度和生物量有关（吴晓敏 等，2018）。研究表明氮、磷等营养盐对浮游动物的影响通过浮游植物间接作用，浮游植物作为河流生态系统中的重要光合自养生物，可将氮、磷等无机营养元素通过光合作用合成有机物，并通过食物链的传递作用将物质和能量传递给浮游动物等消费者（Nathalie et al.，2008）。

在水域生态系统中，群落结构受多个环境因子共同作用的影响（贾秋红 等，2015）。同一流域不同区域其水环境因子对群落的空间分布的影响也不同。河水的水化学条件不仅是其性状与功能的表征，而且也是影响水生生物的种类组成、数量及生物量的重要因素。根据本研究RDA和CCA结果可以发现，影响无定河流域春秋两季浮游动物群落结构的环境因子中，WH、SD等物理指标对淤地坝水体中浮游动物的群落结构影响较大，而河流水体中浮游动物群落结构受 NO_2^- - N、TDP 等化学指标的影响较大，这与赵鑫等（2021）的研究结果一致，其主要原因是无定河干支流受人类活动的影响较大，无定河流域是陕北农牧业和工矿业的交错地带，可能河流受工业废水和城镇生活污水混合影响，因此水质化学因子的影响明显，而淤地坝水体和河流没有连通性，其坝址均在沟壑纵横地区，远离城镇和工业区，且防洪、水土保持等重要作用都是单独作用，因而淤地坝水体受物理因子影响较大。

延河流域两个季节三类水体中共鉴定出浮游动物 64 属 114 种，其中春季共鉴定出浮游动物 87 种，秋季共鉴定出浮游动物 61 种。本研究与李亚妮等（2014）在 2012 年 5 月对延河干流浮游动物的研究结果相似，即浮游动物物种组成均以轮虫最多，但谢海莎等（2022）在 2019 年对延河流域夏季丰水期（7 月）浮游动物的研究却报道了不同的结果，该研究发现在延河夏季丰水期，原生动物种类的物种数最多，推断导致这种差异的原因主要是由于采样时间及水情期的不同。浮游动物群落结构受到外界环境压力的影响而朝着某一方向时刻处在变化之中，而不同季节的不同环境条件驱动和控制着发展的方向（Sarma et al.，2005；Li et al.，2019），这导致了不同季节有着不同的浮游动物群落结构和特征。此外本研究鉴定出的浮游动物物种数较上述延河流域浮游动物的研究更多，这是因为浮游动物的密度和丰富程度强烈依赖于水坝等蓄水水体。蓄水水体的湖沼特征为不同种群的繁殖和发展提供了更稳定的条件（Havel et al.，2009），这种独特的水环境更适合浮游动物生存（Ko et al.，2022）。

春季延河流域优势种众多，其中在干支流上以原生动物和轮虫为主，这符合典型的河流型浮游动物群落组成（张军燕 等，2011），而在蓄水水体中，则主要以轮虫和桡足类为主，这是因为流动的水体产生的紊动效应降低了浮游动物的进食效率（白海锋 等，2022），另外，流速较大，含泥沙量高的河流，不是浮游动物的理想栖息处，大体型浮游动物一进入夹带泥沙的流水，其现存量很快减少甚至消失（Sandlund 1982；吴利 等，2008）。而在秋季延河流域浮游动物优势种较春季减少了很多，事实上在秋季，无论是浮游动物物种数、密度及生物量以及多样性指数，较春季均有着显著的下降，可能是秋季不利的环境条件导致了这一结果，如秋季较低的水温严重抑制了浮游动物的生长和繁殖（张亚洲 等，2021）。

参考文献

白海锋，孔飞鹤，王怡睿，等，2021. 北洛河流域浮游动物群落结构时空特征及其与环境因子相关性［J］. 大连海洋大学学报，36（5）：785 - 795.

白海锋，王怡睿，宋进喜，等，2022. 渭河浮游生物群落结构特征及其与环境因子的关系［J］. 生态环境学报，31（1）：117 - 130.

陈佳琪，赵坤，曹玥，等，2020. 鄱阳湖浮游动物群落结构及其与环境因子的关系［J］. 生态学报，40（18）：6644 - 6658.

董旭峰，宋祥甫，刘娅琴，等，2015. 猪场废水资源化处理系统中枝角类群落结构的周年动态［J］. 生态学杂志，34（2）：477 - 482.

贾秋红，李文香，王博涵，等，2015. 渭河干流陕西段枯水期浮游动物群落结构及多样性研究［J］. 安徽农业科学，43（33）：92-93，97.

李亚妮，刘彩琴，黄鹏，2014. 延河流域浮游生物群落多样性的调查［J］. 延安大学学报（自然科学版），33（1）：61-64.

刘建康，1999. 高级水生生物学［M］. 北京：科学出版社.

饶科，郭雯淇，汪平，2022. 后官湖浮游生物群落结构特征及其环境驱动因子［J］. 水生态学杂志，43（4）：23-29.

王硕，杨涛，李小平，等，2019. 渭河流域浮游动物群落结构及其水质评价［J］. 水生生物学报，43（6）：1333-1345.

吴利，冯伟松，陈小娟，等，2008. 新疆伊犁地区夏季浮游动物群落结构特征［J］. 应用生态学报，1：163-172.

吴利，李源玲，陈延松，2015. 淮河干流浮游动物群落结构特征［J］. 湖泊科学，27（5）：932-940.

吴晓敏，郝瑞娟，潘宏博，等，2018. 黄浦江浮游动物群落结构及其与环境因子的关系［J］. 生态环境学报，27（6）：1128-1137.

谢海莎，邵瑞华，王际焱，等，2022. 延河丰水期浮游生物群落分布及其与环境因子的关系［J］. 环境保护科学，48（1）：108-114.

张辉，彭宇琼，邹贤妮，等，2022. 南亚热带特大型水库浮游植物群落特征及其与环境因子的关系：以新丰江水库为例［J］. 湖泊科学，34（2）：404-417.

张军燕，张建军，沈红保，等，2011. 泾河宁夏段夏季浮游生物群落结构特征［J］. 水生态学杂志，32（6）：72-77.

张亚洲，张琳琳，印瑞，等，2021. 浙江乐清湾浮游动物空间生态位［J］. 应用生态学报，32（1）：342-348.

Dumont H J，1983. Biogeography of rotifers. Hydrobiologia，104：19-30.

Dussart B H，Fernando C H，Matsumura-Tundisi T et al.，1984. A review of systematics，distribution and ecology of tropical fresh-water zooplankton [J]. Hydrobiologia，113：77-91.

Havel J E，Medley K A，Dickerson K D，et al.，2009. Effect of main-stem dams on zooplankton communities of the Missouri River（USA）[J]. Hydrobiologia，628（1）：121-135.

Ko E J，Jung E，Do Y，et al.，2022. Impact of River-Reservoir Hybrid System on Zooplankton Community and River Connectivity [J]. Sustainability，14.

Li C，Feng W，Chen H，et al.，2019. Temporal variation in zooplankton and phytoplankton community species composition and the affecting factors in Lake Taihu-a large freshwater lake in China [J]. Environmental Pollution，245：1050-1057.

Nathalie S，Anne-Lise C，Elodie F，et al.，2008. Diversity and evolution of marine phytoplankton. Comptes rendus-Biologies，332（2）.

Sandlund O T，1982. The drift of zooplankton and microzoobenthos in the river Strandaelva，western Norway [J]. 94（1）：33-48.

Sarma S，Nandini S，Gulati R D，2005. Life history strategies of cladocerans：comparisons of tropical and temperate taxa [J]. Hydrobiologia，542（1）：315-333.

Saunders J F，Lewis W M，1988. Zooplankton abundance and transport in a tropical white-water river [J]. Hydrobiologia，162（2）：147-155.

Sommer U，1989. Plankton Ecology，succession in plankton communities [J]. Berlin：Spring-Verlag.

Stampfli N C，Knillmann S，Liess M，et al.，2013. Two stressors and a community-Effects of hydrological disturbance and a toxicant on freshwater zooplankton [J]. Aquatic Toxicology，127：9-20.

第6章 无定河流域和延河流域底栖动物群落特征

6.1 无定河流域春季底栖动物群落特征

6.1.1 底栖动物种类组成

无定河流域春季共鉴定底栖动物105种，隶属于4门71属：节肢动物门91种，占86.67%；环节动物门11种，占10.48%；软体动物门2种，占1.90%；线形动物门1种，占0.95%。无定河流域春季底栖动物物种组成及空间分布如图6.1和图6.2所示。

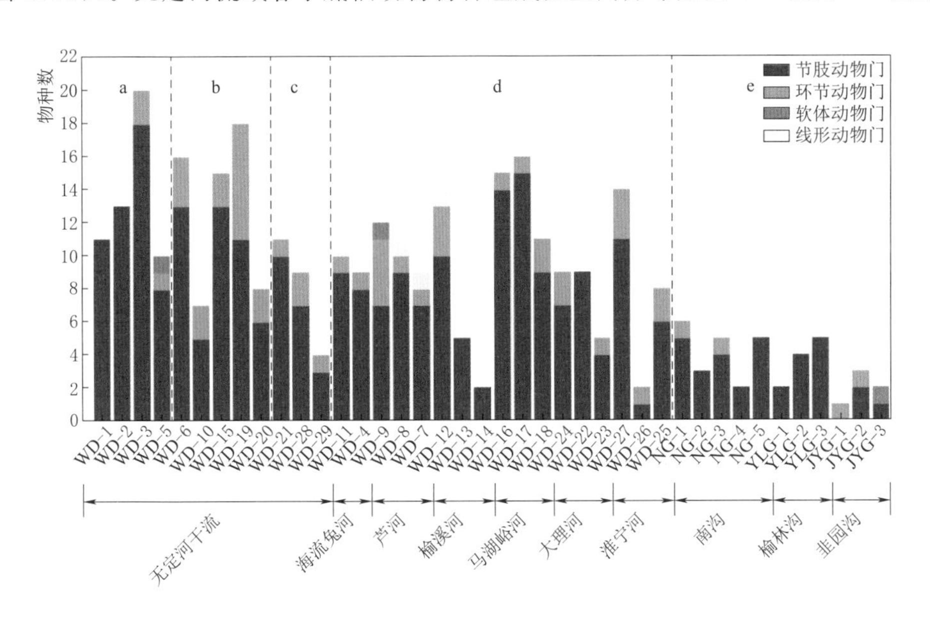

图6.1 无定河流域春季底栖动物物种组成

注 a—无定河干流上游段；b—无定河干流中游段；c—无定河干流下游段；d—无定河支流；e—淤地坝水体及水库

无定河上游共鉴定出底栖动物41种：节肢动物门37种，占90.24%；环节动物门3种，占7.32%；软体动物门1种，占2.44%。

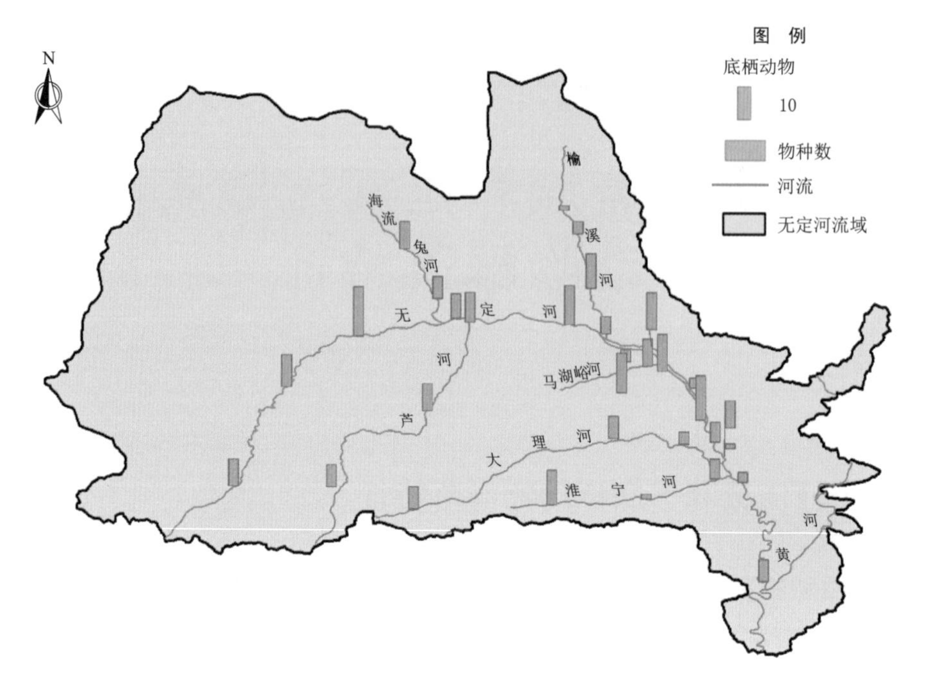

图6.2 无定河流域春季底栖动物物种数空间分布

无定河中游共鉴定出底栖动物 38 种：节肢动物门 30 种，占 78.95%；环节动物门 8 种，占 21.05%。

无定河下游共鉴定出底栖动物 21 种：节肢动物门 17 种，占 80.95%；环节动物门 4 种，占 19.05%。

海流兔河共鉴定出底栖动物 17 种：节肢动物门 15 种，占 88.24%；环节动物门 1 种，占 5.88%；线形动物门 1 种，占 5.88%。

芦河共鉴定出底栖动物 24 种：节肢动物门 18 种，占 75.00%；环节动物门 4 种，占 16.67%；软体动物门 1 种，占 4.17%；线形动物门 1 种，占 4.17%。

榆溪河共鉴定出底栖动物 19 种：节肢动物门 15 种，占 78.95%；环节动物门 3 种，占 15.79%；线形动物门 1 种，占 5.26%。

马湖峪河共鉴定出底栖动物 24 种：节肢动物门 22 种，占 91.67%；环节动物门 2 种，占 8.33%。

大理河共鉴定出底栖动物 17 种：节肢动物门 15 种，占 88.24%；环节动物门 2 种，占 11.76%。

淮宁河共鉴定出底栖动物 17 种：节肢动物门 13 种，占 76.47%；环节动物门 4 种，占 23.53%。

无定河南沟淤地坝共鉴定出底栖动物 10 种：节肢动物门 9 种，占 90.00%；环节动物门 1 种，占 10.00%。

榆林沟淤地坝共鉴定出底栖动物 8 种：节肢动物门 8 种，占 100.00%。

韭园沟淤地坝共鉴定出底栖动物 5 种：节肢动物门 3 种，占 60.00%；环节动物门 1

种，占 20.00%；软体动物门 1 种，占 20.00%。

6.1.2 底栖动物密度和生物量

无定河流域春季底栖动物密度和生物量及空间分布如图 6.3～图 6.6 所示。

无定河上游各样点底栖动物密度在 50.00～556.61ind./m^2 之间，平均值为 234.75ind./m^2，其中 2 号样点密度最低，为 50.00ind./m^2，3 号样点密度最高，为 556.61ind./m^2；各样点底栖动物生物量在 0.1427～0.3756g/m^2 之间，平均值为 0.2689g/m^2，其中 5 号样点最低，为 0.1427g/m^2，2 号样点最高，为 0.3756g/m^2。

无定河中游各样点底栖动物密度在 23.33～1319.87ind./m^2 之间，平均值为 337.30ind./m^2，其中 10 号样点密度最低，为 23.33ind./m^2，6 号样点密度最高，为 1319.87ind./m^2；各样点底栖动物生物量在 0.0109～0.8720g/m^2 之间，平均值为 0.2533g/m^2，其中 10 号样点最低，为 0.0109g/m^2，6 号样点最高，为 0.8720g/m^2。

无定河下游各样点底栖动物密度在 23.33～243.31ind./m^2 之间，平均值为 101.67ind./m^2，其中 29 号样点密度最低，为 23.33ind./m^2，21 号样点密度最高，为 243.31ind./m^2；各样点底栖动物生物量在 0.02867～0.3608g/m^2 之间，平均值为 0.1433g/m^2，其中 28 号样点最低，为 0.02867g/m^2，21 号样点最高，为 0.3608g/m^2。

海流兔河各样点底栖动物密度在 63.33～186.65ind./m^2 之间，平均值为 124.99ind./m^2，其中 4 号样点密度最低，为 63.33ind./m^2，11 号样点密度最高，为 186.65ind./m^2；各样点底栖动物生物量在 0.1069～0.9752g/m^2 之间，平均值为 0.5411g/m^2，其中 4 号样点最低，为 0.1069g/m^2，11 号样点最高，为 0.9752g/m^2。

芦河各样点底栖动物密度在 46.66～713.26ind./m^2 之间，平均值为 344.41ind./m^2，其中 7 号样点密度最低，为 46.66ind./m^2，9 号样点密度最高，为 713.26ind./m^2；各样点底栖动物生物量在 0.1408～14.1957g/m^2 之间，平均值为 4.9622g/m^2，其中 7 号样点最低，为 0.1408g/m^2，8 号样点最高，为 14.1957g/m^2。

榆溪河各样点底栖动物密度在 6.67～309.97ind./m^2 之间，平均值为 113ind./m^2，其中 14 号样点密度最低，为 6.67ind./m^2，12 号样点密度最高，为 309.97ind./m^2；各样点底栖动物生物量在 0.0036～0.5305g/m^2 之间，平均值为 0.1795g/m^2，其中 14 号样点最低，为 0.0036g/m^2，12 号样点最高，为 0.5305g/m^2。

马湖峪河各样点底栖动物密度在 89.99～279.97ind./m^2 之间，平均值为 158.33ind./m^2，其中 18 号样点密度最低，为 89.99ind./m^2，16 号样点密度最高，为 279.97ind./m^2；各样点底栖动物生物量在 0.0759～0.4760g/m^2 之间，平均值为 0.2276g/m^2，其中 17 号样点最低，为 0.0759g/m^2，16 号样点最高，为 0.4760g/m^2。

大理河各样点底栖动物密度在 66.66～216.65ind./m^2 之间，平均值为 119.33ind./m^2，其中 22 号样点密度最低，为 66.66ind./m^2，23 号样点密度最高，为 216.65ind./m^2；各样点底栖动物生物量在 0.0269～1.4157g/m^2 之间，平均值为 0.4942g/m^2，其中 22 号样点最低，为 0.0269g/m^2，23 号样点最高，为 1.4157g/m^2。

淮宁河各样点底栖动物密度在 103.32～626.60ind./m^2 之间，平均值为 433.67ind./m^2，其中 26 号样点密度最低，为 103.32ind./m^2，27 号样点密度最高，为 626.60ind./m^2；

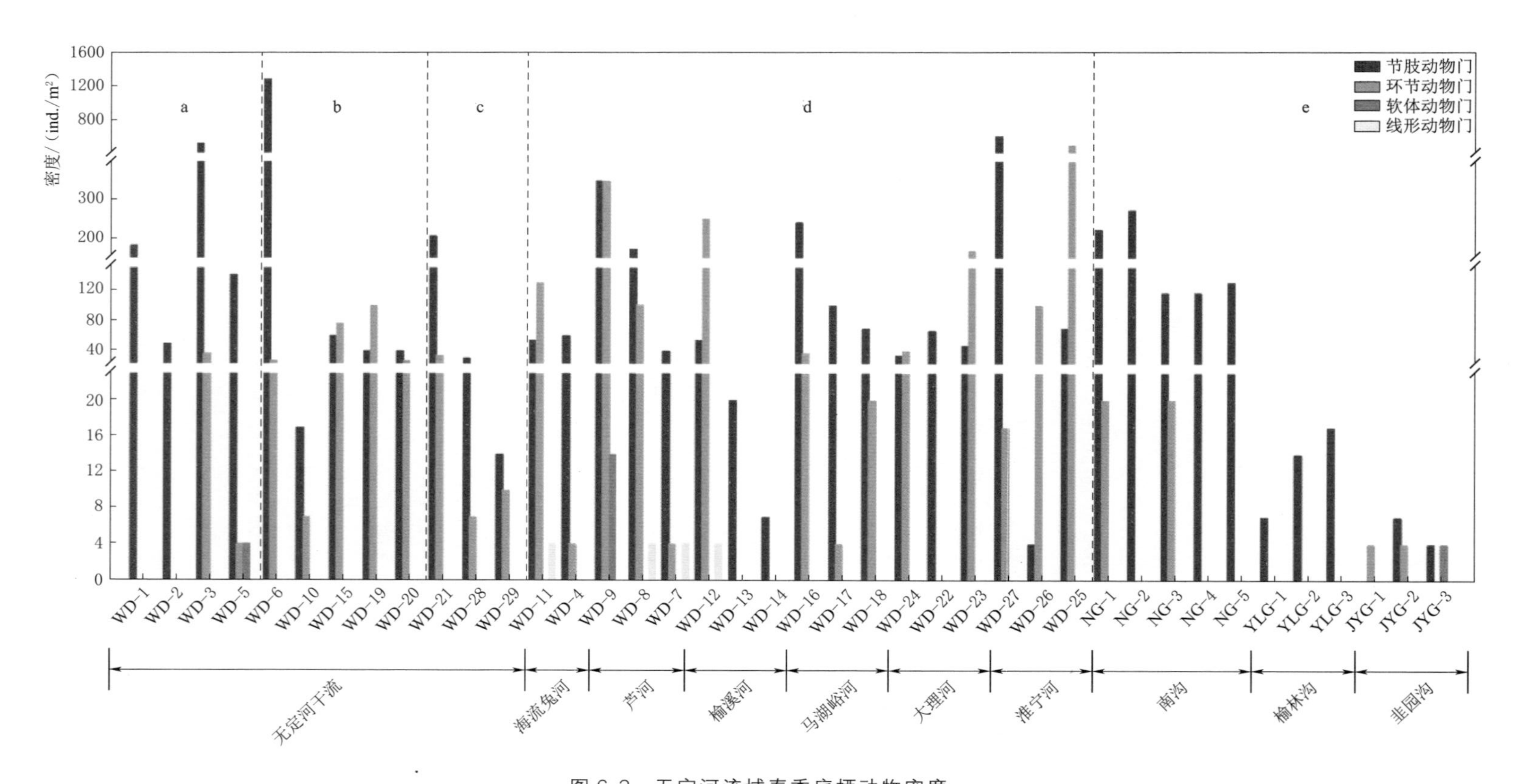

图 6.3 无定河流域春季底栖动物密度

注 a—无定河干流上游段；b—无定河干流中游段；c—无定河干流下游段；d—无定河支流；e—淤地坝水体及水库

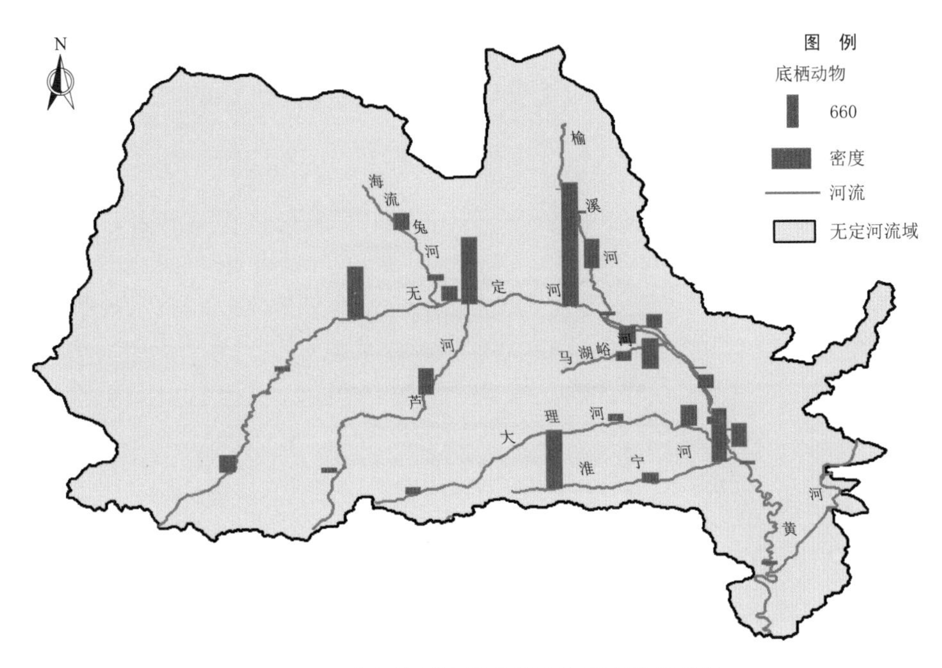

图 6.4　无定河流域春季底栖动物密度空间分布

各样点底栖动物生物量在 0.4646～2.8152g/m² 之间，平均值为 1.3079g/m²，其中 26 号样点最低，为 0.4646g/m²，27 号样点最高，为 2.8152g/m²。

无定河南沟淤地坝各样点底栖动物密度在 116.00～274.00ind./m² 之间，平均值为 180.40ind./m²，其中 4 号样点密度最低，为 116.00ind./m²，2 号样点密度最高，为 274.00ind./m²；各样点底栖动物生物量在 0.4155～1.2725g/m² 之间，平均值为 0.6941g/m²，其中 5 号样点最低，为 0.4155g/m²，1 号样点最高，为 1.2725g/m²。

榆林沟淤地坝各样点底栖动物密度在 6.67～16.67ind./m² 之间，平均值为 12.22ind./m²，其中 1 号样点密度最低，为 6.67ind./m²，3 号样点密度最高，为 16.67ind./m²；各样点底栖动物生物量在 0.0022～0.0503g/m² 之间，平均值为 0.0246g/m²，其中 3 号样点最低，为 0.0022g/m²，1 号样点最高，为 0.0503g/m²。

韭园沟淤地坝各样点底栖动物密度在 3.33～10.00ind./m² 之间，平均值为 6.67ind./m²，其中 1 号样点密度最低，为 3.33ind./m²，2 号样点密度最高，为 10.00ind./m²；各样点底栖动物生物量在 0.0142～0.0213g/m² 之间，平均值为 0.0173g/m²，其中 2 号样点最低，为 0.0142g/m²，3 号样点最高，为 0.0213g/m²。

6.1.3　底栖动物优势种

无定河上游优势种为残枝长跗摇蚊、软铗小摇蚊和纹石蛾属；

无定河中游优势种为韦特直突摇蚊和梯形多足摇蚊群 A 种；

无定河下游优势种为无距摇蚊属 A 种、梯形多足摇蚊群 A 种和高田似波摇蚊；

海流兔河优势种为霍甫水丝蚓和四节蜉属一种；

芦河共鉴优势种为霍甫水丝蚓、多足摇蚊属一种和梯形多足摇蚊群 A 种；

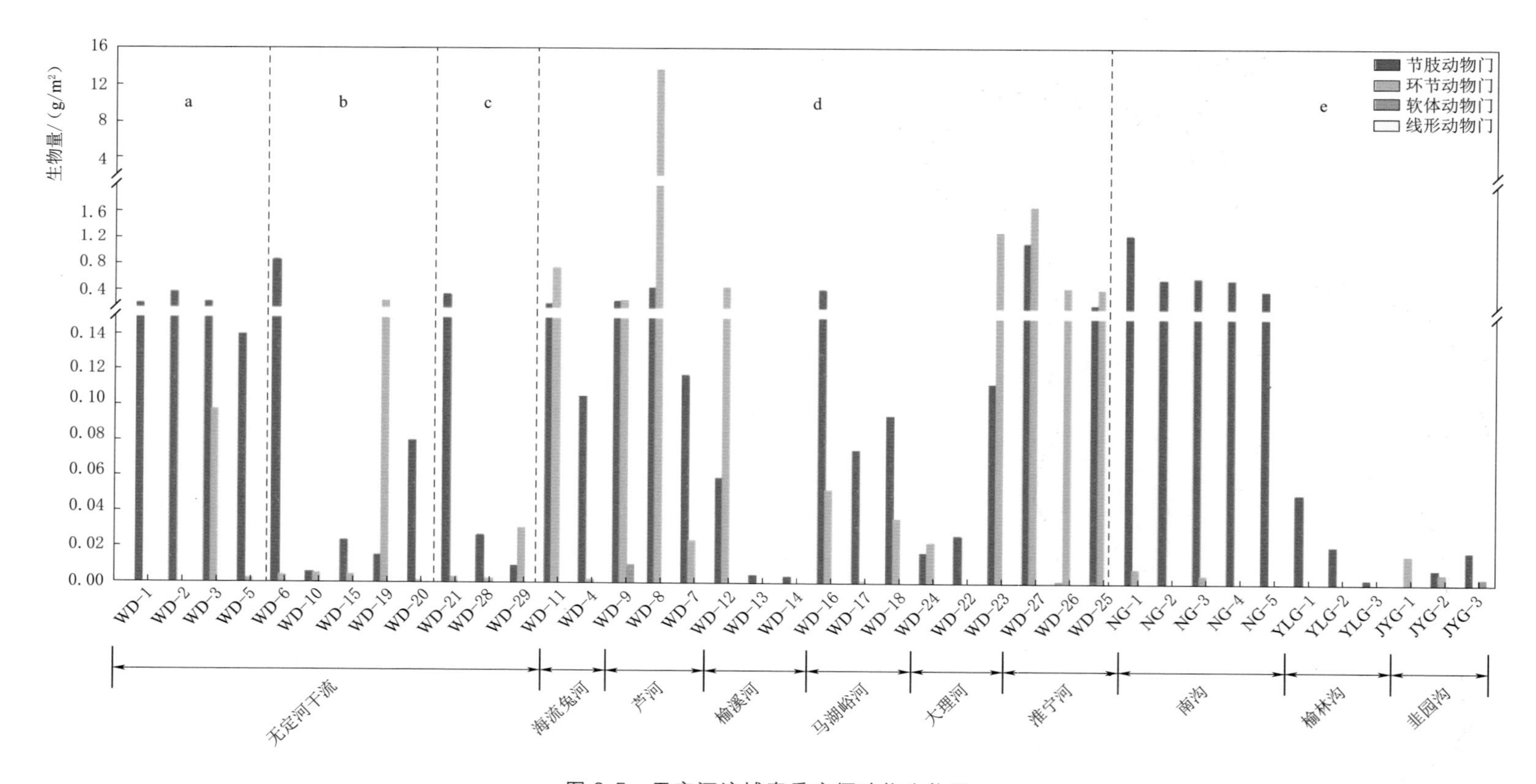

图 6.5 无定河流域春季底栖动物生物量

注 a—无定河干流上游段；b—无定河干流中游段；c—无定河干流下游段；d—无定河支流；e—淤地坝水体及水库

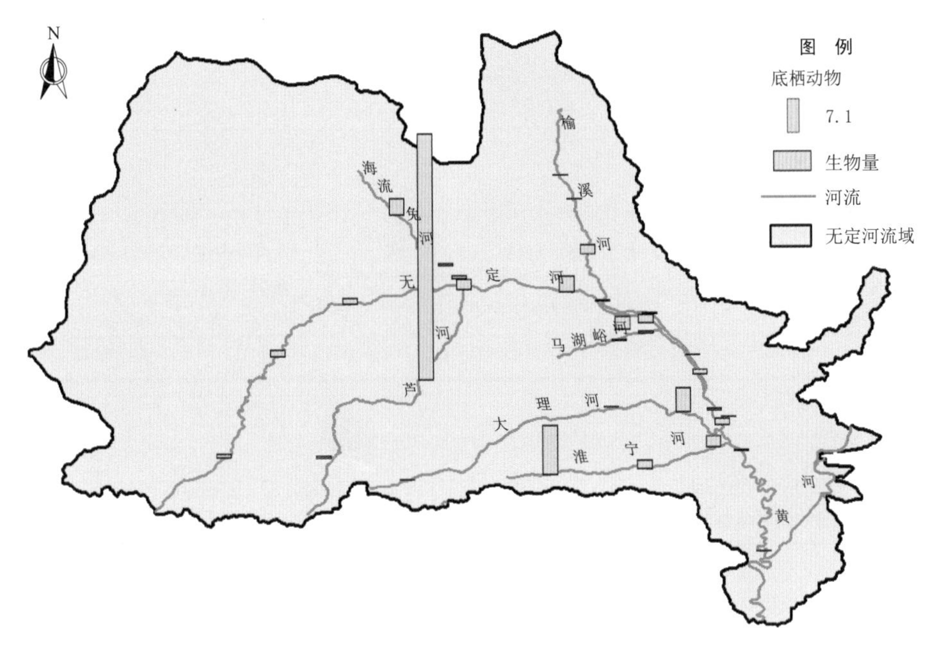

图 6.6　无定河流域春季底栖动物生物量空间分布

榆溪河优势种为真开氏摇蚊属一种和梯形多足摇蚊群 A 种；

马湖峪河优势种为霍甫水丝蚓、凹铗隐摇蚊和梯形多足摇蚊群 A 种、流粗腹摇蚊属；

大理河优势种主要为霍甫水丝蚓、双线环足摇蚊、凹铗隐摇蚊、韦特直突摇蚊、梯形多足摇蚊群 A 种和虻科；

淮宁河优势种为霍甫水丝蚓；

无定河南沟淤地坝优势种为墨黑摇蚊和软铗小摇蚊；

榆林沟淤地坝优势种为柔嫩雕翅摇蚊、软铗小摇蚊和长跗摇蚊属 A 种；

韭园沟淤地坝优势种为水蛭。

6.1.4　底栖动物群落多样性指数

无定河流域底栖动物群落多样性指数及空间分布如图 6.7～图 6.12 所示。

无定河上游底栖动物 Shannon - Wiener 多样性指数在 2.3509～3.6402 之间，平均值为 2.9626；Pielou 均匀度指数在 0.7077～0.9837 之间，平均值为 0.7976；Margalef 丰富度指数在 2.3783～4.4312 之间，平均值为 3.2543。

无定河中游底栖动物 Shannon - Wiener 多样性指数在 2.3717～3.5932 之间，平均值为 2.8320；Pielou 均匀度指数在 0.5929～1.0000 之间，平均值为 0.8083；Margalef 丰富度指数在 2.3367～4.5483 之间，平均值为 3.2492。

无定河下游底栖动物 Shannon - Wiener 多样性指数在 1.8424～3.0272 之间，平均值为 2.3175；Pielou 均匀度指数在 0.6021～0.9550 之间，平均值为 0.8261；Margalef 丰富度指数在 1.5417～3.3363 之间，平均值为 2.4029。

海流兔河底栖动物 Shannon - Wiener 多样性指数在 1.8407～2.8795 之间，平均值为

2.3601；Pielou 均匀度指数在 0.5321～0.9084 之间，平均值为 0.7202；Margalef 丰富度指数在 2.4843～2.7170 之间，平均值为 2.6006。

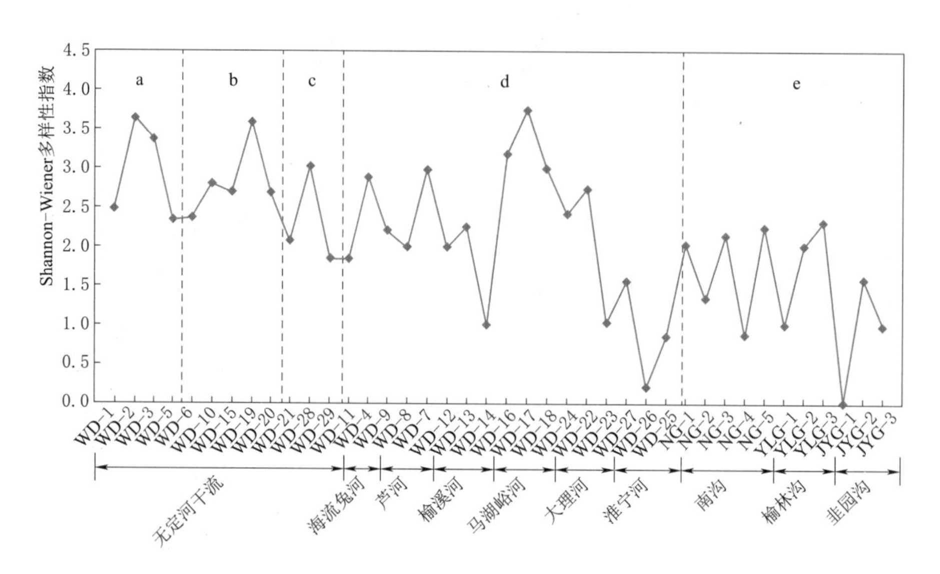

图 6.7　无定河流域春季底栖动物 Shannon－Wiener 多样性指数

注　a—无定河干流上游段；b—无定河干流中游段；c—无定河干流下游段；d—无定河支流；e—淤地坝水体及水库

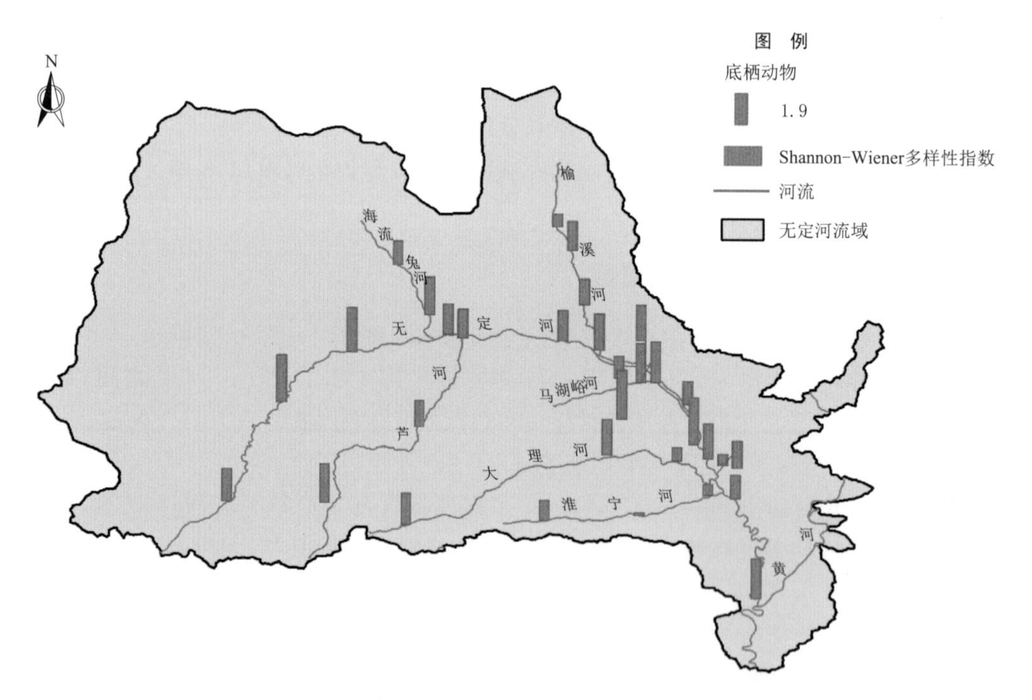

图 6.8　无定河春季底栖动物 Shannon－Wiener 多样性指数空间分布

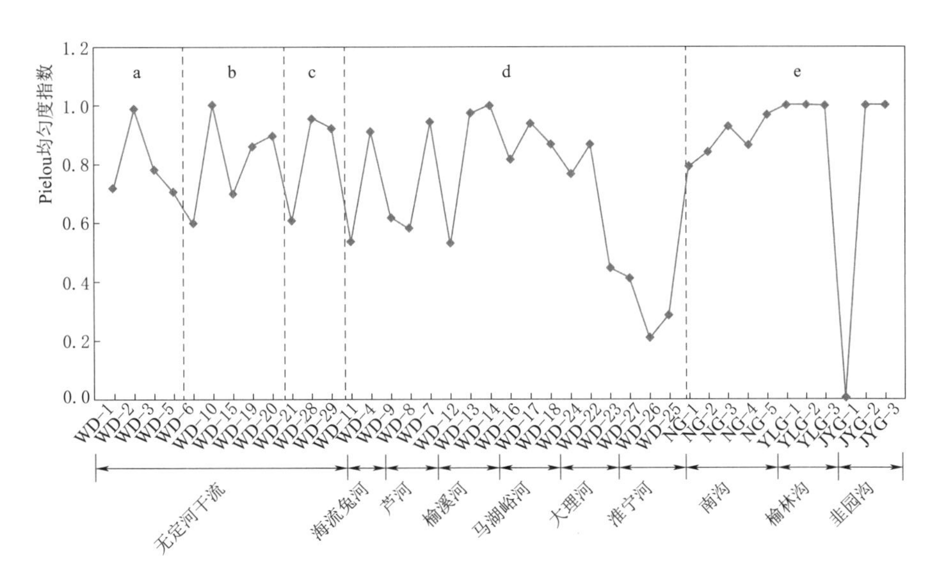

图 6.9　无定河流域春季底栖动物 Pielou 均匀度指数

注　a—无定河干流上游段；b—无定河干流中游段；c—无定河干流下游段；d—无定河支流；e—淤地坝水体及水库

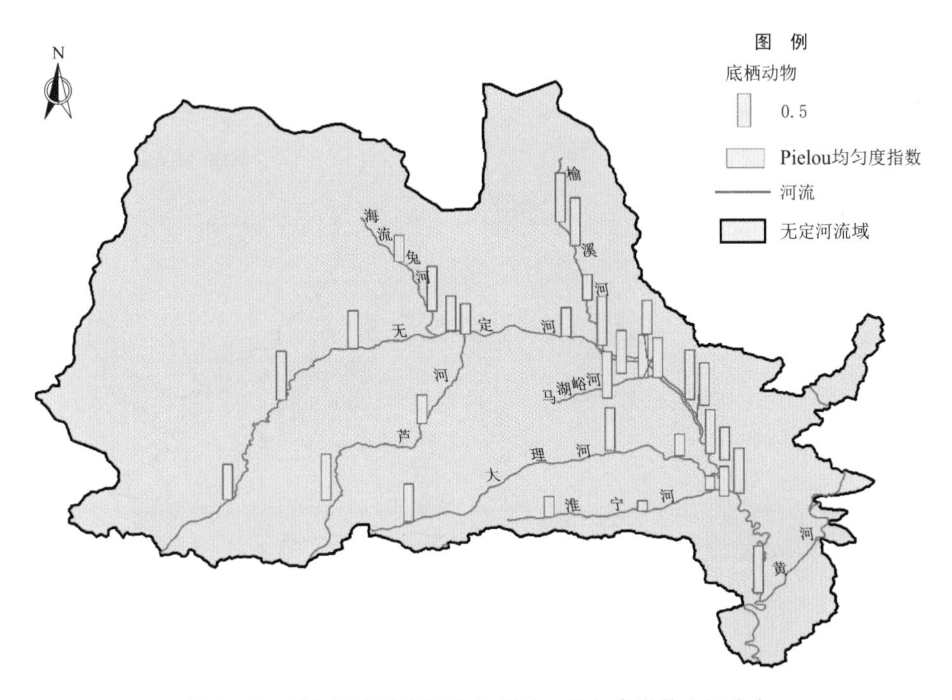

图 6.10　无定河春季底栖动物 Pielou 均匀度指数空间分布

芦河底栖动物 Shannon - Wiener 多样性指数在 1.9945～2.2128 之间，平均值为 2.3975；Pielou 均匀度指数在 0.5766～0.9417 之间，平均值为 0.7118；Margalef 丰富度指数在 2.0500～3.0314 之间，平均值为 2.4502。

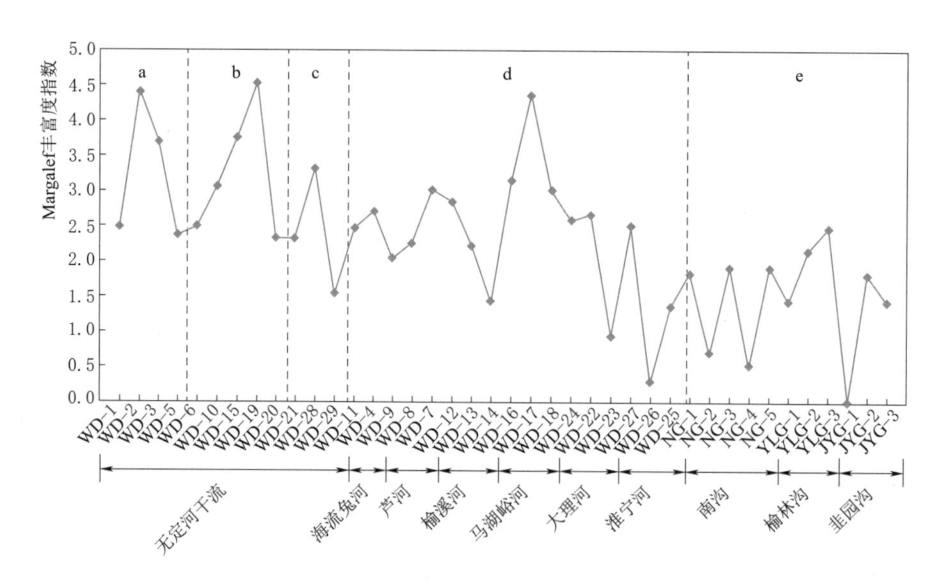

图 6.11 无定河流域春季底栖动物 Margalef 丰富度指数

注 a—无定河干流上游段；b—无定河干流中游段；c—无定河干流下游段；d—无定河支流；e—淤地坝水体及水库

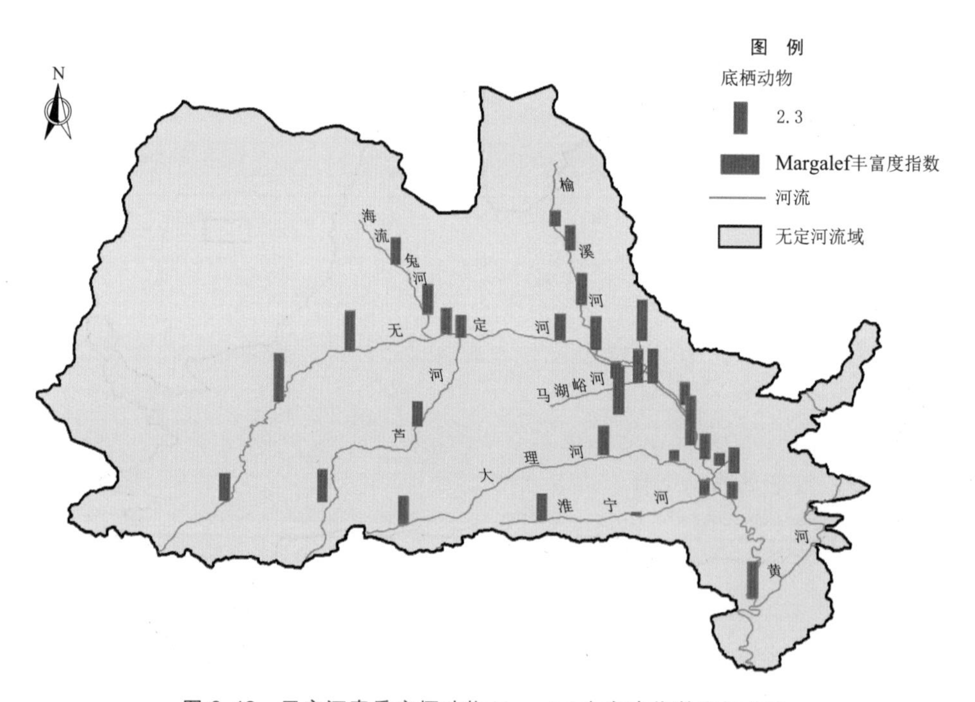

图 6.12 无定河春季底栖动物 Margalef 丰富度指数空间分布

榆溪河底栖动物 Shannon - Wiener 多样性指数在 1.0000～2.2516 之间，平均值为 1.7463；Pielou 均匀度指数在 0.5220～1.0000 之间，平均值为 0.8306；Margalef 丰富度指数在 1.4427～2.8681 之间，平均值为 2.1811。

马湖峪河底栖动物 Shannon - Wiener 多样性指数在 3.0097～3.7568 之间，平均值为 3.3134；Pielou 均匀度指数在 0.8124～0.9392 之间，平均值为 0.8739；Margalef 丰富度指数在 3.0341～4.3681 之间，平均值为 3.5206。

大理河底栖动物 Shannon - Wiener 多样性指数在 1.0299～2.7394 之间，平均值为 2.0640；Pielou 均匀度指数在 0.4435～0.8642 之间，平均值为 0.6907；Margalef 丰富度指数在 0.9582～2.6705 之间，平均值为 2.0723。

淮宁河底栖动物 Shannon - Wiener 多样性指数在 0.2056～1.5717 之间，平均值为 0.8772；Pielou 均匀度指数在 0.2056～0.4128 之间，平均值为 0.3010；Margalef 丰富度指数在 0.2912～2.4826 之间，平均值为 1.3784。

无定河南沟淤地坝底栖动物 Shannon - Wiener 多样性指数在 0.8631～2.2500 之间，平均值为 1.7284；Pielou 均匀度指数在 0.7893～0.9690 之间，平均值为 0.8781；Margalef 丰富度指数在 0.5139～1.9236 之间，平均值为 1.3827。

榆林沟淤地坝底栖动物 Shannon - Wiener 多样性指数在 1.0000～2.3219 之间，平均值为 1.7740；Pielou 均匀度指数在 1.0000～1.0000 之间，平均值为 1.0000；Margalef 丰富度指数在 1.4427～2.4853 之间，平均值为 2.0307。

韭园沟淤地坝底栖动物 Shannon - Wiener 多样性指数在 0～1.5850 之间，平均值为 0.8617；Pielou 均匀度指数在 0～1.0000 之间，平均值为 0.6667；Margalef 丰富度指数在 0～1.8205 之间，平均值为 1.0877。

6.2 无定河流域秋季底栖动物群落特征

6.2.1 底栖动物种类组成

无定河流域秋季底栖动物物种组成及空间分布如图 6.13 和图 6.14 所示。

无定河流域秋季共鉴定底栖动物 67 种，隶属于 4 门 50 属：节肢动物门 59 种，占 88.06%；环节动物门 5 种，占 7.46%；软体动物门 2 种，占 2.99%；线形动物门 1 种，占 1.49%。

无定河上游共鉴定出底栖动物 20 种：节肢动物门 17 种，占 85.00%；环节动物门 2 种，占 10.00%；线形动物门 1 种，占 5.00%。

无定河中游共鉴定出底栖动物 20 种：节肢动物门 16 种，占 80.00%；环节动物门 3 种，占 15.00%；软体动物门 1 种，占 5.00%。

无定河下游共鉴定出底栖动物 15 种：节肢动物门 14 种，占 93.33%；软体动物门 1 种，占 6.67%。

海流兔河共鉴定出底栖动物 1 种：节肢动物门 1 种，占 100.00%。

芦河共鉴定出底栖动物 13 种：节肢动物门 12 种，占 92.31%；环节动物门 1 种，占 7.69%。

榆溪河共鉴定出底栖动物 14 种：节肢动物门 10 种，占 71.43%；环节动物门 4 种，占 28.57%。

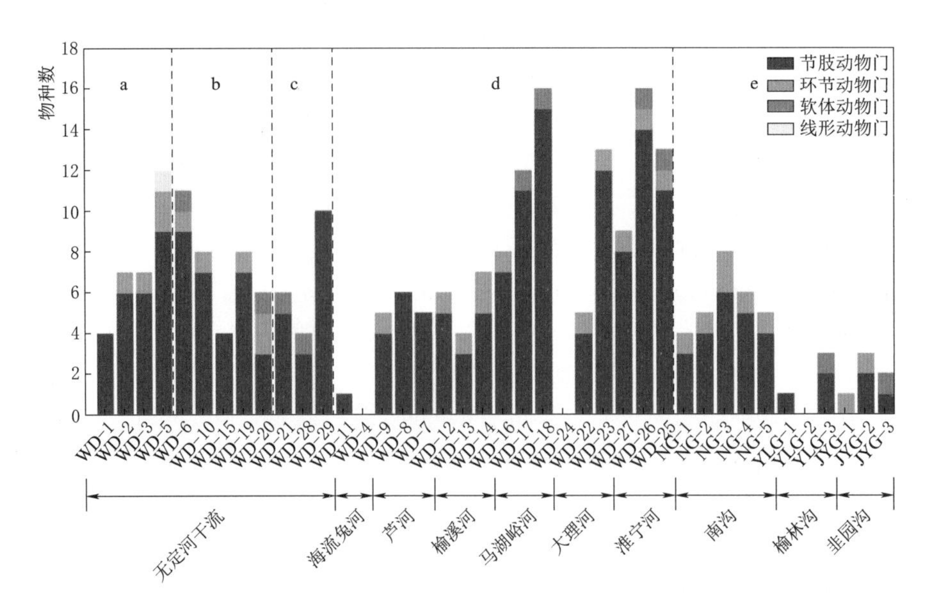

图6.13 无定河流域秋季底栖动物物种组成

注 a—无定河干流上游段；b—无定河干流中游段；c—无定河干流下游段；d—无定河支流；e—淤地坝水体及水库

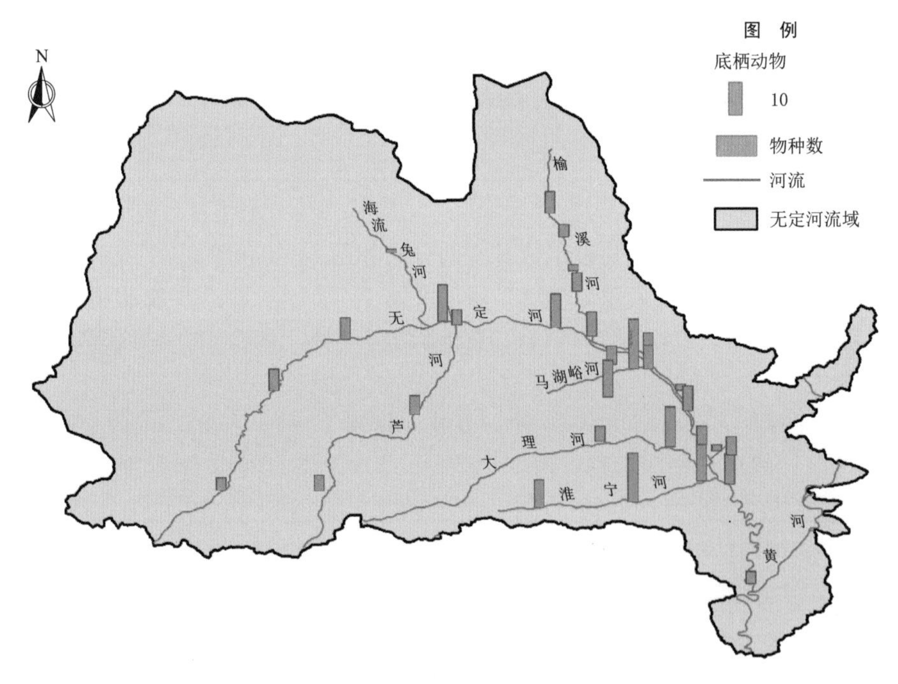

图6.14 无定河流域秋季底栖动物物种数空间分布

马湖峪河共鉴定出底栖动物26种：节肢动物门24种，占92.30%；环节动物门1种，占3.85%；软体动物门1种，占3.85%。

大理河共鉴定出底栖动物17种：节肢动物门15种，占88.24%；环节动物门2种，占11.76%。

淮宁河共鉴定出底栖动物26种：节肢动物门23种，占88.46%；环节动物门2种，占7.69%；软体动物门1种，占3.85%。

无定河南沟淤地坝共鉴定出底栖动物12种：节肢动物门9种，占75.00%；环节动物门3种，占25.00%。

榆林沟淤地坝共鉴定出底栖动物4种：节肢动物门3种，占75.00%；软体动物门1种，占15.00%。

韭园沟淤地坝共鉴定出底栖动物5种：节肢动物门3种，占60.00%；环节动物门1种，占20.00%；软体动物门1种，占20.00%。

王圪堵水库共鉴定出底栖动物3种：节肢动物门2种，占66.67%；环节动物门1种，占33.33%。

6.2.2 底栖动物密度和生物量

无定河流域秋季底栖动物密度、生物量及其空间分布如图6.15～图6.18所示。

无定河上游各样点底栖动物密度在13.33～73.33ind./m^2之间，平均值为44.25ind./m^2，其中1号样点密度最低，为13.33ind./m^2，2号样点密度最高，为73.33ind./m^2；各样点底栖动物生物量在0.0228～0.2245g/m^2之间，平均值为0.1188g/m^2，其中3号样点最低，为0.0228g/m^2，2号样点最高，为0.2245g/m^2。

无定河中游各样点底栖动物密度在30.00～123.32ind./m^2之间，平均值为61.00ind./m^2，其中20号样点密度最低，为30.00ind./m^2，6号样点密度最高，为123.32ind./m^2；各样点底栖动物生物量在0.0741～0.4606g/m^2之间，平均值为0.2853g/m^2，其中19号样点最低，为0.0741g/m^2，6号样点最高，为0.4606g/m^2。

无定河下游各样点底栖动物密度在20.00～50.00ind./m^2之间，平均值为34.44ind./m^2，其中28号样点密度最低，为20.00ind./m^2，29号样点密度最高，为50.00ind./m^2；各样点底栖动物生物量在0.0267～0.0472g/m^2之间，平均值为0.0380g/m^2，其中28号样点最低，为0.0267g/m^2，29号样点最高，为0.0472g/m^2。

海流兔河各样点底栖动物密度在0～3.33ind./m^2之间，平均值为1.67ind./m^2，其中4号样点密度最低，为0ind./m^2，11号样点密度最高，为3.33ind./m^2；各样点底栖动物生物量在0～0.0008g/m^2之间，平均值为0.0004g/m^2，其中4号样点最低，为0g/m^2，11号样点最高，为0.0008g/m^2。

芦河各样点底栖动物密度在30.00～51.00ind./m^2之间，平均值为37.00ind./m^2，其中7、8号样点密度最低，为30.00ind./m^2，9号样点密度最高，为51.00ind./m^2；各样点底栖动物生物量在0.1171～1.7776g/m^2之间，平均值为0.9833g/m^2，其中样点9号最低，为0.1171g/m^2，8号样点最高，为1.7776g/m^2。

榆溪河各样点底栖动物密度在16.67～66.67ind./m^2之间，平均值为36.67ind./m^2，其中13号样点密度最低，为16.67ind./m^2，12号样点密度最高，为66.67ind./m^2；各样点底栖动物生物量在0.0026～1.0811g/m^2之间，平均值为0.4463g/m^2，其中14号样点最低，为0.0026g/m^2，13号样点最高，为1.0811g/m^2。

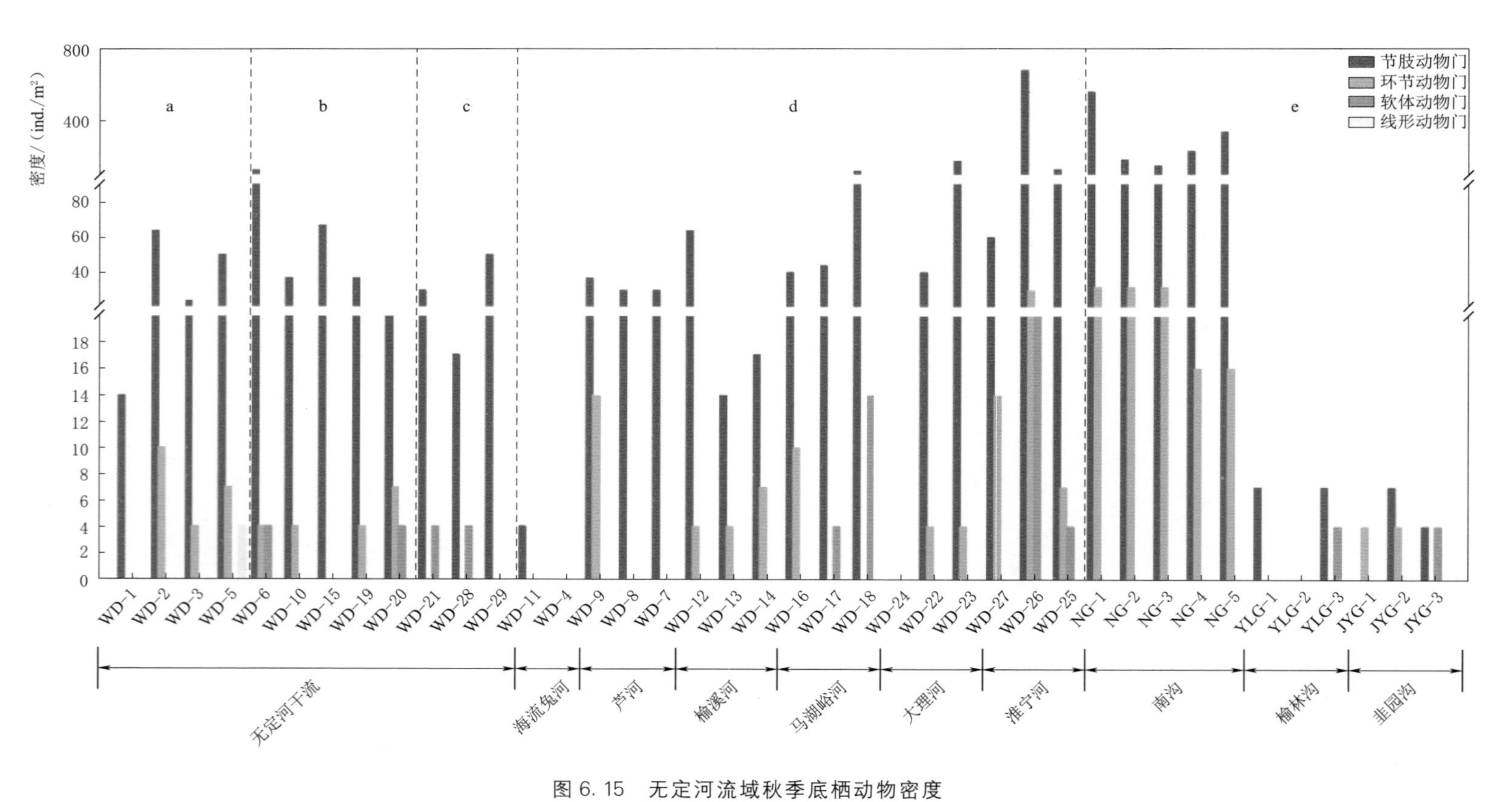

图6.15 无定河流域秋季底栖动物密度

注 a—无定河干流上游段；b—无定河干流中游段；c—无定河干流下游段；d—无定河支流；e—淤地坝水体及水库

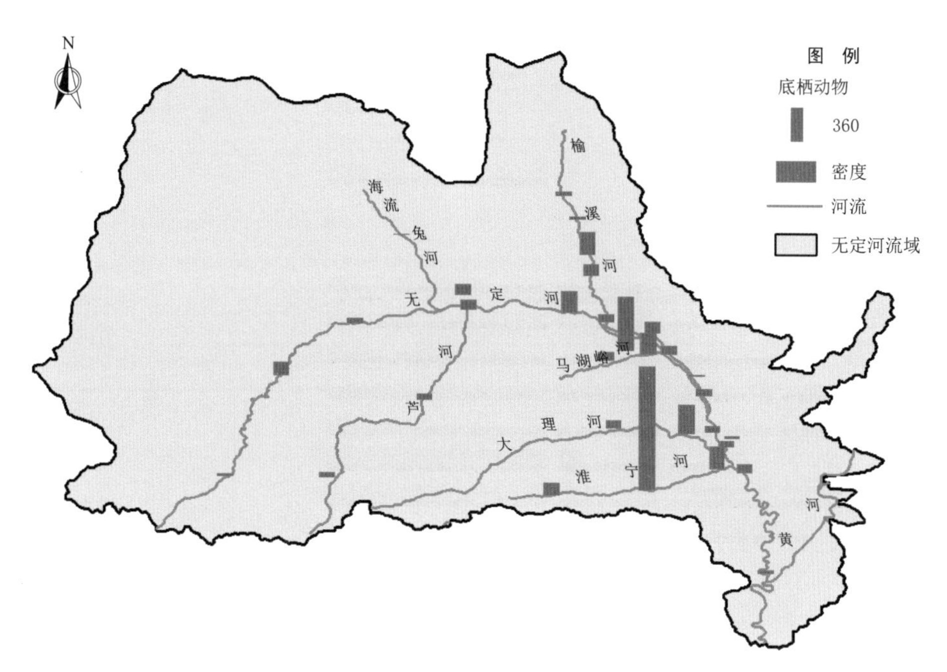

图 6.16 无定河流域秋季底栖动物密度空间分布

马湖峪河各样点底栖动物密度在 46.66～126.65ind./m^2 之间，平均值为 75.33ind./m^2，其中 17 号样点密度最低，为 46.66ind./m^2，18 号样点密度最高，为 126.65ind./m^2；各样点底栖动物生物量在 0.0674～0.6528g/m^2 之间，平均值为 0.2727g/m^2，其中 17 号样点最低，为 0.0674g/m^2，18 号样点最高，为 0.6528g/m^2。

大理河各样点底栖动物密度在 0～170.00ind./m^2 之间，平均值为 71.67ind./m^2，其中 24 号样点密度最低，为 0ind./m^2，23 号样点密度最高，为 170.00ind./m^2；各样点底栖动物生物量在 0～0.1764g/m^2 之间，平均值为 0.0990g/m^2，其中样点 24 号最低，为 0g/m^2，22 号样点最高，为 0.1764g/m^2。

淮宁河各样点底栖动物密度在 73.33～726.59ind./m^2 之间，平均值为 310.67ind./m^2，其中 27 号样点密度最低，为 73.33ind./m^2，26 号样点密度最高，为 726.59ind./m^2；各样点底栖动物生物量在 0.3192～3.9288g/m^2 之间，平均值为 1.7191g/m^2，其中 25 号样点最低，为 0.3192g/m^2，26 号样点最高，为 3.9288g/m^2。

无定河南沟淤地坝各样点底栖动物密度在 176.00～592.00ind./m^2 之间，平均值为 313.60ind./m^2，其中 3 号样点密度最低，为 176.00ind./m^2，1 号样点密度最高，为 592.00ind./m^2；各样点底栖动物生物量在 0.9115～1.3824g/m^2 之间，平均值为 1.1641g/m^2，其中 3 号样点最低，为 0.9115g/m^2，5 号样点最高，为 1.3824g/m^2。

榆林沟淤地坝各样点底栖动物密度在 0～10.00ind./m^2 之间，平均值为 6.00ind./m^2，其中 2 号样点密度最低，为 0ind./m^2，3 号样点密度最高，为 10.00ind./m^2；各样点底栖动物生物量在 0～0.0286g/m^2 之间，平均值为 0.0095g/m^2，其中 1、2 号样点最低，为 0g/m^2，3 号样点最高，为 0.0286g/m^2。

韭园沟淤地坝各样点底栖动物密度在 3.33～10.00ind./m^2 之间，平均值为

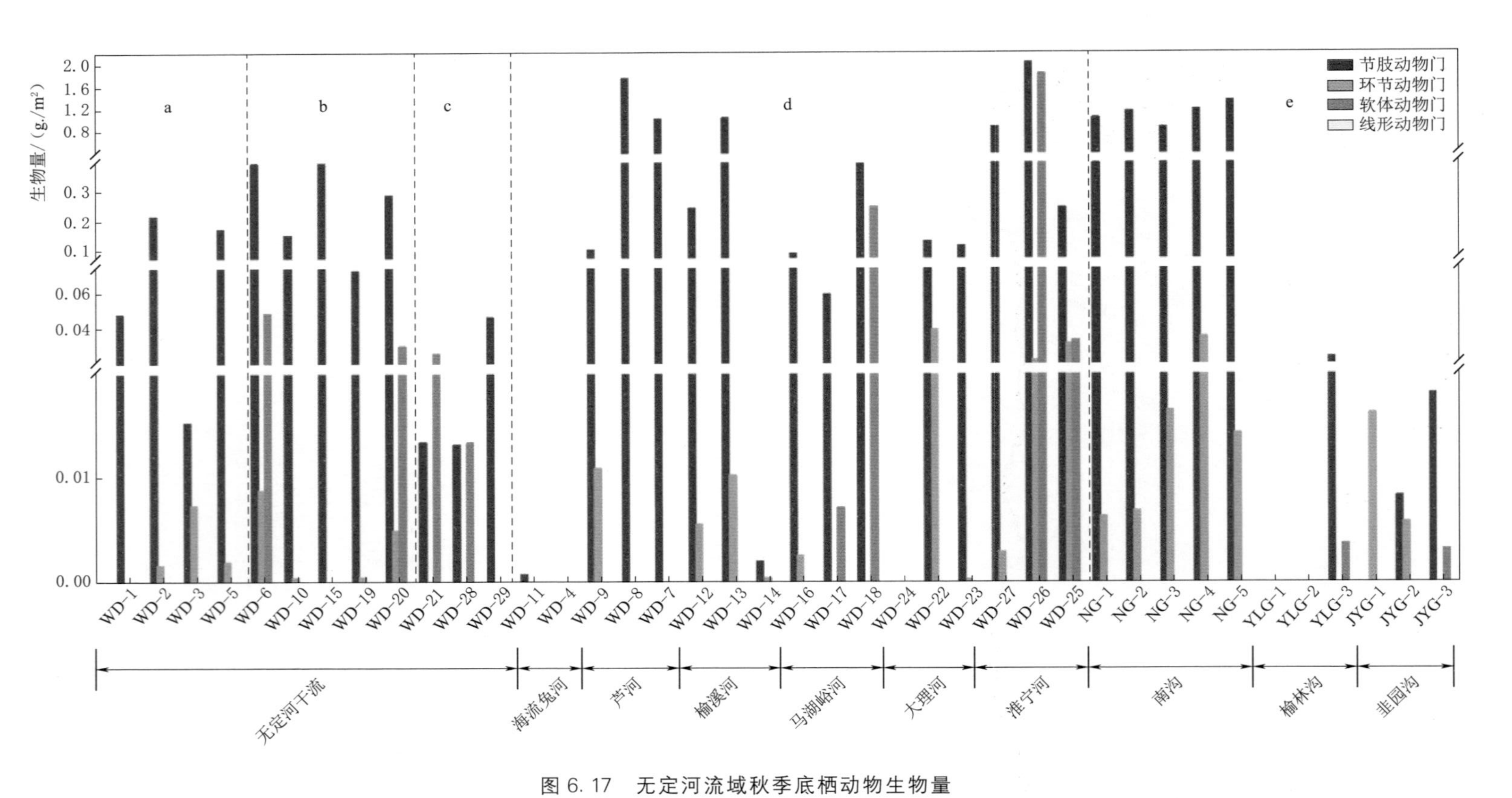

图 6.17 无定河流域秋季底栖动物生物量

注 a—无定河干流上游段；b—无定河干流中游段；c—无定河干流下游段；d—无定河支流；e—淤地坝水体及水库

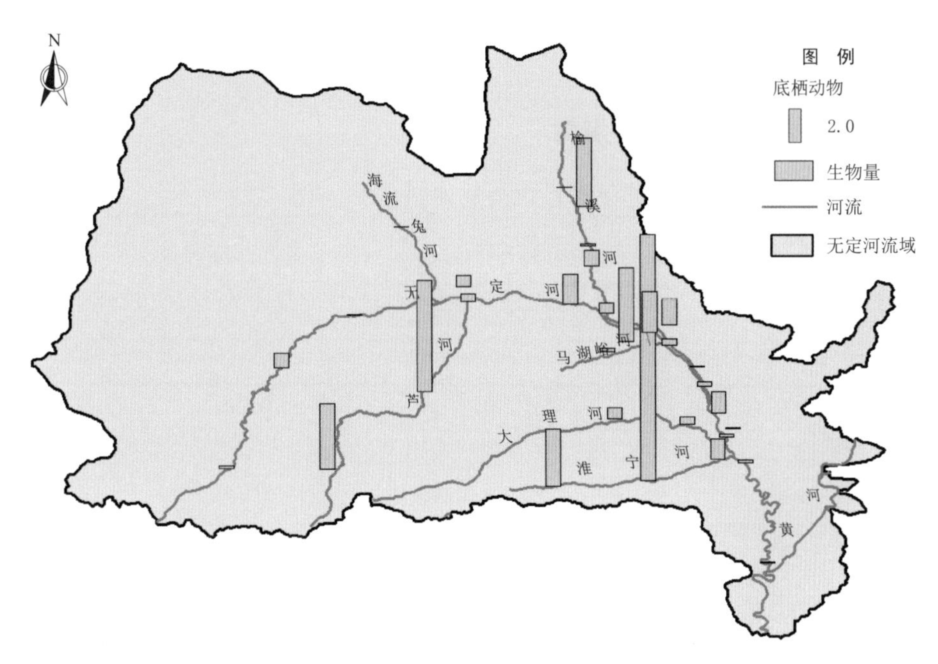

图 6.18　无定河流域秋季底栖动物生物量空间分布

7.67ind./m²，其中 1 号样点密度最低，为 3.33ind./m²，2 号样点密度最高，为 10.00ind./m²；各样点底栖动物生物量在 0.0142～0.0213g/m² 之间，平均值为 0.0173g/m²，其中 2 号样点最低，为 0.0142g/m²，3 号样点最高，为 0.0213g/m²。

王圪堵水库各样点底栖动物密度在 64.00～224.00ind./m² 之间，平均值为 128.00ind./m²，其中 3 号样点密度最低，为 64.00ind./m²，2 号样点密度最高，为 224.00ind./m²；各样点底栖动物生物量在 0.0059～0.0656g/m² 之间，平均值为 0.0265g/m²，其中 3 号样点最低，为 0.0059g/m²，2 号样点最高，为 0.0656g/m²。

6.2.3　底栖动物优势种

无定河上游优势种为长跗摇蚊属 A 种、四节蜉属一种和径石蛾科一种；

无定河中游优势种为四节蜉属一种和纹石蛾属；

无定河下游优势种为白色环足摇蚊、四节蜉属一种、划蝽科一种、短脉纹石蛾属和椭圆萝卜螺；

海流兔河优势种为纹石蛾属；

芦河共鉴优势种为沼虾；

榆溪河优势种为梯形多足摇蚊群 A 种、四节蜉属一种和纹石蛾属；

马湖峪河优势种为四节蜉属一种和凹铗隐摇蚊；

大理河优势种为四节蜉属一种和霍甫水丝蚓；

淮宁河优势种为龙虱科一种和蟌科；

无定河南沟淤地坝优势种为红裸须摇蚊；

榆林沟淤地坝优势种为水蛭；

韭园沟淤地坝优势种为水蛭；
王圪堵水库优势种为墨黑摇蚊。

6.2.4 底栖动物群落多样性指数

无定河流域秋季底栖动物群落多样性指数如图 6.19～图 6.24 所示。

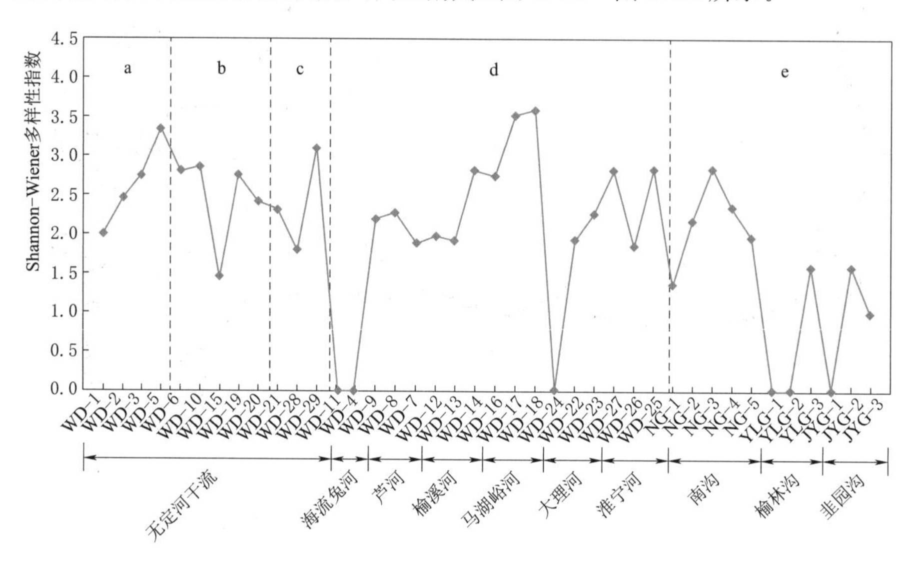

图 6.19 无定河流域秋季底栖动物 Shannon - Wiener 多样性指数

注 a—无定河干流上游段；b—无定河干流中游段；c—无定河干流下游段；d—无定河支流；e—淤地坝水体及水库

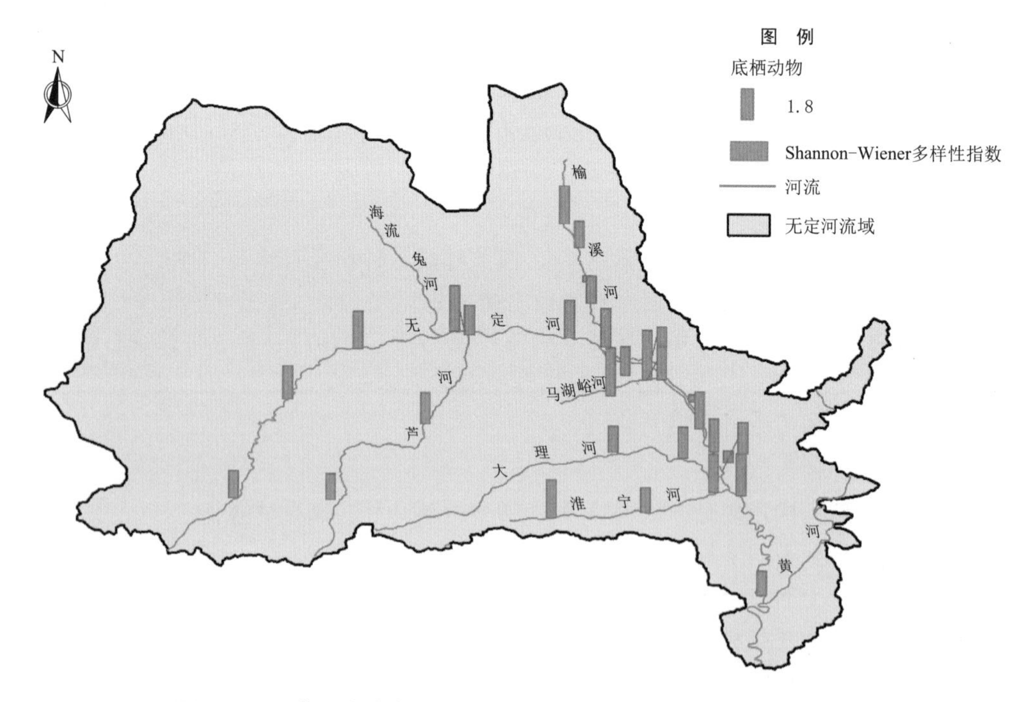

图 6.20 无定河秋季底栖动物 Shannon - Wiener 多样性指数空间分布

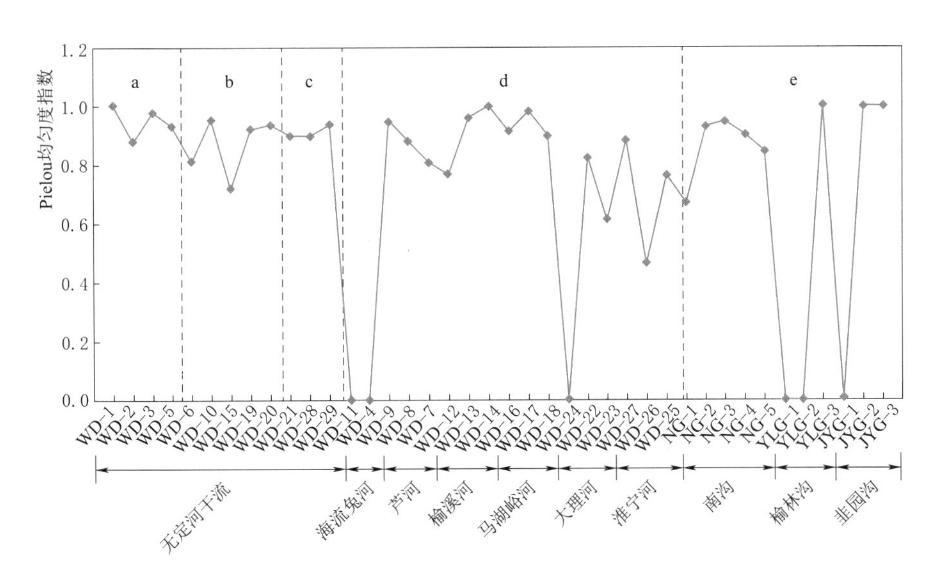

图 6.21 无定河流域秋季底栖动物 Pielou 均匀度指数

注 a—无定河干流上游段；b—无定河干流中游段；c—无定河干流下游段；d—无定河支流；e—淤地坝水体及水库

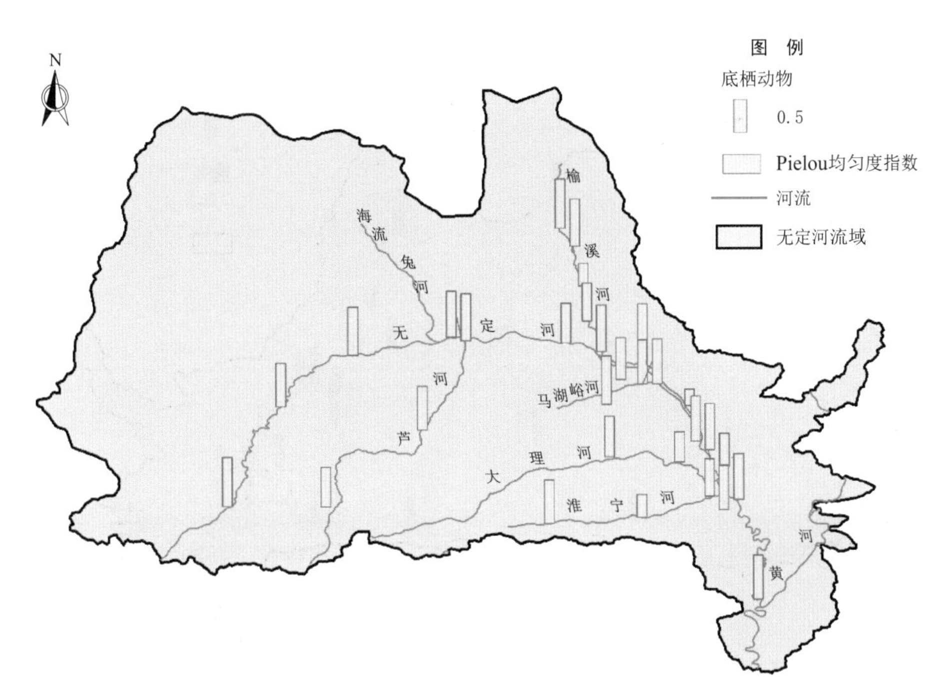

图 6.22 无定河秋季底栖动物 Pielou 均匀度指数空间分布

无定河上游底栖动物 Shannon - Wiener 多样性指数在 2.0000～3.3502 之间，平均值为 2.6397；Pielou 均匀度指数在 0.8758～1.0000 之间，平均值为 0.9475；Margalef 丰富度指数在 1.9411～3.8057 之间，平均值为 2.6991。

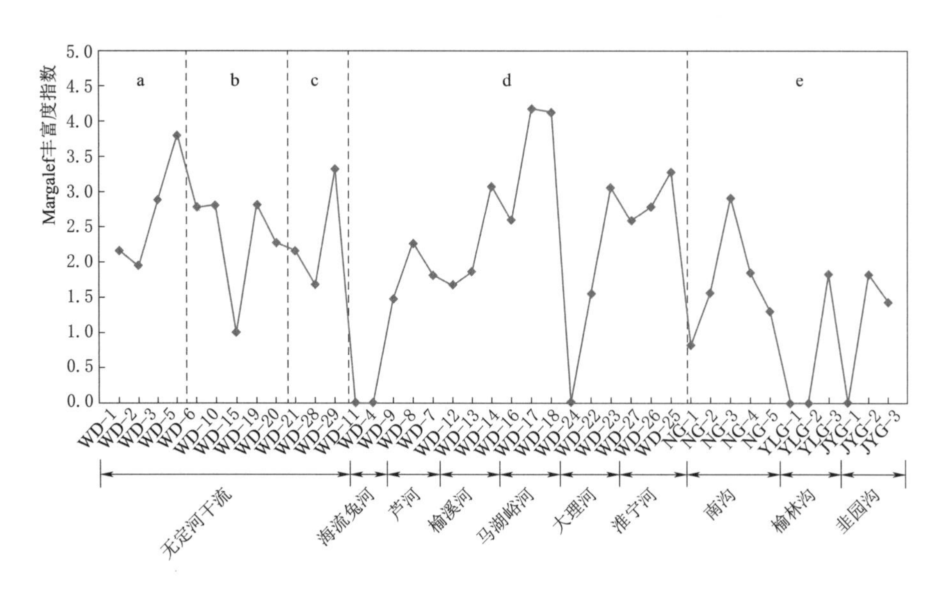

图 6.23 无定河流域秋季底栖动物 Margalef 丰富度指数

注 a—无定河干流上游段；b—无定河干流中游段；c—无定河干流下游段；d—无定河支流；e—淤地坝水体及水库

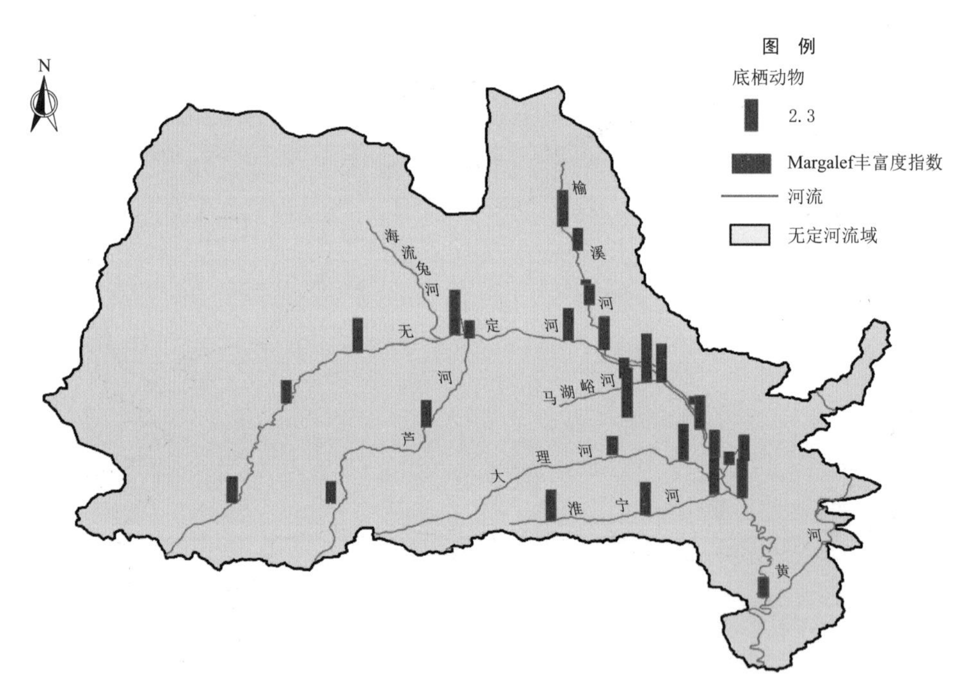

图 6.24 无定河秋季底栖动物 Margalef 丰富度指数空间分布

无定河中游底栖动物 Shannon - Wiener 多样性指数在 1.4367～2.8554 之间，平均值为 2.4525；Pielou 均匀度指数在 0.7183～0.9518 之间，平均值为 0.8665；Margalef 丰富度指数在 1.0014～2.8170 之间，平均值为 2.3361。

无定河下游底栖动物 Shannon - Wiener 多样性指数在 1.7925～3.1069 之间，平均值为 2.4071；Pielou 均匀度指数在 0.8962～0.9353 之间，平均值为 0.9099；Margalef 丰富度指数在 1.6743～3.3234 之间，平均值为 2.3897。

海流兔河底栖动物 Shannon - Wiener 多样性指数在 0～0 之间，平均值为 0；Pielou 均匀度指数在 0～0 之间，平均值为 0；Margalef 丰富度指数在 0～0 之间，平均值为 0。

芦河底栖动物 Shannon - Wiener 多样性指数在 1.8800～2.2810 之间，平均值为 2.1224；Pielou 均匀度指数在 0.8097～0.9502 之间，平均值为 0.8808；Margalef 丰富度指数在 1.4771～2.2756 之间，平均值为 1.8577。

榆溪河底栖动物 Shannon - Wiener 多样性指数在 1.9219～2.8074 之间，平均值为 2.2366；Pielou 均匀度指数在 0.7662～1.0000 之间，平均值为 0.9090；Margalef 丰富度指数在 1.6690～3.0834 之间，平均值为 2.2055。

马湖峪河底栖动物 Shannon - Wiener 多样性指数在 2.7396～3.5934 之间，平均值为 3.2849；Pielou 均匀度指数在 0.8984～0.9823 之间，平均值为 0.9313；Margalef 丰富度指数在 2.5849～4.1682 之间，平均值为 3.6256。

大理河底栖动物 Shannon - Wiener 多样性指数在 0～2.2599 之间，平均值为 1.3914；Pielou 均匀度指数在 0～0.8245 之间，平均值为 0.4783；Margalef 丰富度指数在 0～3.0520 之间，平均值为 1.5372。

淮宁河底栖动物 Shannon - Wiener 多样性指数在 1.8482～2.8286 之间，平均值为 2.4938；Pielou 均匀度指数在 0.4620～0.8848 之间，平均值为 0.7037；Margalef 丰富度指数在 2.5881～3.2755 之间，平均值为 2.8831。

无定河南沟淤地坝底栖动物 Shannon - Wiener 多样性指数在 1.3412～2.8454 之间，平均值为 2.1299；Pielou 均匀度指数在 0.6706～0.9485 之间，平均值为 0.8600；Margalef 丰富度指数在 0.8308～2.9192 之间，平均值为 1.6900。

榆林沟淤地坝底栖动物 Shannon - Wiener 多样性指数在 0～1.5850 之间，平均值为 0.5283；Pielou 均匀度指数在 0～1.0000 之间，平均值为 0.3333；Margalef 丰富度指数在 0～1.8205 之间，平均值为 0.6068。

韭园沟淤地坝底栖动物 Shannon - Wiener 多样性指数在 0～1.5850 之间，平均值为 0.8617；Pielou 均匀度指数在 0～1.0000 之间，平均值为 0.6667；Margalef 丰富度指数在 0～1.8205 之间，平均值为 1.0877。

王圪堵水库底栖动物 Shannon - Wiener 多样性指数在 0～1.0000 之间，平均值为 0.4571；Pielou 均匀度指数在 0～1.0000 之间，平均值为 0.4571；Margalef 丰富度指数在 0～0.7213 之间，平均值为 0.3668。

6.3 延河流域春季底栖动物群落特征

6.3.1 底栖动物种类组成

延河流域春季底栖动物物种组成及空间分布如图 6.25 和图 6.26 所示。

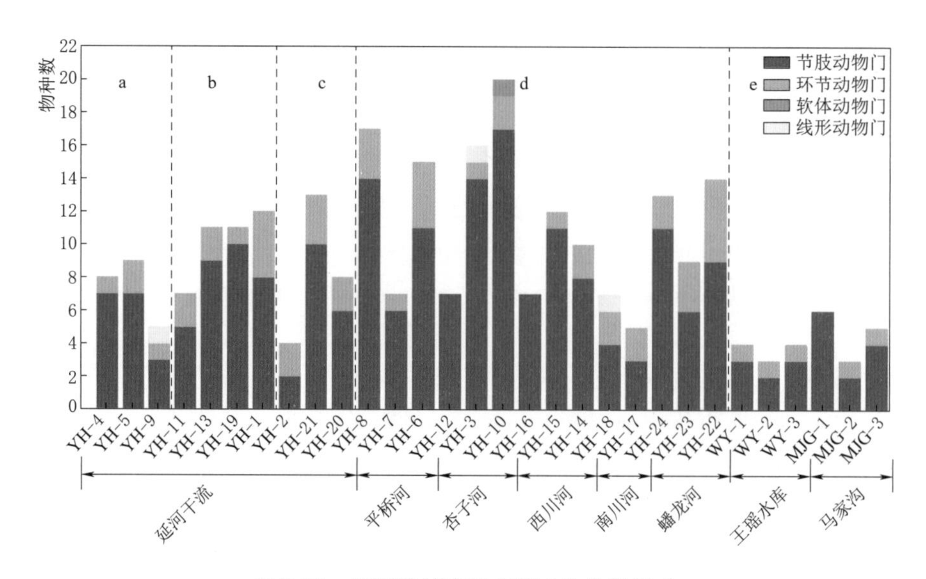

图 6.25 延河流域春季底栖动物物种组成

注 a—延河干流上游段；b—延河干流中游段；c—延河干流下游段；d—延河支流；e—淤地坝水体及水库

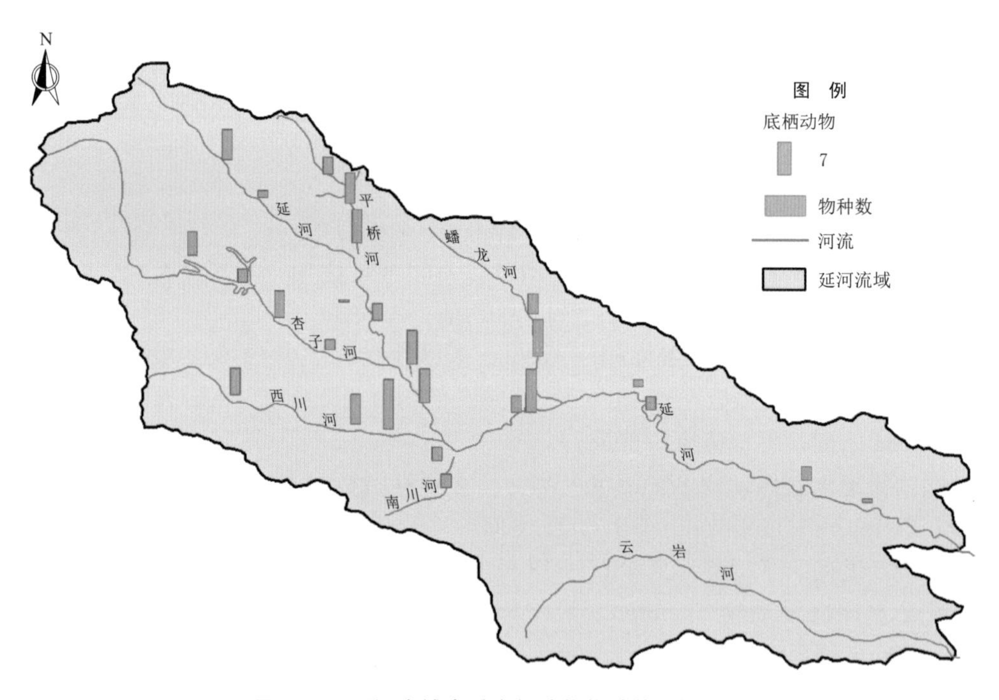

图 6.26 延河流域春季底栖动物物种数空间分布

延河河流域春季共鉴定底栖动物 92 种，隶属于 4 门 55 属：节肢动物门 80 种，占 86.96%；环节动物门 10 种，占 10.87%；软体动物门 1 种，占 1.09%；线形动物门 1 种，占 1.09%。

延河上游共鉴定出底栖动物 16 种：节肢动物门 12 种，占 75.00%；环节动物门 3 种，占 18.75%；线形动物门 1 种，占 6.25%。

延河中游共鉴定出底栖动物 29 种：节肢动物门 24 种，占 82.76%；环节动物门 5 种，占 17.24%。

延河下游共鉴定出底栖动物 18 种：节肢动物门 13 种，占 72.22%；环节动物门 5 种，占 27.78%。

平桥河共鉴定出底栖动物 29 种：节肢动物门 24 种，占 82.76%；环节动物门 5 种，占 17.24%。

杏子河共鉴定出底栖动物 37 种：节肢动物门 33 种，占 89.19%；环节动物门 2 种，占 5.41%；软体动物门 1 种，占 2.70%；线形动物门 1 种，占 2.70%。

西川河共鉴定出底栖动物 25 种：节肢动物门 23 种，占 92.00%；环节动物门 2 种，占 8.00%。

南川河共鉴定出底栖动物 8 种：节肢动物门 5 种，占 62.50%；环节动物门 2 种，占 25.00%；线形动物门 1 种，占 12.50%。

蟠龙河共鉴定出底栖动物 27 种：节肢动物门 20 种，占 74.07%；环节动物门 7 种，占 25.93%。

王瑶水库共鉴定出底栖动物 6 种：节肢动物门 5 种，占 83.33%；环节动物门 1 种，占 16.67%。

马家沟共鉴定出底栖动物 11 种：节肢动物门 9 种，占 81.82%；环节动物门 2 种，占 18.18%。

柳家畔共鉴定出底栖动物 9 种：节肢动物门 9 种，占 100.00%。

6.3.2 底栖动物密度和生物量

延河流域春季底栖动物密度和生物量及其空间分布如图 6.27～图 6.30 所示。

延河上游各样点底栖动物密度在 21.96～43.92ind./m^2 之间，平均值为 31.72ind./m^2，其中 9 号样点密度最低，为 21.96ind./m^2，5 号样点密度最高，为 43.92ind./m^2；各样点底栖动物生物量在 0.0018～0.0136g/m^2 之间，平均值为 0.0073g/m^2，其中 4 号样点最低，为 0.0018g/m^2，5 号样点最高，为 0.0136g/m^2。

延河中游各样点底栖动物密度在 43.29～1541.79ind./m^2 之间，平均值为 444.56ind./m^2，其中 11 号样点密度最低，为 43.29ind./m^2，1 号样点密度最高，为 1541.79ind./m^2；各样点底栖动物生物量在 0.0118～0.7522g/m^2 之间，平均值为 0.2162g/m^2，其中 11 号样点最低，为 0.0118g/m^2，1 号样点最高，为 0.7522g/m^2。

延河下游各样点底栖动物密度在 133.20～293.04ind./m^2 之间，平均值为 233.10ind./m^2，其中 20 号样点密度最低，为 133.20ind./m^2，21 号样点密度最高，为 293.04ind./m^2；各样点底栖动物生物量在 0.1260～2.3163g/m^2 之间，平均值为 0.9038g/m^2，其中 20 号样点最低，为 0.1260g/m^2，2 号样点最高，为 2.3163g/m^2。

平桥河各样点底栖动物密度在 23.31～143.19ind./m^2 之间，平均值为 84.36ind./m^2，其中 7 号样点密度最低，为 23.31ind./m^2，6 号样点密度最高，为 143.19ind./m^2；各样点底栖动物生物量在 0.0051～0.1581g/m^2 之间，平均值为 0.7311g/m^2，其中 7 号样点最低，为 0.0051g/m^2，6 号样点最高，为 0.1581g/m^2。

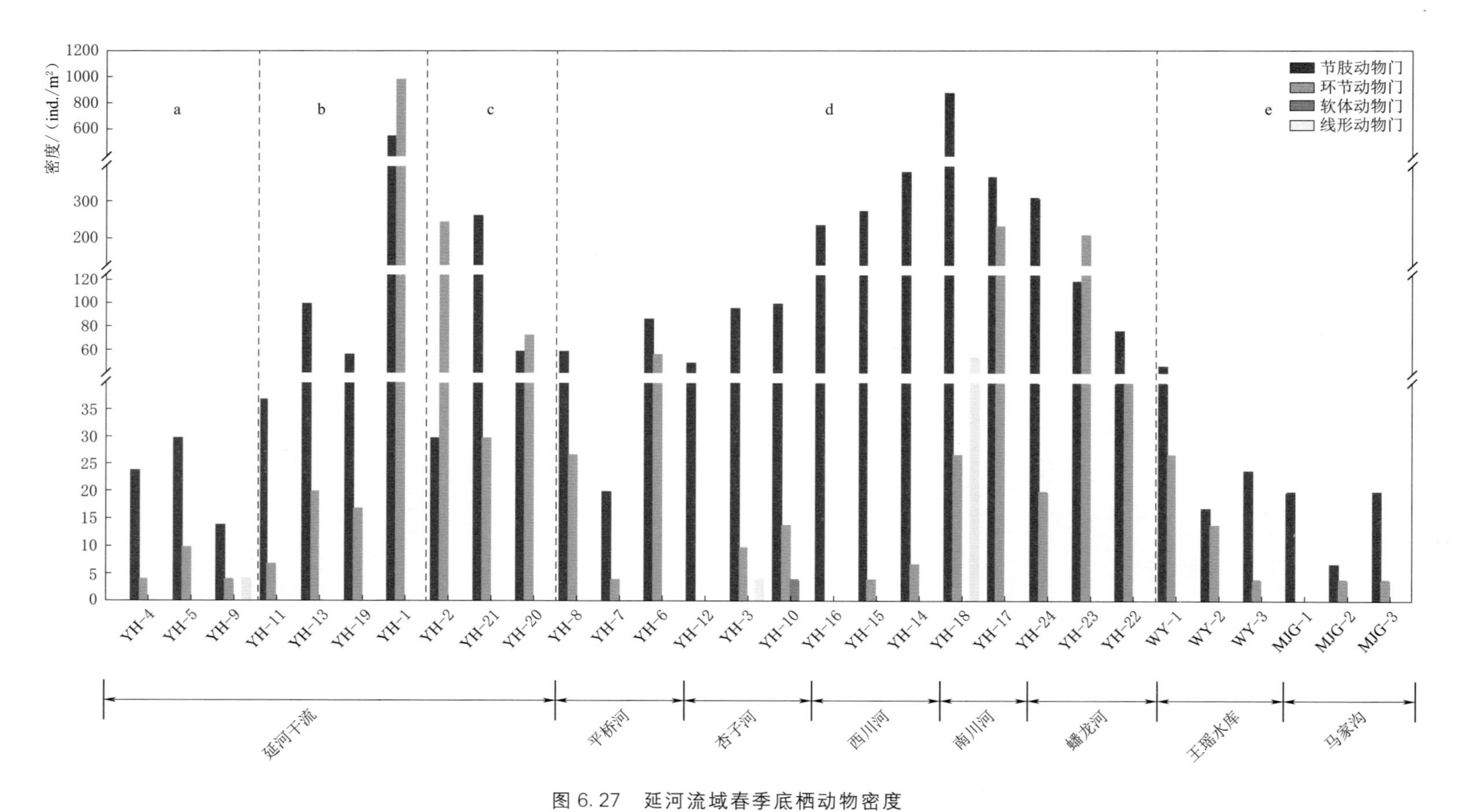

图 6.27　延河流域春季底栖动物密度

注　a—延河干流上游段；b—延河干流中游段；c—延河干流下游段；d—延河支流；e—淤地坝水体及水库

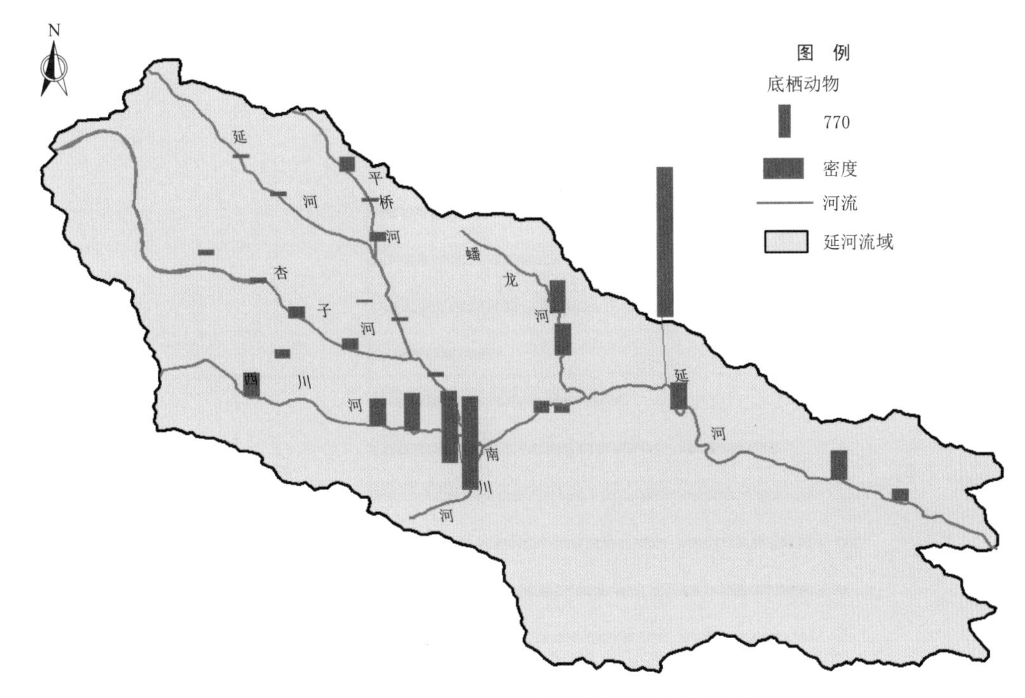

图 6.28 延河流域春季底栖动物密度空间分布

杏子河各样点底栖动物密度在 49.95～116.55ind./m^2 之间，平均值为 92.13ind./m^2，其中 12 号样点密度最低，为 49.95ind./m^2，10 号样点密度最高，为 116.55ind./m^2；各样点底栖动物生物量在 0.0064～0.4792g/m^2 之间，平均值为 0.2980g/m^2，其中 12 号样点最低，为 0.0064g/m^2，3 号样点最高，为 0.4792g/m^2。

西川河各样点底栖动物密度在 236.43～389.61ind./m^2 之间，平均值为 300.81ind./m^2，其中 16 号样点密度最低，为 236.43ind./m^2，14 号样点密度最高，为 389.61ind./m^2；各样点底栖动物生物量在 0.0572～0.6360g/m^2 之间，平均值为 0.4358g/m^2，其中 16 号样点最低，为 0.0572g/m^2，14 号样点最高，为 0.6360g/m^2。

南川河各样点底栖动物密度在 602.73～955.71ind./m^2 之间，平均值为 779.22ind./m^2，其中 17 号样点密度最低，为 602.73ind./m^2，18 号样点密度最高，为 955.71ind./m^2；各样点底栖动物生物量在 0.7908～2.1738g/m^2 之间，平均值为 1.4823g/m^2，其中 18 样点最低，为 0.7908g/m^2，17 号样点最高，为 2.1738g/m^2。

蟠龙河各样点底栖动物密度在 116.55～329.67ind./m^2 之间，平均值为 258.63ind./m^2，其中 22 号样点密度最低，为 116.55ind./m^2，24、23 号样点密度最高，为 329.67ind./m^2；各样点底栖动物生物量在 0.0384～0.3173g/m^2 之间，平均值为 0.1622g/m^2，其中 22 号样点最低，为 0.0384g/m^2，24 号样点最高，为 0.3173g/m^2。

王瑶水库各样点底栖动物密度在 26.64～73.26ind./m^2 之间，平均值为 43.29ind./m^2，其中 3 号样点密度最低，为 26.64ind./m^2，1 号样点密度最高，为 73.26ind./m^2；各样点底栖动物生物量在 0.1754～0.6510g/m^2 之间，平均值为 0.3706g/m^2，其中 3 号样点最低，为 0.1754g/m^2，1 号样点最高，为 0.6510g/m^2。

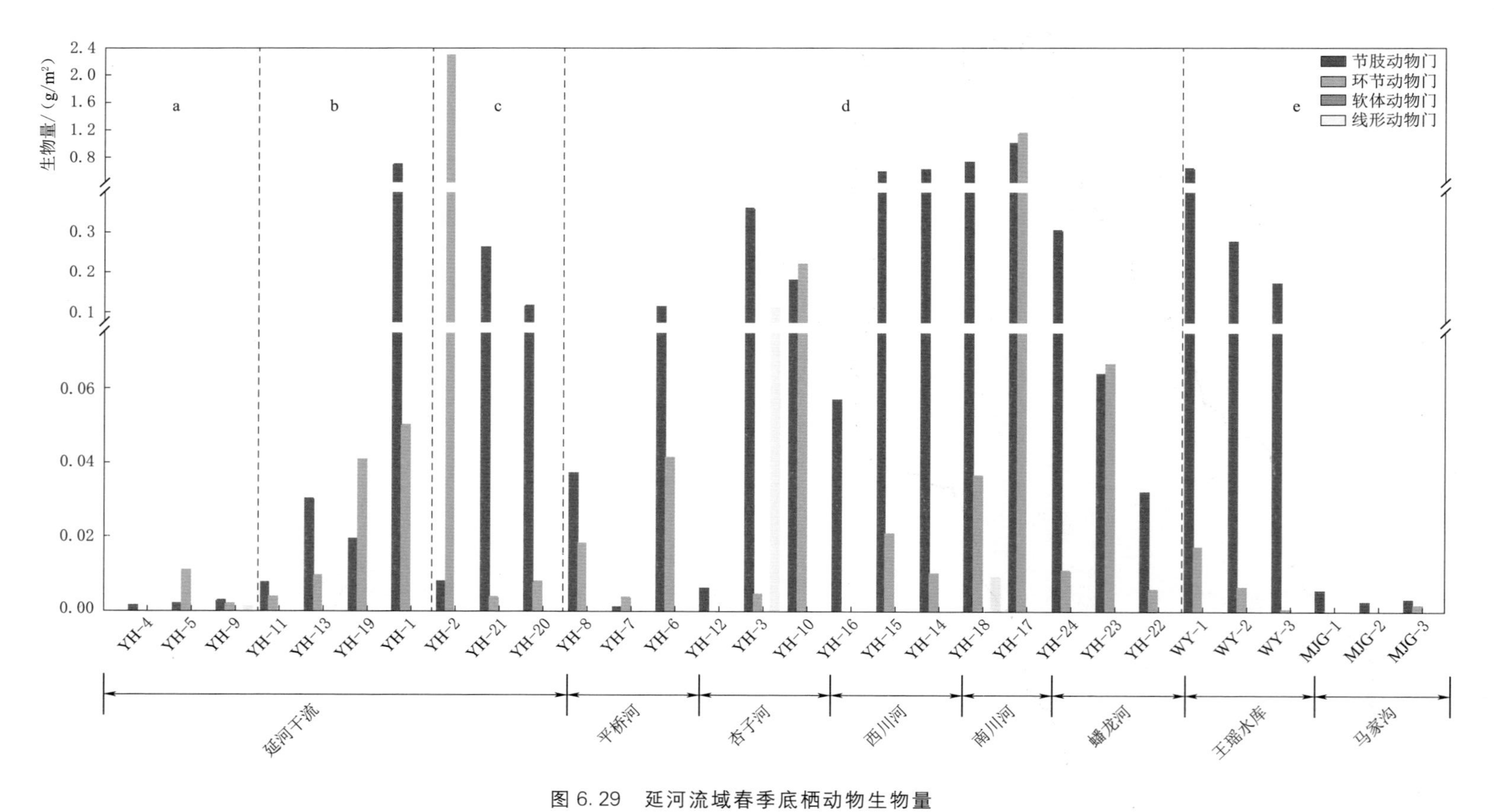

图6.29 延河流域春季底栖动物生物量

注 a—延河干流上游段；b—延河干流中游段；c—延河干流下游段；d—延河支流；e—淤地坝水体及水库

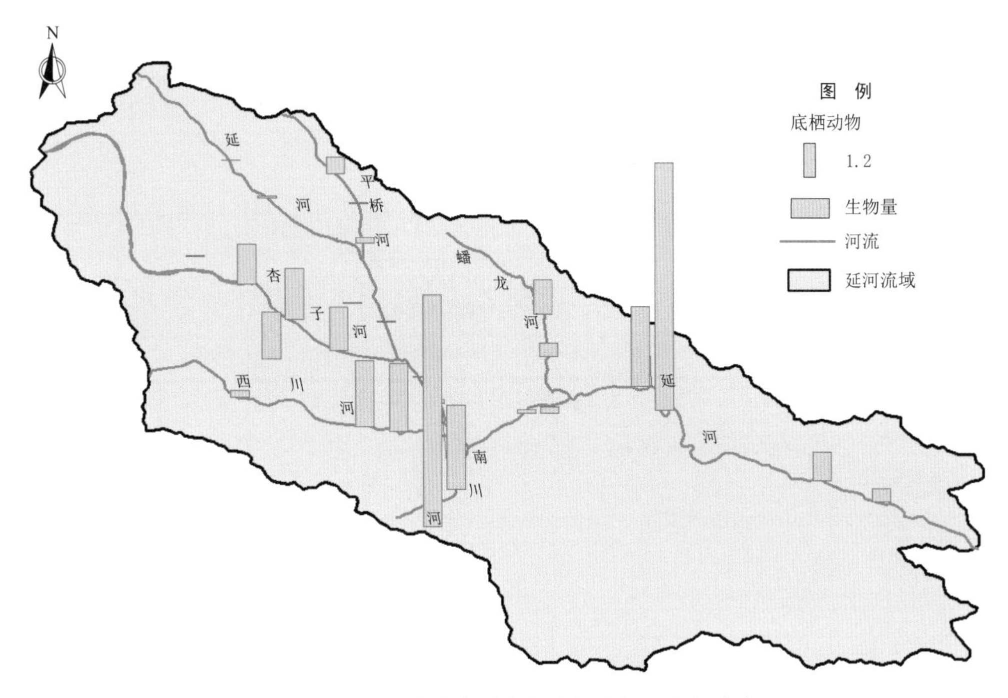

图 6.30 延河流域春季底栖动物生物量空间分布

马家沟各样点底栖动物密度在 9.99～23.31ind./m^2 之间，平均值为 17.76ind./m^2，其中 2 号样点密度最低，为 9.99ind./m^2，3 号样点密度最高，为 23.31ind./m^2；各样点底栖动物生物量在 0.0033～0.0059g/m^2 之间，平均值为 0.0049g/m^2，其中 2 号样点最低，为 0.0033g/m^2，1 样点最高，为 0.0059g/m^2。

柳家畔各样点底栖动物密度在 26.64～159.84ind./m^2 之间，平均值为 79.92ind./m^2，其中 1 号样点密度最低，为 26.64ind./m^2，3 号样点密度最高，为 159.84ind./m^2；各样点底栖动物生物量在 0.1298～1.0587g/m^2 之间，平均值为 0.59425g/m^2，其中 1 号样点最低，为 0.1298g/m^2，3 样点最高，为 1.0587g/m^2。

6.3.3 底栖动物优势种

延河上游优势种为奥特开水丝蚓、无距摇蚊属 A 种、双线环足摇蚊、梯形多足摇蚊群 A 种、流长跗摇蚊属 B 种和蠓科一种；

延河中游优势种为霍甫水丝蚓和梯形多足摇蚊群 A 种；

延河下游优势种为豹行仙女虫、霍甫水丝蚓、细真开氏摇蚊、韦特直突摇蚊、梯形多足摇蚊群 A 种、长跗摇蚊属 A 种和四节蜉属一种；

平桥河优势种为霍甫水丝蚓、梯形多足摇蚊群 A 种；

杏子河优势种为韦特直突摇蚊；

西川河优势种为苏氏尾鳃蚓、墨黑摇蚊、凹铗隐摇蚊和梯形多足摇蚊群 A 种；

南川河优势种为霍甫水丝蚓、奥特开水丝蚓、墨黑摇蚊和 Larsia sp.；

蟠龙河优势种为霍甫水丝蚓和梯形多足摇蚊群 A 种；

王瑶水库优势种为霍甫水丝蚓和红裸须摇蚊；
马家沟优势种为白角多足摇蚊；
柳家畔优势种为残枝长跗摇蚊、前突摇蚊属A种和红裸须摇蚊。

6.3.4 底栖动物群落多样性指数

延河流域春季底栖动物群落多样性指数如图6.31～图6.36所示。

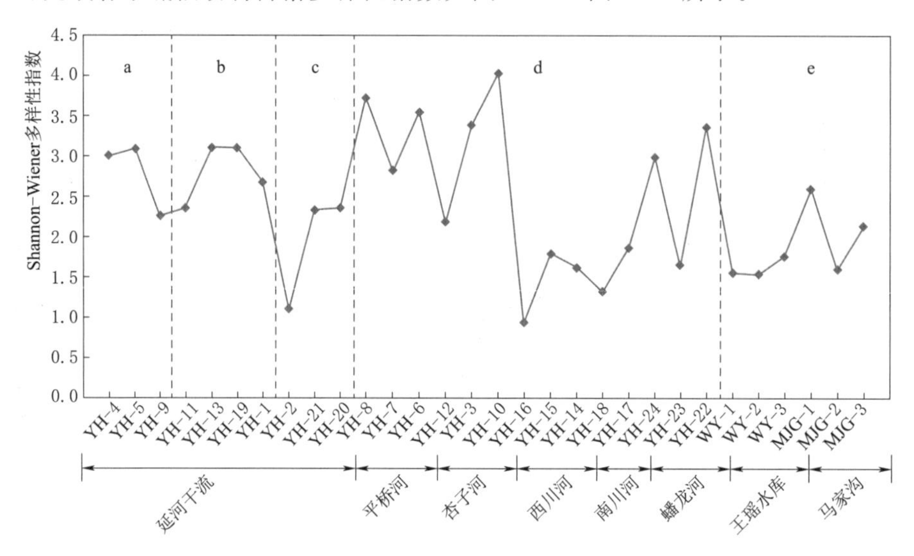

图6.31 延河流域春季底栖动物 Shannon - Wiener 多样性指数

注 a—延河干流上游段；b—延河干流中游段；c—延河干流下游段；d—延河支流；e—淤地坝水体及水库

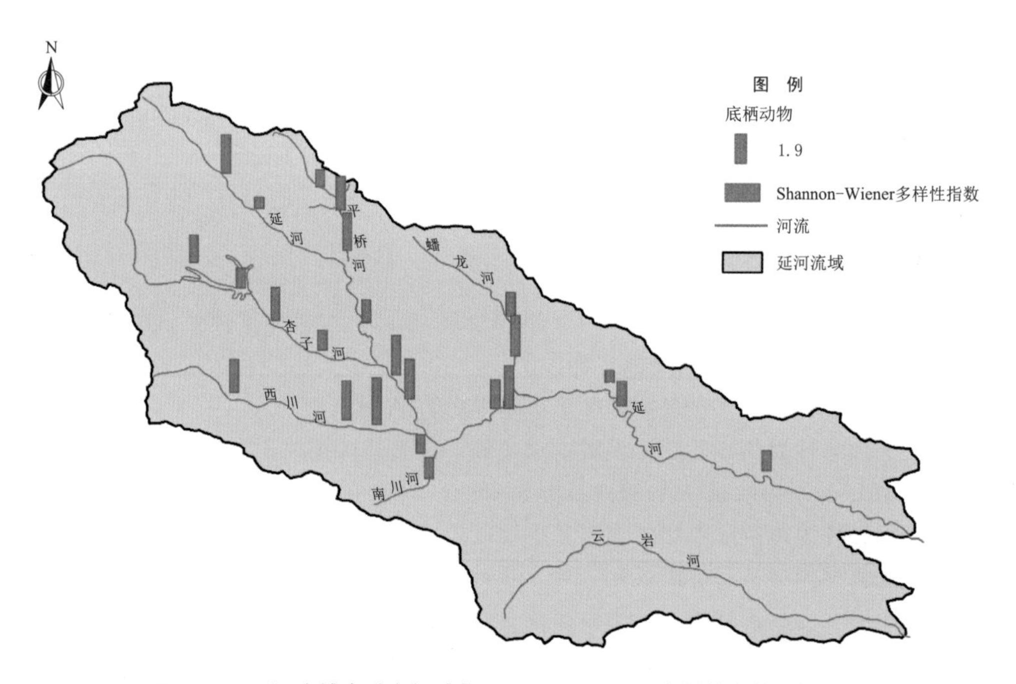

图6.32 延河流域春季底栖动物 Shannon - Wiener 多样性指数空间分布

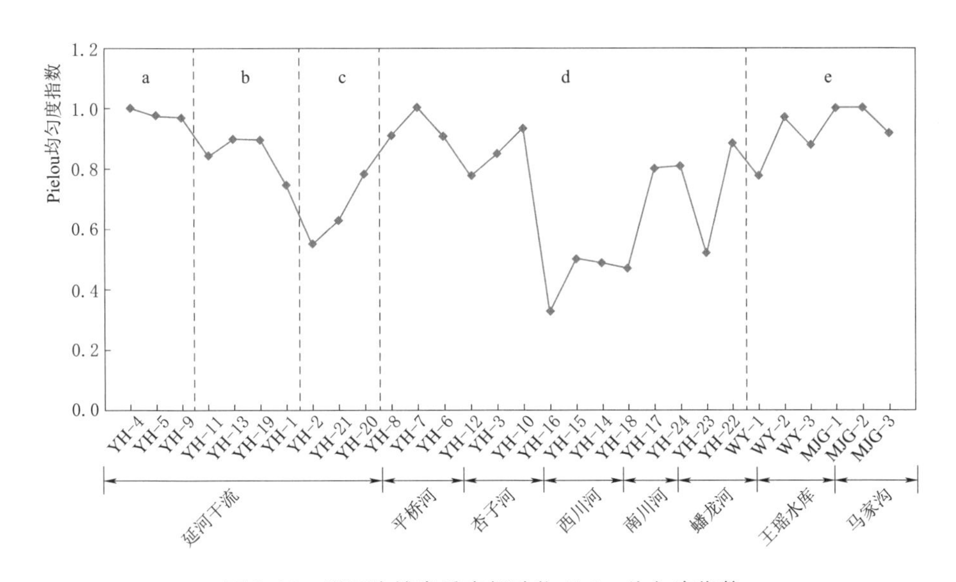

图 6.33 延河流域春季底栖动物 Pielou 均匀度指数

注 a—延河干流上游段；b—延河干流中游段；c—延河干流下游段；d—延河支流；e—淤地坝水体及水库

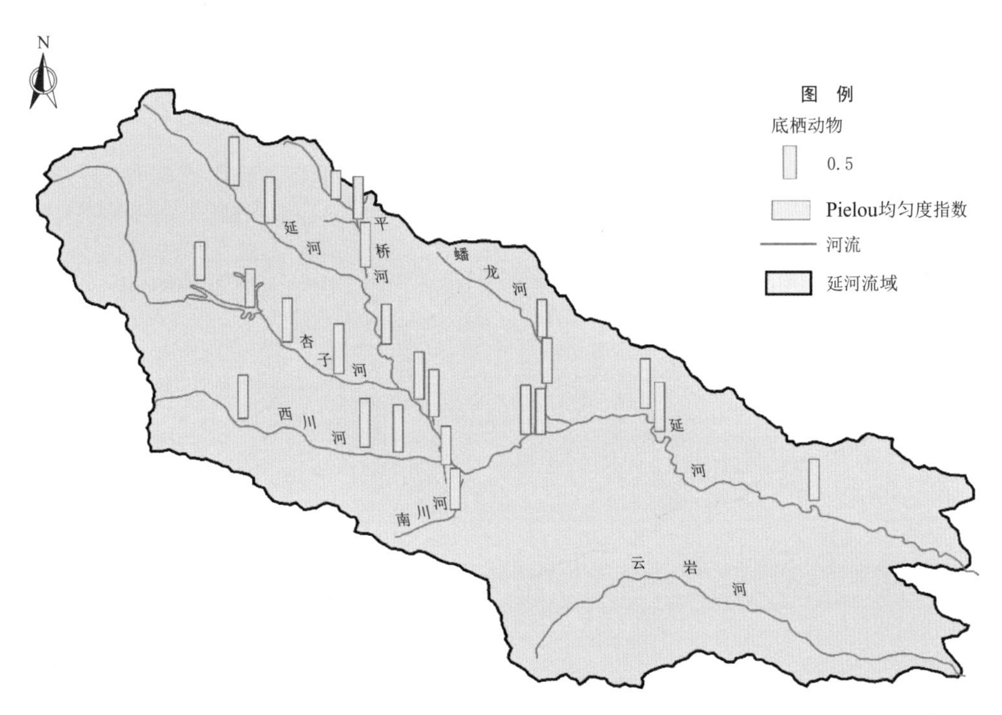

图 6.34 延河春季底栖动物 Pielou 均匀度指数空间分布

延河上游底栖动物 Shannon - Wiener 多样性指数在 2.2516～3.0850 之间，平均值为 2.7789；Pielou 均匀度指数在 0.9697～1.0000 之间，平均值为 0.9810；Margalef 丰富度指数在 2.2324～3.3663 之间，平均值为 2.9394。

延河中游底栖动物 Shannon - Wiener 多样性指数在 2.3535～3.1066 之间，平均值为

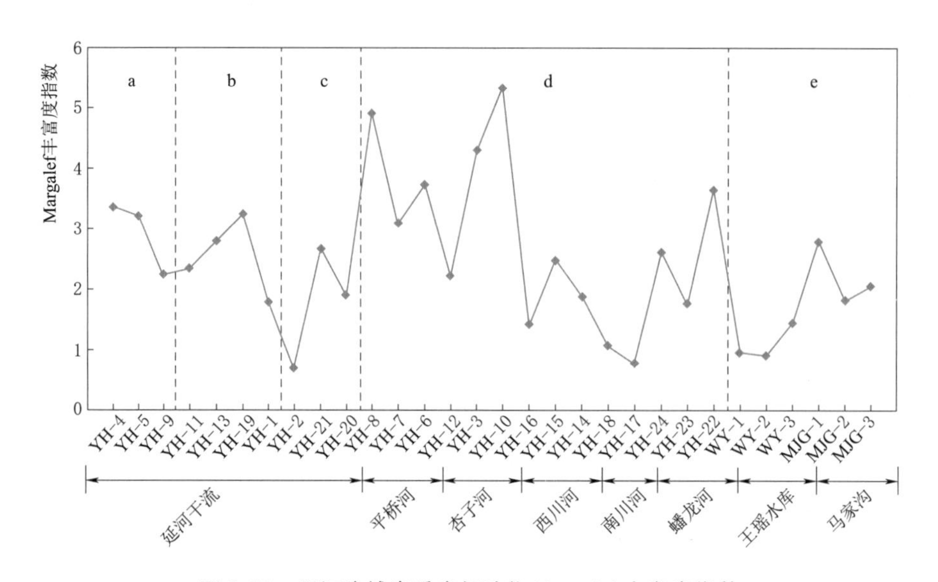

图 6.35 延河流域春季底栖动物 Margalef 丰富度指数

注 a—延河干流上游段；b—延河干流中游段；c—延河干流下游段；d—延河支流；e—淤地坝水体及水库

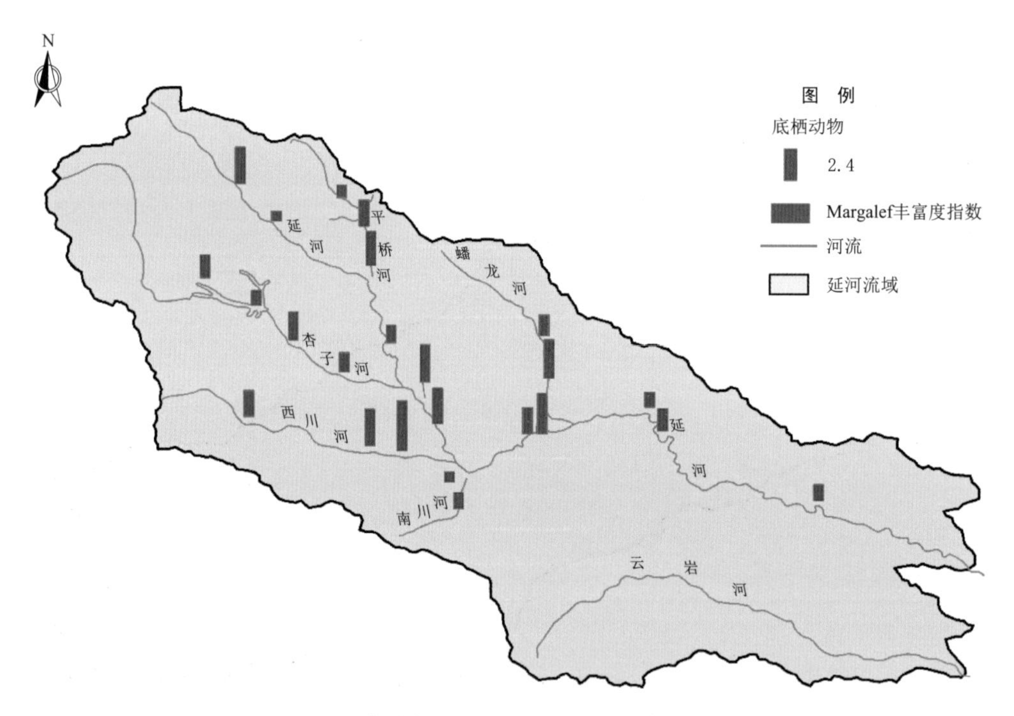

图 6.36 延河春季底栖动物 Margalef 丰富度指数空间分布

2.8073；Pielou 均匀度指数在 0.7454～0.8980 之间，平均值为 0.8442；Margalef 丰富度指数在 1.7922～3.2352 之间，平均值为 2.5393。

延河下游底栖动物 Shannon - Wiener 多样性指数在 1.0961～2.3537 之间，平均值为 1.9259；Pielou 均匀度指数在 0.5480～0.7846 之间，平均值为 0.6539；Margalef 丰富度

指数在 0.6808～2.6802 之间，平均值为 1.7528。

平桥河底栖动物 Shannon - Wiener 多样性指数在 2.8074～3.7193 之间，平均值为 3.3551；Pielou 均匀度指数在 0.9057～1.0000 之间，平均值为 0.9385；Margalef 丰富度指数在 3.0834～4.9108 之间，平均值为 3.9055。

杏子河底栖动物 Shannon - Wiener 多样性指数在 2.1736～4.0227 之间，平均值为 3.1933；Pielou 均匀度指数在 0.7742～0.9308 之间，平均值为 0.8459；Margalef 丰富度指数在 2.2156～5.3441 之间，平均值为 3.9499。

西川河底栖动物 Shannon - Wiener 多样性指数在 0.9135～1.7944 之间，平均值为 1.4417；Pielou 均匀度指数在 0.3254～0.5005 之间，平均值为 0.4376；Margalef 丰富度指数在 1.4076～2.4893 之间，平均值为 1.9289。

南川河底栖动物 Shannon - Wiener 多样性指数在 1.3114～1.8584 之间，平均值为 1.5849；Pielou 均匀度指数在 0.4671～0.8004 之间，平均值为 0.6337；Margalef 丰富度指数在 0.7695～1.0602 之间，平均值为 0.9148。

蟠龙河底栖动物 Shannon - Wiener 多样性指数在 1.6314～3.3614 之间，平均值为 2.6594；Pielou 均匀度指数在 0.5147～0.8829 之间，平均值为 0.7348；Margalef 丰富度指数在 1.7410～3.6565 之间，平均值为 2.6696。

王瑶水库底栖动物 Shannon - Wiener 多样性指数在 1.5305～1.7500 之间，平均值为 1.6095；Pielou 均匀度指数在 0.7739～0.9656 之间，平均值为 0.8750；Margalef 丰富度指数在 0.9102～1.4427 之间，平均值为 1.1078。

马家沟底栖动物 Shannon - Wiener 多样性指数在 1.5850～2.5850 之间，平均值为 2.0993；Pielou 均匀度指数在 0.9165～1.0000 之间，平均值为 0.9722；Margalef 丰富度指数在 1.8205～2.7906 之间，平均值为 2.2222。

柳家畔底栖动物 Shannon - Wiener 多样性指数在 1.7891～2.0919 之间，平均值为 1.9289；Pielou 均匀度指数在 0.7452～0.9528 之间，平均值为 0.8228；Margalef 丰富度指数在 1.0333～2.1640 之间，平均值为 1.5467。

6.4 延河流域秋季底栖动物群落特征

6.4.1 底栖动物种类组成

延河流域秋季底栖动物种类组成及物种数空间分布如图 6.37 和图 6.38 所示。

延河河流域秋季共鉴定底栖动物 71 种，隶属于 3 门 58 属：节肢动物门 63 种，占 88.73%；环节动物门 5 种，占 7.04%；软体动物门 3 种，占 4.23%。

延河上游共鉴定出底栖动物 13 种：节肢动物门 11 种，占 84.62%；环节动物门 1 种，占 7.69%；软体动物门 1 种，占 7.69%。

延河中游共鉴定出底栖动物 23 种：节肢动物门 19 种，占 82.61%；环节动物门 3 种，占 13.04%；软体动物门 1 种，占 4.35%。

延河下游共鉴定出底栖动物 8 种：节肢动物门 8 种，占 100.00%。

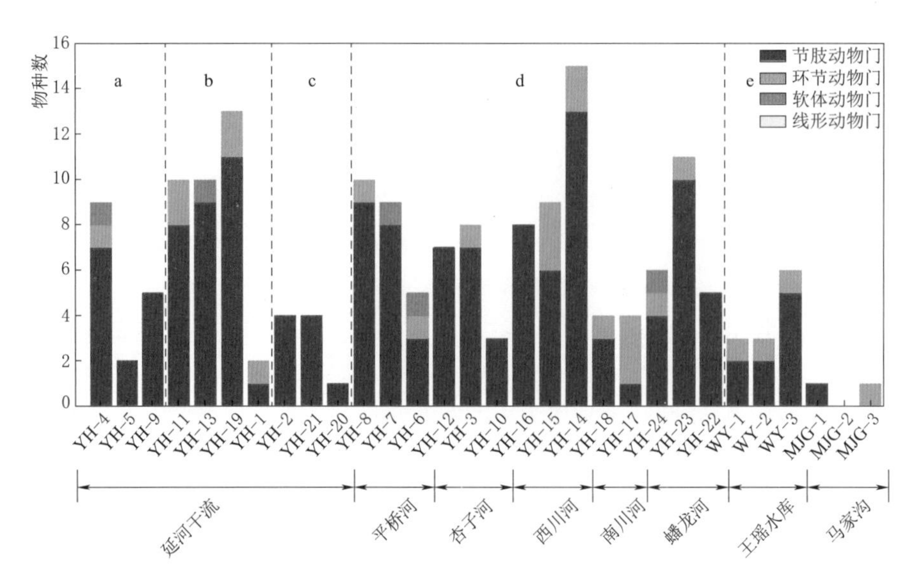

图 6.37 延河流域秋季底栖动物种类组成

注 a—延河干流上游段；b—延河干流中游段；c—延河干流下游段；d—延河支流；e—淤地坝水体及水库

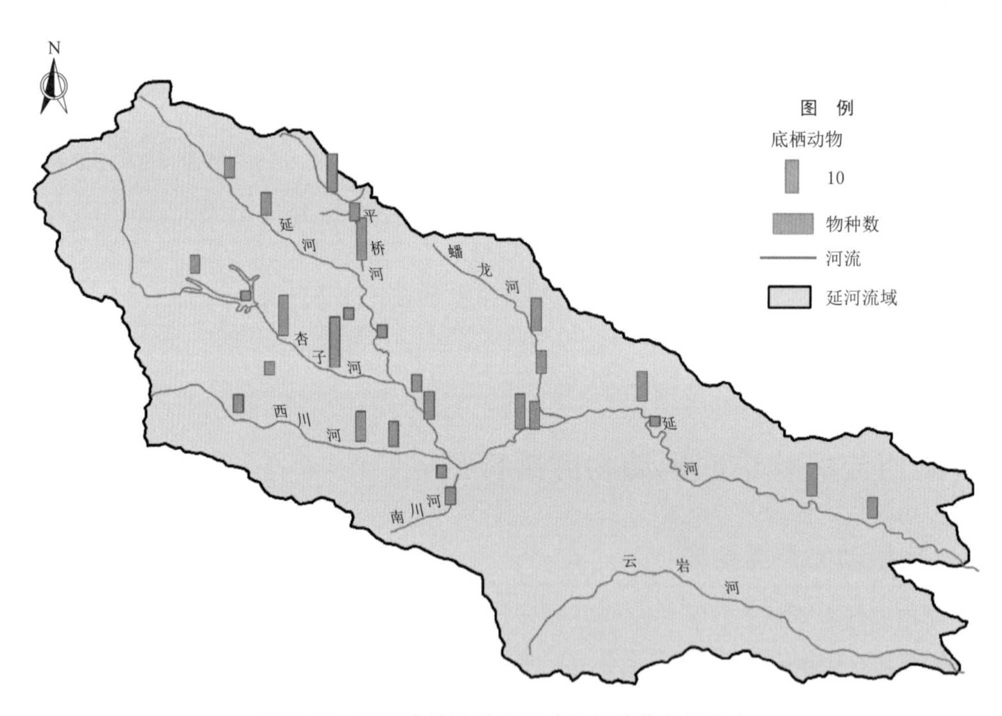

图 6.38 延河流域秋季底栖动物物种数空间分布

平桥河共鉴定出底栖动物 16 种：节肢动物门 14 种，占 87.50%；环节动物门 1 种，占 6.25%；软体动物门 1 种，占 6.25%。

杏子河共鉴定出底栖动物 18 种：节肢动物门 17 种，占 94.44%；环节动物门 1 种，占 5.56%。

西川河共鉴定出底栖动物 24 种：节肢动物门 21 种，占 87.50%；环节动物门 1 种，占 12.50%。

南川河共鉴定出底栖动物 7 种：节肢动物门 4 种，占 57.14%；环节动物门 3 种，占 42.86%。

蟠龙河共鉴定出底栖动物 21 种：节肢动物门 16 种，占 76.19%；环节动物门 2 种，占 9.52%；软体动物门 3 种，占 14.29%。

王瑶水库共鉴定出底栖动物 9 种：节肢动物门 5 种，占 55.56%；环节动物门 2 种，占 22.22%；软体动物门 2 种，占 22.22%。

马家沟共鉴定出底栖动物 4 种：节肢动物门 1 种，占 25.00%；环节动物门 1 种，占 25.00%；软体动物门 2 种，占 50.00%。

6.4.2 底栖动物密度和生物量

延河流域秋季底栖动物密度和生物量及其空间分布如图 6.39～图 6.42 所示。

延河上游各样点底栖动物密度在 10.98～40.26ind./m^2 之间，平均值为 29.28ind./m^2，其中 5 号样点密度最低，为 10.98ind./m^2，9 号样点密度最高，为 40.26ind./m^2；各样点底栖动物生物量在 0.0849～0.4661g/m^2 之间，平均值为 0.2782g/m^2，其中 5 号样点最低，为 0.0849g/m^2，9 号样点最高，为 0.4661g/m^2。

延河中游各样点底栖动物密度在 6.66～73.26ind./m^2 之间，平均值为 41.63ind./m^2，其中 1 号样点密度最低，为 6.66ind./m^2，19 号样点密度最高，为 73.26ind./m^2；各样点底栖动物生物量在 0.1244～1.1453g/m^2 之间，平均值为 0.6349g/m^2，其中 1 号样点最低，为 0.1244g/m^2，13 号样点最高，为 1.1453g/m^2。

延河下游各样点底栖动物密度在 3.33～23.31ind./m^2 之间，平均值为 13.32ind./m^2，其中 20 号样点密度最低，为 3.33ind./m^2，21 号样点密度最高，为 23.31ind./m^2；各样点底栖动物生物量在 0.0086～0.0436g/m^2 之间，平均值为 0.0211g/m^2，其中 20 号样点最低，为 0.0086g/m^2，2 号样点最高，为 0.0436g/m^2。

平桥河各样点底栖动物密度在 49.95～89.91ind./m^2 之间，平均值为 73.62ind./m^2，其中 8 号样点密度最低，为 49.95ind./m^2，6 号样点密度最高，为 89.91ind./m^2；各样点底栖动物生物量在 0.2418～1.3521g/m^2 之间，平均值为 0.7251g/m^2，其中 8 号样点最低，为 0.2418g/m^2，6 号样点最高，为 1.3521g/m^2。

杏子河各样点底栖动物密度在 9.99～49.95ind./m^2 之间，平均值为 34.41ind./m^2，其中 10 号样点密度最低，为 9.99ind./m^2，12 号样点密度最高，为 49.95ind./m^2；各样点底栖动物生物量在 0.0064～0.6047g/m^2 之间，平均值为 0.2703g/m^2，其中 12 号样点最低，为 0.0064g/m^2，3 号样点最高，为 0.6047g/m^2。

西川河各样点底栖动物密度在 33.30～63.27ind./m^2 之间，平均值为 49.95ind./m^2，其中 15 号样点密度最低，为 33.30ind./m^2，14 号样点密度最高，为 63.27ind./m^2；各样点底栖动物生物量在 0.1597～0.5572g/m^2 之间，平均值为 0.3069g/m^2，其中 15 号样点最低，为 0.1597g/m^2，16 号样点最高，为 0.5572g/m^2。

南川河各样点底栖动物密度在 23.31～73.26ind./m^2 之间，平均值为 48.29ind./m^2，

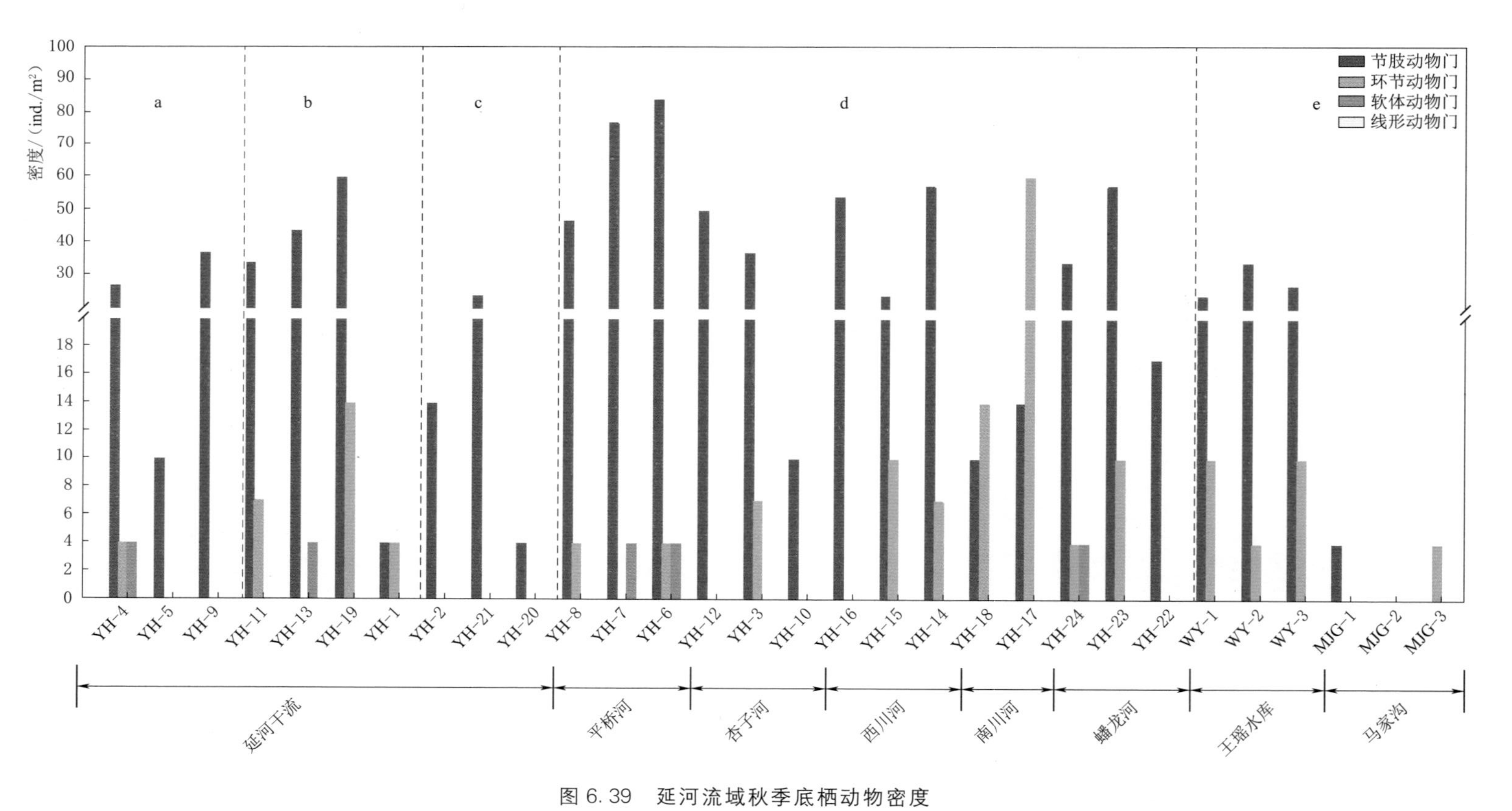

图6.39 延河流域秋季底栖动物密度

注 a—延河干流上游段；b—延河干流中游段；c—延河干流下游段；d—延河支流；e—淤地坝水体及水库

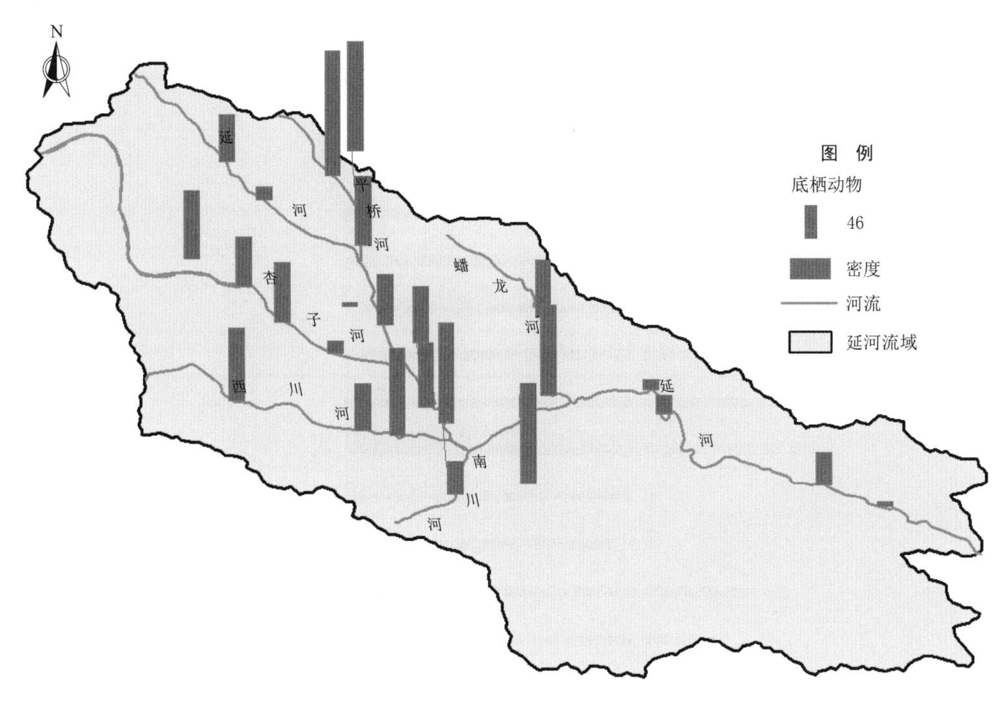

图 6.40 延河流域秋季底栖动物密度空间分布

其中 18 号样点密度最低，为 23.31ind./m^2，17 号样点密度最高，为 73.26ind./m^2；各样点底栖动物生物量在 0.0524～0.1188g/m^2 之间，平均值为 0.0856g/m^2，其中样 18 号点最低，为 0.0524g/m^2，17 号样点最高，为 0.1188g/m^2。

蟠龙河各样点底栖动物密度在 16.65～66.60ind./m^2 之间，平均值为 41.07ind./m^2，其中 22 号样点密度最低，为 16.65ind./m^2，23 号样点密度最高，为 66.60ind./m^2；各样点底栖动物生物量在 0.1174～0.4952g/m^2 之间，平均值为 0.3139g/m^2，其中 22 号样点最低，为 0.1174g/m^2，24 样点最高，为 0.4952g/m^2。

王瑶水库各样点底栖动物密度在 33.30～36.63ind./m^2 之间，平均值为 35.52ind./m^2，其中 1 号样点密度最低，为 33.30ind./m^2，2 号样点密度最高，为 36.63ind./m^2；各样点底栖动物生物量在 0.0835～0.9182g/m^2 之间，平均值为 0.4591g/m^2，其中 3 号样点最低，为 0.0835g/m^2，1 号样点最高，为 0.9182g/m^2。

马家沟各样点底栖动物密度在 0～3.33ind./m^2 之间，平均值为 2.22ind./m^2，其中 2 号样点密度最低，为 0ind./m^2，1、3 号样点密度最高，为 3.33ind./m^2；各样点底栖动物生物量在 0～0.0070g/m^2 之间，平均值为 0.0024g/m^2，其中 2 号样点最低，为 0g/m^2，3 号样点最高，为 0.0070g/m^2。

6.4.3 底栖动物优势种

延河上游优势种为四节蜉属一种和纹石蛾属；

延河中游优势种为霍甫水丝蚓和纹石蛾属；

延河下游优势种为龙虱科一种；

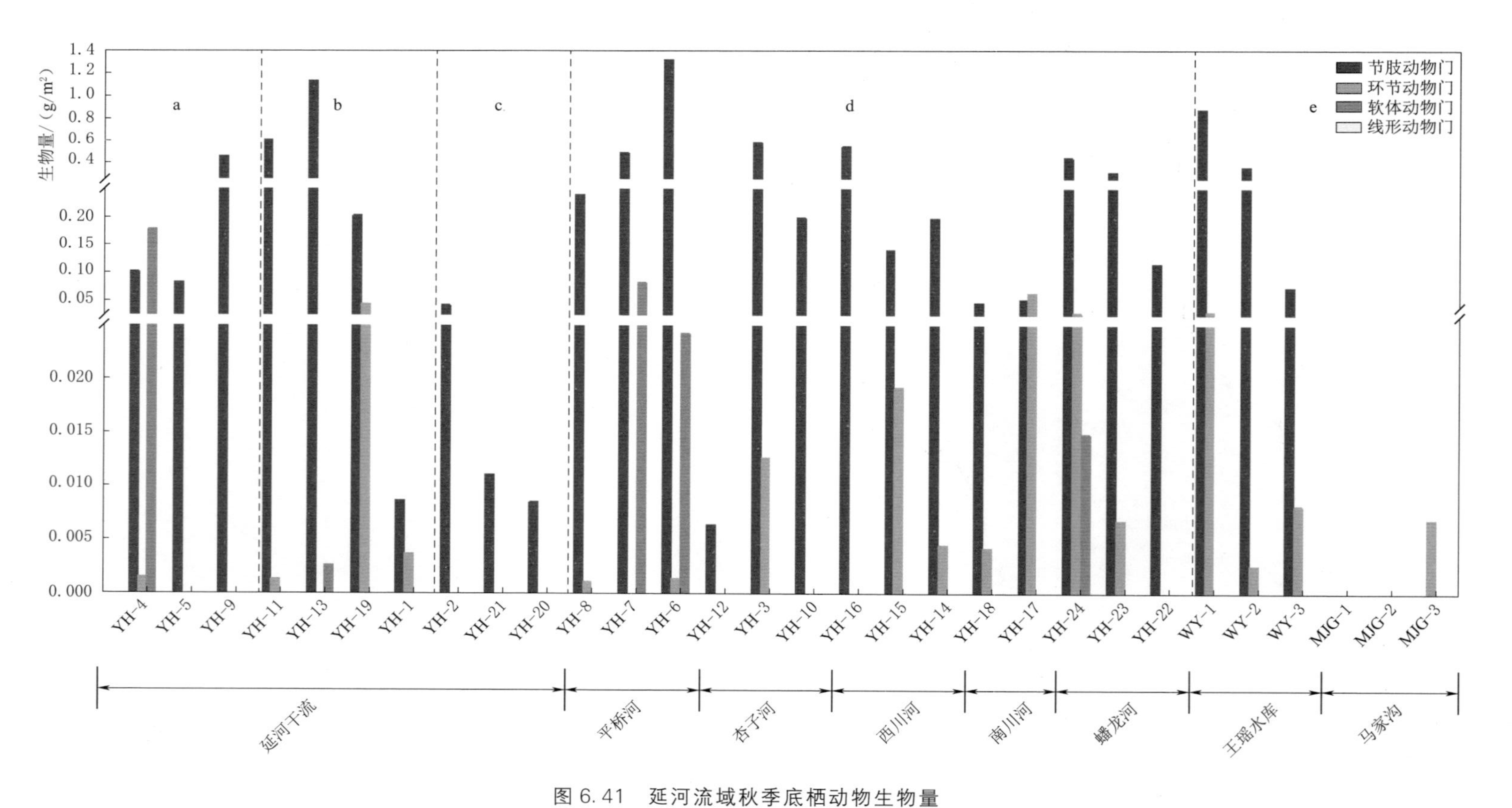

图 6.41 延河流域秋季底栖动物生物量

注 a—延河干流上游段；b—延河干流中游段；c—延河干流下游段；d—延河支流；e—淤地坝水体及水库

图 6.42 延河流域秋季底栖动物生物量空间分布

平桥河优势种为四节蜉属一种；

杏子河优势种为四节蜉属一种和纹石蛾属；

西川河优势种为龙虱科一种和四节蜉属一种；

南川河优势种为霍甫水丝蚓；

蟠龙河优势种为椭圆萝卜螺；

王瑶水库优势种为豹行仙女虫、小云多足摇蚊和椭圆萝卜螺；

马家沟优势种为正颤蚓、红裸须摇蚊和椭圆萝卜螺。

6.4.4 底栖动物群落多样性指数

延河流域秋季底栖动物群落多样性指数及空间分布如图 6.43～图 6.48 所示。

延河上游底栖动物 Shannon - Wiener 多样性指数在 0.9183～3.1219 之间，平均值为 1.9693；Pielou 均匀度指数在 0.8043～0.9849 之间，平均值为 0.9025；Margalef 丰富度指数在 0.9102～3.4744 之间，平均值为 2.0176。

延河中游底栖动物 Shannon - Wiener 多样性指数在 1.0000～3.4429 之间，平均值为 2.7034；Pielou 均匀度指数在 0.9304～1.0000 之间，平均值为 0.9620；Margalef 丰富度指数在 1.4427～3.8822 之间，平均值为 3.0893。

延河下游底栖动物 Shannon - Wiener 多样性指数在 0.0000～2.0000 之间，平均值为 1.2215；Pielou 均匀度指数在 0.0000～1.0000 之间，平均值为 0.6107；Margalef 丰富度指数在 0.0000～2.1640 之间，平均值为 1.2352。

平桥河底栖动物 Shannon - Wiener 多样性指数在 1.3356～2.9996 之间，平均值为

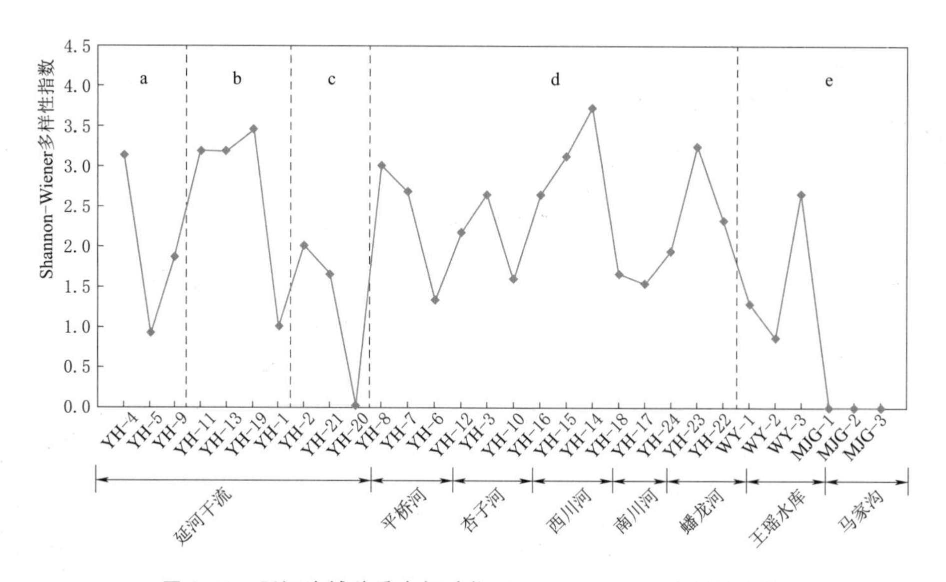

图 6.43 延河流域秋季底栖动物 Shannon - Wiener 多样性指数

注 a—延河干流上游段；b—延河干流中游段；c—延河干流下游段；d—延河支流；e—淤地坝水体及水库

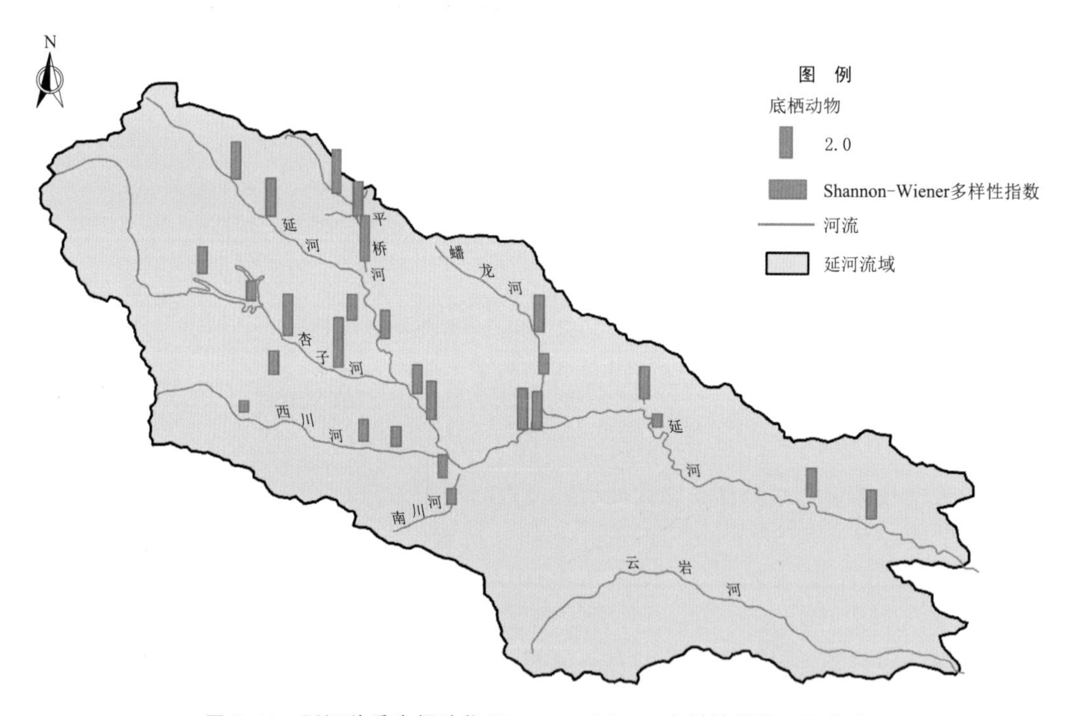

图 6.44 延河秋季底栖动物 Shannon - Wiener 多样性指数空间分布

2.3413；Pielou 均匀度指数在 0.5752～0.9030 之间，平均值为 0.7755；Margalef 丰富度指数在 1.2137～3.3234 之间，平均值为 2.3514。

杏子河底栖动物 Shannon - Wiener 多样性指数在 1.5850～2.6535 之间，平均值为 2.1374；Pielou 均匀度指数在 0.7742～1.0000 之间，平均值为 0.8863；Margalef 丰富度

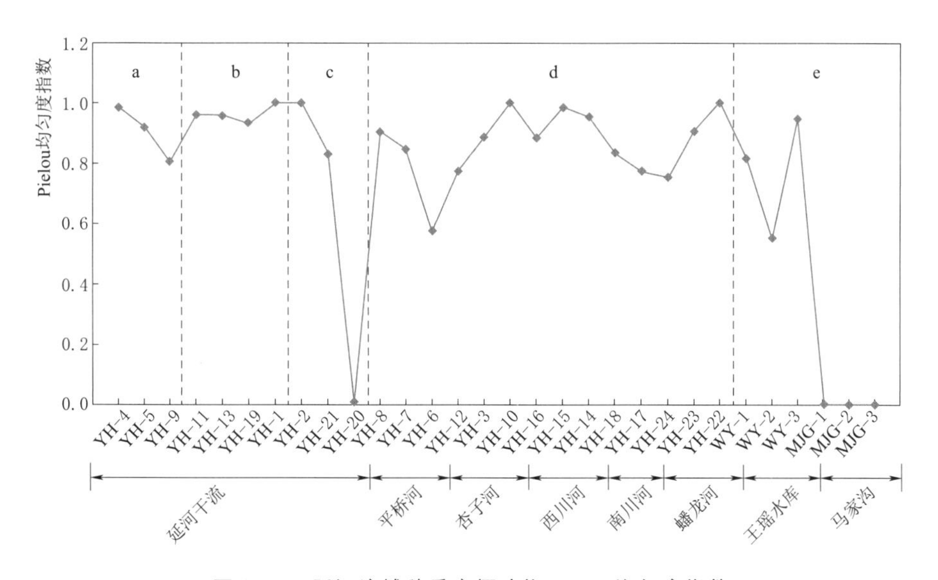

图 6.45 延河流域秋季底栖动物 Pielou 均匀度指数

注 a—延河干流上游段；b—延河干流中游段；c—延河干流下游段；d—延河支流；e—淤地坝水体及水库

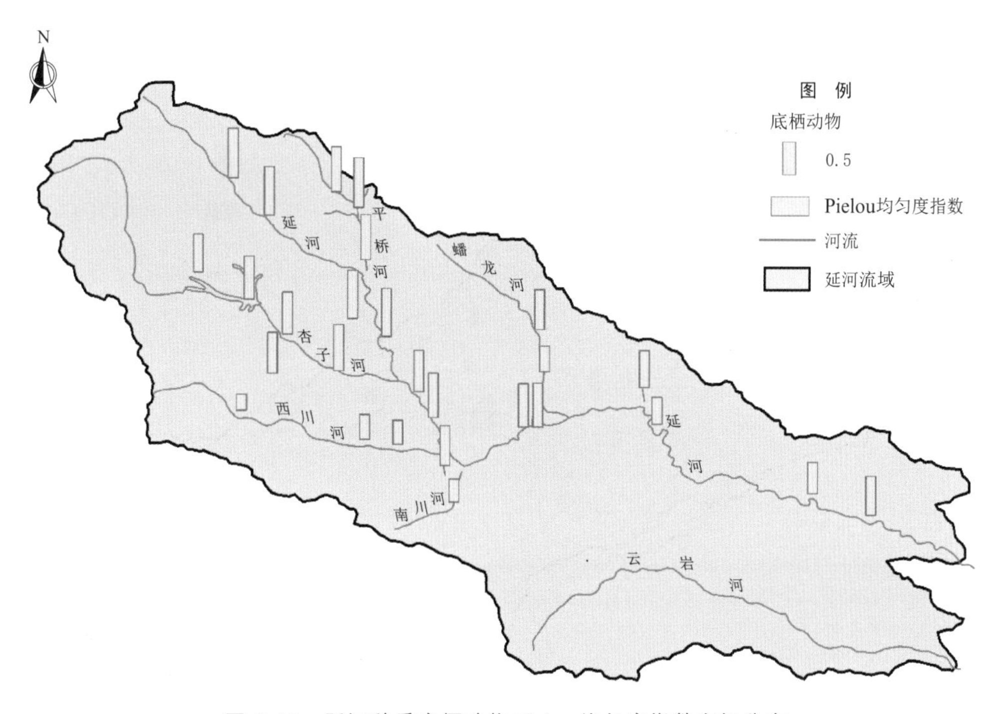

图 6.46 延河秋季底栖动物 Pielou 均匀度指数空间分布

指数在 1.8205～2.7291 之间，平均值为 2.2551。

西川河底栖动物 Shannon - Wiener 多样性指数在 2.6494～3.7216 之间，平均值为 3.1643；Pielou 均匀度指数在 0.8831～0.9849 之间，平均值为 0.9402；Margalef 丰富度指数在 2.5247～4.7547 之间，平均值为 3.5846。

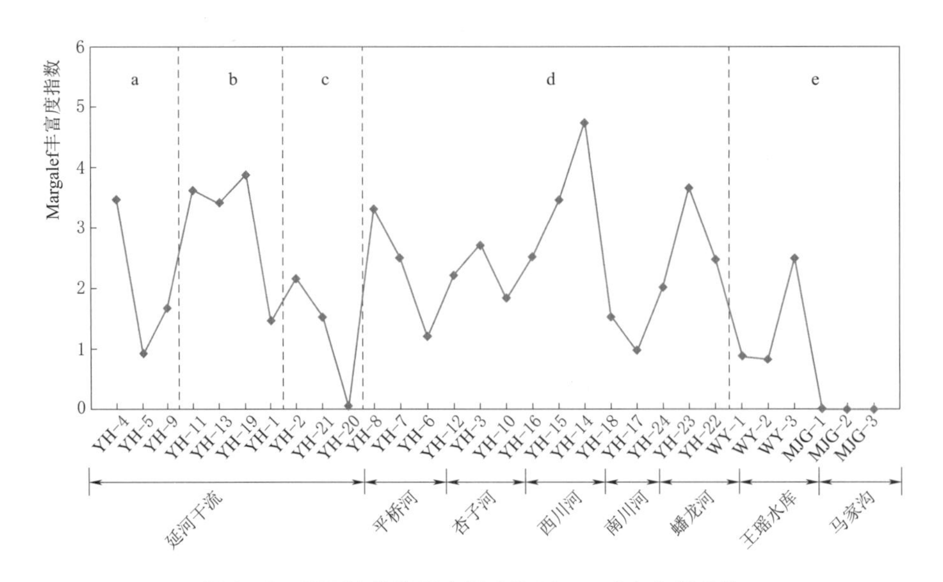

图 6.47 延河流域秋季底栖动物 Margalef 丰富度指数

注 a—延河干流上游段；b—延河干流中游段；c—延河干流下游段；d—延河支流；e—淤地坝水体及水库

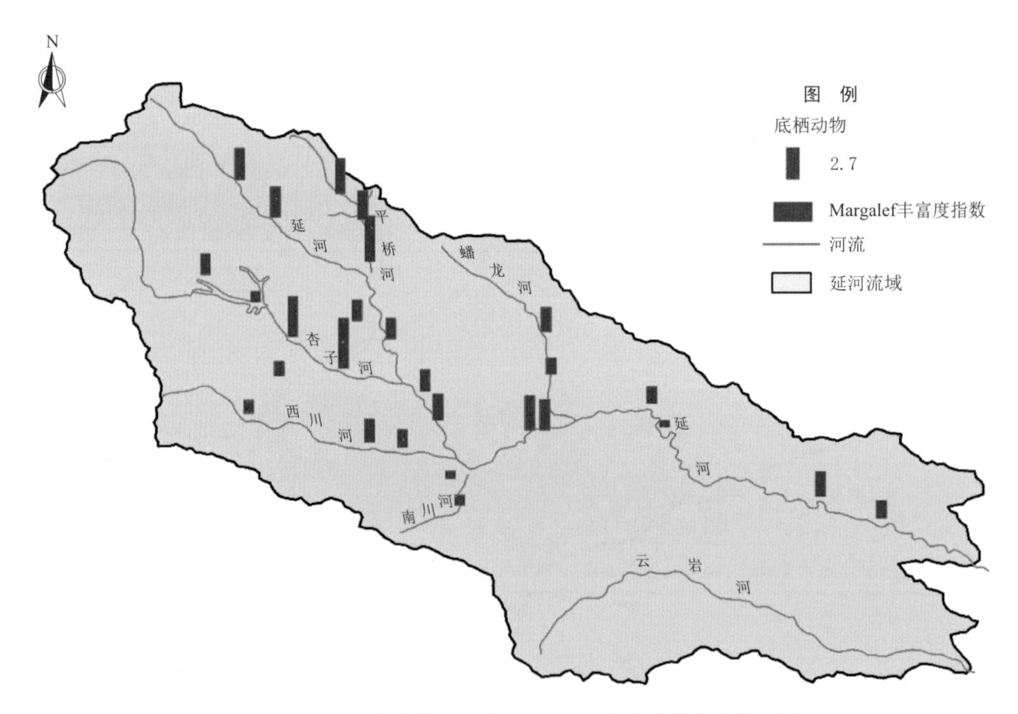

图 6.48 延河秋季底栖动物 Margalef 丰富度指数空间分布

南川河底栖动物 Shannon - Wiener 多样性指数在 1.5455～1.6645 之间，平均值为 1.6050；Pielou 均匀度指数在 0.7728～0.8322 之间，平均值为 0.8025；Margalef 丰富度指数在 0.9705～1.5417 之间，平均值为 1.2561。

蟠龙河底栖动物 Shannon - Wiener 多样性指数在 1.9473～3.2464 之间，平均值为

2.5052；Pielou 均匀度指数在 0.7533～1.0000 之间，平均值为 0.8863；Margalef 丰富度指数在 2.0121～3.6719 之间，平均值为 2.7231。

王瑶水库底栖动物 Shannon - Wiener 多样性指数在 0.8659～2.6635 之间，平均值为 1.6083；Pielou 均匀度指数在 0.5463～0.9488 之间，平均值为 0.7708；Margalef 丰富度指数在 0.8341～2.5022 之间，平均值为 1.4016。

马家沟底栖动物 Shannon - Wiener 多样性指数在 0～0 之间，平均值为 0；Pielou 均匀度指数在 0.0000～0.0000 之间，平均值为 0.0000；Margalef 丰富度指数在 0.0000～0.0000 之间，平均值为 0.0000。

6.5 讨论与小结

无定河流域共鉴定出底栖动物 125 种，以节肢动物门为主，底栖动物优势种 27 种，以梯形多足摇蚊、霍甫水丝蚓和四节蜉为主。春季无定河流域共鉴定出底栖动物 106 种，平均密度为 180.56ind./m^2，平均生物量为 0.7595mg/m^2；秋季鉴定出 66 种，平均密度为 93.9975ind./m^2，平均生物量为 0.4542mg/m^2。在时间尺度上，春季底栖动物物种数、密度均多于秋季，无定河干流、支流海流兔河、芦河底栖动物现存量高于秋季，而支流榆溪河、马湖峪河、大理河及淮宁河底栖动物生物量则秋季高于春季。从空间尺度看，两个季节无定河中游底栖动物种类数最多，6 条支流中马湖峪河底栖动物种类数最多，整体来看，上游区域的支流底栖动物物种数要大于下游区域。无定河干流春季底栖动物现存量的分布规律一致，均为中游＞上游＞下游，同时季节差异性在逐渐缩小，支流底栖动物现存量的变化规律和差异性同干流一致，也呈现为从上游支流到下游支流其现存量逐渐降低、差异性逐渐缩小的规律。

无定河流域不同季节的底栖动物群落特征表明，无定河流域春季底栖动物物种数、密度和生物量皆高于秋季。在物种数上，水生昆虫由春季的 89 种减少至秋季的 56 种，主要减少的物种隶属于摇蚊科，这可能是因为春季气温回升，有利于摇蚊生长，物种数显著提高（张坤 等，2022），而秋季因为经历过夏季的集中降雨，黄土土质疏松易受降水侵蚀（王玉丹 等，2022），流域内水土流失较为严重，河床稳定性降低，底栖动物生境被破坏后未能完全恢复，从而导致秋季水生昆虫物种数较少（朱朋辉 等，2019；赵娜，2015）。在现存量上，无定河流域整体上底栖动物密度和生物量春季要高于秋季，除了春季气温回升有利于底栖动物生长外（陈泽豪 等，2021），还可能归因于摇蚊在秋季经历羽化迁出（郭先武，1995），导致数量减少。从空间尺度上看，无定河干流底栖动物物种数上游多于中、下游，支流中处于无定河上游的支流马湖峪河物种数较多，淤地坝水体物种数最少。底栖动物物种组成空间差异可能归因于流域内地形地貌及土地利用状况的差异，无定河上游河道主要为风沙地貌，地表物质以粗颗粒风沙为主，地形较为平坦，水力侵蚀相对较少（颜明 等，2022），而中下游主要位于黄土丘陵沟壑区，水力侵蚀加剧，同时河岸两边耕地面积占比较大，水土流失严重（张琳琳 等，2020），农业面源污染的影响相应增加，致使水生生物多样性下降。榆溪河底栖动物物种数最低，是因为榆溪河受到了农业面源污染，并且河流经过城区，生产生活污水也对其造成一定的污染。

延河流域共鉴定出底栖动物118种，以节肢动物门为主，底栖动物优势种25种，以梯形多足摇蚊、霍甫水丝蚓和四节蜉为主。春季延河流域共鉴定出底栖动物92种，平均密度为228.56ind./m^2，平均生物量为0.6561mg/m^2；秋季鉴定出64种，平均密度为36.93ind./m^2，平均生物量为0.2969mg/m^2。在时间尺度上，春季底栖动物物种数、密度均多于秋季，延河中下游、支流底栖动物现存量均高于秋季，而延河上游底栖动物生物量则秋季高于春季。从空间尺度看，两个季节延河中游底栖动物种类数最多，5条支流中平桥河与杏子河底栖动物种类数最多，整体来看，上游区域的支流底栖动物物种数要大于下游区域。延河干流春季底栖动物现存量的分布规律一致，均为中游＞上游＞下游，同时季节差异性在逐渐缩小，支流底栖动物现存量的变化规律和差异性同干流一致，也呈现为从上游支流到下游支流其现存量逐渐降低、差异性逐渐缩小的规律。

延河流域的底栖动物主要以水生昆虫（双翅目、毛翅目、蜉蝣目等）为主，一些广布种（四节蜉、龙虱等）在本调查中频繁出现。底栖动物的物种数及密度在两季度中差异较大，主要由水生昆虫中摇蚊科相关类群的减少所致，一方面可能归因于春季是摇蚊幼虫主要生长期，随着季节变化，温度升高，摇蚊幼虫逐渐羽化离开水体（尹子龙 等，2018；邢壮壮，2020）。另一方面也可能归因于该地区在夏季受到降雨影响，径流量增大，水土流失程度加剧，底质稳定性差不能为底栖动物提供安全、可庇护的空间，故导致物种数与密度减小（张路明，2019；Verdonschot et al.，2001）。此外，延河底栖动物群落特征在空间上差异明显，延河上游、延河中游、上游支流的物种数、多样性指数以及EPT分类单元数均高于延河下游和中下游支流。延河中下游支流和下游干流流经延安市与延长县，人类活动干扰显著增加（张路明，2019），导致流域内TP、TN浓度升高，导致这些流域霍夫水丝蚓等耐污种密度增加，底栖动物物种数与密度较其他区域显著降低，生物多样性趋近单一（钟雪，2020）。

参考文献

陈泽豪，杨文，王颖，等，2021. 白洋淀大型底栖动物群落结构及其与环境因子关系［J］. 生态学杂志，40（7）：2175-2185.

郭先武，1995. 武汉南湖三种摇蚊幼虫生物学特性及其种群变动的研究［J］. 湖泊科学，7（3）：249-255.

王雪龙，2015. 摇蚊幼虫种类鉴定、龄期划分及各虫态发育历期的研究［D］. 上海：上海海洋大学.

王玉丹，李晶，周自翔，等，2022. 无定河流域土壤保持服务供需关系及服务流模拟［J］. 水土保持学报，36（3）：138-145.

邢壮壮，2020. 官厅水库及入库河流的大型底栖动物研究和水质评价［D］. 济南：山东师范大学.

颜明，张应华，贺莉，等，2022. 无定河上游河道对沙漠化的阻截效应［J］. 中国沙漠，42（2）：62-68.

尹子龙，陆晓平，翁松干，等，2018. 固城湖底栖动物群落结构及水质生态评价［J］. 江苏水利（11）：14-19，25.

张坤，崔玉洁，陈圣盛，等，2022. 长江一级支流黄柏河大型底栖动物时空分布特征及其与环境因子的关系［J］. 淡水渔业，52（5）：3-16.

张琳琳，徐春燕，雷波，等，2020. 陕西省无定河流域水土流失状况分析［J］. 陕西水利（12）：142-

143，146.

张路明，2019. 北方缺水河流水质提升方案研究 [D]. 西安：西安建筑科技大学.

赵娜，2015. 河床演变对底栖动物群落的影响研究 [D]. 北京：清华大学.

钟雪，2020. 延河流域社会水文耦合规律研究 [D]. 西安：西北大学.

朱朋辉，潘保柱，李志威，等，2019. 云南小江流域典型泥石流沟中底栖动物群落特征及其对河流地貌的响应 [J]. 湖泊科学，31 (3)：869-880.

Verdonschot P F M，2001. Hydrology and substrates：determinants of oligochaete distribution in lowland streams (The Netherlands) [J]. Hydrobiologia，463 (1-3)：249-262.

第7章

鱼类群落结构特征

7.1 鱼类历史概况

陕西地形南、北高，中部低，以北山、秦岭为界，把全省划为陕北黄土高原、关中盆地和陕南秦巴山地三个自然地区。本次调查的无定河和延河流域属黄河壶口瀑布以上段的一级支流，地处陕北黄土高原，海拔一般在900～1500m，地形地貌以第四纪黄土堆积物为主。

陕西南北跨度大，气候类型多样，分布的淡水鱼类可划分为7个区系复合体：中国江河平原区系复合体、上第三纪早期区系复合体、南方平原区系复合体、中亚高山区系复合体、南方山麓区系复合体、北方平原区系复合体和北方山麓区系复合体。

受黄河壶口瀑布影响，无定河和延河流域所属地区罕有南方热带类群分布，该区域分布的鱼类以第三纪早期区系复合体为主，偶尔有鲤形目的鮈亚科、雅罗鱼亚科的江河平原复合体鱼类分布，这些鱼类主要是一些中小型鱼类，未见大型鱼类。

据1992年陕西省水产研究所编著的《陕西鱼类志》记录，无定河与延河流域所处的黄河壶口瀑布以上的一级支流流域历史上曾分布鱼类2目2科16种，其中鲤形目鲤科鱼类为优势种，共14种，占比87.5%；又有鲇鱼和兰州鲇两种鲇形目鱼类分布，鱼类群落组成较为简单。

7.2 鱼类群落组成

无定河和延河流域地处陕北黄土高原，属于壶口瀑布以上的黄河一级支流流域，属于上述三个地理分区的黄土高原区。依据《陕西鱼类志》及相关文献资料的记录，该区域历史时期共分布鱼类16种，鲤形目鲤科鱼类为优势种，共14种，占比87.5%。

该地区的鱼类区系组成以上第三纪早期区系复合体鱼类为主，但也有一些江河平原鱼类分布，包括鮈亚科和雅罗鱼亚科的一些中小型种类，不见大型种类。代表性鱼类包括瓦氏雅罗鱼、麦穗鱼、鲤、鲫、黄河鮈、北方花鳅等，见表7.1。

表 7.1 历史时期黄河一级支流流域（壶口瀑布以上）鱼类组成名录

目	科	种　名	常　用　名
鲤形目 Cypriniformes	鲤科 Cyprinidae	*Leuciscus walecki*	瓦氏雅罗鱼
		Squaliobarbus curriculus	赤眼鳟
		Pseudorasbora parva	麦穗鱼
		Gobio huanghensis	黄河鮈
		Gobio rivuloides	棒花鮈
		Gobio tenuicorpus Mori	细体鮈
		Cyprinus carpio	鲤
		Carassius auratus	鲫
		Cobitis sinensis	中华花鳅
		Cobitis granoei Rendahl	北方花鳅
		Misgurnus anguillicaudatus	泥鳅
		Noemacgeilinae toni	董氏条鳅
		Triplophysa dalaica	达里湖高原鳅
		Triplophysa stoliczkae	斯氏高原鳅
鲇形目 Siluriformes	鲇科 Siluridae	*Silurus asotus*	鲇
		Silurus lanzhouensis	兰州鲇

于 2021 年 4 月在评价区域无定河和延河流域进行样品采集和走访调查，共调查到鱼类 16 种，隶属于 2 目 3 科 16 属 16 种。鲤形目鲤科鱼类为优势类群，共 11 种，占比 68.8%，鳅科和沙塘鳢科物种数目较少，占比分别为 18.7%和 12.5%。其中，无定河流域共调查到鱼类 2 目 3 科 16 属，鲤形目鲤科鱼类为优势类群，共 11 种，占比 68.8%；延河相流域共调查到鱼类 2 目 3 科 9 种，相较无定河流域鱼类物种数目较少，鲤形目鲤科鱼类为优势种，鲤占比 66.7%。似铜鮈、瓦氏雅罗鱼、拉氏鱥、草鱼、马口鱼、大鳞副泥鳅和小黄黝鱼等 7 种鱼类在无定河中有分布而在延河无分布。

无定河和延河流域鱼类物种组成及名录如图 7.1、图 7.2 和表 7.2、表 7.3 所示。

表 7.2 无定河鱼类物种组成名录

目	科	种	常　用　名
鲤形目 Cypriniformes	鲤科 Cyprinidae	*Gobio coriparoides*	似铜鮈
		Pseudorasbora parva	麦穗鱼
		Leuciscus waleckii	瓦氏雅罗鱼
		Rhynchocypris lagowskii	拉氏鱥
		Abbottina rivularis	棒花鱼
		Cyprinus carpio	鲤
		Carassius auratus	鲫
		Ctenopharyngodon idella	草鱼

续表

目	科	种	常用名
鲤形目 Cypriniformes	鲤科 Cyprinidae	*Rhodeus ocellatus*	高体鳑鲏
		Opsariichthys bidens	马口鱼
		Hemiculter leucisculus	鰵
	鳅科 Cobitidae	*Triplophysa dalaica*	达里湖高原鳅
		Misgurnus anguillicaudatus	泥鳅
		Paramisgurnus dabryanus	大鳞副泥鳅
鲈形目 Perciformes	沙塘鳢科 Odontobutidae	*Micropercops swinhonis*	小黄黝鱼
		Rhinogobius cliffordpopei	波氏吻虾虎鱼

表 7.3　　延河鱼类物种组成名录

目	科	种	常用名
鲤形目 Cypriniformes	鳅科 Cobitidae	*Pseudorasbora parva*	麦穗鱼
		Abbottina rivularis	棒花鱼
		Cyprinus carpio	鲤
		Carassius auratus	鲫
		Rhodeus ocellatus	高体鳑鲏
		Opsariichthys bidens	马口鱼
		Hemiculter leucisculus	鰵
		Triplophysa dalaica	达里湖高原鳅
		Misgurnus anguillicaudatus	泥鳅
鲈形目 Perciformes	沙塘鳢科 Odontobutidae	*Rhinogobius cliffordpopei*	波氏吻虾虎鱼

基于现场调查的渔获物数据分别对无定河与延河流域不同采样点和整体的物种数、Shannon－Wiener 多样性指数、Margalef 丰富度指数和 Pielou 均匀度指数进行计算分析，具体结果见表 7.4。无定河干支流各调查样点物种数目范围 3～8 种，Shannon－Wiener 多样性指数范围 0.839～1.494，Margalef 丰富度指数范围 0.679～1.567，Pielou 均匀度指数范围 0.213～0.868。

表 7.4　　无定河鱼类物种多样性指数

采样点	物种数	Shannon－Wiener 多样性指数	Margalef 丰富度指数	Pielou 均匀度指数
干流上游段	5	1.397	1.477	0.868
干流米脂县段	5	1.115	1.108	0.693
干流四十里铺段	4	1.036	0.727	0.747
支流榆溪河	8	1.322	1.343	0.224
支流马湖峪河	6	1.494	1.567	0.213
支流刘家坪水库	3	0.839	0.679	0.764
支流榆林沟水库	4	1.115	0.844	0.804
无定河总体	15	2.096	2.468	0.774

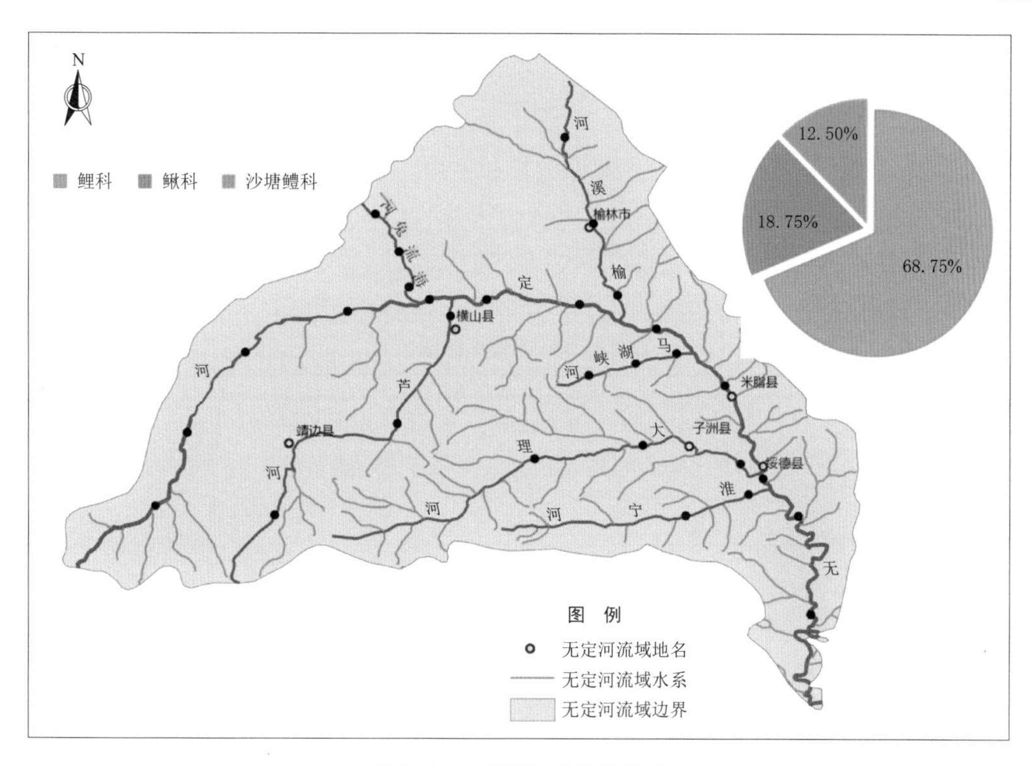

图 7.1 无定河鱼类物种组成

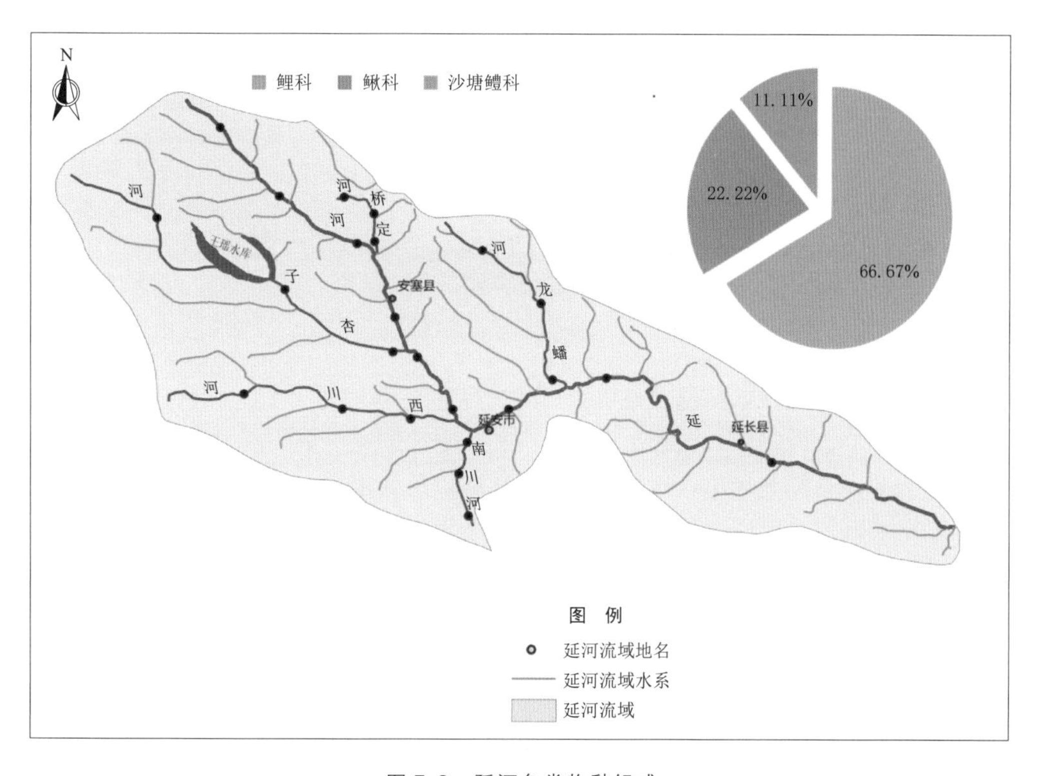

图 7.2 延河鱼类物种组成

延河鱼类物种数总体为15种，Shannon－Wiener多样性指数为2.096，Margalef丰富度指数为2.468，Pielou均匀度指数为0.774。延河干支流各调查样点物种数目范围4～8种，Shannon－Wiener多样性指数范围1.080～1.694，Margalef丰富度指数范围0.874～1.573，Pielou均匀度指数范围0.671～0.898，见表7.5；延河鱼类物种数总体为8种，Shannon－Wiener多样性指数为1.854，Margalef丰富度指数为1.2，Pielou均匀度指数为0.892。无定河物种多样性各指数除Pielou均匀度指数略低于延河外，其他指数均高于延河。

表7.5　　延河鱼类物种多样性指数

采样点	物种数	Shannon－Wiener 多样性指数	Margalef 丰富度指数	Pielou 均匀度指数
干流安塞区段	8	1.694	1.443	0.871
干流石窑村段	5	1.08	1.092	0.671
干流朱家沟村段	4	1.165	0.874	0.84
干流甘谷驿段	5	1.258	1.573	0.782
干流阎家滩段	6	1.540	1.338	0.859
支流西川河	5	1.185	1.228	0.736
支流蟠龙河	6	1.572	1.165	0.877
支流南川河	6	1.609	1.346	0.898
延河总体	8	1.854	1.2	0.892

鱼类具体信息介绍如下。

1. 似铜鮈 *Gobio coriparoides*

体稍粗短，略侧扁，背鳍起点处稍高，胸、腹部平坦或稍圆，尾柄稍高。头长且宽，其长度略大于体高。吻略短，其长小于眼后头长，吻端圆钝，鼻孔前方凹陷不明显。口下位，弧形。唇稍厚，结构简单，无乳突，上下唇在口角处相连。腾后沟中断。须1对，位于口角，较长。眼较小，侧上位。眼间区域宽而平坦。体被因鳞，胸鳍基部之前裸露，裸露区通常可扩展到胸、腹鳍间的后1/3处。侧线完全，平直。

背鳍无硬刺，起点距吻端较至尾鳍基部的距离为近，与臀鳍最长鳍条压倒的末端距离相等。胸鳍较长，达到或超过腹鳍起点。腹鳍亦长；起点在背鳍起点之后下方，末端达肛门。肛门位置较后，近臀鳍起点，位于腹鳍基部至臀鳍起点间的后约1/4处。肛门突起短，起点至腹鳍基部的距离较至尾鳍基部距离为近。尾鳍分叉，下叶略长。

仅知分布于黄河水系，在黄河甘肃段、山西段和河南段均有记录。

2. 麦穗鱼 *Pseudorasbora parva*

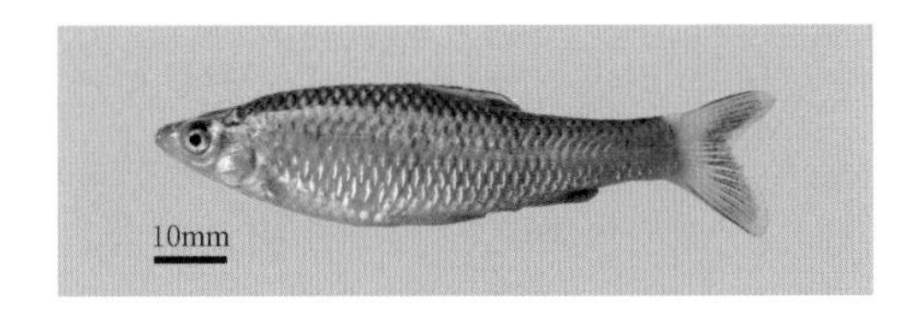

体长，侧扁，尾柄较宽，腹部圆。头稍短小，前端尖，上下略平扁。吻短，尖而突出，眼后头长远超过吻长。口小，上位，下颌较上颌为长，口裂甚短，几呈垂直，下倾后伸不达鼻孔前缘的下方。唇薄，简单。唇后沟中断。无须。眼较大，位置较前。眼间区域宽且平坦。体被圆鳞，鳞较大。侧线平直，完全，部分个体侧线不显。

背鳍不分枝鳍条柔软（生殖期雄性个体末根不分枝鳍条基部常变硬），外缘圆弧形，起点距吻端与至尾鳍基的距离相等或略近前者。胸、腹鳍短小，胸鳍后端不达自胸鳍起点至腹鳍基距离的 2/3。背、腹鳍起点相对或背鳍略前。肛门紧靠臀鳍起点。臀鳍短，无硬刺，外缘呈弧形，其起点距腹鳍起点较距尾鳍基部为近。尾鳍宽，分叉较浅，上下叶基本等长，末端圆钝。

分布范围甚广，自然分布区几乎遍布除青藏高原以外的全国各主要水系。

3. 瓦氏雅罗鱼 *Leuciscus waleckii*

体长形，侧扁，背缘略呈弧形，腹部圆。头短，侧扁，头长小于体高。吻端圆钝，吻长大于眼径。口端位，口裂稍斜，上下颌约等长，上颌骨末端约达鼻孔后缘的下方。眼中大，位于头侧前上方，眼后缘至吻端的距离小于眼后头长；眼间区域宽，稍凸，眼间距为眼径 2 倍左右。鳃孔中大；鳃盖膜在前鳃盖骨后缘稍前的下方与峡部相连；峡部窄。鳃孔中等大小，胸腹部鳞片较体侧为小。侧线前部呈弧形，后部平直，伸至尾柄中轴偏下。

背鳍位于腹鳍的上方，起点至尾鳍基的距离较至吻端为近。臀鳍位于背鳍的后下方，外缘凹入，起点距腹鳍基较距尾鳍基为近。胸鳍短，尖形，末端至腹鳍起点距离约为胸鳍长的 1/2。腹鳍起点在背鳍之前，末端较钝，不伸达肛门。尾鳍叉形，上下叶等长，末端尖形。

分布于黄河中下游、滦河、岱海、达里诺尔湖和黑龙江等流域。

4. 拉氏鱥 *Rhynchocypris lagowskii*

体低而延长，稍侧扁，腹部圆，尾柄长而低。头近锥形，头长大于体高。吻尖，有时向前突出。口亚下位，口裂稍斜，上颌长于下颌，上颌骨末端伸达鼻孔后缘的下方或稍后。唇后沟中断。眼中等大，位于头侧的前上方，眼后缘至吻端的距离大于或等于眼后头长；眼间区域宽而平，其宽大于眼径。鳃孔中大，向前伸延至前鳃盖骨后缘的下方有膜与峡部相连；峡部窄。鳞片细小，常不呈覆瓦状排列，胸、腹部具鳞。侧线完全，较平直，向后伸达尾鳍基。

背鳍位于腹鳍的上方，外缘平直，起点至吻端的距离显著大于至尾鳍基的距离。臀鳍与背鳍同形，位于背鳍的后下方，起点与背鳍基末端约相对，距腹鳍基的距离显著比尾鳍基为近。胸鳍短，末端钝，末端至腹鳍基的距离为胸鳍长的1/2～2/3。腹鳍起点前于背鳍，其长短于胸鳍，末端伸达肛门。尾鳍分叉浅，上下叶大致等长。

分布于黄河、辽河、图们江、黑龙江等北方水系。

5. 棒花鱼 *Abbottina rivularis*

体长形，浑圆，背鳍后部侧扁，背部微隆起，腹部较平直。头较大，头长大于体高。吻端圆钝，略突出，吻长大于眼后头长，在鼻孔前缘有一横向凹陷。口下位，马蹄形。上下颌无角质边缘。唇厚，乳突不明显，下唇中叶为两个较大的椭圆形突起，两侧叶较大，但不扩展。口角须1对，粗短。眼小，侧上位。眼间甚平，眼间距大于眼径。鳃膜与峡部相连。背鳍无硬刺，起点距吻端较距尾鳍基为近。胸鳍不达腹鳍。腹鳍起点位于背鳍起点之后，其末端超过肛门。臀鳍短，起点距尾鳍基较距腹鳍基为近。肛门接近腹鳍。鳞片中等大，胸部裸露无鳞。侧线完全，较平直。

体背及体侧呈暗灰色，腹部银白色，体侧中线上有7～8个较大的黑色斑点，体侧上部鳞片的后缘各有黑色斑点，头部两侧从眼前缘至吻端各有一黑色条纹。背、尾鳍有许多黑色斑条，胸鳍则有少数黑色斑点，腹鳍呈淡红色。生殖季节雄性个体色彩鲜艳，头部及胸鳍前缘有尖刺状白色珠星。

在我国东部各水系均有分布，在陕西省黄河和长江水系及其支流中有分布。

6. 鲫 *Carassius auratus*

体椭圆形，腹部圆，无腹棱。头小。眼较大，侧位。口端位。无须。背鳍较长，第三枚硬刺后缘有锯齿，其起点与腹鳍起点相对，胸鳍不达腹鳍；腹鳍不达臀鳍，臀鳍第三枚硬刺，后缘有锯齿；尾鳍叉形。鳞片大，为圆鳞。侧线中位，完整。鳃耙短而稀，长度不

及鳃丝的一半。

体背侧灰黑色，下侧为银白色，体型较大个体常有黄绿色光泽。

适应能力强，在我国东部地区各水系均有分布，陕西省各水系及池塘、水库等水体中有分布。

7. 草鱼 *Ctenopharyngodon idella*

体长形而略扁，尾部侧扁，腹圆无皮棱。头中等大，眼前部平扁。吻端略钝。口端位，上颌稍突出于下颌，向后延伸至眼的前方，后鼻孔的下方。眼位头侧稍偏低，眼间距宽而凸。鼻孔距眼前缘近。背鳍起点与腹鳍起点相对，距尾鳍基部较距吻端略近。胸鳍不达腹鳍。腹鳍不达肛门。尾鳍叉状，上下叶等长。肛门靠近臀鳍。鳞片中等大。侧线完全，前部稍弯，胸鳍后直达尾鳍基，基本位于体与尾柄中线。

体色呈浅褐黄色，背部色略浓于体侧，腹部灰白，胸鳍和腹鳍灰黄色，其他各鳍浅灰色。生殖期雄性胸鳍 1～4 鳍条上布满成行的白色珠星，雌鱼仅在 1～4 鳍条末端散布着零散的珠星。腹膜为灰黑色。

在我国东部地区各水系均有分布，陕西省长江、黄河水系及其支流中有分布。

8. 高体鳑鲏 *Rhodeus ocellatus*

体侧扁而背部隆起，外形略呈圆形。头小。口端位。无须。眼大，位于头侧中央纵轴线稍上方，眼径大于吻长，眼距吻端较距鳃盖骨后缘为近。鳞片较大，侧线不完全，仅在鳃盖后缘上方有约 5 枚侧线鳞。背鳍起点在腹鳍起点之后，臀鳍起点位于背鳍第 6～7 鳍条之间，鳍末端与背鳍末端相对称，均不达尾基。腹鳍小，末端不达臀鳍基部。胸鳍位于鳃孔后侧下方，位置较高于腹鳍，末端不达腹鳍。尾鳍叉形，上下叶等长。肛门位于腹鳍基部。

背部黄褐绿色，有金属光泽，背鳍后背部灰褐色，体侧上部、鳃盖后缘上方有一黑色斑点，尾柄中线有一条黑色纵带，背鳍有黑白相间斑纹，鳃盖后尚有一浅黑色垂直条纹。背鳍和臀鳍均有两条横列黑色斑纹。尾鳍边缘有淡黑色斑点条纹。腹鳍末端有黑色边缘。胸鳍淡灰黄色。生殖期有鲜艳的“婚装”出现。雄鱼在吻端、眼前上缘有白色珠星。眼上部为朱红色。臀鳍边缘呈朱红色，并镶有黑边。背鳍前几根分枝鳍条及尾鳍中间亦为朱红色。体侧闪耀浅蓝色的金属光泽，腹部呈现浅蓝及浅红色的光泽，雌鱼上腹部及臀鳍为浅黄色。产卵管的前端为朱红色。

在长江、黄河、珠江和澜沧江水系均有分布，陕西省内长江和黄河水系各主要干支流有分布。

9. 马口鱼 *Opsariichthys bidens*

体长纺锤形，稍侧扁，上下缘凸度相似，腹部圆而无皮棱。头长大于体高。吻锥形。口大，端位，向上倾斜。下颌向后延可达眼前缘的下方，其两侧有凹刻，恰与上颌两侧的凸起相吻合。眼小，位于头侧中线的上方，距吻端较距鳃盖后缘为近。眼间距稍隆起。鼻孔位于眼前上方。背鳍起点位于吻端与尾鳍基之正中间，或稍前，于腹鳍始点；腹鳍稍圆，其起点在背鳍起点之后或相对，末端不达臀鳍，臀鳍起点至腹鳍比至尾基为近，雄鱼臀鳍前数根分枝鳍条特别长，可达尾鳍基部；尾鳍深叉形。肛门位于臀鳍起点之前。鳞片中等大，侧线完全，在腹部向下微弯略呈弧形，向后延至尾柄正中，直达尾基。腹鳍两侧基部有1～2片腋鳞。

体背部深灰黑色，体侧面腹部逐渐变淡，腹部则为银白色。成年雄鱼体侧有纵列垂直的浅蓝色条纹10条以上，喉部、口唇及各鳍为橙黄色，背上有黑色小斑点。生殖季节雄鱼体色格外鲜艳，同时头部、臀鳍都有珠显。雌鱼无此现象。

分布于我国东部平原各水系，陕西省黄河和长江水系及各主要支流均有分布。

10. 𩽾 *Hemiculter leucisculus*

体长形，侧扁，背部平直，几成一直线，腹部嵌凸，腹缘皮棱完全。头尖，略呈楔形。口端位，口裂倾斜，上颌有1小缺刻，与下颌1小突起相吻合。鼻孔距吻端较距眼前缘为远。眼中等大，侧位，位于头侧上方。眼间距较宽，微凸。侧线在胸鳍上方急剧下降弯曲成一明显的钝角，沿腹侧后延至尾柄。背鳍具硬刺，其起点距吻端较距尾鳍基为远。肛门紧靠臀鳍起点。尾鳍深叉状，下叶略长于上叶。背部及体上侧青灰色，体下侧及腹部银白色，尾鳍有灰黑色边缘，其他各鳍灰白色。

在我国东部各水系均有分布，在陕西省黄河和长江水系及其支流中有分布。

11. 达里湖高原鳅 *Triplophysa dalaica*

体长形，侧扁。头略平扁。吻部呈三角形，稍突出，吻长大于或等于眼后头长。眼小，位于头侧上方。前后鼻孔紧邻，前鼻孔为斜半管状，后者较平，距眼前缘较距吻端为近。口下位，浅弧形。唇后沟中断。体表无鳞，侧线完全。背鳍后缘平截，其起点距吻端较距尾鳍基为远。胸鳍不达腹鳍。腹鳍起点约位于背鳍第4～5分枝鳍条的下方，其末端超过肛门，几达臀鳍起点。尾鳍平截或微凹。有发达的游离膜质鳔，长卵圆形。

体黄褐色，腹部浅黄色，体侧及背部有大小不等的黑色斑块。背、尾鳍有黑色斑纹或斑点，其他各鳍浅黄色。

分布于黄河水系及内蒙古、陕西等地区的内陆河水系。

12. 泥鳅 *Misgurnus anguillicaudatus*

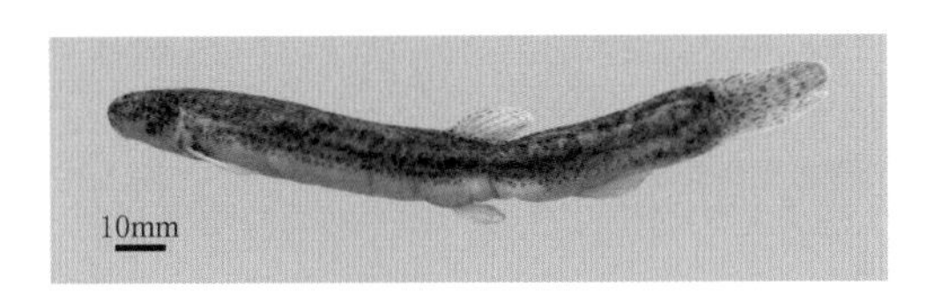

体长形，腹鳍之前呈圆柱形，尾部侧扁。头稍尖。口下位，呈马蹄形。眼小，侧上位。须5对。鳞片细小，侧线完全。背鳍无硬刺，起点在腹鳍起点前上方，距吻端较距尾鳍基部为远。胸鳍远离腹鳍。腹鳍不达臀鳍。臀鳍起点至尾鳍基的距离为腹鳍基至臀鳍起点距离的1.5倍以下，尾柄上下有明显隆起的皮褶棱，末端与尾鳍相连。尾鳍圆形。肛门靠近臀鳍起点，约在腹鳍基部和臀鳍起点之间距离的后1/4处。

体背部及体侧灰褐色，腹部白色或浅黄色，体侧有不规则的褐色斑点，尾鳍基部上部有一黑色斑点。背鳍、尾鳍有细小的褐色斑纹。

在我国东部各水系均有分布，在陕西省黄河和长江水系及其支流中有分布。

13. 大鳞副泥鳅 *Paramisgurnus dabryanus*

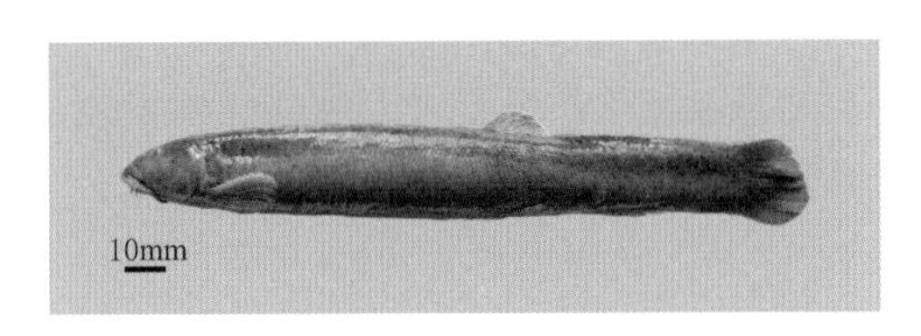

体前部呈圆柱形，后部侧扁。头较小，其长小于体高。口下位，马蹄形。吻长远小于腿后头长。须5对，较长，最长一对口角须末端达到或超过鳃盖骨中部。眼小，侧上位。两眼间隔处略凸出。鼻孔距眼前缘较距吻端为近。背鳍无硬刺，距吻端较距尾鳍基为远，其起点在腹鳍之前。胸鳍远离腹鳍。腹鳍不达臀鳍。臀鳍略长但不达尾鳍基部。尾鳍圆形。尾柄较高，具有发达的皮褶棱，尾柄上侧皮褶棱自背鳍基部后端至尾鳍基，尾柄下侧皮褶棱自臀鳍基后端至尾鳍基，均与尾鳍相连。鳞片较大，侧线完全。

体背部及体侧上半部深灰黑色，体下部灰白色，体侧及各鳍均具黑色小点，各鳍呈灰白色。

在我国东部各大水系中均有分布，在陕西省分布于黄河水系各水体中。

14. 小黄黝鱼 *Micropercops swinhonis*

体长形，较侧扁，背部稍隆起。头较大，略侧扁。吻端圆钝。口大，近端位。裂斜，口裂末端可达眼前缘下方。下颌略长于上颌，上下颌均具齿，犁骨无齿。眼大，侧上位，眼径大于眼间距。前、后鼻孔分离，前鼻孔呈管状，靠近吻端。背鳍2个，两者分离；第一背鳍短小，由鳍棘组成。胸鳍较大，其末端超过腹鳍后缘。腹鳍胸位，较尖，左右完全分离，不相愈合，末端不达肛门。尾鳍圆形。肛门靠近臀鳍起点。体大部被带鳞，头及鳃盖被圆鳞。无侧线。

体呈浅黄色，背部较暗，体侧有10～12条黑色条纹。背鳍、尾鳍具黑色小点，其他各鳍灰白色。

在我国东部各水系均有分布，在陕西黄河水系有分布。

15. 波氏吻鰕虎鱼 *Rhinogobius cliffordpopei*

体长形，前部浑圆，后部侧扁。头平扁，前鳃盖骨因有发达的肌肉明显膨出，头宽显著大于头高。口端位，斜裂，上颌骨末端可达眼前缘下方。上、下颌具数行细齿。眼较大，近顶位。眼间狭窄，间距约等于眼径。两背鳍分离，第一背鳍由6枚柔弱鳍棘组成。胸鳍较大，其末端超过腹鳍末端。腹鳍胸位，较小，左右愈合，呈椭圆形吸盘，腹鳍末端距肛门较远，其距离大于腹鳍长度1/2，乃至大于腹鳍长度。尾鳍圆形。体被栉鳞，背鳍前部、颊部及鳃盖裸露无鳞。无侧线。

体灰黄或灰褐色，体侧有6～7条由上到下的深色宽带纹。第一背鳍前端有一暗色斑点，第二背鳍及尾鳍均有数行黑色点纹。

在我国东部地区各水系均有分布，陕西省长江、黄河水系及其支流中有分布。

7.3 优势种及渔获物产量

在无定河干支流各样点进行调查，共实地采集到鱼类15种，共计291尾，总重量5582.2g，平均个体体重为32.3g，总体属于比较小型化鱼类。从尾数百分比的角度分析，占据优势的渔获物种类为鲫、麦穗鱼和鳘，其尾数百分比分别为29.6%、21.7%和10.7%；从重量百分比的角度分析，占据优势的渔获物种类为鲫、瓦氏雅罗鱼和草鱼，其重量百分比为53.2%、13.9%和10.2%。无定河渔获物组成见表7.6。

表 7.6　　无定河渔获物组成

种类	总重/g	尾数/ind.	体长范围/mm	体重范围/g	均重/g	尾数占比/%	重量占比/%
似铜鮈	123.5	21	51～55	2.7～9.6	5.6	7.2	2.2
麦穗鱼	271.9	63	31～78	0.3～10.5	4.3	21.7	4.9
瓦氏雅罗鱼	776.1	16	90～248	11.2～243.5	48.5	5.5	13.9
拉氏鱥	4.7	2	52～53	2.3～2.4	2.4	0.7	0.1
棒花鱼	41.8	6	34～81	0.4～11.1	7.0	2.1	0.8
鲫	2968.2	86	38～220	2.1～324.2	34.5	29.6	53.2
草鱼	570.8	2	82～294	11.2～559.6	285.4	0.7	10.2
高体鳑鲏	41.7	20	31～55	0.7～4.8	2.1	6.9	0.8
马口鱼	292.1	24	62～105	3.6～21.6	12.2	8.3	5.2
鰲	333.6	31	50～131	1.4～27.6	10.8	10.7	6.0
达里湖高原鳅	46.3	7	47～93	2.2～10.4	6.6	2.4	0.8
泥鳅	48.5	5	74～165	2.6～20.8	9.7	1.7	0.9
大鳞副泥鳅	51.2	1	184	51.2	51.2	0.3	0.9
波氏吻鰕虎鱼	9.7	6	29～49	0.3～2.5	1.6	2.1	0.2
小黄黝鱼	2.1	1	48	2.1	2.1	0.3	0.0
合计	5582.2	291	—	—	32.3	100.0	100.0

在延河干支流各样点进行调查，共实地采集鱼类 8 种，共计 341 尾，总重量 4436.5g，平均个体体重为 9.9g，个体规格较无定河更加小型化。从尾数百分比的角度分析，占据优势的渔获物种类为泥鳅、鲫和达里湖高原鳅，其尾数百分比分别为 20.2%、19.7%和 19.1%；从重量百分比的角度分析，占据优势的渔获物种类为鲫、泥鳅和达里湖高原鳅，其重量百分比为 55.2%、22.6%和 8.3%。延河渔获物组成见表 7.7。

表 7.7　　延河渔获物组成

种类	总重/g	尾数/ind.	体长范围/mm	体重范围/g	均重/g	尾数占比/%	重量占比/%
麦穗鱼	200.4	48	35～79	0.6～9.8	4.2	14.1	4.5
棒花鱼	333.9	56	35～89	0.6～14.1	6.0	16.4	7.5
鲫	2448.4	67	55～149	5.1～123.8	36.5	19.7	55.2
高体鳑鲏	55	25	30～50	0.8～18.3	4.2	7.3	1.2
鰲	21.6	3	80～81	6.9～7.6	7.2	0.9	0.5
达里湖高原鳅	365.9	65	44～100	1～14.6	5.6	19.1	8.3
泥鳅	1002.7	69	44～194	1～69.3	14.5	20.2	22.6
波氏吻鰕虎鱼	8.6	8	30～47	0.5～2.1	1.1	2.4	0.2
合计	4436.5	341	—	—	9.9	100.0	100.0

7.4 鱼类保有指数

鱼类处于河流食物链的顶端位置，一般认为它们是评价河流健康的理想长期生物群，可以客观地确定河流所遭受生态系统损害的相对程度。鱼类生物保有指标建立采用历史背景调查方法确定，选用 20 世纪 80 年代或以前的数据作为历史基点；无历史数据的区域可用专家咨询法确定。

受历史条件限制，无定河与延河流域历史时期鱼类物种分布信息十分匮乏。考虑到无定河与延河属于黄河壶口瀑布以上的一级支流流域，现以《陕西鱼类志》中记载的黄河一级支流流域（壶口瀑布以上）中鱼类分布信息对无定河和延河流域鱼类保有指数进行粗略估算。

调查显示，无定河与延河流域新增鱼类 9 种：似铜鮈、拉氏鱥、草鱼、高体鳑鲏、马口鱼、鰲、大鳞副泥鳅、小黄黝鱼、波氏吻鰕虎鱼。这些外来种分属鲤形目和鲇形目，在陕西渭河等其他水系中有广泛分布。

鱼类保有度指数的计算：

$$FOEI=\frac{FO}{FE}\times 100$$

式中：$FOEI$ 为鱼类保有指数，%；FO 为评估河湖（库）调查获得的鱼类种类数量（剔除外来物种），种；FE 为 20 世纪 80 年代或以前评估河湖（库）的鱼类种类数量，种。

调查表明，无定河现存土著鱼类 11 种，鱼类保有指数约为 78.6%；延河流域现存土著鱼类 9 种，鱼类保有指数约为 64.5%。依据鱼类保有指数，无定河流域赋分约为 68 分；延河流域赋分约为 46 分。了解到近几年公信河水域鱼类种类及数量变化不大，但是幼龄鱼增多成年鱼减少。鱼类保有指数赋分标准见表 7.8。

表 7.8 鱼类保有指数赋分标准表

鱼类保有指数	100	85	75	60	50	25	0
赋分	100	80	60	40	30	10	0

7.5 讨论与小结

无定河流域共调查到鱼类 16 种。鱼类种类相对丰富，据历史资料记载，壶口瀑布以上的黄河一级支流主要经济鱼类有 16 种，包括鲇（*Silurus asotus*）、兰州鲇（*Silurus lanzhouensis*）和瓦氏雅罗鱼（*Leuciscus walecki*）几种体型较大的经济鱼类。然而，通过近年来的调查发现，无定河主要经济鱼类为鲫、鰲、马口鱼、草鱼、麦穗鱼、高体鳑鲏等 10 余种中小型鱼类，无定河流域主要经济鱼类呈下降趋势，鱼类组成已发生了较大的变化。小型鱼类物种占比增大，渔获物的生物量较小，表明无定河流域游鱼类个体幼化严重，呈现出小型化趋势（邹远超 等，2023）。与历史数据相比，近年来无定河流域有近 8 种鱼类不曾出现，如赤眼鳟（*Squaliobarbus curriculus*）、黄河鮈（*Gobio huanghensis*）、棒花鮈（*Gobio rivuloides*）、细体鮈（*Gobio tenuicorpus Mori*）、中华花鳅（*Cobitis sinensis*）等在本次调查中均未出现。本次调查涉及无定河流域全段，且调查时间较久，故推断这些未采集到的鱼类在该流域的种群数量大幅下降甚至绝迹。究其原因，主要是无定河流经人口聚集地，人类干扰程度较高。流域内人口密度高以及近年来生活污水的排放以及河道开挖，导致鱼类原有三场生境被改变，影响了鱼类的生存和繁衍。

无定河干流河道平缓，弯曲，滩沱相间。水流缓急交替，多样的生境为无定河流域各种生态类型的鱼类提供了适宜的栖息环境。河流底质以砂砾石、沙泥质为主，饵料资源丰富。为底栖鱼类提供了适宜的生境。在适应环境变化的同时，无定河流域鱼类也形成了自身多样的生态类型，除适应静缓流的鱼类外，还有较多喜流水的鱼类，如马口鱼（*Opsariichthys bidens*）、拉氏鱥（*Rhynchocypris lagowskii*），这与无定河流域滩沱较多，水流较急的地形特征相适应。该流域饵料资源丰富，鱼类食性以杂食性为主，主要以摄食浮游动植物和底栖动物为主，还摄食一些植物碎屑，对自然生境的变化具有较强的适应能力。在不同物种间具有较强的竞争能力。

生物多样性是生物及其环境形成的生态复合体以及与其相关的各种生态过程的总和，包含遗传多样性，物种多样性、生态系经充多样性和景观多样性等层次（蒋志刚 等，1997）。对鱼类群落进行多样性分析是全面了解水域鱼类资源状况的重要途径，而多样性指数则是判定水域鱼类组成的常见指标，通常以个体数量作为基本的研究对象。运用最为广泛的多样性指数是 Shannon－Wiener 多样性指数、Margalef 丰富度指数和 Pielou 均匀度指数。Shannon－Wiener 多样性指数反映了鱼类群落结构的复杂程度，指数越大说明群落结构越复杂，生态系统的稳定性也就越高；Margalef 丰富度指数用于描述物种丰富度，其值越大说明群落的生物资源越丰富；Pielou 均匀度指数则反映群落中物种分布的均匀程度，其值越大说明群落中物种分布越均匀，不存在优势种或优势种的优势地位越低，生态系统的稳定性也就越高（蒋志刚 等，1997；罗颖 等，2020）。调查结果显示，无定河鱼类 Shannon－Wiener 多样性指数 2.096，Pielou 均匀度指数为 0.774，Margalef 丰富度指数为 2.468。从三种指数综合来看，无定河干流与支流多样性水平相当。分析认为各支流的生境异质性程度处于较低水平，鱼类组成简单，受外界影响较小，保存相对较完整，处于低水平下的高值；干流生境类型较复杂，鱼类组成较支流复杂，但受外界影响大，鱼类损失较大，呈现较高水平下的低值，相当于支流水平，这与沈红保等（2019）在渭河的研究结果类似。

延河流域共调查到鱼类 8 种，鱼类群落结构较为简单，调查发现，延河流域主要经济鱼类均为小型鱼类，以鲫、泥鳅、达里湖高原鳅为主要优势种，主要经济鱼类呈下降趋势，鱼类组成较历史资料发生了较大的变化。所调查鱼类均为小型鱼类且物种单一，表明延河流域游鱼类呈现出小型化趋势。值得注意的是，在本次延河流域的调查中，所有渔获均适应静缓流生境，走访调查到的马口鱼并未捕获，究其原因，延河流域曾分布有大量的水电站，如二十里铺水电站、西门水电站等，水电站的运行导致河流原始生境的改变，适应流水生境鱼类可利用的适宜生境河段很少或几乎完全消失，适应流水生境鱼类的种群数量已经较少或已在该流域绝迹，这与杨志等（2017）研究的结果相似。

Shannon－Wiener 指数、Margalef 指数和 Pielou 指数涉及了生物量、物种数、丰度等参数，对群落物种多样性状况的反映能力较强。多样性指数值越大，说明鱼类群落物种组成越多，物种更丰富，组成更复杂，群落稳定性越高。总体上看，延河流域鱼类多样性指数处于较低水平。延河流域8个采样点鱼类Shannon－Wiener多样性指数为1.08～1.694。鱼类多样性处于较低水平。优势种为小型鱼类鲫和泥鳅。8个站点中，仅有干流安塞区段和干流阎家滩段两个站点的鱼类群落结构相对稳定，表明这两个站点的鱼类群落中的优势种生物量较大、种群数量较多。整体上看，延河流域干流安塞区段鱼类群落沿程受干扰程度较其他河段低，这可能与沿程支流的汇入有关。

黄河流域是我国重要的水源地和水生生物宝库（尚光霞 等，2021）。无定河和延河作为重要的一级支流，为鱼类和重要水生经济物种提供了良好的生存条件和繁衍空间。无定河作为黄河上游重要支流，具有地理与水文的独特性，其渔业资源关系着陕西省渔业发展，影响着黄河鱼类的多样性。作为渔业发展的命脉，渔业水域生态环境是水生生物赖以生存和繁衍的最基本条件。整体上看，无定河、延河与近年来黄河其他一级支流鱼类群落组成趋势相一致，均以鱼类的小型化、大型鱼类物种数量占比降低、规格偏小，鱼类资源量呈现衰退趋势。水质污染和过度捕捞是造成无定河和延河流域渔业资源衰退的主要原因。此外研究发现在延河流域渔民为了生计，采用电鱼、毒鱼和小网目渔且捕鱼笔非法手段，特别是在繁殖季节严重危害了亲鱼、幼鱼，仔鱼，使很多鱼类的种群数量难以得到补充。

针对以上问题，依据本次的调查结果提出以下建议：①加强延河流域水污染治理工作，维护该流域的生态平衡。建议有关部门加强对延河流域水域的环境监测，强化治理延河得到水质污染，持续推进延河流域水环境改善，结合鱼类的特有属性开展生境修复工程。保证鱼类资源的有效增殖；②加强无定河流域珍稀鱼类重要栖息地的保护与恢复。水产种质资源保护区是鱼类资源保护的一种有效形式，在渔业保护中发挥重要作用，无定河流域拉氏鱥、小黄黝鱼的种群数量较小，建议在该流域制定两种鱼类的种质资源保护区；③针对无定河、延河的重要经济鱼类。例如鲫、泥鳅和麦穗鱼等开展增殖放流，并对增殖放流的生态效益进行科学评估。

参考文献

蒋志刚，马克平，韩兴国，1997. 保护生物学［M］. 杭州：浙江科学技术出版社.

罗颖，祁洪芳，闫丽婷，等，2020. 夏季青海湖浮游动物群落结构特征［J］. 海洋湖沼通报，2：137－143.

尚光霞，高欣，夏瑞，等，2021. 黄河流域水生生物的多样性监测与保护对策［J］. 环境保护，49（13）：13－14.

沈红保，李瑞娇，吕彬彬，等，2019. 渭河陕西段鱼类群落结构组成及变化研究［J］. 水生生物学报，43（6）：1311－1320.

杨志，唐会元，龚云，等，2017. 正常运行条件下三峡库区干流长江上游特有鱼类时空分布特征研究［J］. 三峡生态环境监测，2（1）：1－10.

邹远超，唐成，谢伟，等，2023. 沱江中游鱼类资源现状及多样性［J］. 水产学报，47（2）：112－127.

第8章

无定河流域和延河流域生态状况评价

8.1 无定河流域和延河流域水质生物评价

流域水质生物评价按照多样性指数水质生物评价分级标准（见表8.1）确定延河干支流及淤地坝水体水质等级。

表8.1 多样性指数水质生物评价分级标准

等　级	水质情况	H'	D	J
Ⅰ	无污染	>3.0	>5.0	0.8～1.0
Ⅱ	轻度污染	2.0～3.0	4.0～5.0	0.5～0.8
Ⅲ	中度污染	1.0～2.0	3.0～4.0	0.3～0.5
Ⅳ	重度污染	0.0～1.0	0.0～3.0	0.0～0.3

8.1.1 无定河流域水质生物评价

8.1.1.1 基于浮游植物群落多样性指数的水质生物评价

春季Shannon-Wiener指数评价结果（见图8.1）显示无定河干流上游水质为Ⅱ级（轻度污染），无定河干流中游和下游水质均为Ⅰ级（无污染）；支流中海流兔河、芦河、榆溪河、马湖峪河、大理河、淮宁河及南沟淤地坝、榆林沟淤地坝水质均为Ⅰ级（无污染），韭园沟淤地坝水质为Ⅱ级（轻度污染），其中有15.00%的采样断面为轻度污染。

秋季Shannon-Wiener指数评价结果（见图8.2）显示无定河干流上游水质为Ⅱ级（轻度污染），无定河干流中游和下游水质均为Ⅰ级（无污染）；支流中海流兔河、芦河、榆溪河、马湖峪河、大理河、淮宁河及南沟淤地坝、韭园沟淤地坝水质均为Ⅰ级（无污染），榆林沟淤地坝水质为Ⅱ级（轻度污染），其中有27.50%的采样断面为轻度污染。

8.1.1.2 基于浮游动物群落多样性指数的水质生物评价

春季Shannon-Wiener多样性指数评价结果（见图8.3）显示无定河干流上游段水质为Ⅲ级（中度污染），无定河干流中游段和下游水质均为Ⅱ级（轻度污染）；无定河支流大理河为Ⅱ级（轻度污染），海流兔河、芦河、榆溪河、马湖峪河、淮宁河水质均为Ⅲ

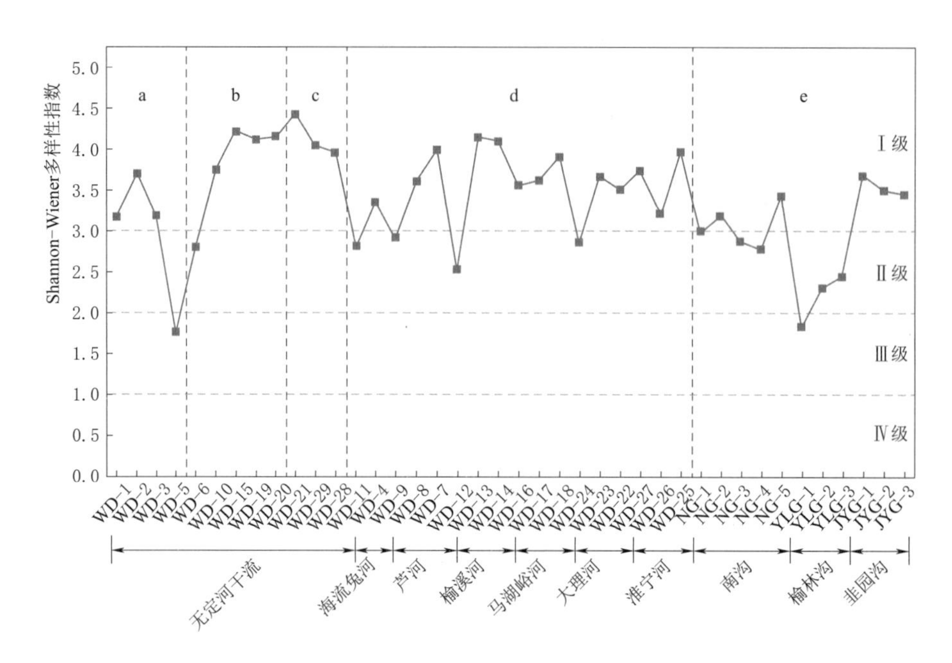

图 8.1　无定河流域春季浮游植物群落多样性水质评价结果

注　a—无定河干流上游段；b—无定河干流中游段；c—无定河干流下游段；d—无定河支流；e—淤地坝水体及水库

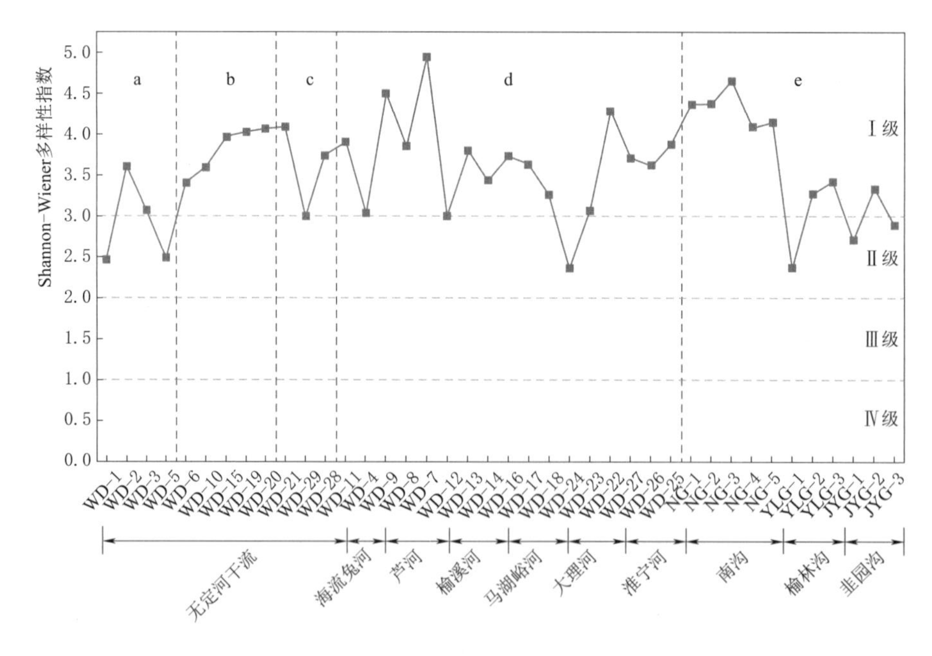

图 8.2　无定河流域秋季浮游植物群落多样性水质评价结果

注　a—无定河干流上游段；b—无定河干流中游段；c—无定河干流下游段；d—无定河支流；e—淤地坝水体及水库

级（中度污染）；榆林沟淤地坝水质为Ⅱ级（轻度污染），韭园沟淤地坝和南沟淤地坝水质为Ⅲ级（中度污染）。

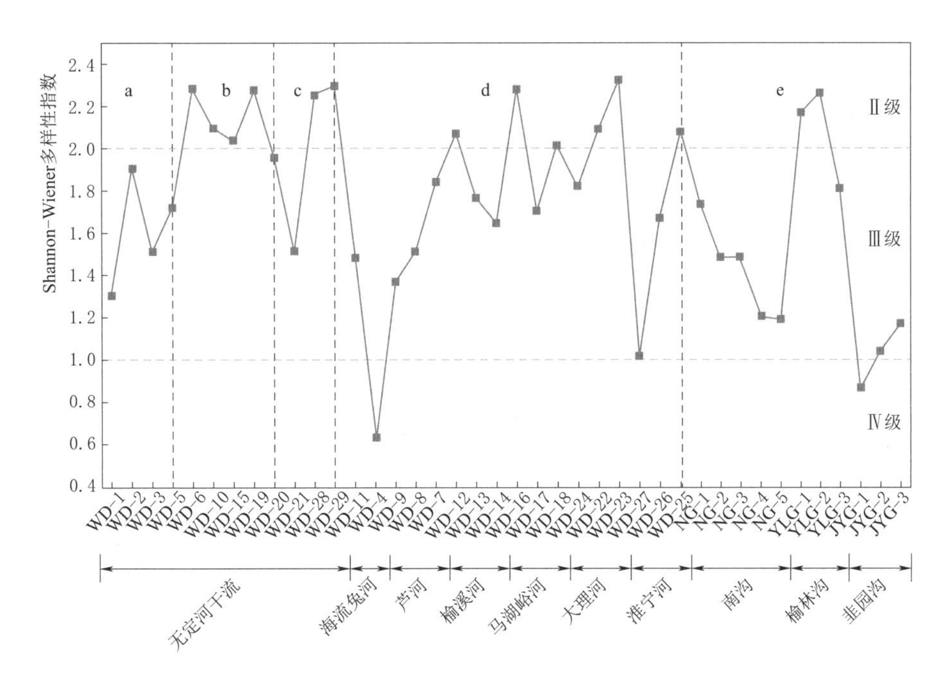

图 8.3　无定河流域春季浮游动物群落多样性水质评价结果

注　a—无定河干流上游段；b—无定河干流中游段；c—无定河干流下游段；d—无定河支流；e—淤地坝水体及水库

秋季 Shannon - Wiener 多样性指数评价结果（见图 8.4）显示无定河干流全段水质均为Ⅲ级（中度污染）；无定河支流芦河为Ⅱ级（轻度污染），榆溪河、马湖峪河、大理河和淮宁河水质均为Ⅲ级（中度污染），海流兔河水质为Ⅳ级（重度污染）；王圪堵水库、韭园沟淤地坝和南沟淤地坝水质为Ⅲ级（中度污染），榆林沟淤地坝水质为Ⅳ级（重度污染）。

8.1.1.3　基于底栖动物群落多样性指数的水质生物评价

春季 Shannon - Wiener 多样性指数结果（见图 8.5）显示无定河干流全段基本处于轻度污染和清洁状态，极少数点位处于中度污染状态；无定河支流中，马湖峪河为清洁状态；海流兔河、芦河、榆溪河上游、大理河上游以及淮宁河上游点位处于轻度污染状态、支流其他点位为中度乃至重度污染状态。淤地坝中，南沟淤地坝、榆林沟淤地坝和韭园沟淤地坝多处于中度和重度污染状态。

秋季 Shannon - Wiener 多样性指数结果（见图 8.6）显示无定河干流全段基本处于轻度污染状态，少数河段处于清洁和中度污染状态；无定河支流中，马湖峪河多数河段为清洁状态，部分河段处于轻度污染；海流兔河、芦河、榆溪河上游、大理河中上游多处于中度乃至重度污染状态、支流其他点位为轻度或清洁状态。淤地坝中，南沟淤地坝、榆林沟淤地坝和韭园沟淤地坝多处于中度和重度污染状态，极个别样点为轻度污染。

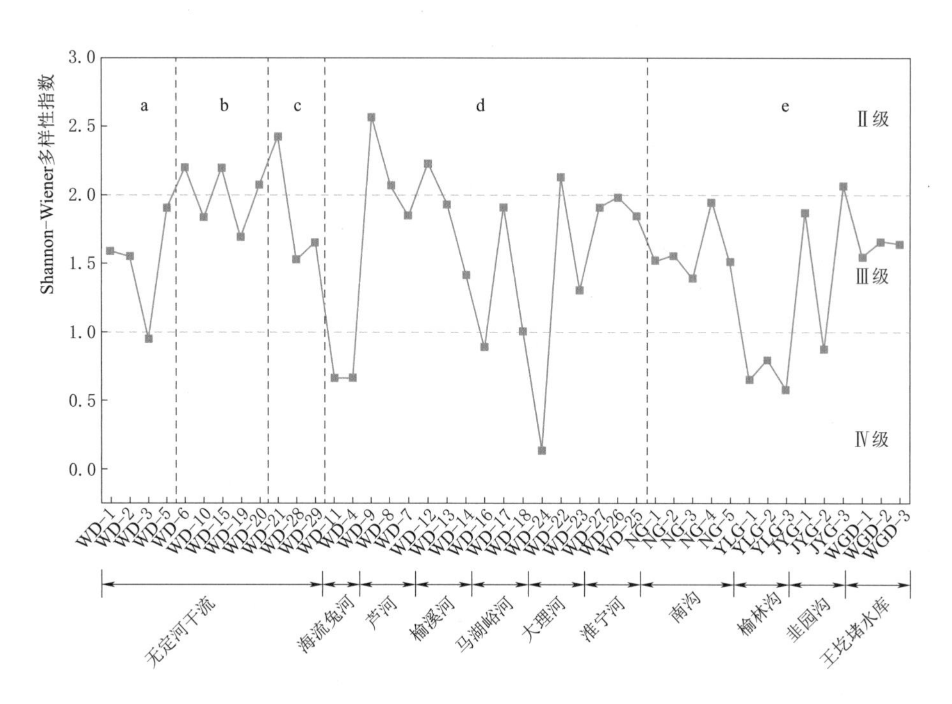

图 8.4　无定河流域秋季浮游动物群落多样性水质评价结果

注　a—无定河干流上游段；b—无定河干流中游段；c—无定河干流下游段；d—无定河支流；e—淤地坝水体及水库

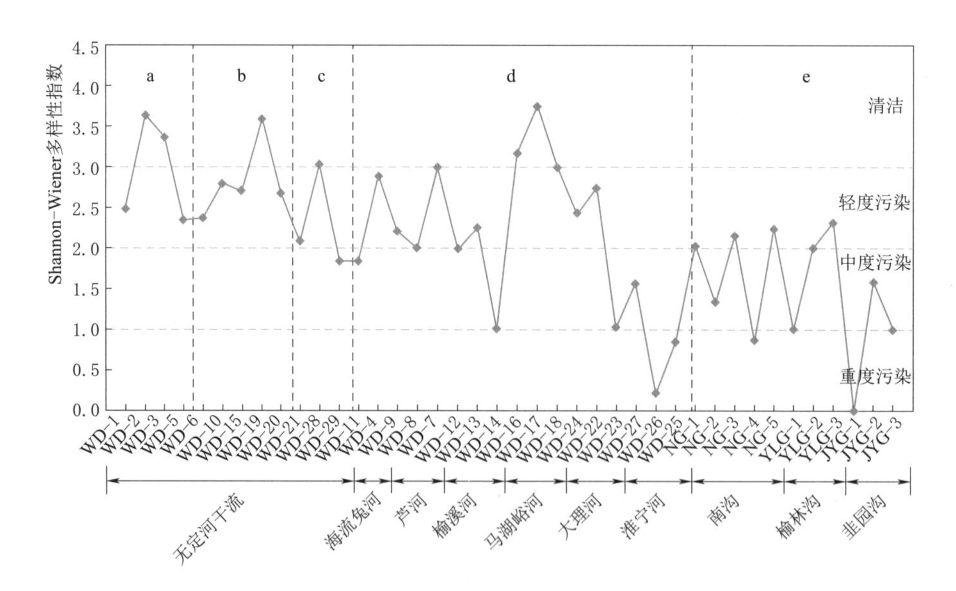

图 8.5　无定河流域春季底栖动物群落多样性水质评价结果

注　a—无定河干流上游段；b—无定河干流中游段；c—无定河干流下游段；d—无定河支流；e—淤地坝水体及水库

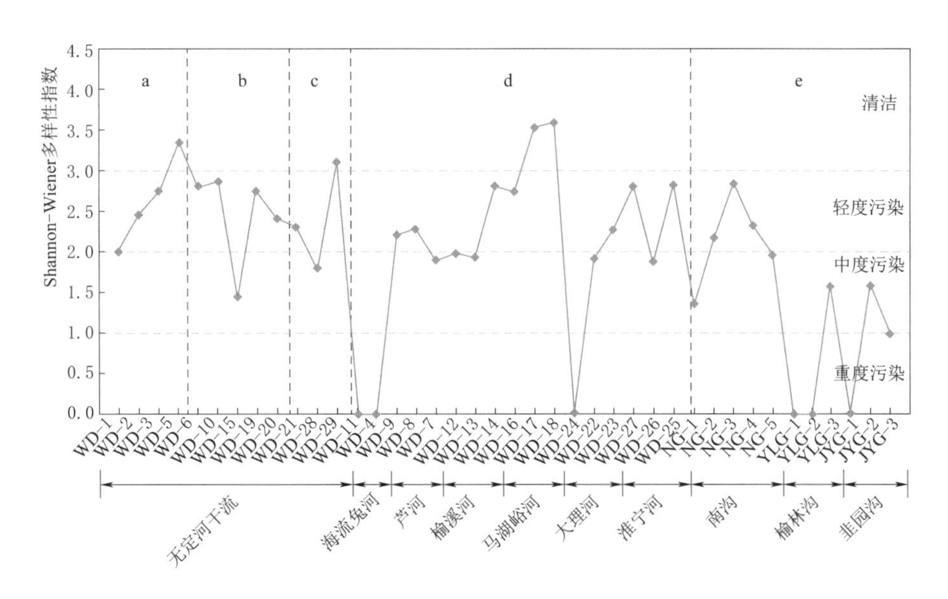

图 8.6 无定河流域秋季底栖动物群落多样性水质评价结果

注 a—无定河干流上游段；b—无定河干流中游段；c—无定河干流下游段；d—无定河支流；e—淤地坝水体及水库

8.1.2 延河流域水质生物评价

8.1.2.1 基于浮游植物群落多样性指数的水质生物评价

春季 Shannon - Wiener 指数评价结果（见图 8.7）显示延河干流上游两个断面为Ⅲ级（中度污染），一个断面为Ⅱ级（轻度污染）；延河干流中游和下游水质均为Ⅱ级（轻度污染）；支流中平桥河、西川河、南川河以及蟠龙河水质均为Ⅱ级（轻度污染）；杏子河的水质为Ⅱ级（轻度污染）及以上；王瑶水库水质为Ⅱ级（轻度污染）；马家沟淤地坝水体和柳家畔淤地坝水体水质为Ⅱ～Ⅲ级，其中有 3.03%采样断面无污染，78.79%的采样断面为轻度污染，18.18%的采样断面为中度污染，无采样断面为重度污染。

秋季 Shannon - Wiener 指数评价结果（见图 8.8）显示延河干流上游两个断面为Ⅲ级（中度污染），一个断面为Ⅱ级（轻度污染）；延河干流中游两个断面水质为Ⅲ级（中度污染），两个断面水质为Ⅱ级（轻度污染）；干流下游一个断面水质为Ⅲ级（中度污染），两个断面水质为Ⅱ级（轻度污染）；支流中平桥河、杏子河、西川河均为一个断面水质为Ⅱ级（轻度污染），两个断面水质为Ⅲ级（中度污染）；南川河的水质均为Ⅲ级（中度污染）；蟠龙河两个断面水质为Ⅱ级（轻度污染），一个断面水质为Ⅲ级（中度污染）；王瑶水库两个断面水质为Ⅱ级（轻度污染），一个断面水质为Ⅲ级（中度污染）；马家沟淤地坝水体两个断面水质为Ⅱ级，一个断面水质为Ⅲ级（中度污染）。其中有 50%的采样断面为轻度污染，50%的采样断面为中度污染，无采样断面为重度污染。

8.1.2.2 基于浮游动物群落多样性指数的水质生物评价

春季 Shannon - Wiener 指数评价结果（见图 8.9）显示延河干流上游水质为Ⅲ级（中

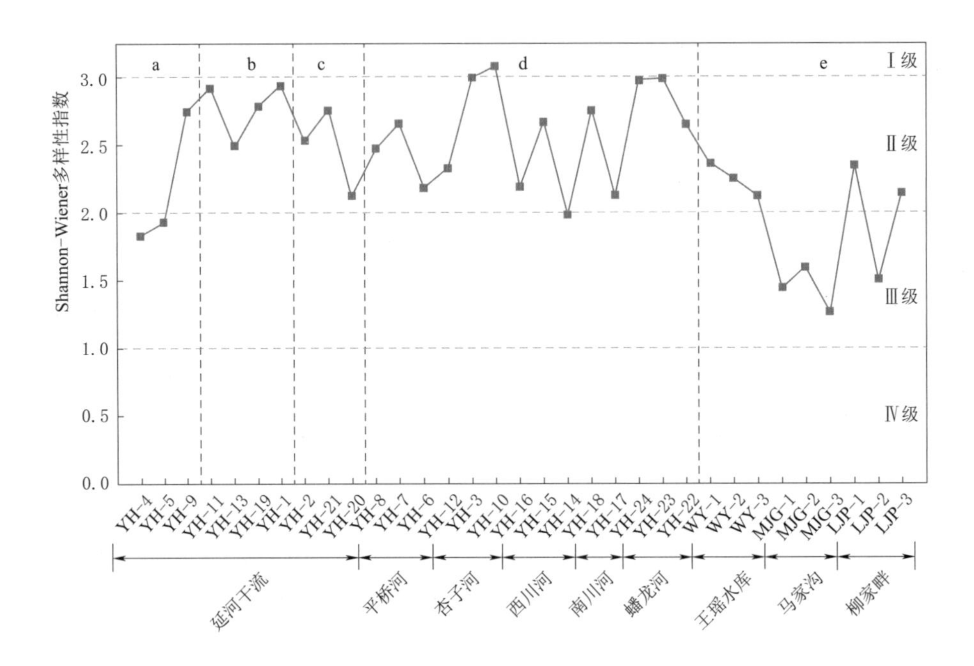

图8.7 延河流域春季浮游植物群落多样性水质评价结果

注 a—延河干流上游段；b—延河干流中游段；c—延河干流下游段；d—延河支流；e—淤地坝水体及水库

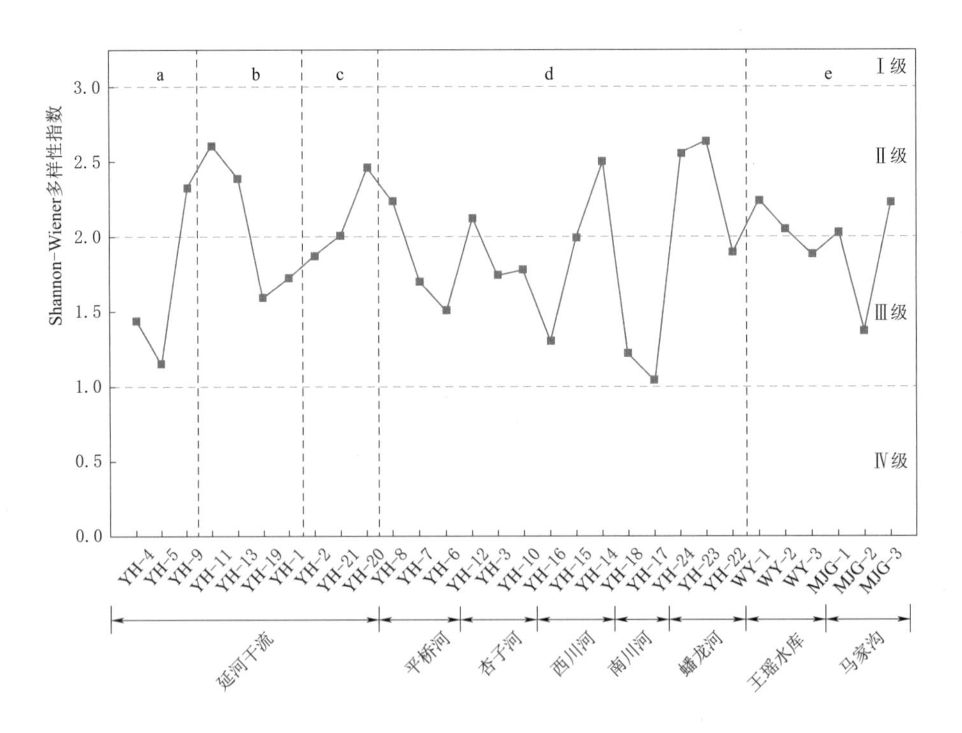

图8.8 延河流域秋季浮游植物群落多样性水质评价结果

注 a—延河干流上游段；b—延河干流中游段；c—延河干流下游段；d—延河支流；e—淤地坝水体及水库

度污染），延河干流中游和下游水质均为Ⅱ级（轻度污染）。支流中平桥河、杏子河均为Ⅲ级（中度污染），西川河、南川河以及蟠龙河水质均为Ⅱ级（轻度污染），王瑶水库、马家沟淤地坝、柳家畔淤地坝均为Ⅲ级（中度污染），其中有48.50%的采样断面为轻度污染，45.50%的采样断面为中度污染，有6.10%的采样断面为重度污染。

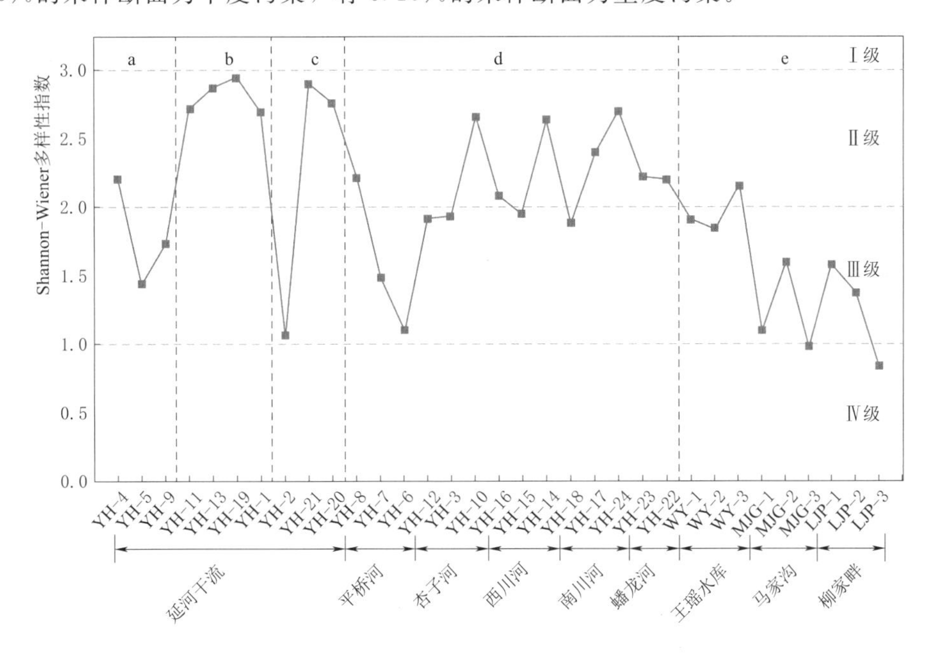

图8.9 延河流域春季浮游动物群落多样性水质评价结果

注 a—延河干流上游段；b—延河干流中游段；c—延河干流下游段；d—延河支流；e—淤地坝水体及水库

秋季Shannon-Wiener指数评价结果（见图8.10）显示延河干流上游和下游水质均为Ⅲ级（中度污染），延河干流中游为Ⅳ级（重度污染）；支流中杏子河、西川河和南川河均为Ⅲ级（中度污染），平桥河以及蟠龙川水质均为Ⅳ级（重度污染）；王瑶水库为Ⅳ级（重度污染）、马家沟淤地坝为Ⅲ级（中度污染），没有断面呈现无污染状态，有7.10%的采样断面水体呈现轻度污染，53.60%的采样断面呈现中度污染状态，有39.30%的采样断面呈现重度污染。

8.1.2.3 基于底栖动物群落多样性指数的水质生物评价

春季Shannon-Wiener多样性指数结果（见图8.11）显示延河干流全段基本处于轻度污染和清洁状态，少数河段处于中度污染状态，极少数存在重度污染；延河支流中，平桥河与杏子河多数河段为清洁和轻度污染状态；西川河、南川河以及蟠龙河多处于轻度和中度污染状态、极少数河段为清洁和中度污染状态。王瑶水库和马家沟淤地坝多处于轻度和中度污染状态，少数存在重度污染。

秋季Shannon-Wiener多样性指数结果（见图8.12）显示延河干流上游及中游基本处于清洁状态，其余河段均存在中度乃至重度污染；延河支流中，平桥河上游、西川河中下游以及蟠龙河中游为清洁状态，支流的其余河段均存在着轻度和中度污染。除王瑶水库WY-3断面为轻度污染外，其余断面均存在中度和重度污染。

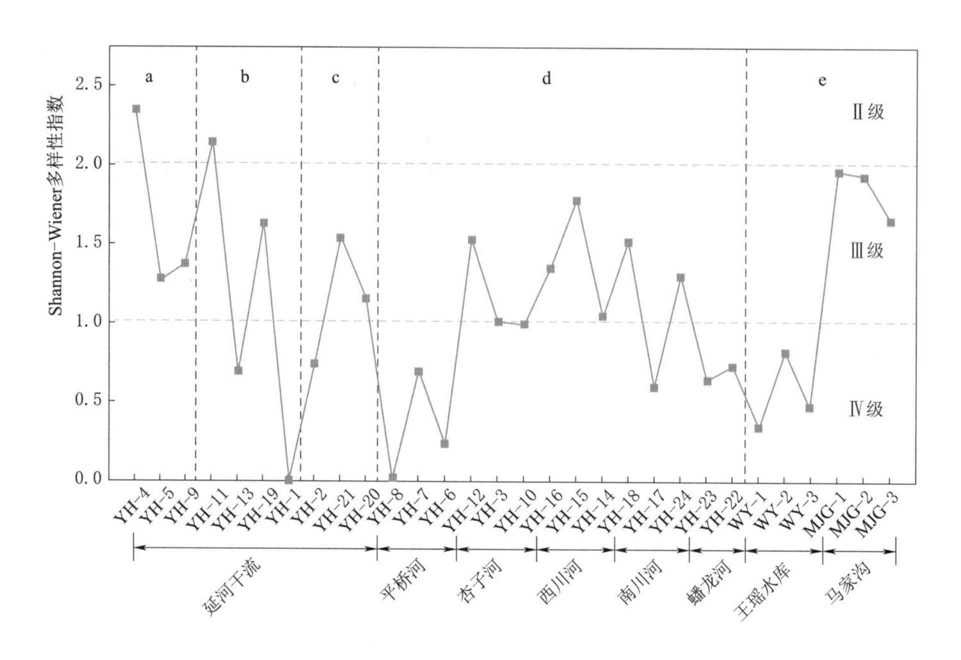

图 8.10 延河流域秋季浮游动物群落多样性水质评价结果

注 a—延河干流上游段；b—延河干流中游段；c—延河干流下游段；d—延河支流；e—淤地坝水体及水库

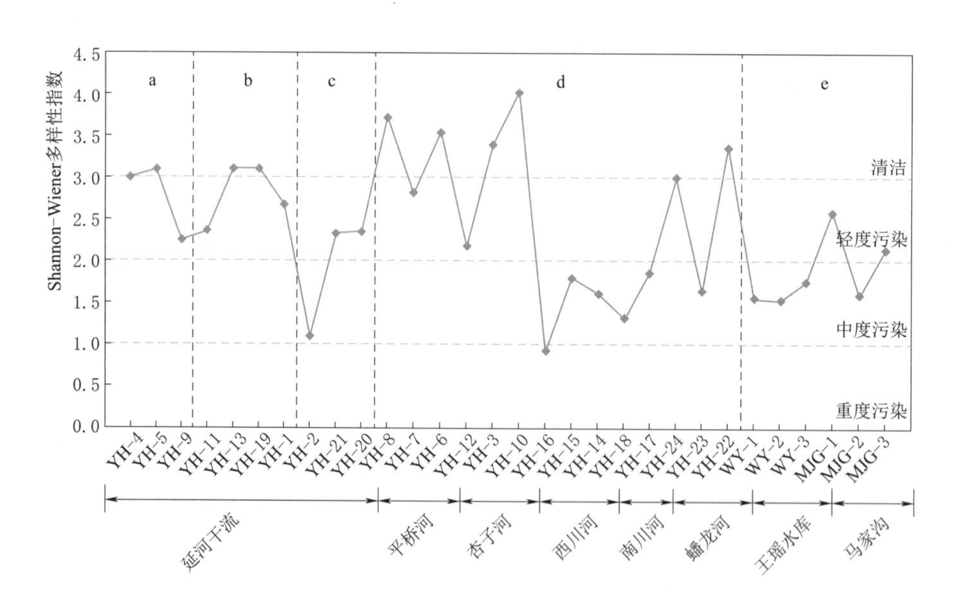

图 8.11 延河流域春季底栖动物群落多样性水质评价结果

注 a—延河干流上游段；b—延河干流中游段；c—延河干流下游段；d—延河支流；e—淤地坝水体及水库

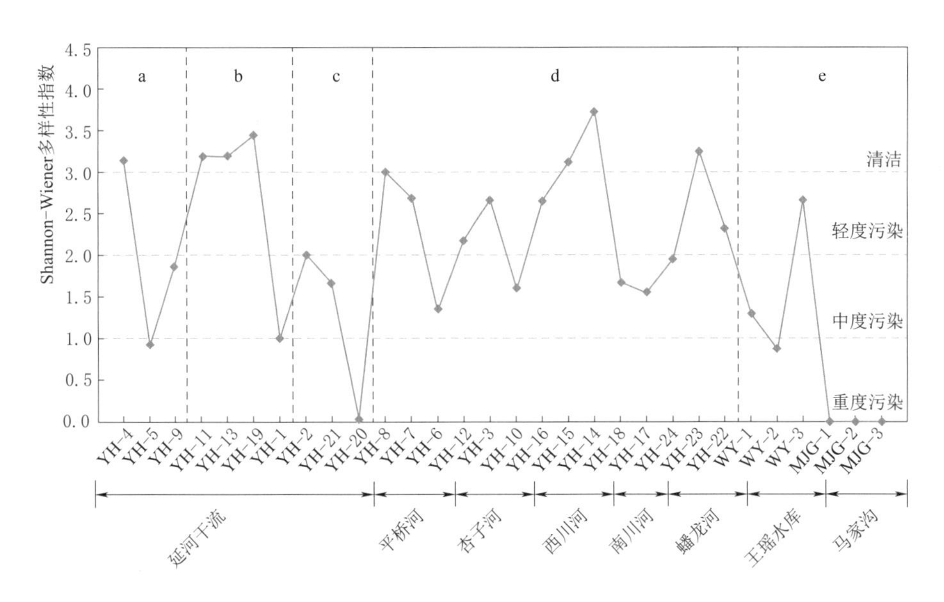

图 8.12　延河流域秋季底栖动物群落多样性水质评价结果

注　a—延河干流上游段；b—延河干流中游段；c—延河干流下游段；d—延河支流；e—淤地坝水体及水库

8.2　无定河流域和延河流域生物完整性指数评价

8.2.1　无定河流域生物完整性指数评价

无定河流域生物完整性指数评价通过建立 B-IBI 指标体系确定水生态健康状况。基于栖息地质量评分结果和研究区域实际情况，选择无定河上游 WD-1、WD-2、WD-3、无定河中游 WD-19、马湖峪河 WD-17、WD-18 等 6 个采样点作为参照点。

选取 27 个可以综合反映群落丰富度、底栖动物种类个体数量比例、生物耐污能力、营养结构以及多样性指数的 B-IBI 指标体系的候选生物学指标，见表 8.2。

表 8.2　B-IBI 指标体系候选生物指数

指标代码	指标类型	生物指数	对干扰反应
M1	反映群落丰富度	总分类单元数	减小
M2		蜉蝣目分类单元数	减小
M3		毛翅目分类单元数	减小
M4		软体动物分类单元数	减小
M5		双翅目分类单元数	减小
M6		摇蚊科分类单元数	增大
M7		EPT 分类单元数	减小

续表

指标代码	指标类型	生　物　指　数	对干扰反应
M8	反映种类个体数量比例	优势分类单元个体相对丰度	增大
M9		毛翅目个体相对丰度	减小
M10		软体动物个体相对丰度	减小
M11		双翅目个体相对丰度	增大
M12		摇蚊科个体相对丰度	增大
M13		其他双翅目+非昆虫类个体相对丰度	减小
M14		寡毛类个体相对丰度	不定
M15		EPT 个体相对丰度	减小
M16	反映生物耐污能力	敏感类群分类单元数	减小
M17		耐污类群物种数相对丰度	增大
M18		FBI 值	增大
M19		BMWP 指数	减小
M20		ASPT 指数	减小
M21	反映营养结构	滤食者个体相对丰度	不定
M22		撕食者+刮食者个体相对丰度	减小
M23		收集者个体相对丰度	不定
M24		捕食者个体相对丰度	减小
M25		撕食者个体相对丰度	增大
M26	多样性指数	Shannon - Wiener 指数（H）	减小
M27		Simpson 指数（D）	减小

经过对以上候选参数进行分布范围检验、判别能力分析和相关关系分析的筛选，确定春季无定河生物完整性评价核心参数分别为总分类单元数、优势分类单元个体相对丰度和Shannon - Wiener 指数。秋季无定河生物完整性评价核心参数分别为双翅目分类单元数、滤食者个体相对丰度和 Simpson 指数。

采用比值法计算生物指数值，以参照点 25%分位数为健康评价的标准，对小于 25%分位数的分布范围进行四等分，确定无定河生物完整性评价标准及其对应的水生态系统健康状况（见表 8.3）。

表 8.3　　　　生物完整性指数标准

健　康　状　况	B - IBI 值	
	春季	秋季
健康	>2.48	>1.80
亚健康	1.86～2.48	1.35～1.80
一般	1.24～1.86	0.90～1.35
较差	0.62～1.24	0.45～0.90
极差	0～0.62	0～0.45

根据健康评价标准得出无定河流域河流健康评价结果（见表 8.4），结果表明，春季 40 个样点中有 5 个处于健康状态，14 个处于亚健康状态，12 个处于一般状态，7 个处于较差状态，2 个处于极差状态。秋季无定河流域有 13 个处于健康状态，10 个处于亚健康状态，9 个处于一般状态，3 个处于较差状态，5 个处于极差状态。

表 8.4　　无定河流域各河段 B-IBI 评价结果

河流名称	采样点		春　季		秋　季	
	编号	性质	B-IBI 值	评价结果	B-IBI 值	评价结果
无定河上游	WD-1	参照点	2.00	亚健康	1.68	亚健康
	WD-2	参照点	2.85	健康	2.54	健康
	WD-3	参照点	3.04	健康	1.50	亚健康
	WD-5	受损点	1.98	亚健康	1.94	健康
无定河中游	WD-6	受损点	2.28	亚健康	2.48	健康
	WD-10	受损点	2.24	亚健康	1.88	健康
	WD-15	受损点	2.24	亚健康	2.04	健康
	WD-19	参照点	3.00	健康	2.34	健康
	WD-20	受损点	2.14	亚健康	1.08	一般
无定河下游	WD-21	受损点	1.75	一般	1.69	亚健康
	WD-28	受损点	1.44	一般	2.01	健康
	WD-29	受损点	2.27	亚健康	1.34	一般
海流兔河	WD-11	受损点	1.56	一般	1.95	健康
	WD-4	受损点	2.30	亚健康	0.00	极差
芦河	WD-9	受损点	2.05	亚健康	1.15	一般
	WD-8	受损点	1.86	亚健康	1.50	亚健康
	WD-7	受损点	2.33	亚健康	1.09	一般
榆溪河	WD-12	受损点	1.83	一般	1.68	亚健康
	WD-13	受损点	1.73	一般	1.37	亚健康
	WD-14	受损点	1.00	较差	1.43	亚健康
马湖峪河	WD-16	受损点	2.64	健康	1.58	亚健康
	WD-17	参照点	3.04	健康	2.16	健康
	WD-18	参照点	2.36	亚健康	2.39	健康
大理河	WD-24	受损点	1.83	一般	0.00	极差
	WD-22	受损点	0.85	较差	1.88	健康
	WD-23	受损点	2.10	亚健康	1.29	一般
淮宁河	WD-27	受损点	1.60	一般	1.75	亚健康
	WD-26	受损点	0.22	极差	1.86	健康
	WD-25	受损点	0.89	较差	1.95	健康

续表

河流名称	采样点		春季		秋季	
	编号	性质	B-IBI值	评价结果	B-IBI值	评价结果
南沟大坝水体	NG-1	受损点	1.50	一般	0.88	较差
	NG-2	受损点	1.05	较差	1.22	一般
	NG-3	受损点	1.65	一般	1.50	亚健康
	NG-4	受损点	0.70	较差	1.33	一般
	NG-5	受损点	1.83	一般	1.18	一般
榆林沟淤地坝水体	YLG-1	受损点	1.00	较差	0.00	极差
	YLG-2	受损点	1.70	一般	0.00	极差
	YLG-3	受损点	1.91	亚健康	0.94	一般
韭园沟淤地坝水体	JYG-1	受损点	0.06	极差	0.00	极差
	JYG-2	受损点	1.42	一般	0.85	较差
	JYG-3	受损点	1.00	较差	0.66	较差
王圪堵水库	WGD-1	受损点	—	—	0.09	极差
	WGD-2	受损点	—	—	0.24	极差
	WGD-3	受损点	—	—	0.75	较差

春季无定河上、中游整体处于健康—亚健康状态，其中，上游中段和中游后半段均为健康状态，其余河段样点为亚健康状态；无定河下游处于亚健康——一般状态。支流及淤地坝中，海流兔河处于亚健康——一般状态；芦河和马湖峪河均于健康—亚健康状态；榆溪河处于一般—较差状态；大理河处于亚健康——一般—较差状态；南沟大坝、榆林沟淤地坝处于一般—较差状态。淮宁河、韭园沟淤地坝处于一般—较差—极差状态。

秋季无定河上游处于健康—亚健康状态；无定河中游多为健康状态，后半段存在一般状态；无定河下游处于健康—亚健康——一般状态。支流及淤地坝中，海流兔河和大理河处于健康—极差状态；芦河处于亚健康——一般状态；榆溪河、马湖峪河和淮宁河均处于健康或亚健康状态；南沟大坝处于亚健康——一般—较差状态；榆林沟淤地坝处于一般—极差状态；韭园沟淤地坝处于较差—极差状态；王圪堵水库处于较差—极差状态。

评价结果表明，秋季无定河流域整体的健康状况要稍好于春季，可能归因于春季虽然河床稳定，但是河流流动性差，且摇蚊种类较多，而秋天为雨季后期，河流相对流量大，摇蚊种类减少，蜉蝣目、毛翅目种类增加，因此秋季的健康状况要稍好于春季。基于B-IBI健康评价结果，有12个采样点在两个季节里均处于亚健康及以上状态，底栖动物生物完整性比较稳定，这些采样点位于无定河干流上游全段、中游上半段以及中、上游部分支流，如芦河中段和马湖峪河全段，这些河段的特点是河岸较为稳定，渠道化较少，水质较为清澈，人类活动干扰较少。评价结果处于较差及以下状态的样点大多位于无定河下游支流和淤地坝水体，这些河段距离城镇和农田较近，土质疏松，人类活动强度大，并且两个季节的评价结果改变较大，生物完整性不稳定。淤地坝作为修筑在水土流失严重区域的人工堤坝，因其底层泥沙淤积厚度深，生境单一，故仅少数直接收集者如摇蚊幼虫及寡毛类生存。

本研究选取M1（总分类单元数）、M8（优势分类单元个体相对丰度）和M26（Shannon-Wiener指数）等3个核心指数构成无定河流域春季B-IBI指数体系，选取M11（双翅目分类单元数）、M21（滤食者个体相对丰度）和M27（Simpson指数）等3个核心指数构成无定河流域秋季B-IBI指数体系，两季度B-IBI健康评价体系的核心指数和B-IBI值的差异性表明，在类似黄土高原等水土流失严重区域中，对水生生物开展多季节调查具有重要意义。

无定河流域上游底栖动物生物完整性处于亚健康及以上状态，评价结果相对较好，该区域主要位于风沙区，应持续推行退耕还林等政策，在降低风力侵蚀的同时，还要注意改善河道周围植被状况，提高水土保持能力，确保源头的水质水量；中下游干支流完整性评价等级较低，该区域主要位于黄土丘陵沟壑区，应加强水土保持措施，如在水力侵蚀严重区域增加淤地坝的修建，并对已有淤地坝进行维护和改进，提高拦蓄入河泥沙的能力；中下游支流，如榆溪河等，底栖动物物种数较少，应加强农业面源污染治理，控制周边污水排放，相关部门做好宣传教育，工业废水和居民生活污水必须经处理达标后排放，以改善水质，提高底栖动物生境质量。

8.2.2 延河流域生物完整性指数评价

延河流域生物完整性指数评价通过建立B-IBI指标体系确定水生态健康状况。基于水质质量、栖息地质量综合评估指数、人类干扰强度和河岸带土地利用四个方面，选择满足条件的平桥河两个采样点、杏子河一个采样点为极小干扰点，延河上游两个采样点为轻微干扰点。

选取28个可以综合反映群落丰富度、底栖动物种类个体数量比例、生物耐污能力、营养结构以及多样性指数的B-IBI指标体系的候选生物学指标进行评价，见表8.5。

表8.5　28个候选生物指数计算方法

指标代码	指标类型	生物指数	对干扰反映
M1	反映群落丰富度	总分类单元数	减小
M2		蜉蝣目分类单元数	减小
M3		毛翅目分类单元数	减小
M4		端足目+软体动物分类单元数	减小
M5		双翅目分类单元数	减小
M6		摇蚊科分类单元数	增大
M7		EPT分类单元数	减小
M8	反映种类个体数量比例	优势分类单元个体相对丰度	增大
M9		毛翅目个体相对丰度	减小
M10		摇蚊科个体相对丰度	增大
M11		双翅目个体相对丰度	增大
M12		端足目+软体动物个体相对丰度	减小
M13		双翅目+非昆虫类个体相对丰度	减小

续表

指标代码	指标类型	生　物　指　数	对干扰反映
M14	反映种类个体数量比例	寡毛类个体相对丰度	不定
M15		EPT 个体相对丰度	减小
M16	反映生物耐污能力	敏感类群分类单元数	减小
M17		耐污类群物种数相对丰度	增大
M18		FBI 值	增大
M19		BMWP 值	减小
M20		ASPT 指数	减小
M21	反映营养结构	滤食者个体相对丰度	不定
M22		撕食者+刮食者个体相对丰度	减小
M23		收集者个体相对丰度	不定
M24		杂食者+刮食者个体相对丰度	减小
M25		捕食者个体相对丰度	减小
M26		撕食者个体相对丰度	增大
M27	多样性指数	Shannon－Wiener 指数（H）	减小
M28		Simpson 指数（D）	减小

经过对以上候选参数进行分布范围检验、判别能力分析和相关关系分析的筛选，确定春季延河生物完整性评价核心参数分别为总分类单元数、优势分类单元个体相对丰度、耐污类群物种数相对丰度、Shannon－Wiener 指数、Simpson 指数。秋季延河生物完整性评价核心参数分别为总分类单元数、蜉蝣目分类单元数、毛翅目分类单元数、FBI 值、PR 捕食者个体相对丰度。

采用比值法计算生物指数值，以参照点 25％分位数为健康评价的标准，对小于 25％分位数的分布范围进行四等分，确定延河生物完整性评价标准及其对应的水生态系统健康状况（见表 8.6）。最终得出延河流域 B－IBI 评价结果见表 8.7。

表 8.6　　生物完整性指数标准

健　康　状　况	B－IBI 值	
	春季	秋季
健康	＞5.15	＞1.82
亚健康	3.86～5.15	1.36～1.82
一般	2.58～3.86	0.91～1.36
较差	1.29～2.58	0.45～0.91
极差	0～1.29	0～0.45

该研究对延河流域以及附近淤地坝水体共 33 个采样点进行了采样与底栖生物完整性评价，评价结果表明，延河流域底栖动物生物完整性处于一般状态，延河中游、平桥河、

蟠龙河底栖动物生物完整性相对较好，采样点底栖生物种类较多，且蜉蝣动物等敏感物种出现较多；延河下游、马家沟淤地坝水体底栖动物生物完整性较低，采样点底栖生物种类很少，多为耐污性较强的摇蚊类，蜉蝣动物等敏感物种较少出现。主要原因是人类活动加剧、社会经济高速发展造成取水量增加，导致延河多年平均径流量减少且时空分布不均，从上游到下游径流量呈逐渐减小态势；环境基础设施薄弱，工业点源、城镇生活源、农村面源污染物等有直排河道现象，入河污染负荷重，水体长期纳污导致水生生物生境恶化。

表 8.7　　延河流域河流系统各河段 B-IBI 评价结果

河段	采样点		春季		秋季	
	编号	性质	B-IBI 值	评价结果	B-IBI 值	评价结果
延河上游	YH-4	参照点	5.22	健康	2.35	健康
	YH-5	参照点	4.96	亚健康	1.40	亚健康
	YH-9	受损点	3.54	一般	2.42	健康
延河中游	YH-11	受损点	4.05	亚健康	2.75	健康
	YH-13	受损点	5.51	健康	2.36	健康
	YH-19	受损点	5.39	健康	3.53	健康
	YH-1	受损点	5.09	亚健康	0.59	较差
延河下游	YH-2	受损点	1.37	较差	1.04	一般
	YH-21	受损点	4.63	亚健康	1.70	亚健康
	YH-20	受损点	4.29	亚健康	0.80	较差
平桥河	YH-8	参照点	6.26	健康	3.43	健康
	YH-7	受损点	4.67	亚健康	3.16	健康
	YH-6	参照点	5.71	健康	1.96	健康
杏子河	YH-12	受损点	4.17	亚健康	1.00	一般
	YH-3	参照点	6.49	健康	2.68	健康
	YH-10	受损点	6.78	健康	0.93	一般
西川河	YH-16	受损点	3.01	一般	3.51	健康
	YH-15	受损点	4.43	亚健康	3.09	健康
	YH-14	受损点	3.99	亚健康	3.66	健康
南川河	YH-18	受损点	2.85	一般	1.00	一般
	YH-17	受损点	3.31	一般	1.02	一般
蟠龙河	YH-24	受损点	5.36	健康	1.67	亚健康
	YH-23	受损点	2.95	一般	3.26	健康
	YH-22	受损点	5.54	健康	2.16	健康
王瑶水库	WY-1	受损点	2.77	一般	1.04	一般
	WY-2	受损点	2.66	一般	0.66	较差
	WY-3	受损点	3.14	一般	1.06	一般

续表

河段	采样点		春　季		秋　季	
	编号	性质	B-IBI值	评价结果	B-IBI值	评价结果
马家沟	MJG-1	受损点	4.66	亚健康	0.56	较差
	MJG-2	受损点	3.35	一般	1.30	一般
	MJG-3	受损点	3.70	一般	0.07	极差
柳家畔	LJP-1	受损点	3.89	亚健康	—	—
	LJP-2	受损点	3.20	一般	—	—
	LJP-3	受损点	3.11	一般	—	—

该研究对延河流域以及附近淤地坝水体共33个采样点进行了采样与底栖生物完整性评价，评价结果表明，延河流域底栖动物生物完整性处于较好状态，延河上游、平桥河、蟠龙河底栖动物生物完整性相对较好，采样点底栖生物种类较多，且蜉蝣动物等敏感物种出现较多；延河下游、马家沟淤地坝水体底栖动物生物完整性较低，采样点底栖生物种类很少，多为耐污性较强的摇蚊类，蜉蝣动物等敏感物种较少出现，主要原因是人类活动加剧、社会经济高速发展造成取水量增加，导致延河多年平均径流量减少且时空分布不均，从上游到下游径流量呈逐渐减小态势；环境基础设施薄弱，工业点源、城镇生活源、农村面源污染物等有直排河道现象，入河污染负荷重，水体长期纳污导致水生生物生境恶化。

评价结果表明，春季延河流域33个采样点中，11个处于亚健康状态，12个处于一般状态，1个处于较差状态；秋季延河流域30个采样点中，3个处于亚健康状态，8个处于一般状态，4个处于较差状态，1个处于极差状态。

由于杏子河、西川河、蟠龙河位于饮用水源区，该三个支流基本处于健康—亚健康状态，应该加强对饮用水源区的保护与治理，保证沿河居民的饮用水质量；王瑶水库是延安城区的主要饮用水源，水质要求高，水体内底栖生物很少，所以IBI评价对于王瑶水库有一定的不实用性，应采用适合水库的水质评价方法来反映王瑶水库的健康状况；南川河位于杏子河、西川河等支流下游交汇处，处于一般—较差状态；延河中游经过景观用水娱乐区与工业用水区，处于健康—亚健康状态；延河下游存在水体富营养化和有机物污染，处于较差状态。

延河流域应当加强环境基础设施，提高污水管网收集率，增加雨污分流管网，加快污水提质改造工程建设，扩大垃圾填埋场容量，健全垃圾渗滤液处理系统，增加农村污水处理设施，加强农村分散污水治理，卫生垃圾、垃圾收集转运处理、完善分散畜禽养殖废水处理等设施，杜绝河道和雨水渠中垃圾、秸秆等堆放现象，减少污染物入河风险。

8.3 无定河流域和延河流域生态状况综合评价

综合评价采用赋分制，具体选用大型底栖无脊椎动物生物完整性指数和鱼类保有指数进行赋分评价。

8.3.1 大型底栖无脊椎动物生物完整性指数

大型底栖无脊椎动物生物完整性指数（$BIBI$）通过对比参考点和受损点大型底栖无脊椎动物状况进行评估。

基于备选参数选取评估参数，对评估河湖（库）底栖动物调查数据按照评估参数分值计算方法，计算 $BIBI$ 指数监测值，根据河湖（库）所在水生态分区 $BIBI$ 最佳期望值，按照式（8.1）为 $BIBI$ 指标赋分。

$$BIBIS=\frac{BIBIO}{BIBIE}\times 100 \tag{8.1}$$

式中：$BIBIS$ 为评估河湖（库）大型底栖无脊椎动物生物完整性指数赋分；$BIBIO$ 为评估河湖（库）大型底栖无脊椎动物生物完整性指数监测值；$BIBIE$ 为评估河湖（库）所在水生态分区大型底栖无脊椎动物生物完整性指数最佳期望值。

8.3.2 鱼类保有指数

评估现状鱼类种数与历史参考点鱼类种数的差异状况，按照式（8.2）计算，赋分标准见表 8.8，对于无法获取历史鱼类检测数据的评估区域，可采用专家咨询的方法确定。调查鱼类种数不包括外来物种。

$$FOEI=\frac{FO}{FE}\times 100 \tag{8.2}$$

表 8.8　鱼类保有指数赋分标准表

鱼类保有指数/%	100	85	75	60	50	25	0
赋分	100	80	60	40	30	10	0

8.3.3 河流生态状况评价指标与赋值

（1）大型底栖无脊椎动物生物完整性指数赋分。无定河与延河流域春秋两季大型底栖无脊椎动物生物完整性指数赋分情况见表 8.9。

表 8.9　大型底栖无脊椎动物生物完整性指数赋分

河流（全流域）	无定河（春）	无定河（秋）	延河（春）	延河（秋）
大型底栖无脊椎动物生物完整性指数	0.87	0.72	0.94	0.88
赋分	87.21	71.60	93.50	89.00

（2）鱼类保有指数赋分。调查表明，无定河现存土著鱼类 11 种，鱼类保有指数约为 78.6%；延河流域现存土著鱼 9 种，鱼类保有指数约为 64.5%。依据鱼类保有指数，无定河流域赋分约为 68 分；延河流域赋分约为 46 分。

8.3.4 生态状况评价结果

无定河与延河流域春秋两季水体健康赋分情况见表 8.10，其中大型底栖无脊椎动物生物完整性指数权重占比为0.4，鱼类保有指数权重为0.6。经计算显示：春季无定河流域河湖健康评价赋分为75.68，秋季无定河流域水体健康评价赋分为69.44，春季延河流域河湖健康评价赋分65.00，秋季延河流域河湖健康评价赋分63.20。无定河与延河流域综合评价结果均为三类河湖（见图8.13），但无定河流域生态状况稍优于延河流域。

表8.10　　无定河与延河流域春秋两季水体健康赋分

指　　标	权重	赋分-无定河		赋分-延河	
		春季	秋季	春季	秋季
大型底栖无脊椎动物生物完整性指数	0.4	75.68	69.44	65.00	63.20
鱼类保有指数	0.6				

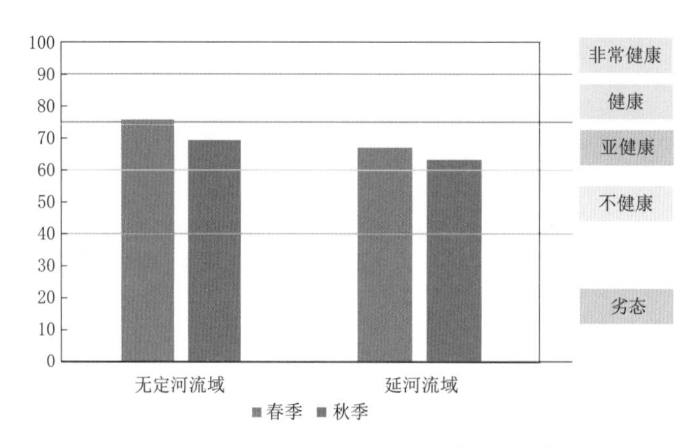

图8.13　无定河与延河流域生态状况综合评价

8.4　讨论与小结

利用生物多样性指数进行水质评价，其结果不仅与综合营养状态指数评价结果有差异，且与其他指标评价结果也有差异，很多研究表明，多样性指数与水体营养状况之间关系不明显，甚至有研究发现一些污染较重的采样点会出现群落的多样性指数较高的情况。本研究中利用浮游植物、浮游动物和底栖动物三种水生生物的多样性指数评价两大流域的水质情况，根据前述计算结果，三种水生生物的多样性指数有明显差异，这与其生物本身对生存环境的指示特性有关。以底栖动物多样性评价结果为例，无定河流域春季水质优于秋季，其中无定河干流春季水质全部为清洁或轻度污染，而秋季83.30%的采样断面水质为清洁或轻度污染，整体而言，无定河干流水质较好，基本满足水质标准。但无定河干流中游段属于饮用水源区，该区对水质要求较高，从评价结果看，两个季节中游段均为轻度污染，和 *WQI* 指数评价结果相近，同时干流中下游段硝酸盐（$NO_3^- - N$）、亚硝酸盐（$NO_2^- - N$）、总氮（TN）及总磷（TP）含量较高，这是因为该中游段位于横山县境内，而高硝酸盐污染物区多位于居民区和农田等土地利用类型附近，受人为影响较大，再加之黄土高原降雨集中，土地松散，植被较少，大量雨水冲刷河岸，使得粪便和农药等污染物随地表径流汇入河水，居民生活排污也会导致河流水质变差。

延河流域水质春季优于秋季，秋季由于采样过程中遇到降雨天气影响，水质评价结果出现了断面数据异常情况。从底栖动物 Shannon－Wiener 多样性指数的评价结果看，延河上游段属于保护区和饮用水源区的交错区，除异常点外其余断面水质为清洁状态，基本符合水质要求，中游段属于饮用水源区和景观娱乐用水区，该河段水质季节性差异不大，饮用水源区所在断面水质均为清洁状态，景观娱乐区水质也符合对应的水质要求。结合浮游生物 Shannon－Wiener 多样性指数的评价结果，延河干流上游作为保护区春秋两季的水质稳定在Ⅱ～Ⅲ级，究其原因在于春季为浮游植物生长周期的复苏期，随着水温的升高，河流水环境更适宜浮游植物的生长繁殖；而秋季暴雨骤降不仅会对温度，光照、营养盐和流速等水环境造成改变，也会稀释浮游植物细胞密度；此外，保护区处于延河干流源头，该区域的地貌沟壑纵横，土质疏松，抗侵蚀能力差，会造成水体悬浮颗粒物增多，浊度增加，抑制浮游植物的光合作用，这均使秋季的水质等级低于春季。因此，该区域重点要控制水土流失，改善区域生态环境。而延河中下游区域作为城市密集，人类活动干扰较为强烈，应该警惕城市污水和工业污水排放带来的点源和面源污染对水域环境及生物多样性带来的干扰。

无定河流域具有水少沙多、暴雨集中、土质疏松、天然植被稀少、自然侵蚀强烈的特点，并且有不同类型的水土流失区，构建此类流域底栖动物生物完整性指数的难点主要在于参照点的选择和指数体系的构建。参照点的选择是生物完整性评价的关键步骤（Schmidt et al.，2009），以往的研究中选择参照点的方法不尽相同（胡芳 等，2022；李强 等，2007；Rawer－Jost C et al.，2004），基本依据水质质量、现场评估人类干扰强度和河岸带土地利用类型来选择。本研究中无定河流域属于黄土高原区域，是水土保持的重点治理区，经过夏季水文过程后，会导致水土流失，河床淤积，因此，在参照点的选择过程中，除了要选择人类干扰强度小的样点之外，还要考虑选择经过丰水期后未受水土流失影响或影响较小的样点。无定河上游上半河段附近基本为草地和未利用土地，且属于风沙区，水力侵蚀较少，无定河中游和马湖峪河的部分采样点附近草地居多，远离居民区（李书鉴 等，2022），故选择无定河上游 3 个采样点、无定河中游 1 个采样点、马湖峪河 2 个采样点，共 6 个采样点作为参照点。根据春秋两季参照点和受损点 B－IBI 值的 Mann－Whitney U 非参数检验结果，表明参照点与受损点之间 B－IBI 值存在显著差异，两个季节参照点的 B－IBI 值均显著高于受损点，表明本研究所构建的无定河流域 B－IBI 健康评价体系适用性较好。郑丙辉等（2022）研究中采用的生境打分法包括了 10 项评分标准，在类似水土流失较为严重的河流选择参照点时，建议评分应侧重于堤岸稳定性、河道变化等方面。

延河流域生态环境脆弱是区域生态环境自身（比如特有的地形地貌特征）脆弱和不稳定性与人为干扰综合作用的结果（雷波，2013）。降水是影响水沙的直接原因，直接导致了径流的丰枯变化，而径流是输沙的水动力条件（刘强 等，2021），降水补给是延河径流的主要来源，延河流域 70％以上年降水量集中在 6 月至 9 月，丰水期径流量约占全年 90％以上，延河流域泥沙流失量年内分布高度集中于丰水期，因此延河流域在秋季水土流失更严重（陈君来，2021）。本研究对底栖动物群落特征及完整性评价在不同地貌单元的差异性检验结果显示，破碎塬区的密度、物种数、B－IBI百分制分值在春秋两季具有显著差异，而峁梁丘陵沟壑区的密度、物种数、B－IBI百分制分值在春秋两季差异不显著。可能归因于峁梁丘陵沟壑区近年来生态治理效果显著，实施退耕还林力度最大，生态治理增大了流域植被的下渗量和截流量，影响了流域产汇流机制，对流域洪峰起到缓解和削减的作用（刘婷 等，2021），且该区域地形坡度大不适宜耕作与定居，受人为干扰小，群落特征与完整性评价对汛期集中降雨的反应并不敏感，水土流失程度的季节变化不大。峁状丘陵沟壑区内的流域经过延安市，人口密集，建设用地占比大，工业化程度高，人为干扰对完整性影响比集中降雨导致水土流失加剧对完整性的影响更加突出（雷波，2013）。破碎塬区位于延河下游，出水量占全流域76.8%（李传哲 等，2011），经历丰水期后下游径流变化最明显，并且破碎塬区植被覆盖率低，对降雨的截留能力差，水土流失程度季节波动大，群落特征与完整性评价对汛期集中降雨的反应也更加敏感。破碎塬区的密度、物种数、B－IBI百分制分值在春秋两季具有显著差异说明了水土流失对底栖动物的群落特征与完整性健康水平有显著影响。秋季的密度、物种数、B－IBI百分制分值在三个区域具有显著差异，表明土地利用与人为活动干扰对流域内群落特征及生物完整性评价有显著影响，且在与水土流失的综合作用下影响更大。

参考文献

陈君来，2021. 延河流域水沙参数同步率定与水土保持措施情景模拟［D］. 西安：西北农林科技大学.

胡芳，刘聚涛，温春云，等，2022. 抚河流域底栖动物群落结构及基于完整性指数的健康评价［J］. 水生态学杂志，43（1）：30－39.

雷波，2013. 黄土丘陵区生态脆弱性演变及其驱动力分析［D］. 北京：中国科学院研究生院（教育部水土保持与生态环境研究中心）.

李传哲，王浩，于福亮，等，2011. 延河流域水土保持对径流泥沙的影响［J］. 中国水土保持科学，9（1）：1－8.

李强，杨莲芳，吴璟，等，2007. 底栖动物完整性指数评价西苕溪溪流健康［J］. 环境科学，28（9）：2141－2147.

李书鉴，韩晓，王文辉，等，2022. 无定河流域地表水地下水的水化学特征及控制因素［J］. 环境科学，43（1）：220－229.

刘强，穆兴民，赵广举，等，2021. 延河流域水沙变化及其对降水和土地利用变化的响应［J］. 干旱区资源与环境，35（7）：129－135.

郑丙辉，张远，李英博，2007. 辽河流域河流栖息地评价指标与评价方法研究［J］. 环境科学学报，27（6）：928－936.

Rawer－Jost C，Zenker A，J Böhmer，2004. Reference conditions of German stream types analysed and revised with macroinvertebrate fauna［J］. Limnologica，34（4）：390－397.

Schmidt S I，M König－Rinke，Kornek K，et al.，2009. Finding appropriate reference sites in large－scale aquatic field experiments［J］. Aquatic Ecology，43（1）：169－179.

第9章 无定河流域和延河流域水生态功能分区

9.1 水生态系统服务功能重要性评价

9.1.1 评价指标体系建立

水生态功能评估是对功能各要素优劣程度的定量描述。通过评估，可以明确功能状况、功能演变的规律以及发展趋势，为河流规划与管理提供依据。功能评估可以采用预测模型法、多指标评价法和生态系统价值计算三种方法。其中，指标体系评价法是较为常用的方法。

本书采用指标体系评价法进行水生态功能重要性评估。在选取指标时，遵循主导性、差异性、综合性和实用性，以及所需指标的可获取性等基本原则，建立水生态功能重要性评估指标体系（见表9.1）。建立评价指标体系后，对各单项生态功能进行评价时，广泛征询专家意见并且对无定河和延河流域进行调查分析。根据各个指标在评价中的影响力差异以及该地区的实际情况，主要分三类人员进行赋值，第一类为科研专家，第二类为研究区内的管理人员，第三类为调查人员，最后用加权平均法计算各评价指标的分值。

表9.1　　水生态系统服务功能重要性评价指标体系

功能类型	评价指标	评价依据
水生生物多样性维持功能	生物丰富性	浮游植物多样性指数、浮游动物多样性指数、底栖动物多样性指数
野生生物栖息地维持功能	生境自然性	盐度值、流域土地利用
	生境多样性	河道弯曲度
滨岸带支持功能	滨岸带植被状况	植被覆盖率、植被完整性
	滨岸带稳定性	滨岸带稳定性状况
水环境支持功能	水质级别	水质污染状况
水文支持功能	生态流量满足率	水流状况现场判断法

9.1.2 评价方法及过程

9.1.2.1 水生生物多样性维持功能

采用大型底栖动物、浮游动物和浮游植物的香农（Shannon）多样性指数，来反映水生态系统中其他生物的多样性保护水平。计算公式为

$$H'=-\sum(P_i\log_2 P_i) \tag{9.1}$$

根据表9.2的赋值，采用加权求和的方式计算水生生物多样性维持功能综合指数，计算公式为

$$I_{生物多样性}=2.5\times\sum_{i=1}^{4}W_iA_i \tag{9.2}$$

式中：$I_{生物多样性}$为水生生物多样性维持功能指数；A_i为浮游动物多样性指数、浮游植物多样性指数、底栖动物多样性指数的评分赋值；W_i为第i个指标的权重，其中浮游动物多样性指数权重为0.3，浮游植物多样性指数权重为0.3，底栖动物多样性指数权重为0.4。

表9.2 水生生物多样性维持功能单项指标评分分级标准

分　值	4	3	2	1	0
Shannon多样性指数	$H\geqslant2$	$1.5\leqslant H<2$	$1\leqslant H<1.5$	$0.5\leqslant H<1$	$0\leqslant H<0.5$

9.1.2.2 水环境支持功能

水环境支持功能是河流为水生生物提供良好生境质量的基本功能。根据大型底栖动物进行水质评估，依据水质级别进行赋值，见表9.3。

表9.3 水质分级赋值表

分　值	4	3	2	1
水质级别	一级	二级	三级	四级

将水质状况的得分乘以2.5，使得水环境支撑功能指数（$I_{水环境}$）成为一个介于0～10之间的值，其值越大，表明缓冲能力越大。

9.1.2.3 野生生物栖息地维持功能

野生生物栖息地维持功能状况主要取决于其生境的自然性、多样性状况以及其对珍稀物种生存的支持重要性。生境自然性和生境多样性根据表9.4中的各项评价结果，取其平均值作为最终赋值。

表9.4 野外生物栖息地功能单项指标评分分级赋值表

分　值		4	3	2	1	0
生境自然性	盐度值	≥0.5	0.4～0.5	0.3～0.4	0.2～0.3	<0.2
	流域土地利用情况（自然植被用地/%）	≥80	60～80	40～60	20～40	<20
生境多样性	河道弯曲度	≥1.6	1.4～1.6	1.2～1.4	1～1.2	≤1

野生生物栖息地维持功能（$I_{水生生境}$）采用加权求和的方式计算，计算公式为

$$I_{水生生境}=2.5\times\sum_{i=1}^{2}W_iA_i \tag{9.3}$$

式中：$I_{水生生境}$为野生生物栖息地维持功能指数；A_i 为水生生境自然性、多样性指数的评分赋值（见表 9.4）；W_i 为第 i 个指标的权重，其中生境自然性指标权重为 0.6，多样性指数权重为 0.4。

9.1.2.4 滨岸带支持功能

滨岸带发挥着提供生境以及为河道水生生物提供缓冲区域的作用，从而减缓流域内人类活动对河流生态系统的直接干扰作用。其支持功能的发挥主要取决于植被覆盖状况以及河岸带的稳定程度。滨岸带支持功能单项指标评分分级赋值见表 9.5。

表 9.5 滨岸带支持功能单项指标评分分级赋值表

分值	4	3	2	1	0
植被完整性	植被类型完整，包括乔木、灌木和大型水生植物	植被基本完整，外界干扰没有对植被造成严重影响	植被不够完整，受到明显干扰	植被退化严重，仅存在低矮植被	植物高度低于 5cm 或不复存在
滨岸带稳定状况	河岸稳定，没有明显的侵蚀和河岸失稳症状；＜5%河岸受到影响	河岸中等稳定；小区域侵蚀严重；5%～20%河岸受到影响	河岸中等不稳定；在洪水季节存在严重侵蚀；20%～40%河道存在侵蚀	河岸不稳定；存在明显的侵蚀状况；40%～60%河道存在侵蚀	河岸严重不稳定；存在明显的泥沼；＞60%河岸存在侵蚀

滨岸带支持功能 $I_{河岸带}$采用加权求和的方式计算，计算公式为

$$I_{河岸带}=2.5\times\sum_{i=1}^{2}W_iA_i \tag{9.4}$$

式中：$I_{河岸带}$为滨岸带支持功能指数；A_i 为河岸带稳定性、植被覆盖状况的评分赋值；W_i 为第 i 个指标的权重，其中植被覆盖状况权重为 0.6，河岸带稳定性权重为 0.4。

9.1.3 水生态系统功能重要性综合评价结果

上述五种功能指数都是介于 0～10 之间的值，各单项功能的评价分级见表 9.6。在它们的基础之上，采用求和的方法，计算水生态系统综合指数，根据分级标准，确定水生态系统综合功能等级。计算公式如下：

$$I=\sum_{i=1}^{5}I_i \tag{9.5}$$

式中：I 为水生态系统功能综合指数；I_i 为单项功能指数。

水生态系统综合指数为介于 0～50 之间的值，为了能够更好地对无定河和延河流域水生态系统服务功能重要性进行评价与分析，以及更好地反应当地的水生态系统功能状况，并且能为无定河和延河流域的不同地区提出适合当地发展的科学合理的管理对策，根据无定河和延河流域整个区域的实际生态特点，经过多次试验，最终制定了等级划分标准，见表 9.6。

表 9.6 水生态系统功能综合评价分级表

功能等级	分数	级别
高	41～50	五
较高	31～40	四
一般	21～30	三
较低	15～20	二
低	<15	一

根据上述评价体系和评价方法，对无定河流域和延河流域各采样断面和小流域水生态功能重要性进行综合评估，具体评价结果见表 9.7～表 9.10。

表 9.7 无定河流域水生态系统单项功能评价结果

断面编号	水生生物多样性维持功能单项得分	水环境支持功能单项得分	野生生物栖息地维持功能单项得分	滨岸带支持功能单项得分	水文支持功能单项得分	总得分	评价结果
WD-1	8.50	7.50	4.75	4.50	5.00	30.25	四
WD-2	9.25	10.00	5.25	3.00	2.50	30.00	三
WD-3	8.50	10.00	5.75	6.50	7.50	38.25	四
WD-5	8.50	10.00	4.75	3.50	10.00	36.75	四
WD-6	10.00	7.50	4.25	3.50	2.50	27.75	三
WD-10	10.00	7.50	2.50	4.50	7.50	32.00	四
WD-15	8.25	7.50	6.75	2.00	5.00	29.50	三
WD-19	10.00	7.50	5.50	1.00	5.00	29.00	三
WD-20	9.25	7.50	4.75	3.50	5.00	30.00	三
WD-21	9.25	7.50	5.00	2.50	2.50	26.75	三
WD-28	8.25	7.50	6.75	1.00	0.00	23.50	三
WD-29	8.25	7.50	6.75	2.00	2.50	27.00	三
WD-11	5.50	5.00	4.25	1.00	7.50	23.25	三
WD-4	4.75	5.00	5.00	4.50	5.00	24.25	三
WD-9	9.25	7.50	5.50	2.00	2.50	26.75	三
WD-8	9.25	5.00	4.75	1.00	2.50	22.50	三
WD-7	8.25	7.50	5.00	4.50	5.00	30.25	四
WD-12	9.00	7.50	2.50	1.00	2.50	22.50	三
WD-13	8.25	7.50	4.25	4.50	5.00	29.50	三
WD-14	7.50	5.00	3.50	2.00	7.50	25.50	三
WD-16	9.25	7.50	5.00	2.50	2.50	26.75	三
WD-17	9.25	10.00	5.75	2.00	2.50	29.50	三
WD-18	9.25	10.00	6.75	3.50	2.50	32.00	四
WD-24	5.50	7.50	4.00	2.50	5.00	24.50	三

续表

断面编号	水生生物多样性维持功能单项得分	水环境支持功能单项得分	野生生物栖息地维持功能单项得分	滨岸带支持功能单项得分	水文支持功能单项得分	总得分	评价结果
WD-22	9.00	7.50	6.75	3.50	5.00	31.75	四
WD-23	7.50	7.50	7.50	3.50	0.00	26.00	三
WD-27	7.50	5.00	6.75	1.00	2.50	22.75	三
WD-26	8.25	5.00	5.75	2.00	5.00	26.00	三
WD-25	9.25	5.00	6.50	2.50	5.00	28.25	三
NG	7.50	5.00	4.75	3.50	5.00	25.75	三
YLG	7.50	7.50	2.50	3.50	5.00	26.00	三
JYG	8.25	7.50	4.00	2.00	5.00	26.75	三
WGD	5.50	7.50	5.00	5.50	7.50	31.00	四

表 9.8　　延河流域水生态系统单项功能评价结果

断面编号	水生生物多样维持功能单项得分	水环境支持功能单项得分	野生生物栖息地维持功能单项得分	滨岸带支持功能单项得分	水文支持功能单项得分	总得分	评价结果
YH-4	9.25	10.00	4.00	1.00	5.00	29.25	三
YH-5	5.00	7.50	5.75	5.00	5.00	28.25	三
YH-9	7.50	7.50	4.00	1.50	2.50	23.00	三
YH-11	10.00	7.50	5.75	4.50	7.50	35.25	四
YH-13	8.50	10.00	5.75	3.50	10.00	37.75	四
YH-19	8.50	10.00	5.75	1.00	7.50	32.75	四
YH-1	6.00	5.00	5.00	5.00	5.00	26.00	三
YH-2	5.00	5.00	4.00	3.50	2.50	20.00	二
YH-21	8.25	7.50	4.75	4.50	7.50	32.50	四
YH-20	5.50	7.50	4.75	2.00	2.50	22.25	三
YH-8	7.75	10.00	4.75	4.50	2.50	29.50	三
YH-7	7.75	7.50	5.75	3.00	2.50	26.50	三
YH-6	4.25	7.50	3.25	3.50	2.50	21.00	三
YH-12	9.25	7.50	5.00	2.00	2.50	26.25	三
YH-10	7.75	10.00	5.75	3.00	10.00	36.50	四
YH-3	7.50	7.50	6.75	3.50	2.50	27.75	三
YH-16	5.75	5.00	3.25	4.50	2.50	21.00	三
YH-15	8.25	7.50	4.25	3.50	2.50	26.00	三
YH-14	6.75	5.00	4.50	3.00	5.00	24.25	三
YH-18	5.75	5.00	4.25	2.50	7.50	25.00	三
YH-17	6.00	5.00	4.25	2.50	2.50	20.25	二

续表

断面编号	水生生物多样维持功能单项得分	水环境支持功能单项得分	野生生物栖息地维持功能单项得分	滨岸带支持功能单项得分	水文支持功能单项得分	总得分	评价结果
YH-24	8.25	7.50	5.75	4.50	2.50	28.50	三
YH-23	7.50	7.50	4.00	1.00	5.00	25.00	三
YH-22	9.25	10.00	6.75	4.50	5.00	35.50	四
WY	7.50	5.00	4.00	4.50	7.50	28.50	三
MJG	4.25	7.50	4.25	3.00	2.50	21.50	三
LJP	5.50	5.00	3.25	2.50	2.50	18.75	二

表9.9　无定河流域分区水生态系统单项功能评价结果

流域名称	水生生物多样性维持功能单项得分	水环境支持功能单项得分	野生生物栖息地维持功能单项得分	滨岸带支持功能单项得分	水文支持功能单项得分	总得分	评价结果
干流上游	8.69	9.38	5.13	4.38	6.25	33.81	四
干流中游	9.50	7.50	4.75	2.90	5.00	29.65	三
干流下游	8.58	7.50	6.17	1.83	1.67	25.75	三
海流兔河	5.13	5.00	4.63	2.75	6.25	23.75	三
芦河	8.92	6.67	5.08	2.50	3.33	26.50	三
榆溪河	8.25	6.67	3.42	2.50	5.00	25.83	三
马湖峪河	9.25	9.17	5.83	2.67	2.50	29.42	三
大理河	7.33	7.50	6.08	3.17	3.33	27.42	三
淮宁河	8.33	5.00	6.33	1.83	4.17	25.67	三
南沟	7.50	5.00	4.75	3.50	5.00	25.75	三
榆林沟	7.50	7.50	2.50	3.50	5.00	26.00	三
韭园沟	8.25	7.50	4.00	2.00	5.00	26.75	三
王圪堵水库	5.50	7.50	5.00	5.50	5.00	31.00	四

表9.10　延河流域分区水生态系统单项功能评价结果

流域名称	水生生物多样性维持功能单项得分	水环境支持功能单项得分	野生生物栖息地维持功能单项得分	滨岸带支持功能单项得分	水文支持功能单项得分	总得分	评价结果
干流上游	7.25	8.33	4.58	2.50	4.17	26.83	三
干流中游	8.25	8.13	5.56	3.50	7.50	32.94	四
干流下游	6.25	6.67	4.50	3.33	4.17	24.92	三
平桥河	6.58	8.33	4.58	3.67	2.50	25.67	三
杏子河	8.17	8.33	5.83	2.83	5.00	30.17	四
西川河	6.92	5.83	4.00	3.67	3.33	23.75	三
南川河	5.88	5.00	4.25	2.50	5.00	22.63	三

续表

流域名称	水生生物多样性维持功能单项得分	水环境支持功能单项得分	野生生物栖息地维持功能单项得分	滨岸带支持功能单项得分	水文支持功能单项得分	总得分	评价结果
蟠龙河	8.33	8.33	5.50	3.33	4.17	29.67	三
王瑶水库	7.50	5.00	4.00	4.50	7.50	28.50	三
马家沟	4.25	7.50	4.25	3.00	2.50	21.50	三
柳家畔	5.50	5.00	3.25	2.50	2.50	18.75	二

9.2 生态环境敏感性评价及其空间分布特征

9.2.1 评价方法

生态环境问题的形成和发展往往是多个因子综合作用的结果。生态环境问题的出现或发生概率常常取决于影响生态环境问题形成的各个因子的强度、分布状况和多个因子的组合。因此，在生态环境敏感性评价时，常常采用多因子的综合方法。本调查基于生态环境问题形成机制，对直接影响生态环境问题发生和发展的各自然因素进行综合。通过综合各影响因子分布，采用 GIS 空间分析方法，得出各生态环境问题的敏感性分布。

由于无定河、延河流域处于黄土高原水土流失区，根据生态敏感性评价的地域规律及流域实际情况，生态敏感性评价主要针对土壤侵蚀和沙漠化等生态问题。结合相应的现状评价标准，敏感性分为 5 级，即极敏感、高度敏感、中度敏感、轻度敏感、不敏感。生物多样性敏感性因涉及问题较多，空间资料暂时不全等原因，在此不作评价。

9.2.2 评价指标

9.2.2.1 土壤侵蚀敏感性

土壤侵蚀容易造成土地资源破坏、土壤肥力下降、库塘湖泊淤积、生态恶化、草原荒漠化等一系列危害，侵蚀物质也容易成为滑坡、泥石流等地质灾害的物源。

流域土壤侵蚀敏感性受流域内降水侵蚀、地貌形态、土壤理化性状、土地利用类型等综合作用，评价指标分级标准依据《生态功能区划暂行规程》(2002)，同时参考国内众多区域性土壤侵蚀敏感性评价的实证研究确定，具体标准见表 9.11。运用综合指数评价法中的均方根法对相关数据进行计算分析，计算公式如下：

$$SS_j = \sqrt[4]{\prod_{i}^{4} C_i} \tag{9.6}$$

式中：SS_j 为空间单元土壤侵蚀敏感性指数；C_i 为 i 指标敏感等级值。

该过程通过 ArcGis 软件的栅格计算工具完成。

表 9.11 土壤侵蚀敏感性评价指标分级标准

影响因子	不敏感	轻度敏感	中度敏感	高度敏感	极敏感
降水冲蚀力	<25	25～100	100～400	400～600	>600
土壤质地	石砾、沙	粗砂土、细砂土、黏土	面砂土、壤土	砂壤土、粉黏土、壤黏土	砂粉土、粉土
地形起伏	0～20	21～50	51～100	101～300	>300
植被类型	水体、草本沼泽、稻田	阔叶林、针叶林、草甸、灌丛和萌生矮林	稀疏灌木草原、一年二熟粮作、一年水旱两熟	荒漠、一年一熟粮作	裸露地
分级赋值	1	3	5	7	9
分级标准	1.0～2.0	2.1～4.0	4.1～6.0	6.1～8.0	>8.0

（1）降水冲蚀力因子。降水冲蚀力因子是一项评价降水引起的土壤分离和搬运的动力指标，反映了降水对土壤侵蚀的潜在能力。采用 Wischmeier 经验公式计算：

$$R=\sum_{i=1}^{12}1.735\times 10^{1.5\log\left(\frac{p_i^2}{p}\right)-0.8188} \tag{9.7}$$

式中：R 为降水冲蚀力；p_i 为各月平均降雨量；p 为年平均降雨量。该公式既考虑年降水总量，又考虑降水的年内分布。利用中国气象数据网提供的县级雨量站平均降水数据，生成点状矢量文件。在 ArcGIS 软件中对数据点文件进行 Kriging 插值，以获得研究区域的面状栅格文件，以进行分级赋值。

（2）土壤质地因子

土壤质地反映的是土壤中沙、壤、粉沙、黏土等组分的组合情况，土壤质地直接影响很多土壤水文学及土壤热力学参数，如饱和土壤含水量、饱和水力传导率等，是影响土壤侵蚀的因子之一。相关数据利用“寒区旱区科学数据中心”提供的第二次全国土地调查数据，进行分级赋值。

（3）地形起伏因子。地形起伏度是单位面积内最大相对高程差，可反映地面相对高差，是描述地貌形态的定量指标，在区域评价领域有广泛的应用。根据研究区域地形特征，以 1.4km×1.4km 为基本单元，通过 ArcGIS 软件的 Focal Statistics 工具提取地形起伏度。地表高程数据提取自 Google Earth 软件，空间分辨率为 100m。

（4）植被类型因子。植被防止侵蚀的作用主要包括对降水能量的削减作用、保水作用和抗侵蚀作用，植被类型因子也是影响土壤侵蚀的敏感因素之一。相关数据利用中国科学院资源环境科学数据中心提供的 1∶100 万植被类型空间分布数据进行分级赋值。

9.2.2.2 土地沙漠化敏感性

沙漠化是干旱、半干旱及部分湿润地区由于气候变异和人地关系不相协调所造成的以风沙活动为主要标志的土地退化。沙漠化敏感性是指发生土地沙漠化可能性的大小，是生态敏感性评价的重要指标，在某种程度上可以反映出区域生态敏感性。流域沙漠化敏感性评价指标分级标准参考《沙化土地监测技术规程》（GB/T 24255—2009），结合植被覆盖度、湿润指数、土壤质地，≥6m/s 起沙风天数状况来评价流域沙漠化敏感程度，具体标准见表9.12。运用综合指数评价法中的均方根法对相关数据进行计算分析，计算公式如下：

$$DS_j = \sqrt[4]{\prod_{i}^{4} C_i} \tag{9.8}$$

式中：DS_j 为空间单元土地沙漠化敏感性指数；C_i 为 i 指标敏感等级值。

该过程通过 ArcGis 软件的栅格计算工具完成。

表 9.12　土地沙漠化敏感性评价指标分级标准

影响因子	不敏感	轻度敏感	中度敏感	高度敏感	极敏感
湿润指数	>0.65	0.5～0.65	0.2～0.5	0.05～0.2	<0.05
≥6m/s 起沙风天数	<5	5～20	20～40	40～60	>60
土壤质地	基岩（无）	黏质	砾质	壤质	沙质
植被覆盖度 C 值	$C \geq 85\%$	$70\% \leq C < 85\%$	$50\% \leq C < 70\%$	$25\% \leq C < 50\%$	$C < 25\%$
分级赋值	1	3	5	7	9
分级标准	1.0～2.0	2.1～4.0	4.1～6.0	6.1～8.0	>8.0

（1）湿润指数因子。湿润指数能较客观地反映某一地区的水热平衡状况，整理流域及周边县级气象观测站点一年以内的降水、风速、气压、相对湿度和温度等数据，在计算各雨量站点潜在蒸散发的基础上，计算年均湿润指数。

（2）不小于 6m/s 起沙风天数因子。风力强度是影响风对土壤颗粒搬运的重要因素。风速只有在超过某一临界值的情况下才有可能吹扬和搬运土壤中的颗粒物质至空中，根据大量的研究资料，砂质壤土的起沙风速为 6m/s。该数据来源于流域及周边气象观测站点的气象数据，整理大风数据，得到平均每年冬春季大于 6m/s 大风的天数。通过 Kriging 插值，获得研究区域的面状栅格文件，进行分级赋值。

（3）土壤质地因子。不同粒度的土壤颗粒具有不同的抗剪切力，黏质土壤易形成团粒结构，抗剪切能力增强，相同条件下，沙质土壤的起沙速率大于壤质土壤的起沙速率；砾质结构的土壤的风蚀速率小于沙地土壤的起沙速率；而基岩质地表的供沙率极低，对风蚀的影响不大。该数据获取方式同土地侵蚀敏感性评价。

（4）植被覆盖度因子。地表植被覆盖是影响沙漠化敏感性的一个重要因素，在水域、冰雪和植被覆盖度高的地区，不会发生土壤的沙漠化；相反，地表裸露，植被稀少，都会使土壤沙化的机会增加。采用 Landsat TM 卫星数据提取 30m 分辨率的 NDVI 指数，选取 1—6 月（最大值）的 NDVI 数据进行分析，以进行分级赋值。

9.2.3　无定河流域生态环境敏感性评价

9.2.3.1　土壤侵蚀敏感性评价

根据土壤侵蚀敏感性分级结果可知，无定河流域内土壤侵蚀敏感性分为不敏感、轻度敏感、中度敏感、高度敏感四个等级，无极敏感区；不同敏感性等级面积及占整个流域土地面积百分比见表9.13。

表 9.13 无定河流域土壤侵蚀敏感性分级特征

等级	不敏感	轻度敏感	中度敏感	高度敏感	极敏感
面积/km^2	597.72	15792.17	5346.66	2.92	0
占比/%	2.75	72.64	24.59	0.01	0

就流域土壤侵蚀敏感性土地的数量特征和空间构成来看，无定河流域土壤侵蚀敏感性以轻度和中度敏感为主。流域内面积最大区域为轻度敏感区，其面积为15792.17km^2，占流域总面积的72.64%；其次是中度敏感区，面积为5346.66km^2，占流域总面积的24.59%；再次是不敏感区，面积为597.72km^2，占流域总面积的2.75%；而高度敏感区仅占全流域的0.01%。流域的土壤侵蚀敏感性水平分布呈现一定的规律性特征，表现为随着流域西北向东南干湿度、地形的过度，土壤侵蚀敏感性由不敏感向中度和高度敏感增强，即由流域西北风沙滩区向东南黄土沟壑区增强。

与历史研究相比较，近20年来无定河流域内不敏感区的范围有所增加，轻度敏感区的分布向西北有所扩增。中度敏感区主要分布于流域西南部的黄土沟壑地带，这一地区，地形起伏变化较大，降雨侵蚀力强，加上黄土本身的土壤特性，故本区土壤侵蚀比较敏感。此外，高度敏感区仅零星分布于西南部的黄土沟壑区，面积较历史研究略有增加，但分布变化不明显。总体来说，无定河流域土壤侵蚀敏感性呈减小趋势。

9.2.3.2 土地沙漠化敏感性

根据土地沙漠化敏感性分级结果可知，无定河流域沙漠化敏感性仅有轻度敏感和不敏感两个等级，无中度敏感、高度敏感和极敏感区，不同敏感性等级面积及占整个流域土地面积百分比见表9.14。

表 9.14 无定河流域沙漠化敏感性分级特征

等级	不敏感	轻度敏感	中度敏感	高度敏感	极敏感
面积/km^2	1605.21	20134.26	0	0	0
占比/%	7.38	92.62	0	0	0

就流域沙漠化敏感性土地的数量特征和空间构成来看，无定河流域土地沙漠化敏感度以轻度敏感为主，面积为20134.26km^2，占全流域面积的92.62%，覆盖流域全部；而不敏感区占全流域的7.38%。

与历史研究相比，近20年来无定河流域沙漠化敏感性发生较大变化，无定河流域沙漠化敏感程度近20年来明显降低，主要体现在流域西北部的风沙滩区，说明西北风沙滩区植被覆盖度有所增加，大风天数有所减少，此外，无定河干流及部分支流的河谷阶段区域环境状况转好，土地沙漠化侵扰减弱。总体来说，无定河流域土地沙漠化敏感性呈减小趋势。

9.2.4 延河流域生态环境敏感性评价

9.2.4.1 土壤侵蚀敏感性评价

根据土壤侵蚀敏感性分级结果可知，延河流域内土壤侵蚀敏感性分为不敏感、轻度敏感、中度敏感、高度敏感和极敏感五个等级；不同敏感性等级面积及占整个流域土地面积百分比见表9.15。

表9.15 延河流域土壤侵蚀敏感性分级特征

等级	不敏感	轻度敏感	中度敏感	高度敏感	极敏感
面积/km^2	1358.39	3034.92	1848.21	935.08	552.40
占比/%	17.58	39.27	23.91	12.10	7.15

就流域土壤侵蚀敏感性土地的数量特征和空间构成来看，延河流域土壤侵蚀敏感性以轻度和中度敏感为主。流域内面积最大区域为轻度敏感区，其面积为3034.92km^2，占流域总面积的39.27%；其次是中度敏感区，面积为1848.21km^2，占流域总面积的23.91%；再次是不敏感区，面积为1358.39km^2，占流域总面积的17.58%。高敏感区与极敏感区主要分布在安塞区中部地区及宝塔区、延长县部分地区，不敏感、轻度敏感区分布在流域南部地区。土壤侵蚀敏感性空间分布与降水侵蚀力空间分布基本一致，水土流失受降水影响较大，在延河流域部分地区，梁多峁少，河床比降大，水土流失情况更为严重。

与历史研究相比，由于耕地大面积减少，林地草地面积增加，植被覆盖度逐渐增高，有效增加了土壤涵养水源的能力，近20年来，重度、极度敏感的面积明显减少且分布更加分散，敏感性较高的区域也从流域上游逐渐移至中下游。总体来说，延河流域土壤侵蚀敏感性呈减小趋势。

9.2.4.2 土地沙漠化敏感性评价

根据土地沙漠化敏感性分级结果可知，延河流域内土地沙漠化敏感性分为不敏感、轻度敏感和中度敏感三个等级，无高度敏感和极敏感区；不同敏感性等级面积及占整个流域土地面积百分比见表9.16。

表9.16 延河流域土地沙漠化敏感性分级特征

等级	不敏感	轻度敏感	中度敏感	高度敏感	极敏感
面积/km^2	1037.22	4638.94	2052.83	0	0
占比/%	13.4	60.02	26.56	0	0

就流域沙漠化敏感性土地的数量特征和空间构成来看，延河流域土地沙漠化敏感度以轻度敏感为主，面积为4638.94km^2，占全流域面积的60.02%，其次是中度敏感区，面积为2052.83km^2，占全流域面积的26.56%；再次是不敏感区，面积为1037.22km^2，占全流域的13.4%。敏感性较高的区域主要分布在流域中部的宝塔区以及安塞区和延长县的部分地区。

与历史研究相比，延河流域沙漠化敏感程度近20年来明显降低，轻度敏感区域面积持续上升；较高敏感区域向流域中部移动，是由于流域上游认为影响较少，植被覆盖面积增大，而流域中部城镇化速度加快，如延安市宝塔区，城镇化程度较高的地方敏感性增大，总体来说，延河流域土地沙漠化敏感性总体呈降低趋势。

9.3 水生态功能分区

河流生态系统是生物圈物质循环的重要通道，具有调节气候、改善生态环境以及维护生物多样性等众多功能，但随着我国社会经济的快速发展，河流生态系统健康快速恶化，局部地区的可持续发展受到阻碍，甚至成为经济社会发展的瓶颈，加强河流生态系统的管理，对流域进行有效管理成为当前科研与环境保护急需解决的问题之一。近年来河流管理的最新研究表明，基于合理的流域水生态功能分区，进行可持续的水资源管理与使用，成为世界各国走向可持续发展所面临的挑战之一。

水生态功能分区是流域水质目标管理的空间单元，是确定流域水环境基准、标准和总量控制及评价的基础。随着我国水体污染控制与治理重大专项——流域水生态功能分区与质量目标管理技术项目的实施，进行流域水生态功能分区的研究工作逐步展开，但对影响水生态系统功能的关键指标尚不明确。分区理论与方法体系尚未建立。

9.3.1 水生态功能分区的原则

鉴于流域水生态功能区划水质改善和生态保护的目标导向，区划方法的划分原则需要以生态优先和坚持流域自然属性为重点，体现科学发展观、循环经济、清洁生产等思想或技术趋势和可持续发展理念，并强调协调性思想和重点分明的思路。

（1）近中远期相结合时间尺度原则。区划结果非永恒不变，需结合当地发展规划提出近中远期的管理目标。

（2）集中式生活饮用水水源地优先保护原则。首先确定重要的水生态功能区和饮用水源区的功能定位、边界和管理目标；然后，据此进行其他功能区划划分；同时考虑地下水污染和地下水过度使用对流域单元水生态系统功能可能造成的危机。

（3）水域兼有多种功能时按高功能保护原则。

（4）对专业用水区及跨界管理水域统筹考虑原则。应考虑跨行政和部门的冲突问题，使得划分结果能够体现相关政府、用水部门、利益相关者及公众协商的一致认可性，保证划分不会导致未来的评估、规划和管理问题。

（5）与调整产业布局、陆域污染源管理紧密结合原则。陆域土地利用类型和产业布局是水域生态系统受污染破坏的根本原因。划分中必须以水域为中心，兼顾陆域人类所获得的影响，体现两者相互作用的结果。

（6）实用可行、便于管理原则。

（7）可持续发展原则。

9.3.2 水生生物在分区中的作用及选择

鱼类、大型底栖无脊椎动物、浮游生物、大型沉水植物等是水生态系统的重要组成部分，它们不仅分布广泛，且能在不同尺度上对各类环境做出灵敏响应、指示水生态系统特征，因而越来越受到关注。迄今已有很多学者提出了多个基于不同生物群落结构、功能参数的生物完整性指数（Index of Biotic Integrity，IBI）用于评价水体健康，也有学者探索用水生生物直接进行生态区划研究。例如，WWF、TNC 用淡水鱼类的多样性差异绘制了世界淡水生态区划图；Wright 等、Lorenz 等分别用大型无脊椎动物、底栖藻类、水生植物群落的空间差异对英国、德国、法国等国的河流进行了分类。相对而言，更多的研究则是用水生生物来验证基于环境驱动因子划分的水生态区的精确程度。例如，Whittier 和 Hughes 验证了 Oregon 州溪流中鱼类、大型无脊椎动物、底栖藻类群落结构与 Omernik 生态区间的相关性；北美底栖学会还于 1998 年举行"景观分类与水生生物"专题研讨会，召集研究不同类型水生态系统和生物类群的专家，就各种区划方法对水生生物群落结构的辨识能力进行评估。自欧盟水框架指令 2000 年提出要对水生态系统进行评估后，比较生物群落结构与生态区间一致性的研究也日渐增多。

概括而言，区划研究中一直存在着两种截然相反的技术路线，即运用地带性、区域性环境驱动因子的空间差异自上而下顺序划分的演绎法和运用指示系统空间变化的指标（如水环境参数、水生生物等）自下而上逐级合并的归纳法。现有的生态区划方法大多采用前一种技术路线，该类方法的优势在于：①由于环境特征是相互关联的（如：气候和地质特征共同决定土壤形成，土壤特征对土地利用有影响，土地利用反过来又制约着植被演替和土壤的变化），多个因子的空间分布能重叠并强化不能被单一类型参数所识别的格局；②这些参数相对稳定，较少受采样时间的限制；③一般可借助 RS、GIS 或成熟的空间插值等技术获取研究区域的参数分布图，或通过专业部门获取多年监测数据。相对而言，用基于样点采样的生物或环境数据进行的区划存在以下不足：①区划结果受数据密集程度影响，且缺乏外推性；②生物群落存在明显的时间动态，仅离散采集特定时段的数据不能很好地刻画出生态系统特征；③基于样点的数据可能受生境的影响更明显，空间异质性程度更高，有时无法正确反映生态系统在区域尺度上的空间变化规律。

以环境驱动因子为区划指标的方法一般都假定流域（景观）特征决定了水生生物群落结构等生态系统特征。当然，由于影响水生生物的因素众多，且作用尺度不一样，各因子对群落结构的预测能力存在差异。地形（海拔、坡度等）、地质（基岩、土壤类型等）、气候（降水量、气温节律等）状况等是顶端决定因子，它们影响着植被类型和土地利用等中端决定因子，这两类因素又直接或间接地决定着水体理化特征、水文节律、基质组成、沉积物等近端因子，最终决定了水生生物群落的组成。生态区划指标体系通常由顶端和少数中端决定因子组成，往往忽略近端因子的作用，而在少数研究区域中近端因子可能更具决定作用，因此出现了水生生物群落结构与水生态区吻合度不高，甚至完全不能验证区划结果的现象。另外，人类干扰也会对水生生物造成明显影响，使其表现出无法预测的特征。

鉴于两种技术路线各自的特点，在水生态功能分区中，建议将它们联合起来使用，即先用水生态系统结构、功能空间差异的环境驱动因子组成的指标体系进行分区，再用生境尺度的水质、水生生物参数来验证分区结果并可对分区边界进行适当微调。两种技术应该是互证、互补、缺一不可的关系。在具体工作中，大尺度的分区（102～105km^2，包括一级、二级）宜考虑用水生态系统差异环境驱动因子（区域性主导因子）：气候、水文、地质地貌、土壤、植被、土地利用等构建指标体系；并用区域性水生生物群落组成、功能类群、多样性指数、主要水质参数等的空间分布特征来验证、调整分区方案。细微尺度的分区（＜102km^2，包括三级、四级）宜以水体的调节、生境（载体）、产品、信息等主要生态功能（如水资源供应、水生生物生境、产卵场、保育场、水力发电、水产品供给、旅游、文化功能等）作为分区指标体系，在此层次上，除了可用水生生物格局来验证分区结果外，很多功能其实就是依据水生生物的生态特征来判断的。例如，稀有、濒危水生物种的生活区域（包括栖息地、产卵场、迁徙地等）、水体中鱼、虾、蟹等经济动物生物量的空间差异等都可能是确定功能区边界的重要依据。此外，水鸟聚居地也可能成为独特的旅游、文化功能区等。

选择何种水生生物进行分区验证值得推敲。相比而言，鱼类具有生活周期长（几周到数年）、活动范围较大（特定点到数百公里）等优点，是国外常用的区划指示生物。然而，在我国，一方面因水体污染、过度捕捞、水利工程等的影响，鱼类物种资源已急剧降低，处于濒危状态和受到严重威胁的种类已达 9 目，24 科，80 属 97 种（亚种）；另一方面由于大规模引入外来种、大量人工繁育等造成了现有鱼类资源呈现出高度均一化的现象。最主要的原因就是 20 世纪 60 年代以后的几次引种，引入的鰕虎鱼、麦穗鱼、太湖新银鱼成为绝对优势种，极大地抑制了其他鱼类的正常生长，改变了鱼类群落结构。显然，很多区域的鱼类组成已经不能客观反映其生境及生态系统特征。所以，在水生态功能分区研究中，建议谨慎使用鱼类。大型底栖无脊椎动物和藻类受到的人为干扰相对较小，能很好地指示环境状况，较适用于分区研究。由于藻类可能受到降水等因素的影响，因此本书选择大型底栖无脊椎动物作为分区研究对象。

9.3.3 水生态功能分区方法

早期的生态区类型及边界确定主要依据专家判断。这种方法的缺陷是明显的，因为来自不同领域的专家区划结果差别会很大，即使是同一领域的专家，由于专业经验的差异也会导致区划结果有所差别。随着区划工作的普及对其重要性认识的增强，对区划方案真实性、客观性、精确性的质疑也日渐增多；区划方案具有可重复性、尽量少受专家个人经验的影响等正在成为生态区划的基本要求，越来越多的定量方法被应用到研究中来。

在现有的生态区划中，自上而下的方法多是将不同区域性主导因子的专题图层进行叠置分析（加权或等权）后获得区划结果。而对基于监测样点数据（如水生生物群落组成、水环境指标等）无论是直接用于区划还是用于验证区划结果，所用的定量分析方法都要丰富得多。例如，Whittier 等分别用除趋势对应分析（DCA）、主成分分析（PCA）比较了 Oregon 州 8 个水生态区溪流样点间鱼类、大型无脊椎动物、底栖藻类群落组成及主要水环境指标间的差异，发现不同生态区的样点在不同轴上得到了很好的分化。Sánchez - Montoya 等首先用 PCA、K -聚类构建了基于瑞典 33 个流域水文、气候、地质、气象特征差异的 5 个河流生态区；再用 UPGMA 聚类及非度量多维尺度分析（NMDS）对水体中底栖动物的组成进行了分类；用群落相似性分析（ANOSIM）比较 4 个生态区间群落组成的差异程度时发现，其中 3 个生态区的动物组成存在明显差异。Oswood 等用基于阿拉斯加 45 种淡水鱼类 Jaccard 相似性指数对该区域内的 6 个水文区、6 个生态区间的相似性进行了研究，并比较了基于鱼类双向指示物种分析（TWINSPAN）和 UPGMA 聚类的亚水文区、亚生态区分组结果间的差异，由此分析了阿拉斯加鱼类区系的分布特点。总体而言，此类研究中常用的定量方法大致可分为两类：分类及排序。分类方法主要有聚类分析（如 UPGMA 聚类、Wards 聚类、欧式聚类、K-聚类等）、TWINSPAN 等。排序方法包括 PCA、对应分析（CA）、DCA、典范对应分析（CCA）、NMDS 等。在比较不同生态区间的差异时还用到判别分析、ANOSIM、分类能力、方差分析、非参数检验（如 Kruskal-Wallis 检验 Man-Whitney-U-检验）等技术。这些方法经常组合使用。

虽然有大量的定量方法可用，但区划归根到底是分类，而这是一个不可能完全定量化的工作。因此，迄今为止还没有一个区划方案能完全用定量方法进行而不需要依赖专家经验。水生态功能分区也面临同样的问题，工作中建议将定量分析与专家定性判断合理结合，以保证分区结果尽量真实、合理。具体而言，在各级分区中，可首先用相关分析或 PCA 等降维方法对流域水生态系统空间异质性的主要驱动因子进行降维排序，识别对水生态系统特征有显著影响的少数因子组合；进一步分析这些少数因子（或直接用降维排序生成的综合因子）的空间异质性特点，以它们的变化规律作为区划的依据来确定区划类型及边界。随后，用基于样点的水环境指标用类似的方法验证区划结果；同时根据样点水生生物指标的特点选取合适的聚类、排序方法分析生物群落在不同分区间的变化情况。特别需要关注临近两个区分界线处的样点在分析中的归类情况，重点比较这些临界样点间生态系统特征的相似度情况，将分析结果作为确证或调整区划边界的重要依据。

在研究中还需要注意各种分析方法的适用性。例如，多元统计分析一般都假定数据是符合正态分布的，但多数野外采样数据都不满足这一前提假设，因此在分析前需要对数据进行适当的转换。此外，在选用排序方法时，当 DCA 第一轴的梯度长度大于 4 SD 时，选择单峰模型排序（CA、CCA、DCA）较合适。如果小于 3 SD，选择线性模型（PCA、RDA）比较合理。如果介于 3～4 SD 之间，单峰模型和线性模型都是合适的。如果选择了不合适的分析方法，可能会丢失比较多的信息，导致结果误差较大。当数据存在明显弓形效应时，用 DCA 比 CA 的效果要好；而如果 CA 第一轴的特征值明显较其他轴大，考虑到 DCA 中的尺度会影响分析结果，此时选用 CA 较合适。近年来，人工神经网络（ANN）由于能对大量复杂的数据进行深度挖掘，找出不同样点间的相似程度，且结果直观、可视性强而逐渐受到生态学家的关注。例如，Grenier 等用 ANN 自组织映射图法（SOM）对加拿大魁北克不同生态区的溪流硅藻群落相似性进行了研究。使用中需要注意，SOM 具有对数据质量要求高的特点，即所有样点所有分析指标都不能有空缺值。这对主要通过野外采样获取分析数据的生态学研究而言有时是不现实的。此外，SOM 的分析结果也不一定是最好的，结果的稳定性不高，还需要借助主观判断或其他聚类方法完成样点的分类工作。因此，在水生态功能分区研究中有必要根据数据情况选取最合适的定量分析方法，以求获得最合理的分区结果。

9.3.4 无定河流域水生态功能分区结果

根据上述分析，无定河流域水生态功能分区选择底栖动物为分区对象，其次利用已获得的水体物理化学参数进行主成分分析（PCA），根据环境因子初步判断水生态功能分区的大致趋势，最后用底栖动物物种数据进行非度量多维尺度分析（NMDS）验证分区的正确性，在底栖动物群落结构与水生态区吻合度不高时，根据水生态系统服务功能重要性结果做出微调，具体分区结果如图 9.1、图 9.2 所示。

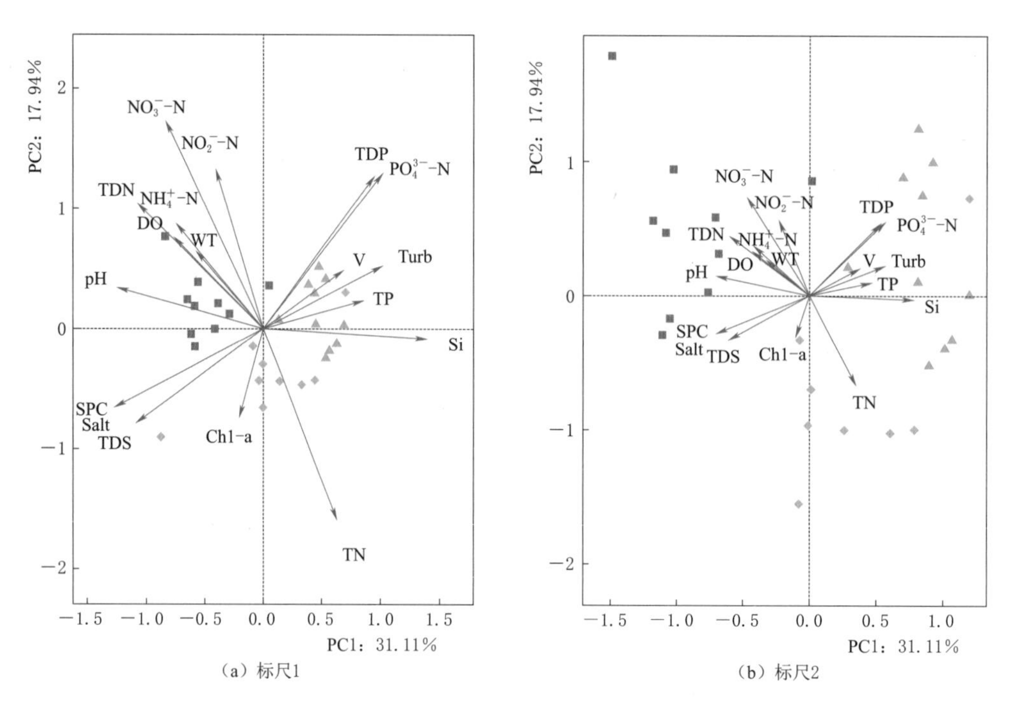

图 9.1 无定河流域环境因子 PCA 分析

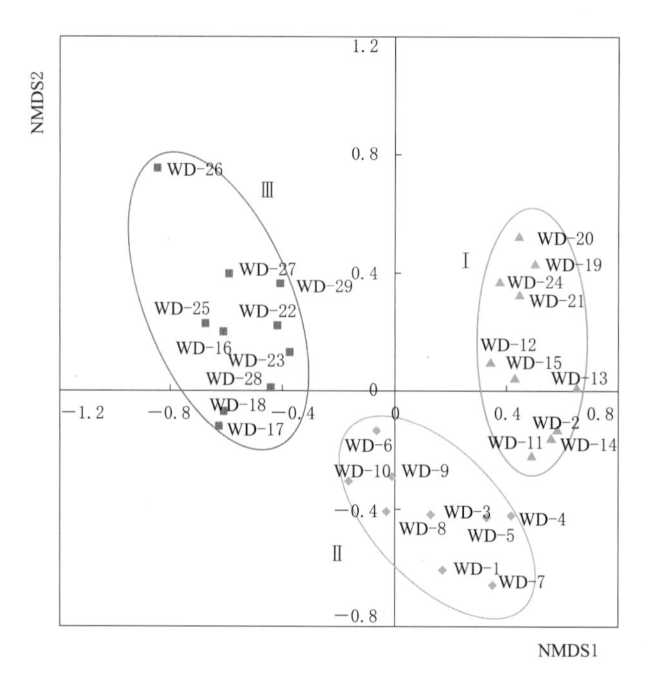

图 9.2 无定河流域底栖动物群落的 NMDS 分析

根据分析结果（见图 9.1 和图 9.2），基于环境因子的 PCA 分析显示，无定河流域调查河段根据其环境因子差异可以划分为三个区且差异较为显著（$P<0.05$），为了验证分

区的正确性，对底栖动物群落数据进行 NMDS 分析，结果基本验证了环境分区的初步结果，根据实际情况对某些异常点位进行了微调，最终确定无定河流域调查河流分三个水生态功能区，其中Ⅰ区为无定河干流源头、海流兔河源头、榆溪河源头及大理河源头，对应于水功能区划的保护区；Ⅱ区为无定河上中游段、芦河及榆溪河中下游，对应于水功能区划的饮用水源区；Ⅲ区为无定河下游段、马湖峪河、大理河中下游及淮宁河，对应于水功能区划的保留区和缓冲区（见图 9.3）。

图 9.3 无定河流域水生态功能分区图

9.3.5 延河流域水生态功能分区结果

根据上述分析，延河流域水生态功能分区也选择底栖动物为分区对象，其次利用已获得的水体物理化学参数进行主成分分析（PCA），根据环境因子初步判断水生态功能分区的大致趋势，最后用底栖动物物种数据进行非度量多维尺度分析（NMDS）验证分区的正确性，在底栖动物群落结构与水生态区吻合度不高时，我们根据水生态系统服务功能重要性结果做出微调，具体分区结果如图 9.4、图 9.5 所示。

根据分析结果（见图 9.4 和图 9.5），基于环境因子的 PCA 分析显示，延河流域调查河段根据其环境因子差异可以划分为四个区且差异较为显著（$P<0.05$），为了验证分区的正确性，对底栖动物群落数据进行 NMDS 分析，结果基本验证了环境分区的初步结果，根据实际情况对某些异常点位进行了微调，最终确定无定河流域调查河流分四个水生态功能区，其中Ⅰ区为延河源头、平桥河上中游及杏子河源头，对应于水功能区划的保护区，该区是延河的源区；Ⅱ区为延河上中游、杏子河中下游、西川河上中游以及蟠龙河，对应于水功能区划的饮用水源区；Ⅲ区为延河下游段，对应于水功能区划的缓冲区；Ⅳ区为南川河，该区对应于水功能区划的保留区和景观娱乐区（见图 9.6）。

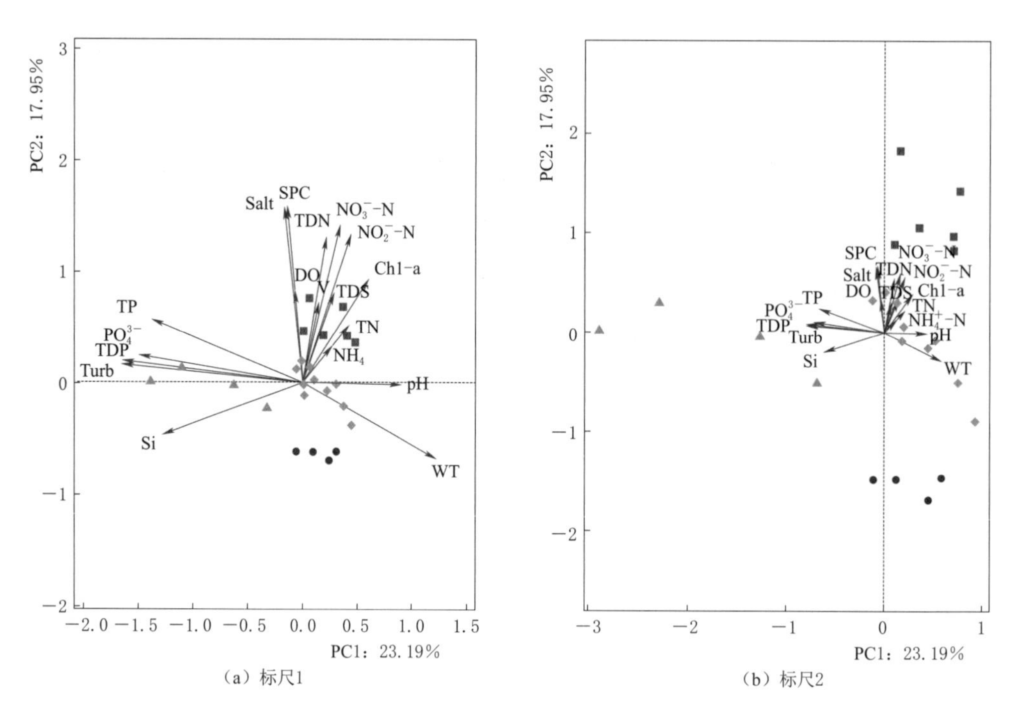

图 9.4 延河流域环境因子 PCA 分析

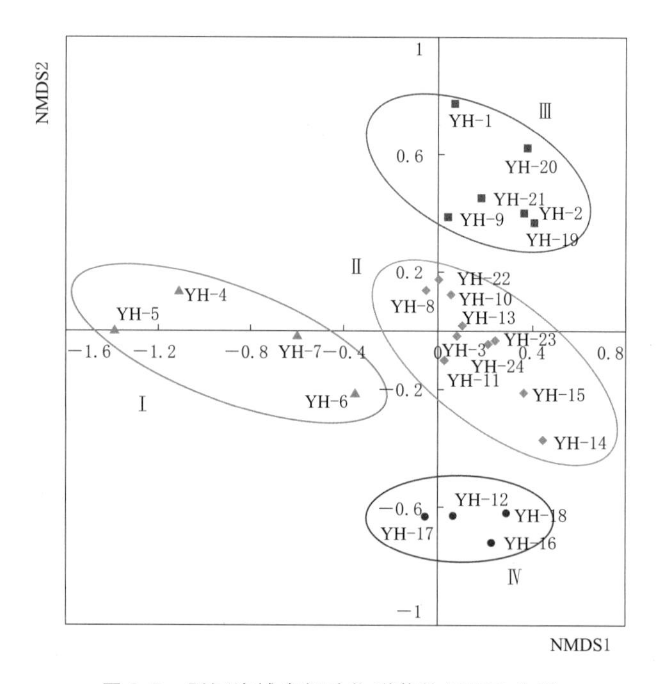

图 9.5 延河流域底栖动物群落的 NMDS 分析

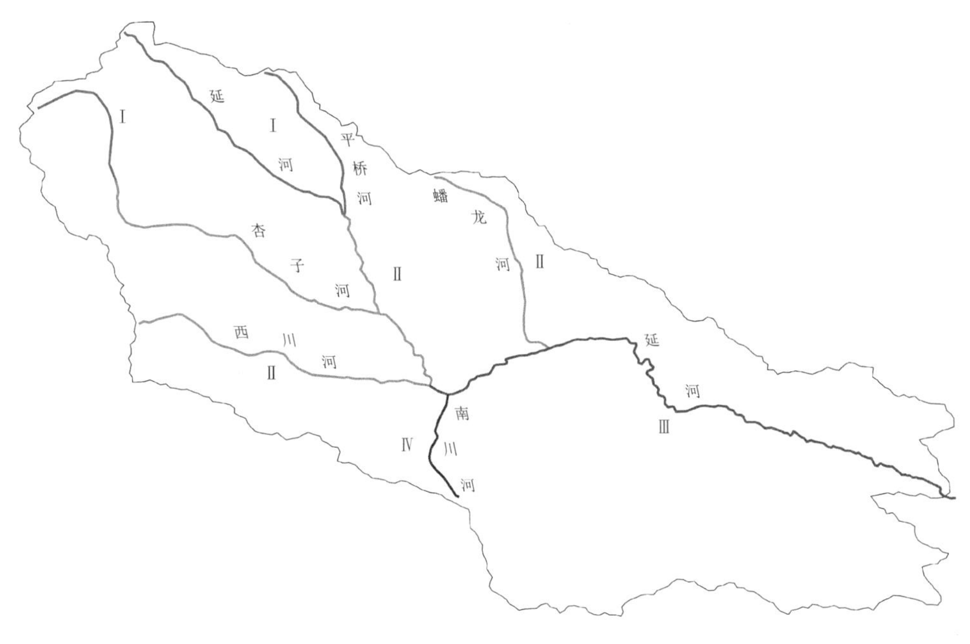

图 9.6　延河流域水生态功能分区图

9.4　水生态修复和管理方案

无定河与延河流域水生态功能分区结果与水功能区划的结果相比较为吻合，其中水生态功能分区的Ⅰ区一般是河流上游段，相对而言开发利用较少，河流生境保存完好，水生生物多样性也较高，该区对应并吻合于无定河流域水功能区划的保护区。此外无定河干流中下游段也被划分在该Ⅰ区，该段处于榆林市米脂县和绥德县，相对而言人类活动频繁，开发利用多，河流生境基本被破坏，该段可能是由于河流生境中底栖动物多样性增加，导致分区结果出现偏差。Ⅱ区为支流芦河及无定河干流上中游段，均对应于水功能区划的饮用水源区，被划分到Ⅰ区的榆溪河也是重要的饮用水源地，从水质、生物完整性评价等方面看，榆溪河水质最好，河流处于健康状态，水质要求达到保护区要求，因而被划分到Ⅰ区。Ⅲ区为无定河下游、支流大理河和淮宁河，该段处于流域下游地段，地处行政交界处，多为山谷地形，开发利用率极低，且底质多为岩石和大块石，水流流速较高，不适宜底栖动物生存，因此水质生物评价结果也较差，但这并不代表河流生境条件差。

延河流域调查河流可划分为四个水生态功能区，其中Ⅰ区包括延河上游和支流平桥河，该区域作为延河的源区，河流生境状况完好，对应于流域水功能区划的保护区；Ⅱ区包括延河中游段（安塞—延安段）、杏子河中下游、西川河中下游以及蟠龙河，对应于水功能区划的饮用水源，延安市主要饮用水供水源王瑶水库便坐落在杏子河中游段；Ⅲ区主要为延河下游段（延安—入黄口段），对应于水功能区划的缓冲区，该段流经延安等市，人口密集，河流开发利用程度高，工农业的发展等均对延河水质状况以及底栖动物多样性水平有着一定程度的影响；Ⅳ区为南川河、西川河下游及杏子河源头，该区对应于水功能区划的保留区和景观娱乐区。

根据水生态分区的结果，无定河与延河流域整体生态环境良好，但保护流域生态健康是亘古不变的主题。对于河流源头保护区要继续加强保护，减少人为破坏，西部旱区水土流失较为严重，应该在源区植树造林种草，利用行政措施限制过度放牧，提升环境承载力。Ⅱ区对应流域饮用水水源集水区，如榆溪河、芦河和杏子河等，要重点保护生态健康。Ⅲ区属于河流中下游，应该响应“绿水青山就是金山银山”理念，保护河流生境，提升森林覆盖率，同时处理好生活垃圾的污染，严格把控工业污水排放水质，Ⅳ区对应延河流域部分支流段，所处区域多为饮用水源区，同样要严格把控生态健康与安全措施。总体而言，通过对无定河流域水生态功能分区的研究，可分区、分级对流域生态加强管理，可以做到一区一策，精准治理，同时要加大生态保护投资，均分建设项目，加快生态功能区、自然保护区和资源开发区的建设与保护。对于农业区要开发生物技术，合理使用化肥农药，假期农用地膜回收利用和降解，同时对于破坏重点保护区的行为要加大执法和惩罚力度，尽量减少人类对生态环境的破坏。

9.5 讨论与小结

本章对无定河流域和延河流域进行了水生态系统功能重要性评价。无定河与延河是黄河中游段的两条重要输沙支流，流域几乎在黄土高原核心地带（孙倩 等，2018；朱青等，2021），无定河流域和延河流域评价结果表明，整个研究区域的水生态系统功能重要性比较高，在空间分布上呈现显著的差异性，造成这种差异的主要原因是水生生物多样性维持功能和水环境支持功能两单项的得分差异较大。水生生物多样性间接反映了水环境及生境状况，生物多样性的根本功能是提供生态系统服务（包括生态服务和生态产品）（香宝 等，2011），这意味着两流域水生态状况的持续利好局面，对于整个黄河流域的生态保护意义重大。

评价结果显示，无定河干流上游和王圪堵水库评价等级较高。一般而言，河流上游段自然生境良好，受人类活动等影响较低，此外王圪堵水库是无定河流域重要的饮用水供水源地，良好的水质状况以及生境条件使得评价结果较为良好。除此之外，无定河大多数河段评价结果显示为三级，水生态系统功能一般。

延河干流中游和支流杏子河评价等级较高，水生生物多样维持功能、水环境支持功能和水文支持功能三个单项赋分差异较大，其中延河中游流经延安市，人类活动导致营养物质的输入极大促进了延河中游的水生生物多样性（谢海莎 等，2022；卢悦 等，2023），导致该项赋分值较高。延河流域重要的饮用水供水源地——王瑶水库坐落于杏子河中游，由于地处供水水源保护区，流域内生境良好，水质水文等条件优越，水生态系统服务功能综合评价级别较高。

土壤侵蚀敏感性评价中显示，无定河流域有高达99.99%的面积呈现轻度及以上敏感性，其中面积最大区域为轻度敏感区，其面积为15792.17km^2，占流域总面积的72.64%；其次是中度敏感区，面积为5346.66km^2，占流域总面积的24.59%，二者占据了无定河流域97.23%的面积，这与马琪（2013）的研究结果相符。不同之处在于，不敏感区域比例由2000年的6.58%，2010年的4.68%降低到本研究中的2.75%，而轻度敏感区域比例由2000年的68.09%，70.34%升高到本研究中的72.64%，与此同时，中度、高度和极敏感区域比例则变化不大。可见，无定河流域土壤侵蚀敏感性由不敏感向轻度敏感有一定程度的增强。

在土地沙漠化敏感性评价方面，无定河流域沙漠化敏感性仅有轻度敏感（92.62%）和不敏感（7.38%）两个等级，无中度敏感、高度敏感和极敏感区，与马琪（2013）的研究比较，近20年来无定河流域沙漠化敏感性发生较大变化，无定河流域沙漠化敏感程度近20年来明显降低，主要体现在流域西北部的风沙滩区，这得益于2000年实施的耕还林政策，使得陕北地区土地利用类型发生变化，防风固沙保有率随之增加（李艳娇，2020；刘煦 等，2023），同时西北风沙滩区植被覆盖度有所增加，大风天数有所减少，此外，无定河干流及部分支流的河谷阶段区域环境状况转好，土地沙漠化侵扰减弱。总体来说，无定河流域土地沙漠化敏感性呈减小趋势。

就流域土壤侵蚀敏感性土地的数量特征和空间构成来看，延河流域土壤侵蚀敏感性以轻度和中度敏感为主。流域内面积最大区域为轻度敏感区，其面积为3034.92km^2，占流域总面积的39.27%；其次是中度敏感区，面积为1848.21km^2，占流域总面积的23.91%；再次是不敏感区，面积为1358.39km^2，占流域总面积的17.58%。高敏感区与极敏感区主要分布在安塞区中部地区及宝塔区、延长县部分地区，不敏感、轻度敏感区分布在流域南部地区。土壤侵蚀敏感性空间分布与降水侵蚀力空间分布基本一致，水土流失受降雨影响较大，在延河流域部分地区，梁多峁少，河床比降大，水土流失情况更为严重，但总体而言，由于近些年的退耕还林政策推进（谢红霞 等，2009；李天宏 等，2012；刘欢欢 等，2022），以及高速的城市化建设减轻了农业人口对耕地的压力，逐渐成为土壤侵蚀减弱的主要驱动力（何佳瑛 等，2022）。

就流域沙漠化敏感性土地的数量特征和空间构成来看，延河流域土地沙漠化敏感度以轻度敏感为主，面积为4638.94km^2，占全流域面积的60.02%，其次是中度敏感区，面积为2052.83km^2，占全流域面积的26.56%；再次是不敏感区，面积为1037.22km^2，占全流域的7.38%。敏感性较高的区域主要分布在流域中部的宝塔区以及安塞区和延长县的部分地区。近些年来延河流域耕地面积大幅度减少，林地与草地面积大幅度增加（冉圣宏 等，2010；张文帅 等，2012），驱动着延河流域土地沙漠化敏感度的持续利好局面，国家“退耕还林、草”生态修复政策效果显著，延河流域的生态环境得到极大的改善（娄和震 等，2014）。

水体中的鱼类、大型底栖无脊椎动物、藻类、浮游生物、大型沉水植物等是水生态系统的重要组成部分，它们对周围环境的变化十分敏感，可以指示水生态系统的某些特征，以此来反映水生态系统存在的问题，受到越来越多的学者关注，许多学者开始尝试直接利用水生生物来进行分区。胡开明等（2019）综合了生态功能供给指标和空间控制要素，将太湖流域共划分出49个（陆域43个和水域6个）基于水生态健康的、可实现差别化管理的江苏省太湖流域水生态功能分区。高俊峰等（2019）明确了湖泊型水生态功能分区的相关理论，并将此理论方法应用于巢湖流域水生态功能分区中，取得了良好的效果。采样底栖动物群落特征来验证其一、二级分区的正确性，同时选择各区Margalef种类丰富度、

Shannon－Wiener 指数、Pielou 均匀度指数、Simpson 指数和生态优势度指数进行对比分析，从而分析三级分区的结果。因此水生生物一直用来对分区进行验证，其指示效果较为准确，然而孙然好等（2017）耦合陆地因素，同时考虑人类活动的影响，将海河流域划分成了六个一级分区，体现了水生态管理的分区、分级、分类、分期目标。由于大型底栖动物是淡水生态系统食物链的重要环节，具有传递能量与促进物质循环的作用（Benke，1993）；因其具有生活周期长、移动能力弱、分布范围广以及对环境变化反应灵敏等特点，常被选作指示生态系统受干扰程度的重要生物指标之一（Shannon & Weaver，1949；Pielou，1966；Margalef，1968；赵永晶 等，2010；赵娜 等，2019；朱利明 等，2019），因此本书选取大型底栖动物作为指示生物，充分考虑水体环境因素，结合水生生物群落特征、生物完整性指数及河岸带特征综合，对无定河和延河流域河流进行了水生态功能分区。因底栖动物生活的主体环境在水体和底质中，水环境的变化是其指示作用的直接体现，因此对于水生生物而言应重点考虑水环境参数的差异，这也是本研究区别于依据地理、气候、水文等综合因素分区的不同之处。

参考文献

陈爽，马安青，李正炎，2012. 大辽河口水生态系统服务功能重要性评价 [J]. 中国海洋大学学报（自然科学版），42（9）：84－89.

高俊峰，高永年，张志明，2019. 湖泊型流域水生态功能分区的理论与应用 [J]. 地理科学进展，38（8）：1159－1170.

何佳瑛，任立清，蒋晓辉，等，2022. 延河流域土壤侵蚀对 LUCC 的响应及驱动力 [J]. 水土保持研究，29（4）：184－191，206.

胡开明，陆嘉昂，冯彬，等，2019. 太湖流域水生态功能分区研究 [J]. 安徽农学通报，25（19）：98－104.

李天宏，郑丽娜，2012. 基于 RUSLE 模型的延河流域 2001—2010 年土壤侵蚀动态变化 [J]. 自然资源学报，27（7）：1164－1175.

李艳娇，2020. 陕北地区土地利用变化对防风固沙效益的影响 [J]. 西部大开发（土地开发工程研究），5（3）：56－63，70.

刘欢欢，刚成诚，温仲明，等，2022. 基于结构化植被指数的延河流域土壤侵蚀时空动态分析 [J]. 水土保持研究，29（5）：1－7.

刘煦，黄明华，雷文韬，2023. 陕北黄土高原生态脆弱区土地利用时空演变 [J]. 中国农业资源与区划，44（3）：47－57.

娄和震，杨胜天，周秋文，等，2014. 延河流域 2000—2010 年土地利用/覆盖变化及驱动力分析 [J]. 干旱区资源与环境，28（4）：15－21.

卢悦，胡恩，丁一桐，等，2023. 西北地区延河流域浮游植物群落结构特征及影响因素 [J]. 应用生态学报，34（6）：1669－1679.

马琪，2013. 陕北无定河流域生态敏感性十年变化评价 [D]. 西安：西北大学.

冉圣宏，张凯，吕昌河，2010. 延河流域土地利用/覆被变化模型的尺度转换方法 [J]. 地理科学进展，29（11）：1414－1419.

孙倩，于坤霞，李占斌，等，2018. 黄河中游多沙粗沙区水沙变化趋势及其主控因素的贡献率 [J]. 地理学报，73（5）：945－956.

孙然好，程先，陈利顶，2017. 基于陆地-水生态系统耦合的海河流域水生态功能分区 [J]. 生态学报，37 (24)：8445 - 8455.

香宝，任华丽，马广文，等，2011. 成渝经济区生态系统服务功能重要性评价 [J]. 环境科学研究，24 (7)：722 - 730.

谢海莎，邵瑞华，王际焱，等，2022. 延河丰水期浮游生物群落分布及其与环境因子的关系 [J]. 环境保护科学，48 (1)：108 - 114.

谢红霞，李锐，杨勤科，等，2009. 退耕还林（草）和降雨变化对延河流域土壤侵蚀的影响 [J]. 中国农业科学，42 (2)：569 - 576.

张文帅，王飞，穆兴民，等，2012. 近 25 年延河流域土地利用/覆盖变化的时空特征 [J]. 水土保持研究，19 (5)：148 - 152，157，291.

赵娜，徐梦珍，李志威，等，2019. 黄河源区典型弯曲河流底栖动物的生态格局 [J]. 水生态学杂志，40 (5)：40 - 47.

赵永晶，沈建忠，王腾，等，2010. 基于大型底栖动物的乌伦古湖水质生物学评价 [J]. 水生态学杂志，31 (3)：7 - 11.

朱利明，肖文胜，周东，等，2019. 淀山湖大型底栖动物群落结构及其与环境因子的关系 [J]. 水生态学杂志，40 (2)：55 - 65.

朱青，周自翔，刘婷，等，2021. 黄土高原植被恢复与生态系统土壤保持服务价值增益研究——以延河流域为例 [J]. 生态学报，41 (7)：2557 - 2570.

Benke A C，1993. Concepts and Patterns of Invertebrate Production in Running Waters [J]. Verhandlungen der International Vereinigung für Theoretische und Angewandte Limnologie，25 (1)：15 - 38.

Margalef R，1968. Perspective in Ecological Theory [M]. Chica - go：University of Chicago Press.

Pielou E C，1966. The Measurement of Diversity in Different Types of Biological Collections [J]. Journal of Theoretical Biology，13 (1)：131 - 144.

Shannon C E，Weaver W，1949. Mathematical Theory of Com - munication [M]. Illinois：University of Illinois Press.